U0200534

构造成岩作用理论与方法
——以库车前陆盆地为例

曾联波　巩　磊　王俊鹏　王兆生　著

科学出版社
北　京

内 容 简 介

本书介绍了构造成岩作用的内涵、研究内容、研究方法及研究意义，并以库车前陆盆地为例，在其地质概况构造变形与演化、储层成岩作用和致密砂岩储层裂缝发育特征分析的基础上，探讨构造作用与成岩作用的耦合关系及构造成岩作用对储层裂缝发育和储层物性的影响，总结构造成岩强度定量评价方法、有效裂缝评价与预测方法及综合评价储层质量的储渗单元分析方法，对沉积储层的形成演化及其综合评价具有参考价值。

本书可供从事沉积储层研究及油气勘探开发的科研人员、生产管理人员和相关专业的高等院校师生参考。

图书在版编目(CIP)数据

构造成岩作用理论与方法：以库车前陆盆地为例 / 曾联波等著. —北京：科学出版社，2025.3

ISBN 978-7-03-075852-1

Ⅰ. ①构… Ⅱ. ①曾… Ⅲ. ①前陆盆地–成岩作用–研究–库车市
Ⅳ. ①P588.2

中国国家版本馆 CIP 数据核字(2023)第 109106 号

责任编辑：万群霞 崔元春 / 责任校对：王萌萌
责任印制：师艳茹 / 封面设计：图阅盛世

科学出版社 出版
北京东黄城根北街 16 号
邮政编码：100717
http://www.sciencep.com
北京中科印刷有限公司印刷
科学出版社发行 各地新华书店经销
*
2025 年 3 月第 一 版 开本：787×1092 1/16
2025 年 3 月第一次印刷 印张：14 1/4
字数：338 000

定价：198.00 元

(如有印装质量问题，我社负责调换)

前　言

含油气盆地沉积储层的形成和演化与沉积作用、成岩作用及构造作用密切相关。其中，沉积作用是储层形成的基础，而成岩作用和构造作用是储层形成、演化与改造的关键。对沉积储层的研究，过去主要侧重于从沉积作用和成岩作用的角度出发开展相关研究工作，而对构造作用影响的研究相对较为薄弱。实际上，在沉积盆地的储层形成与演化过程中，构造作用一直具有十分重要而又复杂的影响。在不同构造背景和构造变形影响沉积储层的沉降速率及成岩作用的同时，成岩作用也影响着沉积储层的岩石力学性质，进而影响其构造变形的方式及变形程度。因此，开展构造成岩作用相互关系的研究，对揭示含油气盆地沉积储层的形成机理及其演化规律具有重要意义。

针对构造成岩作用的相互关系的研究，众多学者主要在高温变质和金属热液矿床的成矿领域开展了较多研究工作，并将构造动力作用引起岩石、矿物的物质调整产生岩相和建造的过程称为动力成岩成矿作用(杨开庆，1986)，强调了在高温条件下岩石变形或者岩浆结晶时的地球化学作用，并将矿物中元素的调整与应力有机结合起来，有效指导了金属矿床的形成机理研究及其勘探。而对沉积盆地低温领域(＜300℃)构造成岩作用的研究较薄弱，近年来才开始从不同的侧面进行相关探讨。例如，寿建峰等(2005)、张荣虎等(2011)研究了构造侧向作用对砂岩成岩作用和孔隙演化的影响，并在此基础上提出了“砂岩动力成岩作用”的研究思路，认为构造作用通过构造应力和构造变形方式对成岩作用产生重要影响，从而影响沉积储层的物性变化。Laubach 等(2010)认为构造成岩作用主要研究变形作用和变形构造与沉积物化学变化之间的相互关系，并用构造成岩作用的思路来研究和评价储层天然裂缝孔隙度的演化过程。天然裂缝是构造成岩作用的典型产物，其孔隙演化及有效性主要取决于构造作用形成裂缝以后发生的成岩胶结及溶蚀作用。

自“十一五”以来，笔者一直从事前陆盆地储层形成演化与差异发育机理方面的研究工作，将构造作用和沉积、成岩作用紧密结合，研究储层孔隙、裂缝的形成演化及其相互匹配关系。前陆盆地深层致密低渗透砂岩储层的研究成果表明，沉积储层的形成演化与改造过程、沉积储层的质量差异和构造作用及成岩作用密切相关。构造作用和成岩作用既影响储层的致密化，同时还影响甜点储层的发育，构造作用与成岩作用的相互关系是控制储层差异演化及储层质量的关键。构造变形的差异性可能是导致一个地区成岩演化和储层差异的重要因素，如果仅从沉积作用和成岩作用角度研究难以解释其形成机理，因此，作者提出了构造成岩作用的研究思路及其研究技术方法。开展构造成岩作用研究，可为沉积盆地储层差异演化机理研究及其科学评价提供新的视野。

前陆盆地的构造变形强烈，构造演化对沉积储层的形成演化影响显著，是研究构造成岩作用及其对沉积储层形成与差异演化控制作用的理想场所。2010 年以来，针对构造成岩作用的相关基础地质问题，先后有博士研究生巩磊、刘国平、张云钊，硕士研究生韩志锐、苗凤彬、樊小容在库车前陆盆地、准噶尔南缘前陆盆地和川西前陆盆地开展构造成岩作用的相关研究工作，并完成了他们的博士或硕士学位论文，这些研究工作有效地推动了构造成岩作用研究的深入。在已有研究成果和认识的基础上，笔者对库车前陆盆地深层碎屑岩储层进行了系统的梳理分析和总结，完成了本书的撰写。全书共分为 9 章：前言和第 1 章由曾联波撰写；第 2 章～第 4 章由王俊鹏、曾联波、王兆生撰写；第 5 章～第 9 章由曾联波、巩磊、王兆生撰写；全书由曾联波统编和修改。

在多年的构造成岩作用研究和本书的撰写过程中，一直得到中国石油勘探开发研究院、浙江大学、北京大学、中国石油大学(北京)、中国石油塔里木油田公司、中国石油新疆油田公司、中国石油西南油气田公司的贾承造院士、金之钧院士、杨树锋院士、邹才能院士，以及顾家裕、王小军、陈志勇、宋岩、赵孟军、魏国齐、赵力民、朱如凯、袁选俊、汪泽成、柳少波、陈汉林、肖安成、贾东、卓勤功、陈竹新、高志勇、张荣虎、李学义、杨跃明、李跃纲、张本键、杨华、裴森奇、马华林、漆家福、纪友亮、钟大康、陈书平、能源、陈石、罗良等众多专家、领导及同行的支持、指导和帮助，博士研究生吕文雅、董少群、祖克威、刘国平、毛哲、曹东升、史今雄、徐翔、管聪、姚迎涛，以及硕士研究生韩志锐、朱利锋、苗凤彬、樊小容、刘奇、吕鹏、唐磊等参加了部分研究工作，在此表示衷心的感谢！

构造成岩作用及其应用是储层地质学的重要研究领域，涉及多学科交叉融合，研究难度大，目前尚无成熟的技术和方法可以借鉴。希望本书的出版，能够起到抛砖引玉的作用，以后能有更多的科研人员加入该研究行列中来，为推动我国陆相沉积盆地成储理论与技术方法做出应有的贡献。同时，由于作者水平和掌握的资料有限，书中难免有不足之处，敬请读者批评指正。

曾联波

2024 年 6 月

目　录

第1章 绪　论

1.1 构造成岩作用的内涵

构造成岩作用是指沉积岩层从松散沉积物到固结成岩及之后的整个过程中所发生的构造和成岩相互作用(曾联波等，2016)。构造成岩作用主要研究沉积物沉积之后在构造作用下发生的构造变形与沉积物物理、化学变化作用及其相互关系，这种相互作用既可以发生在从松软沉积物到固结成岩过程中，还可以发生在沉积物固结成岩以后的改造过程中。在沉积物沉积之后发生的所有物理作用和化学变化过程中，流体一直以水岩作用的方式参与其中，并起着十分重要的作用，因而构造成岩作用还包括了岩石在成岩过程中的流体活动及其与岩石的相互作用。因此，构造成岩作用比传统的成岩作用的研究范围更广，涉及储层地质学、储层地质力学和构造地质学等多学科的交叉融合与拓展延伸。

在沉积储层形成与演化过程中，压实作用是松散沉积物受到机械力导致孔隙水排出和孔隙度减小的一种物理作用。目前的压实作用主要是考虑了上覆地层产生的静岩压力对沉积物的影响，而没有考虑沉积物在压实过程中的构造挤压等因素。实际上，在沉积盆地地层中任何一个部位除了受到上覆地层压力以外，还受到水平构造挤压应力、热应力和孔隙流体压力等多种应力因素的作用，其中，水平构造挤压应力同样可以产生侧向压实效应，导致岩石的孔隙减小，而热应力和孔隙流体压力可以产生抗压实效应而有利于岩石孔隙的保存。尤其在我国西部前陆盆地储层形成演化过程中的地质历史时期，水平侧向构造挤压应力可以高达 100MPa 以上(曾联波等，2004a)，其侧向挤压作用强度甚至超过了上覆地层静岩压力的作用强度，对沉积物的压实效应和储层成岩演化具有十分重要的影响。侧向构造挤压作用是沉积储层演化和致密储层形成的重要地质因素。

构造作用时间、变形序列、变形方式和变形强度对沉积储层的成岩作用的影响效应是多方面的和不均匀的，具有一定的特殊性和复杂性。例如，库车前陆盆地中水平构造挤压应力在一些区域造成的侧向压实效应，使储层的孔隙体积降低，不同构造部位的挤压应力分布不均匀，侧向构造挤压作用导致的储层减孔量存在明显的差异(寿建峰等，2005；李忠等，2009)。同时，在诸如冲起构造、断层相关褶皱转折端等一些构造部位，岩石变形产生的局部拉张应力作用，也可以抵消或减缓上覆地层产生的静岩压力的压实作用影响，从而有利于储层孔隙体积的保存。在一些高孔隙砂岩储层中，高孔隙流体可以使岩石的韧性增强，当岩石受到局部的剪切构造作用时，高孔隙砂岩并不一定以脆性破裂的方式产生破裂面，而是在一些部位由于颗粒滑动、旋转及破碎等作用产生局部的应变集中，从而在高孔隙砂岩储层中形成局部的变形条带(deformation band)(图 1-1)，包括压缩条带、剪切条带和膨胀条带等多种类型(Fossen et al., 2007; Eichhubl et al., 2010)。这些变形条带的形成影响储层中流体的活动及成岩作用的非均质性，从而影响储层的整体物性。

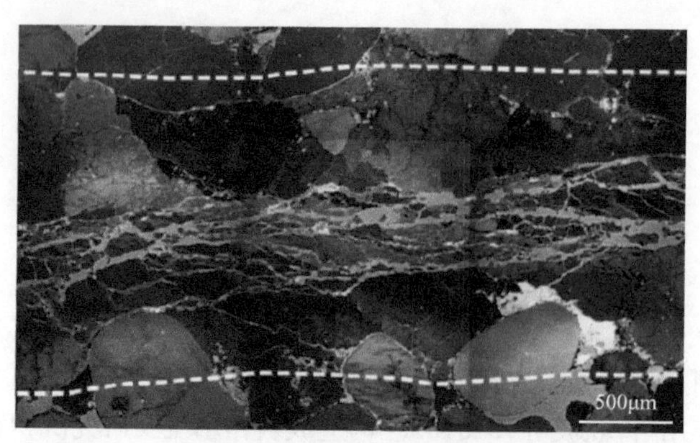

图 1-1　砂岩中的变形条带(Eichhubl et al., 2010)

断裂带及其内部结构胶结物的形成演化过程实际上也是一种典型的构造成岩作用过程，可以称之为断层成岩作用。首先，在构造挤压作用下形成的断层及其相关裂缝发育带组成的断裂带，表现出由断层核和断层损伤带(即裂缝发育带)组成的“二元结构”特征(图 1-2)；其次，流体沿高渗透性裂缝进入断裂带中，随着压力和温度的变化，含有矿物的热液流体发生结晶作用，逐渐胶结断层核及其损伤带中的裂缝和断层角砾(Solum et al., 2010; Laubach et al., 2014)，之后的溶蚀作用还可以进一步改造被方解石或石英等矿物胶结的断裂带，从而影响断裂带不同部位岩石的渗透性以及断层的封闭性。对于碳酸盐岩而言，在构造挤压作用下形成断层及其相关裂缝发育带以后，流体沿高渗透性裂缝

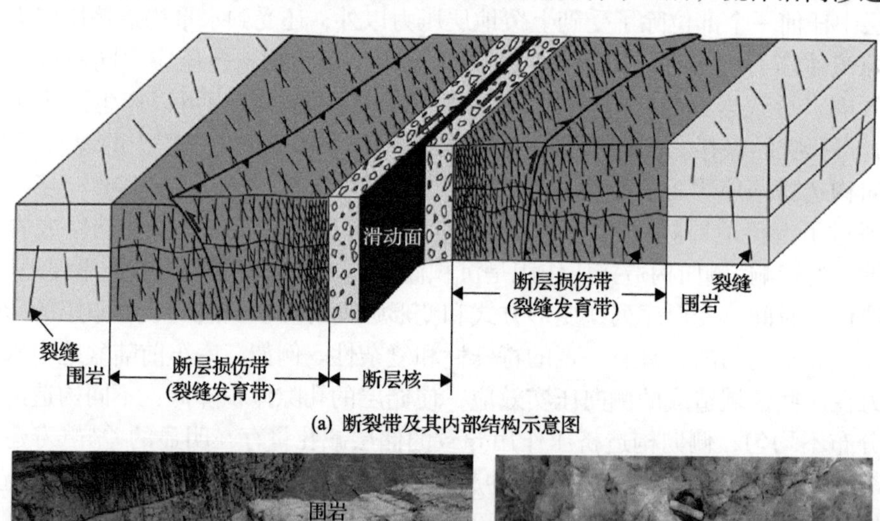

(a) 断裂带及其内部结构示意图

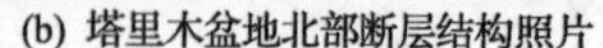
(b) 塔里木盆地北部断层结构照片　　(c) 断层核及其溶蚀胶结照片

图 1-2　断裂带及其内部结构示意图与照片(Choi et al., 2016)

进入断裂带中产生溶蚀作用形成溶蚀孔洞，从而形成受断裂带控制的缝洞型储层(断溶体)，此类储层是目前塔里木盆地超深层碳酸盐岩优质储层和主要油气勘探区域(马永生等，2011，2019；漆立新，2016；李阳等，2018；何治亮等，2019)。断控碳酸盐岩缝洞型储层形成以后，后期多次流体活动发生的胶结充填和再溶蚀作用，使缝洞型储层演化更加复杂，非均质性更强，对油气富集及开发影响更大。因此，构造成岩作用研究还可以为断层的封闭性演化与评价及断控碳酸盐岩缝洞型储层的形成演化与非均质性评价提供地质理论依据。

1.2 构造成岩作用的研究内容

针对构造成岩作用的定义及其内涵，构造成岩作用主要研究在沉积储层形成演化过程中构造作用和成岩作用的相互耦合关系及其对储层差异演化与储层最终质量的影响。

1. 构造作用对成岩作用影响研究

微观领域的成岩作用毫无疑问是受宏观构造作用影响的。区域大地构造背景不同，其相应的成岩作用发生时间、成岩演化序列及其机理也各不相同，导致储层形成与改造及其孔隙演化存在明显的差异。例如，克拉通盆地沉积储层经历的地质历史时间很长，虽然其构造作用强度相对较小，但构造作用的期次多，造成其成岩环境复杂且多变。多期复杂的成岩作用叠加在一起，导致储层物性普遍较差。西部前陆盆地沉积储层经历的地质历史时间比较短，构造作用的期次较少，但构造作用强度大，地层埋藏速率较大，因而其成岩演化快，成岩作用的强度大，孔隙递减速率快，储层物性较差。东部伸展盆地储层经历的地质历史时间相对较短，构造运动旋回少，构造作用强度相对较小，地层埋藏速率不大，成岩序列和孔隙演化相对简单，储层物性普遍较好。

构造作用通过控制沉积盆地的形成演化及盆内地层埋藏史和热演化史来影响储层的成岩作用。由于大地构造位置、古地理环境及古气候条件等因素的差异，相应盆地的沉积物物源供给、沉积体系及无机物、有机物类型都不同。同时，盆地动力学过程(包括应力场、温度场、压力场等)的差异也会导致储层成岩演化过程与成岩阶段的差异性。因此，从盆地动力学的角度开展成岩作用的研究，更有利于深入认识沉积储层的形成演化与改造过程。

在同一个地区，构造变形的差异性同样也控制了储层孔隙形成与保存的演化过程(钟大康等，2004)。例如，古构造格架分布及其演化控制了酸性流体的流动路径和流动方向，进而控制了储层的溶蚀作用及其次生孔隙的分布规律。构造作用形成的多尺度断层和裂缝系统是酸性水从烃源岩到储集岩的重要渗流通道，同样对次生孔隙发育带的分布有重要的控制作用。长期继承性的构造高部位比短期的构造高部位更有利于溶蚀作用和次生孔隙的发育，并且其储层物性更好。同时，构造高部位捕获的烃类有利于孔隙的保存。如果后期构造作用破坏油藏，烃类泄漏散失，不仅会使储层孔隙重新释放，还会使其被晚期碳酸盐岩胶结而消失，反映了沉积储层的成岩演化及其孔隙的形成、演化和保存机制与构造作用密切相关。

总之，在沉积储层的埋藏过程中，控制储层演化的成岩作用受温度、压力和流体等环境的影响，而影响成岩作用的各地质因素又受到构造作用的控制，从而影响储层成岩作用的演化。在不同的埋藏阶段，构造作用对成岩作用的影响方式和影响程度存在差异。在储层埋藏和成岩早期，构造作用主要表现为古构造对储层成岩作用的影响。在储层持续埋藏和成岩演化过程中，构造作用主要表现为通过控制地层沉降和断裂活动影响地层的温度、压力条件和流体的渗流活动，从而控制成岩作用和孔隙的演化；同时，侧向构造挤压造成的压实效应，同样对储层成岩作用及其孔隙的演化有重要的影响。储层岩石固结成岩以后，构造作用形成的天然裂缝一方面改善了储层的物性及其整体性能；另一方面储层中裂缝的发育还影响其流体的活动，从而影响储层中次生溶蚀孔隙的形成与分布，使储层的物性变好。后期的构造抬升作用导致储层埋藏深度变浅，有利于溶蚀作用和储层孔隙度的提高。因此，开展构造作用对成岩作用的影响研究，有利于深入认识储层的成岩演化过程。

2. 成岩作用对构造变形影响研究

构造作用在影响储层成岩作用的同时，成岩作用也对储层的构造变形有重要影响。成岩作用对储层的构造变形的影响主要体现在以下几个方面。

(1) 成岩作用通过影响岩石的力学性质影响构造变形。在不同的成岩阶段，受岩石中矿物颗粒的排列方式、致密程度、孔隙结构、物性及其中流体等多种因素的影响，岩石力学性质存在明显的差异，它们在构造应力作用下的变形方式不同。在早期阶段往往以塑性变形为主；在储层高孔隙阶段可以形成变形条带；而在后期储层致密阶段由于岩石脆性程度增加，以脆性破裂为主，可形成多种类型的构造裂缝（图 1-3）。

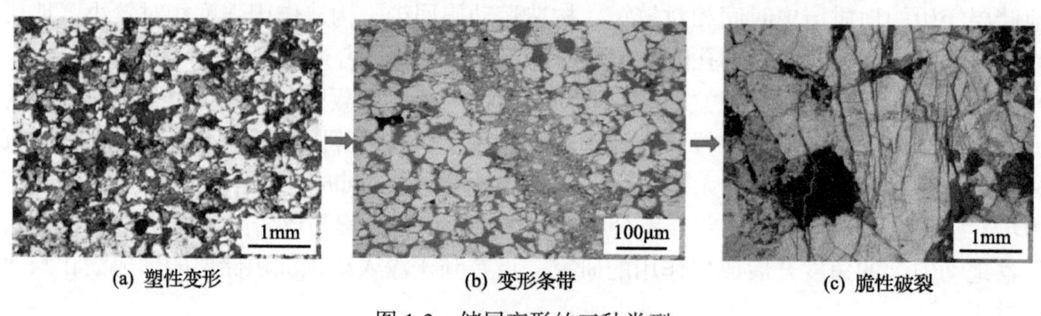

图 1-3 储层变形的三种类型

变形条带图据刘志达等（2017）

(2) 成岩作用影响储层中裂缝类型、裂缝发育程度及其有效性。强烈的成岩作用不仅可以产生多种类型的成岩裂缝，而且由于不同成岩相的岩石力学性质不同，它们在相同的构造应力作用下，构造裂缝的发育程度存在明显差异（曾联波，2008）。整体上，强成岩相储层的构造裂缝发育程度高，而弱成岩相储层的构造裂缝发育程度低。裂缝形成以后，流体沿裂缝活动发生的成岩胶结作用和溶蚀作用还影响裂缝的充填性，使裂缝的有效性还受成岩胶结作用和后期溶蚀作用的影响（Laubach et al., 2010；曾联波等，2012）。裂缝中充填矿物结构表明，裂缝存在多次张开和胶结愈合过程（图 1-4），裂缝胶结物的微观结构特征、形成序列及其流体包裹体特征反映了裂缝的实际形成时间及其张开-闭合规律，裂缝张开速率和成岩胶结速率的相互关系决定了裂缝的有效性，因而通过对裂缝成岩作用的分析，能够为裂缝有效性评价提供理论基础。

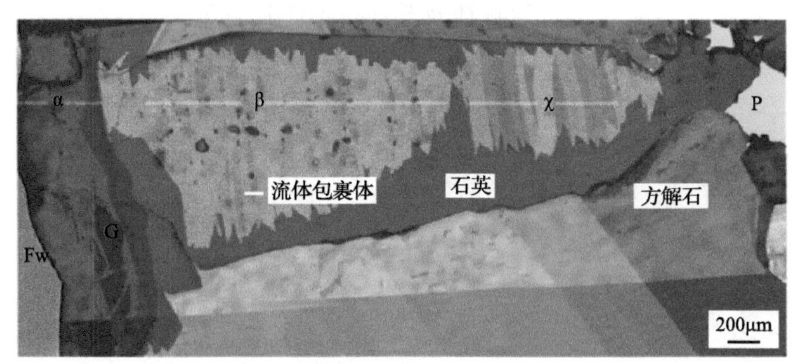

(a) 透射光

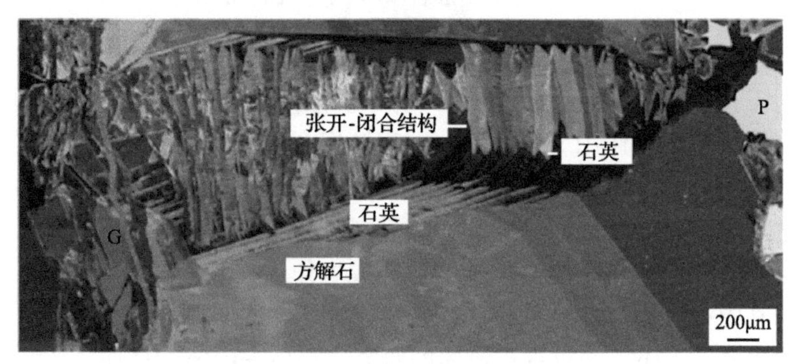

(b) 阴极发光

图 1-4　裂缝充填物结构图(Laubach et al., 2010)

P-孔隙；G-颗粒；FW-裂缝壁；α,β,χ-不同期次充填的矿物

(3)断裂带中断层岩的成岩作用类型及其程度还影响断层的封闭性和断层后期的活动性，并影响断控储层的发育规模及其储层质量。因此，通过断裂带内的成岩作用分析，不仅可以帮助了解断裂带的活动时间、断层在形成演化过程中的力学性质等特征，还可以为断层封闭性研究和断控储层的评价与分布预测提供地质依据。

3. 构造成岩作用对储层形成演化与改造的影响

在沉积储层的形成演化过程中，构造成岩作用在不同阶段对储层的影响表现出明显的差异性。在储层形成演化早期，构造成岩作用主要导致储层孔隙度快速递减和渗透率变差。构造成岩强度越大，储层减孔率也越大，甚至使储层致密化。随着构造成岩作用的不断进行，储层岩石逐渐变得致密，储层的脆性程度增加，晚期的构造成岩作用可以形成多种成因类型的天然裂缝。它们既可以成为储层重要的储集空间和主要的渗流通道，同时沿裂缝系统流动的酸性流体更容易进入储层的孔隙中，并对颗粒和胶结物产生溶蚀作用，有利于次生孔隙的发育，使储层孔隙的连通性变好，对改善低渗致密储层的整体性能和提高储层的孔隙度与渗透率起积极作用，它们控制了低渗致密储层的差异演化及甜点储层的发育与展布规律(图 1-5)。因此，构造成岩作用是控制储层差异演化与优质储层发育的关键因素。在构造变形强度和成岩强度定量分析的基础上，研究构造成岩强度的定量演变规律及其差异性，对阐明沉积储层孔隙-裂缝系统的形成、改造和保持机理，揭示储层有效孔隙-裂缝系统的发育规律及其评价预测具有重要意义。

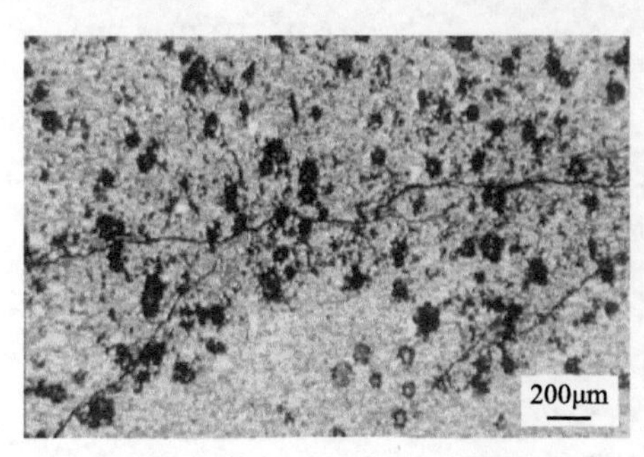

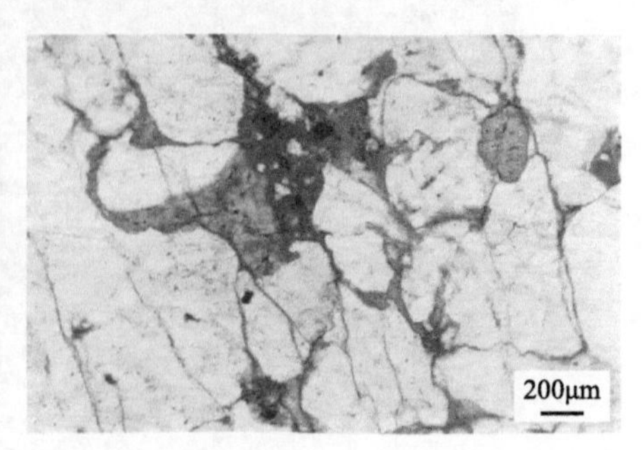

图 1-5　后期构造成岩作用下甜点储层的分布

值得注意的是，在沉积储层的不同演化阶段，构造成岩作用对储层的影响具有两面性，既有有利于孔隙-裂缝系统发育和保持的建设性作用，也有导致储层孔隙-裂缝系统消减和充填胶结的破坏性作用。只有厘清沉积储层在不同演化阶段所起的各种积极和消极作用，才能更好地阐明沉积储层孔隙-裂缝系统的演变过程及其有效性，揭示沉积储层的形成、演化与改造过程及优质储层的发育机制和展布规律。

沉积储层的形成、演化在受到构造变形和成岩作用控制的同时，流体以水岩作用的方式一直参与其中，是储层成岩演化和构造变形不可缺少的重要地质因素。因此，在构造成岩作用的研究中，还需要重视古流体的研究，包括古流体的性质、来源、活动期次、流体演化及其对构造变形、成岩作用和储层物性的影响等内容。流体对储层成岩的影响属于成岩作用的研究范畴，以地层水和流体包裹体分析资料为基础，研究流体演化和矿物的相互作用，是分析流体和成岩作用相互关系及其影响储层成因机理与储集性的重要途径。流体对储层变形的影响主要表现为降低了岩石的极限强度，在应力作用下，流体有利于矿物溶解迁移和发生重结晶作用，从而有利于岩石发生塑性变形。同时，孔隙流体压力的效果类似于降低围压的效果，使莫尔应力圆向左移动、降低岩石强度和使岩石易于发生脆性破裂(曾联波，2008)。当流体压力达到一定程度时，甚至还可以改变储层的应力状态形成拉张裂缝。

1.3　构造成岩作用的研究方法

构造成岩作用研究是构造地质学、储层地质学、储层地质力学和渗流力学相结合的多学科交叉渗透的综合研究。充分利用地质、地球物理和测试分析等资料，采用地表与地下相结合、宏观与微观相结合、物理模拟与数值模拟相结合的手段，在构造变形与成岩演化分析的基础上，研究不同阶段构造成岩作用的内在关系及其对储层形成、演化与改造过程的控制作用，建立构造成岩作用的控储模式，对储层质量进行综合评价和分布预测。

构造成岩作用的研究可以分为三个层次开展。在区域层面上，需要重点研究构造成岩作用对沉积储层形成、演化的控制作用，阐明储层孔隙度和渗透率的变化规律及其与构造成岩强度的定量关系，明确储层致密化时间及其成因机制，建立构造成岩作用控制下的致密储层形成演化模式。在区带层面上，重点研究构造成岩作用对有效储层形成演化的控制作用，阐明储层多尺度孔隙-裂缝系统形成机制及其主控因素，建立构造成岩作用控制下的储层多尺度孔隙-裂缝系统的形成演化模式。在具体的地区层面，重点研究构造成岩作用对致密储层差异演化和甜点储层发育的控制作用，明确致密储层差异演化和甜点储层发育机理及其主控因素，建立构造成岩作用控制下的致密储层差异演化和甜点储层发育模式，预测甜点储层的展布规律，进行分类评价与目标区优选。

构造变形和储层成岩作用分析是基础。利用地震资料的构造定量解析和平衡剖面分析，研究构造变形时间、变形序列、变形样式及其演化规律。通过对构造变形的缩短量与缩短率计算，结合古构造应力场的定量分析和古构造应力大小的定量恢复，确定不同变形时期的构造变形强度。应用盆地模拟技术结合地层沉降史分析，阐明不同地质历史时期的构造沉降差异性及其与构造变形的相互关系，为构造变形与成岩演化的耦合关系分析提供基础。

储层成岩作用研究通常从微观尺度基于储层岩石矿物学和实验测试分析两条途径开展，常用方法有自生矿物结构和成分研究方法、地球化学研究方法和流体包裹体研究方法，包括常规与铸体薄片分析、扫描电镜分析、阴极发光分析、X 射线衍射分析、电子探针分析、镜质体反射率分析、微量元素离子质谱分析、碳氧同位素分析和流体包裹体分析等。通过对成岩环境、成岩过程和成岩参数的研究，划分成岩作用类型、成岩序列、成岩阶段、成岩模式和成岩相，建立储层孔隙形成演化模式。

储层裂缝的研究方法主要包括地质方法、测井方法、三维地震方法、实验方法、数值模拟方法和机器学习方法等。通过地质方法和实验方法研究，阐明储层裂缝的地质成因类型、形成时期和成因机制，明确储层多尺度裂缝发育的主控因素，并对不同尺度裂缝的定性和定量参数进行精细表征，对裂缝的有效性进行评价。基于岩心资料的声电井壁成像测井、多极子声波测井、常规测井和机器学习相结合的研究方法，能够有效地对单井裂缝进行定量评价，阐明储层裂缝的纵向发育规律。利用三维地震、数值模拟和机器学习相结合的研究方法，能够较好地预测井间裂缝的分布，阐明储层裂缝的横向发育规律。

1.4　构造成岩作用的研究意义

沉积储层的形成演化受沉积作用、成岩作用和构造作用的影响，其中沉积作用是储层形成的基础，构造成岩作用是影响储层质量的关键。过去从沉积作用和成岩作用的角度对沉积储层的形成演化及储层质量的控制影响研究较多，压实作用、胶结作用和石英次生加大作用等成岩作用是储层物性变差的主要原因，溶蚀作用对改善储层的储集性能起积极作用，而对构造作用的影响较为薄弱。在储层的成岩演化过程中，构造作用具有十分重要而又复杂的影响。一方面，构造作用通过控制构造沉降和流体影响成岩作用，水平构造挤压可以是侧向压实的主要作用力，从而影响储层的形成演化及储层质量。另一方面，构造作用在储层中形成大量裂缝以后，后期的流体活动和成岩作用又对裂缝系统进行再次改造，使裂缝的有效性和储层质量变得更加复杂，非均质性更强，反映构造成岩作用是控制储层差异演化与后期改造的主要驱动力。因此，开展构造成岩作用研究，不仅能够更深入地了解沉积储层形成演化与改造过程，还可以明确储层发育的动力学机制。

随着储层成岩作用的增强，储层物性变差，储层越来越致密，岩石的脆性程度增加，有利于岩石发生脆性破裂和裂缝的形成。根据地质成因，储层中的天然裂缝包括构造成因裂缝、成岩成因裂缝和构造成岩成因裂缝。构造成因裂缝除了受构造应力控制以外，还受成岩作用的影响。成岩作用主要是通过影响岩石的力学性质来影响构造成因裂缝的发育程度，成岩作用越强，储层物性越差，岩石脆性程度越高，在相同构造应力作用下构造成因裂缝的发育程度越大。在储层成岩过程中，压实压溶等地质作用形成的成岩成因裂缝同样受成岩作用的影响。成岩成因裂缝最典型的类型是顺微层理面分布的层理缝，其主要在成岩作用强烈的致密储层中发育，成岩作用越强，成岩成因裂缝的发育程度越高。在致密低渗透储层中，除了构造成因裂缝和成岩成因裂缝以外，还发育一类与矿物颗粒相关的粒内缝和粒缘缝。粒内缝主要表现为沿石英裂纹和长石解理裂开形成的微裂缝，发育在石英或方解石颗粒内部，不切割矿物颗粒；粒缘缝主要分布在呈线状相互接触的矿物颗粒之间，沿着矿物颗粒边缘分布，常与粒内缝伴生。粒内缝与粒缘缝的形成主要与强烈的机械压实和构造挤压联合作用有关，是典型的构造成岩作用的产物(曾联波，2008)。储层裂缝的形成和分布与构造成岩作用密切相关，因此通过对构造成岩作用的研究更好地评价储层裂缝的分布规律。

储层中的裂缝在形成扩展过程中或者在形成以后，由于流体活动，常被石英、方解石等矿物胶结成岩充填而变成无效裂缝，之后的溶蚀作用还可以使这些无效裂缝再变成有效裂缝，裂缝的有效性评价变得复杂和困难。因此，研究裂缝的形成时间、裂缝充填矿物的微观结构特征、矿物胶结时间、矿物结晶速度及其充填程度是裂缝有效性评价的关键。

裂缝的有效性取决于裂缝的开启程度，而裂缝的开启程度又取决于裂缝张开速率与成岩胶结速率之间的竞争关系(Gale et al., 2009)。裂缝张开和发生成岩胶结竞争的结果可能导致裂缝被完全充填而变成无效裂缝，也可能是在裂缝壁之间形成一薄层，或者是在裂缝壁之间形成岩桥(Laubach and Ward, 2006)。因此，储层裂缝的形成及其有效性受控于构造成岩作用，储层裂缝的发育程度取决于构造作用，而储层裂缝的有效性主要取决于成岩作用状态。受构造作用控制的裂缝力学机制和成岩历史的相互作用是裂缝开度与张开裂缝的持续时间、连通性和流体活动的决定因素。根据对裂缝成岩胶结作用研究和流体包裹体分析，可以有效地确定裂缝中成岩胶结作用的期次和发生时间，重建裂缝张开过程中流体温度和压力演化历史，建立储层裂缝张开-闭合演化模式和裂缝孔隙度的演化模型，为地下储层天然裂缝有效性的科学评价和裂缝孔隙度的分布预测提供新的思路与途径。

正是由于致密低渗透储层形成演化以及储层孔隙和有效裂缝的分布与发育受构造成岩作用的影响，通过对构造成岩作用的研究可以为致密低渗透储层质量的综合评价提供新的途径。构造作用对储层储集性能的影响既有不利的一面，也有有利的一面。在沉积物固结成岩之前，水平构造挤压作用使岩石的压实作用增强，造成储层孔隙体积减小和物性降低。水平构造挤压强度越大，储层的构造压实减孔量越大，储层的物性变得越差。例如，在塔里木盆地库车拗陷和塔西南地区，水平构造挤压应力每增加 1.0MPa，会导致砂岩孔隙度的减小量增加 0.11%左右(寿建峰等，2006)。在沉积物固结成岩以后，水平构造作用还可以形成大量的天然裂缝，成为储层的有效储集空间和流体流动的重要通道，并为酸性流体活动提供了渗流通道，有利于溶蚀作用的发生和次生孔隙的发育。岩石在固结成岩之后受到的构造成岩作用还可以有效地提高储层的储集空间和渗透率，极大地改善致密低渗透储层的储渗性能。因此，根据构造成岩作用对致密低渗透储层物性的影响，在储层孔隙度的原始沉积组构模型的基础上，通过建立孔隙度的压实模型和构造应力模型，可以客观有效地进行储层质量的分类评价(Zeng et al., 2012a; 曾联波等, 2020a)，综合反映沉积、压实、胶结、构造应力、溶蚀和裂缝发育等多种地质因素对致密低渗透储层质量的控制作用。

致密低渗透储层的形成与差异演化及甜点储层的发育受构造成岩作用共同控制，因此，研究储层形成演化过程中构造作用和成岩作用的相互耦合关系及其对储层形成、演化与改造的控制机理，阐明致密储层差异演化和甜点储层发育的主控因素，对深入认识致密低渗透储层发育的动力学机制及其分布预测具有重要的理论意义和应用价值。

第 2 章 库车前陆盆地地质概况

2.1 区域构造位置

塔里木盆地位于新疆维吾尔自治区，是中国最大的含油气盆地，总面积约 56 万 km^2。库车拗陷属于南天山造山带的前陆盆地，是我国陆上天然气勘探的重要地区，是国家重点工程“西气东输”的主力气源区，勘探面积达 2.8 万 km^2，天然气资源量达 3.16 万亿 m^3，石油资源量达 6.09 亿 t(贾承造等，2010)，是我国能源保障的重要基础。

塔里木盆地位于南天山、西昆仑山和阿尔金山之间，是中国西北部在挤压背景下广泛发育的陆内沉积盆地，也是环青藏高原典型陆内挤压型盆山体系的组成部分和重要的天然气聚集区域，形成了陆内造山带与沉积盆地相间排列的大地构造格局(图 2-1)。按照层序结构和基底特征，塔里木盆地可以划分为库车拗陷、塔北隆起、北部拗陷、中央隆起、塔西南拗陷、塔南隆起、东南拗陷、库鲁克塔格断隆、铁克里克断隆和柯坪断隆 10 个二级构造单元(图 2-2)。

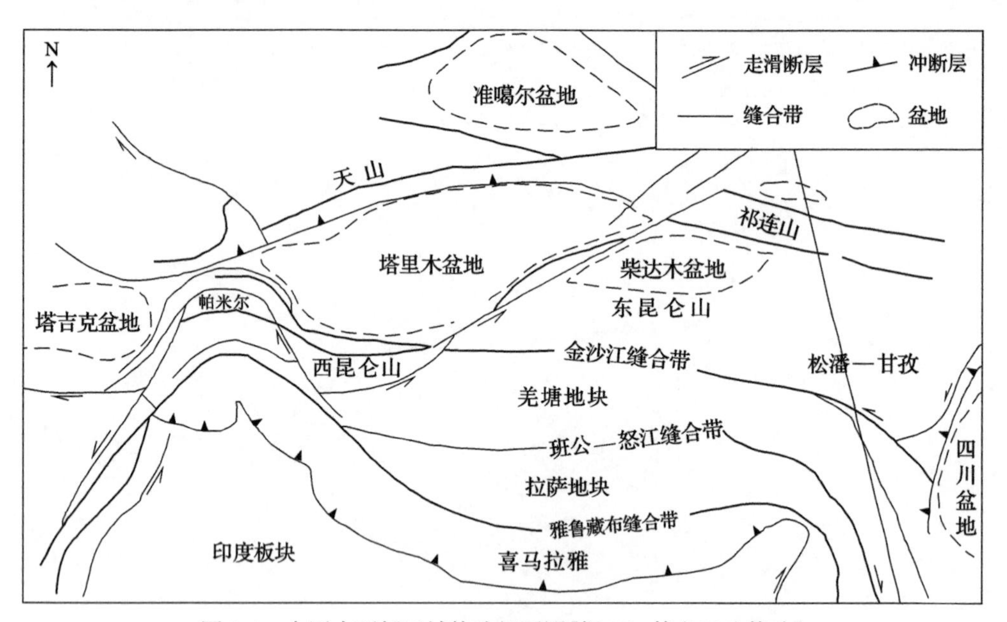

图 2-1 中国中西部区域构造纲要图[据 Yin 等(1998)修改]

塔里木盆地是在前震旦系结晶基底上发育的典型叠合盆地(何登发等，2005)，志留纪末期—泥盆纪，塔里木大陆板块与中昆仑岛弧碰撞发生 A 型俯冲，形成周缘前陆盆地和古前陆冲断带(贾承造，2004)。二叠纪，塔里木北缘岩浆弧与中天山岛弧发生俯冲碰撞，南天山洋最终消亡(魏国齐和贾承造，1998)。晚二叠世—三叠纪，塔里木大陆

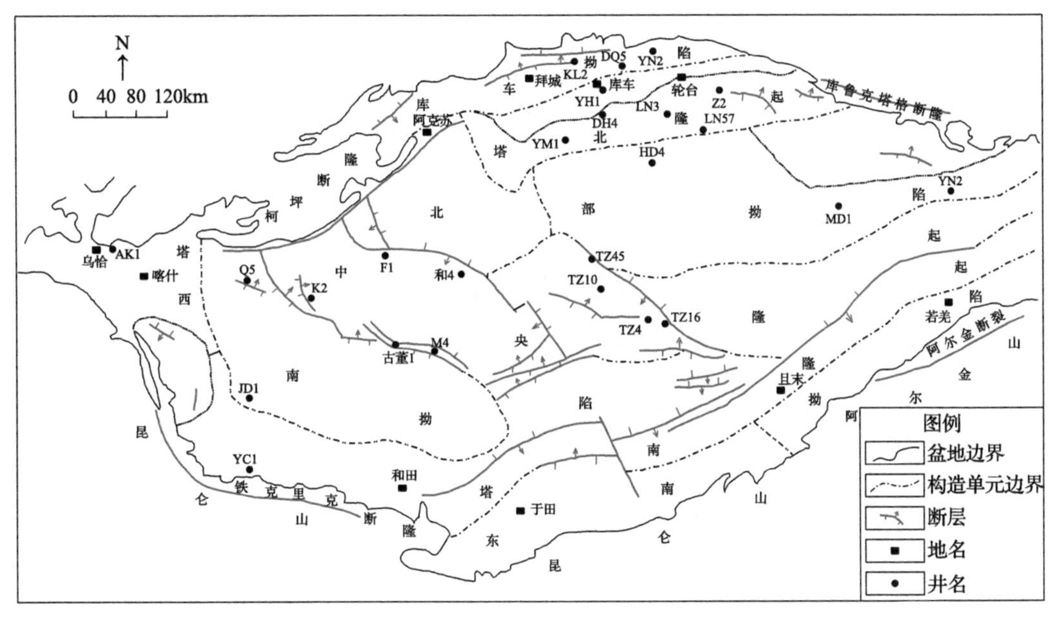

图 2-2 塔里木盆地构造单元划分图(贾承造，2004)

板块与盆地南缘的羌塘地体碰撞，在盆地南缘形成弧后前陆。侏罗纪，盆地整体进入挤压后的弱伸展阶段。从白垩纪末期开始，随着印度板块与欧亚板块发生碰撞并向北持续推移，盆地处于区域构造挤压环境；至新近纪末—早更新世，区域构造挤压强烈，南天山、阿尔金山、西昆仑山发生碰撞拼合并迅速隆升(张明山等，2002；Chen et al., 2004)。

库车拗陷在行政区划上隶属于新疆维吾尔自治区阿克苏地区拜城县、库车市、新和县及巴音郭楞蒙古自治州轮台县。在构造上，库车拗陷位于塔里木盆地北部南天山造山带与塔北隆起之间，东西长约 550km，南北宽 30～80km，面积 28515km^2。在平面上表现为中部宽、向东西两段收敛的北东东—南南西方向的狭长条带。库车拗陷经历了多期的构造变形，是一个典型的“再生前陆盆地”，充填了巨厚的中—新生代陆相沉积物，整体上具有北厚南薄的楔状沉积特征(刘志宏等，2001；贾承造，2004)。

2.2 地层与沉积相

2.2.1 地层

库车前陆盆地主要出露完整的中生界和新生界，元古界及古生界有零星出露(图 2-3)。整体上，该区中生界和新生界分布广泛，沉积类型多样、化石丰富。主要化石类型包括植物、叶肢介、双壳类、腹足类、昆虫、鱼、龟鳖类、孢粉、介形类、轮藻、沟鞭藻和疑源类等。

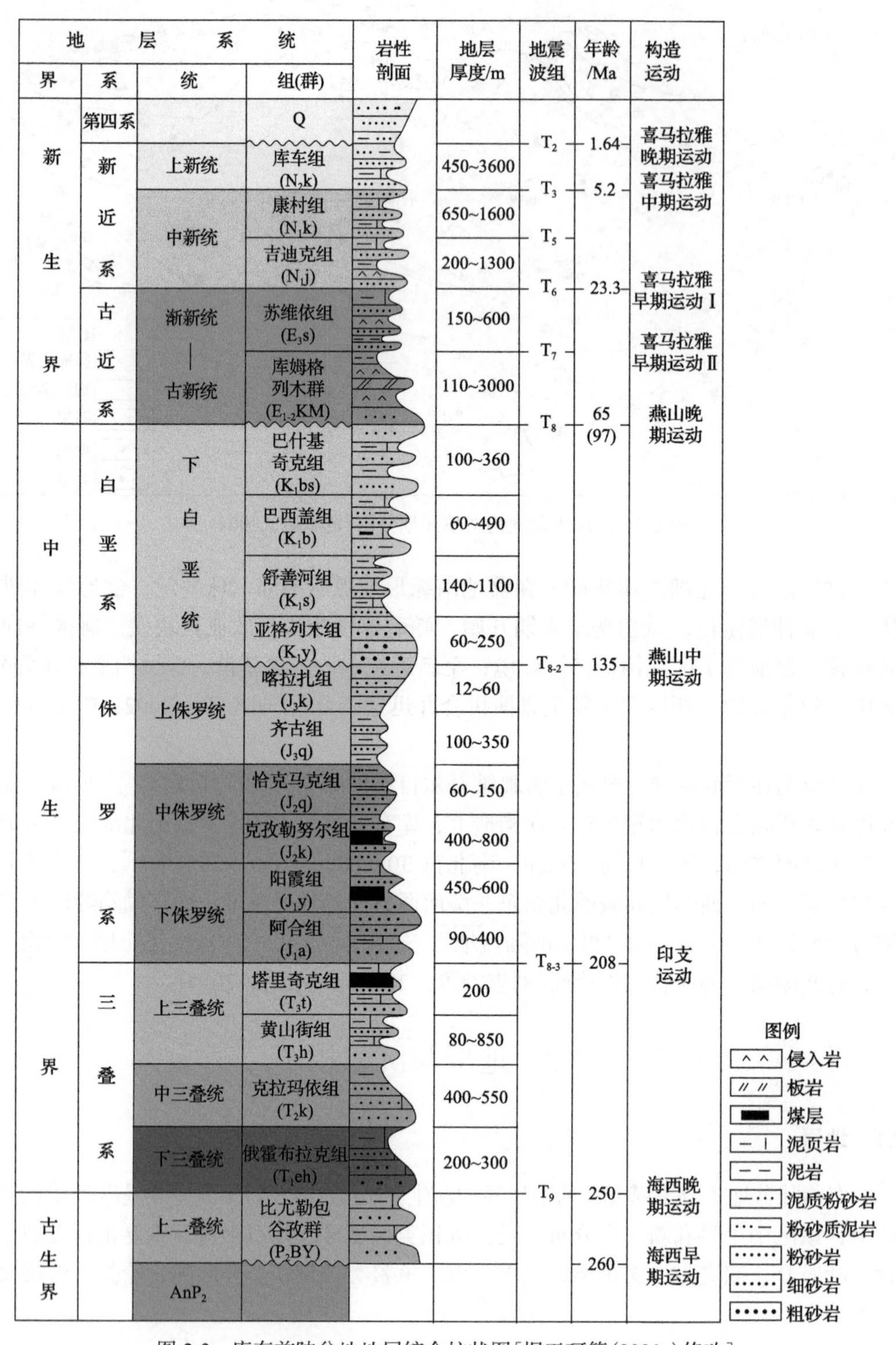

图 2-3　库车前陆盆地地层综合柱状图[据王珂等(2020a)修改]

1. 三叠系

三叠系露头区主要分布于库车拗陷的北部，出露良好，层序清楚，化石丰富，为一套陆相碎屑岩沉积，一般不整合于晚二叠世沉积岩或早二叠世喷发岩之上。与上覆侏罗系呈整合或平行不整合接触，在整个库车前陆盆地广泛发育。

1）俄霍布拉克组（T_1eh）

俄霍布拉克组露头区主要分布于库车市比尤勒包谷孜干沟至温宿县塔克拉克沟之间的北部。主要岩性为两组灰绿色泥岩、砂岩和两组紫红色砂、砾岩夹泥岩间互层，底部为一套灰褐色的底砾岩。产叶肢介、植物、脊椎、介形类、孢粉及疑源类等化石。

2）克拉玛依组（T_2k）

克拉玛依组露头区主要分布于库车市比尤勒包谷孜干沟至温宿县塔克拉克沟之间的北部。岩性方面主要为灰绿色的砂砾岩与泥岩不等厚互层。顶部具有一层具叠锥构造的黑色碳质泥岩，一般厚 40～90m，是区域对比的标志层。克拉苏构造带至卡普沙良北部单斜带的岩性最粗，向西岩性变细，厚度减薄；向东岩性变细，厚度变化不大。该组产丰富的植物、孢粉及少量叶肢介、瓣鳃、介形类、轮藻、哈萨克虫等化石。

克拉玛依组与下伏的俄霍布拉克组为整合接触，但是下伏的俄霍布拉克组顶部为一套紫红色砂、砾岩夹同色泥岩；而克拉玛依组全部的砂、砾岩整体呈灰白色，砂、泥岩为红、绿相间的杂色沉积。

3）黄山街组（T_3h）

黄山街组在库车河与卡普沙良河之间厚度最大，向东西方向有减薄的趋势，在岩性、沉积旋回方面具有以下显著特点：岩性以灰绿、灰黑色细粒湖相沉积岩为主；由两套由粗变细的沉积旋回组成，每个旋回底部为块状砂、砾岩，中上部为灰绿、灰黑色泥页岩、碳质泥岩夹薄层灰岩或灰岩透镜体。该组产丰富的哈萨克虫、昆虫、叶肢介、植物、孢粉、双壳类和疑源类等化石。

4）塔里奇克组（T_3t）

塔里奇克组在库车河剖面出露广泛，主要分布于克孜勒努尔沟至温宿县塔克拉克背斜和吐格尔明背斜的东高点。其厚度一般为 200m，以库车河处最厚，向东向西厚度都逐渐减薄。主要由 3 个由粗至细的沉积旋回组成，主要岩性为灰白色砾岩、中粗粒长石石英砂岩、灰色砂质泥岩、泥质砂岩及黑色碳质页岩夹煤层。底界为灰白色中至厚层状石英砂、砾岩，与下伏黄山街组的灰、灰绿色的砂泥岩呈整合接触，界线较为清楚。该组产植物、孢粉、大孢子、双壳类、昆虫和叶肢介等化石，是库车拗陷中层位最深的主要开采煤层。

2. 侏罗系

研究区侏罗系在全区发育良好，层序清楚，主要为一套含煤陆相沉积，底部与三叠系呈整合接触，顶部与白垩系呈假整合接触，一般厚度分布在 1450～2072m，化石丰富。

1) 阿合组 (J_1a)

阿合组主要分布于研究区西部的北部单斜带和东部的吐格尔明背斜东高点。该组在中西部厚度较大，岩性相对较粗，其中以克拉苏河剖面岩性最粗，厚度最大(415m)，向东厚度变薄，向西岩性变细，厚度变薄。主要岩性为浅灰、灰白色厚层-块状砾岩、含砾粗砂岩、粗砂岩，局部剖面夹灰、灰绿色中细砂岩、灰黑色泥岩及煤线。

阿合组的底界为灰白色厚层-块状砂、砾岩与塔里奇克组顶部灰黑色泥岩、粉砂岩及煤线接触，界线清楚。两组在盆地内未见明显的不整合现象，在盆地东部边缘的库尔楚地区阿合组超覆塔里奇克组不整合于黄山街组之上。主要产植物、孢粉、大孢子等化石。

2) 阳霞组 (J_1y)

阳霞组的分布和阿合组具有很高的相似性，在阳霞、库车河地区厚度最大。阳霞组主要岩性为一套含煤层系，颜色宏观上呈灰色，顶部具黑色碳质泥岩标志层。岩性为灰、灰白色砂、砾岩、灰色泥质粉砂岩和深灰、灰黑色粉砂质泥岩、泥(页)岩及煤线(层)组成的多个正向韵律层，顶部具 30～60m 的黑色碳质页岩标志层，是研究区主要的开采煤层之一。

该组的底界为灰、灰黑色中薄层状粉砂岩、泥岩、煤线，与下伏阿合组灰、灰白色厚层-块状砂、砾岩整合接触，两组界线清楚。该组产植物、孢粉、大孢子、双壳类、昆虫化石。

3) 克孜勒努尔组 (J_2k)

克孜勒努尔组分布于研究区西部和东部的吐格尔明背斜东高点，该组在库车河一带厚度最大，约为 773m；在阳霞煤矿的吐格尔明背斜厚度最小，约为 445m；该组在卡普沙良河地区岩性较细，其上段为砂、泥岩互层夹页岩。主要岩性为灰白-灰绿色细砾岩、含砾砂岩、砂岩与绿灰-灰黑色粉砂岩、泥页岩及煤层和煤线组成的多个正向韵律层。克孜勒努尔组主要宏观特征为颜色呈灰绿色，岩性为一套含煤的韵律层，下部所夹煤层在有的地区可进行工业性开采。

克孜勒努尔组的底界为灰、灰绿色砂、砾岩、粉砂岩、泥岩及煤线韵律层，与下伏阳霞顶部碳质泥(页)岩标志层整合接触，界线十分清楚。该组产植物、孢粉、大孢子、轮藻、双壳类和昆虫等化石。

4) 恰克马克组 (J_2q)

恰克马克组主要分布于研究区西部的北部单斜带及吐格尔明背斜北翼，一般厚度为 280m。主要特点为岩石颜色宏观上呈绿色、鲜绿色，上部夹紫红色，为一套湖相沉积的含油页岩及成层的泥灰岩。主要岩性为鲜绿、灰绿及紫色泥岩、砂质泥岩、粉砂岩夹砂岩，局部有深灰-灰黑色油页岩及泥灰岩。该组在东部岩性较粗，在西部岩性较细，在吐格尔明背斜为砂砾岩与泥岩互层，在库车河一带为泥岩、粉砂质泥岩夹砂岩。

恰克马克组的底界为灰-灰绿色细砂岩、泥岩，与克孜勒努尔组的灰白色厚层-块状砂砾岩呈整合接触。该组产植物、叶肢介、瓣鳃、鱼类、脊椎、介形类、轮藻和孢粉等化石。

5)齐古组(J_3q)

齐古组主要分布于阿瓦特河至克孜勒努尔沟之间的北部单斜带，克拉苏-依奇克里克背斜带(简称克-依背斜带)的吐格尔明背斜、巴什基奇克背斜、依奇克里克相关褶皱的阿依库木沟一带。主要岩性为红色泥岩，局部带有灰绿色斑点，下部夹灰白、黄灰、灰绿色泥灰岩、钙质粉砂岩条带。

齐古组底界为红色泥岩夹灰白、灰绿色钙质粉砂岩、泥岩，与恰克马克组灰绿色泥岩、粉砂岩夹紫红色粉砂岩、泥岩呈整合接触。该组主要产孢粉、腹足类化石，另外介形类和轮藻化石十分丰富。

6)喀拉扎组(J_3k)：

喀拉扎组主要分布于卡普沙良河至克孜勒努尔沟之间的北部单斜带及阳霞煤矿的吐格尔明背斜，在卡普沙良河一带最厚(63m)，向东变薄，在库车河剖面厚度为17m，而在吐格尔明剖面仅有12m厚。

喀拉扎组岩性为褐红色薄-厚层状含钙质岩屑长石石英砂岩、细砾岩夹黄红、紫红色中-厚层状泥质粉砂岩、粉砂质泥岩。该组底界为褐红色薄-厚层状砂岩，与下伏齐古组紫红色泥岩呈整合接触。化石方面，主要产轮藻化石。

3. 白垩系

白垩系露头主要分布于库车前陆盆地西部的北部单斜带和克-依背斜带部分地区。主要为一套陆相紫红色碎屑岩沉积，与上覆古近系呈平行不整合或不整合接触；与下伏侏罗系喀拉扎组呈平行不整合接触，一般厚237～1679m。由于下白垩统亦为主要含油气层位，在此，将详细表述该套地层的野外露头发育特征及井下地层展布情况。

1)亚格列木组(K_1y)

亚格列木组主要分布于库车坳陷中部及西部的北部单斜带及克-依背斜带的库姆格列木背斜、巴什基奇克背斜、依奇克里克断层以及吐格尔明背斜。岩性较稳定，厚度一般小于100m。

亚格列木组上部为砂岩及砾状砂岩，下部为砾岩。主要特征是砾岩坚硬，地貌陡峭，似城墙状，故有“城墙砾岩”之称。底界为浅灰紫色块状砾岩，与下伏喀拉扎组褐红色砂砾岩假整合(或不整合)接触，两组砾岩的区别在于亚格列木组砂砾岩胶结致密、坚硬、抗风化能力强，砾石较大；喀拉扎组砾岩胶结较差，宏观上呈软地貌，砾径小，两组之间有着十分明显的界面。

覆盖区仅库车坳陷东部克拉苏构造带(库北1井)、依奇克里克断层、吐格尔明背斜钻及。在泥岩夹层中产孢粉、介形类和轮藻化石。

2)舒善河组(K_1s)

舒善河组出露于库车坳陷北部单斜带，在卡普沙良河最为发育，厚约1100m，向西至阿瓦特河一带颜色变暗，灰绿色条带变少，向东至库车河一带厚度减薄，灰绿色条带不明显。东部依奇克里克断层、吐格尔明背斜剥蚀减薄与下伏亚格列木组呈整合接触。

舒善河组以泥岩为主，在露头区颜色下红上杂是主要特征，钻遇厚度 140～

3060m(3060m 为 KC1 井的舒善河组厚度，可能存在地层重复)。克拉苏构造带，依奇克里克、吐格尔明、吐孜洛克地区部分钻井钻遇。岩性以泥岩和粉砂质泥岩为主，与下伏砾岩界线明显。

3) 巴西盖组(K_1b)

巴西盖组主要分布于库车拗陷中西部露头及钻井剖面，库车拗陷东部缺失。为一套湖泊三角洲—滨浅湖相沉积。在阿瓦特河剖面最厚，为 490m，其他剖面厚 94～261m，向东至 YN2 井和吐格尔明剖面缺失。

巴西盖组主要特征为宏观上颜色呈黄褐色，岩性以砂岩为主。主要岩性为黄灰、橘红色厚层-块状粉、细砂岩、粗砂岩夹同色含泥质粉砂岩、泥岩。化石方面，以介形类、轮藻化石为主。

4) 巴什基奇克组(K_1bs)

巴什基奇克组主要岩性：上部为粉红色厚层-块状中-细粒砂岩夹同色含砾砂岩、泥质粉砂岩、含钙质泥岩、粉红色砂岩，下部为紫灰色厚层块状砾岩。该组产介形类、轮藻及孢粉化石。

该组主要分布于库车拗陷中西部露头及覆盖区，库车拗陷东部山前缺失。钻井剖面以 KL2 井最为发育，厚 401.5m。参考常见划分方案，根据岩性与电性从上到下细分为以下三个段。

第一段(K_1bs^1)：大北地区全部遭受剥蚀，克深地区残余厚度 37.5～60m。岩性以褐色、棕褐色中厚层-巨厚层状砂岩为主，局部夹薄层、中厚层泥岩。粒度较粗，以中细粒为主，局部发育泥砾夹层(密度较低、中子孔隙度较低)，自然伽马整体呈锯齿状特征，局部呈尖峰特征，为较纯的泥岩夹层。

第二段(K_1bs^2)：大北—克深地区厚 178～202m。岩性为棕褐色厚-巨厚层状砂岩夹薄层-中厚层泥岩、粉砂质泥岩和粉砂岩。粒度同第一段基本相似，以中细砂岩为主，其次为中砂夹粗中砂、粉细砂岩，砂岩中常含泥砾，泥砾砂岩局部富集。本段的特点是薄泥岩夹层较纯，表现在自然伽马上比第一段的泥岩夹层值更高，泥岩夹层数量也明显多于第一段。

第三段(K_1bs^3)：大北—克深地区厚 65.5～73m。该段岩性以中-厚层状细砂岩夹薄层泥岩、粉砂质泥岩为特征。上部岩性以中层状细砂岩、粉砂岩为主，见较为频繁发育的薄层泥岩，下部以厚层-块状细砂岩夹粉砂质泥岩、泥岩为主，泥质夹层层数少、单层厚度较大。

4. 古近系

研究区内古近系及新近系较中生界分布广泛，主要见于库车河以西的北部单斜带、克-依背斜带及秋里塔格构造带，其中蕴藏着丰富的石膏及盐类等沉积矿产。

1) 库姆格列木群($E_{1\text{-}2}KM$)

库姆格列木群在库车拗陷西部的卡普沙良地区到东部的克孜勒努尔沟之间的北部单斜带均有出露，克-依背斜带的库姆格列木背斜、依奇克里克断层、巴什基奇克背斜亦见出露。底部主要岩性为灰白、浅灰色泥灰岩；下部为紫红色砂砾岩与同色泥岩、粉砂岩、石膏岩互层；上部为紫红色泥岩。

库姆格列木群底部在库姆格列木、巴什基奇克背斜一带与巴什基奇克组呈平行不整合接触，在依奇克里克地区与舒善河组呈平行不整合接触。该组产孢粉、轮藻、腹足类和介形类等化石。

2) 苏维依组(E_3s)

苏维依组主要分布于克-依背斜带。主要为一套红色的碎屑岩沉积。该组岩性变化较大，在北部单斜带主要为一套褐红色砾岩，在克-依背斜带主要为褐红色砂岩、泥岩和少量砾岩沉积；在克拉苏河、卡普沙良河一带沉积中夹有膏盐沉积。

苏维依组在吐格尔明背斜北翼塔拉克河和南翼的吐孜洛克沟，不整合在白垩系、侏罗系之上；其他剖面以褐红色砂岩或砾岩与库姆格列木群紫红色泥岩相接触。该组产介形类、孢粉和轮藻等化石。

5. 新近系

1) 吉迪克组(N_1j)

吉迪克组岩性变化较大，主要分布于东部吐格尔明背斜，克-依背斜带及南部秋里塔格山区。主要岩性为褐红色泥岩夹多层较厚的灰绿色泥岩条带及厚层膏盐沉积。该组产孢粉、介形类、轮藻、腹足类和植物等化石。

2) 康村组(N_1k)

康村组的岩性变化较大，总体在库车拗陷中岩性由北向南逐渐变细。在北部单斜带该组为棕红色砂砾岩，化石贫乏。向南在克-依背斜带该组变为褐红色砂岩和同色泥岩互层，其下部局部夹灰绿色粉砂岩、砂质泥岩条带。在秋里塔格山区该组为棕褐、红色泥岩、砂岩互层，下部夹灰、灰绿色砂泥岩薄层。该组产介形类、轮藻，并见植物、腹足类和脊椎等化石。

3) 库车组(N_2k)

库车组在库车拗陷中岩性变化大，总体呈由北至南岩性逐渐变细的变化趋势。在北部单斜带、克-依背斜带的北分支，该组为黄灰色砾岩，往南至克-依背斜带南分支则变为灰、黄灰色砂岩、粉砂质泥岩与砾岩互层，产介形类和轮藻化石。再向南至秋里塔格山区该组变为灰、绿灰色砂岩、砾岩与黄灰、褐灰色泥岩、粉砂质泥岩、泥质粉砂岩不等厚互层。该组产介形类、轮藻、腹足类、孢粉和植物化石。

2.2.2　沉积相

众多学者对库车前陆盆地的沉积相类型进行了深入的研究(张荣虎等，2015，2019a；梁万乐等，2019；王华超，2019)。侏罗系沉积以来，库车前陆盆地主要发育三角洲、湖泊等陆相沉积。下白垩统巴什基奇克组及下侏罗统阿合组主要发育受南天山物源控制的三角洲沉积体系(李小陪等，2013；王俊鹏等，2013；高志勇等，2015，2016a，2016b；王倩倩，2019)。

在白垩纪沉积充填阶段，呈现东西向拗-隆相间的古地貌差异。南北向的北高南低、东西向拗-隆相间的古地貌特点，控制了白垩纪沉积期沉积相带与骨架砂体的展布。白垩纪—古近纪发育多种沉积体系，主要包括辫状河三角洲、扇三角洲、滨湖—浅湖、局限潟湖、潮滩沉积等(表 2-1)

表 2-1　库车前陆盆地下白垩统巴什基奇克组—古近系沉积相类型简表

沉积体系与沉积相		亚相	微相
三角洲体系	扇三角洲	扇三角洲平原	泥石流、分流河道、水下分流河道间
		扇三角洲前缘	水下分流河道、水下分流河道间湾、河口砂坝、席状砂
		前扇三角洲	前扇三角洲泥
	辫状河三角洲	三角洲平原	辫状河道、水下分流河道间
		三角洲前缘	水下分流河道、水下分流河道间、河口砂坝、席状砂
		前三角洲	前三角洲泥
湖泊沉积体系		滨湖亚相	滨湖泥、滨湖浅滩、席状砂等
		浅湖亚相	浅湖泥、浅湖砂坝、盐岩、膏岩
潮滩—潟湖沉积体系		局限潟湖	膏质潟湖、云质潟湖、灰质潟湖等
		潮滩	

下白垩统巴什基奇克组沉积早期(相当于第三段)构造活动强烈，基底沉降较快，地形坡度大，沉积区与物源区有较大高程差，古流向由北向南，属于地形较陡的冲积扇—扇三角洲—滨浅湖沉积体系。巴什基奇克组第三段沿盆地北缘多个冲积扇及扇三角洲相互连接而形成冲积扇—扇三角洲复合体，沉积相沿东西向展布，南北向相带变化明显。由北向南沉积相依次为冲积扇、扇三角洲或辫状河三角洲、浅湖相沉积体系(图 2-4)。冲积扇及扇(或辫状河)三角洲垂向上表现为多期扇体相互叠置，在平面上表现为多个扇体相互连接，这样形成的冲积扇—扇三角洲复合体直接进入湖盆，在白垩纪库车盆地形成了规模巨大的砂体。

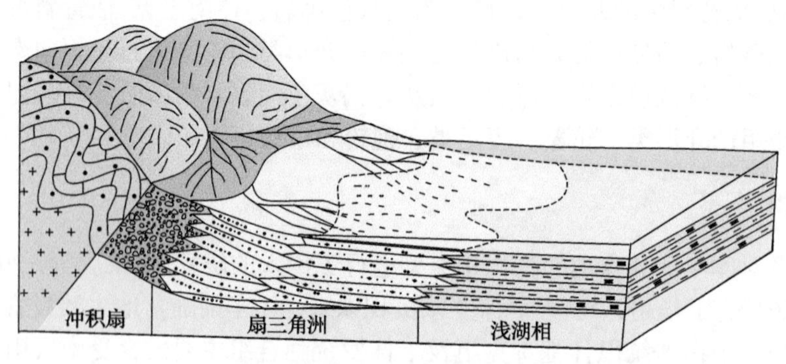

图 2-4　巴什基奇克组第三段冲积扇—扇三角洲沉积模式

巴什基奇克组第一段—第二段沉积时期，构造活动相对较弱，基底相对稳定，古地形较为平坦，沉积物成熟度也相对较高。古水流由北向南，因地形坡角小，在陆上形成广布的辫状河三角洲平原，近山口可能发育冲积扇沉积。从物源区到湖盆，辫状河三角洲前缘可延伸到较远的距离，横向上厚度较稳定，构成辫状河三角洲沉积体系(图 2-5)。在平面上，依据沉积物的重矿物等特征，主要可分为天山物源区、温宿物源区及东南物源区，区域上形成规模宏大的宽缓湖盆背景下的三角洲沉积体系(图 2-6)。在纵向上，自西向东，乌什凹陷以扇三角洲平原沉积为主；至博孜、大北地区巴什基奇克组第一段渐变为辫状河三角洲前缘沉积，巴什基奇克组第二段过渡为扇三角洲前缘沉积；克深—克拉地区巴什基奇克组为辫状河三角洲前缘沉积。

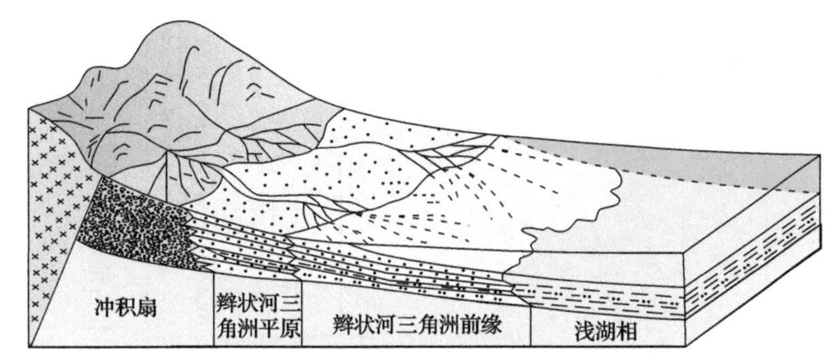

图 2-5　巴什基奇克组第一、二段辫状河三角洲沉积模式

侏罗纪期间，南天山地区的地质活动相对比较平静，地质运动对侏罗纪沉积环境变化的影响相对较小，库车前陆盆地侏罗纪沉积环境的变化主要受控于气候和地质因素。从化石方面来看，库车前陆盆地早—中侏罗世植物化石既有北方型锥叶蕨-拟刺葵植物群中的种类，又有南方型毛羽叶-锥叶蕨植物群中的种类，表明当时该地区处于温暖湿润气候带与亚热带-热带气候带的过渡部位，雨量充沛，温暖潮湿，为库车前陆盆地早—中侏罗世期间众多的河流提供了充足的水源，同时也在南天山山前地带形成良好的沼泽环境。下侏罗统阿合组沉积期间主要为快速沉降、快速沉积环境下形成的粗粒碎屑辫状河三角洲沉积，岩性主要为一套富砂型粗碎屑岩，发育粗砂岩、中砂岩和砂砾岩，由 37～79 个从灰白色粗-中砂岩或含砾粗-中砂岩到灰白色、浅灰色中-细砂岩或粉砂岩的正韵律层序组成(张惠良等，2002)。阿合组下部和中部各发育一套区域上可对比的浅灰色泥质粉砂岩和粉砂质泥岩及深灰色泥岩。从现有资料看，阿合组的总体沉积厚度从东向西呈现出变厚的趋势，反映出当时的沉积中心在靠西部一侧。

阳霞凹陷内的阿合组由于埋藏太深，目前没有钻井揭示阳霞凹陷内的阿合组，但是根据地震资料并结合区域沉积环境可以确定，在阳霞凹陷中发育阿合组沉积。根据沉积相的空间分布规律和地震剖面反映的情况可以推断，在辫状河三角洲前缘亚相的前方(即阳霞凹陷的偏南部位)应该发育前三角洲亚相或浅湖沉积相(王珂等，2020b)。

根据岩石组合特征，库车拗陷北部构造带的阿合组一般都可以被划分为 4 个岩性段，从上向下分别称为砂砾岩夹泥岩段、砂砾岩段、泥岩段和下砂砾岩段。张惠良等(2002)把库车拗陷北部构造带的阿合组划分为 5 个岩性段，并认为这 5 个岩性段的岩性和岩相在东西方向上具有良好的可比性。

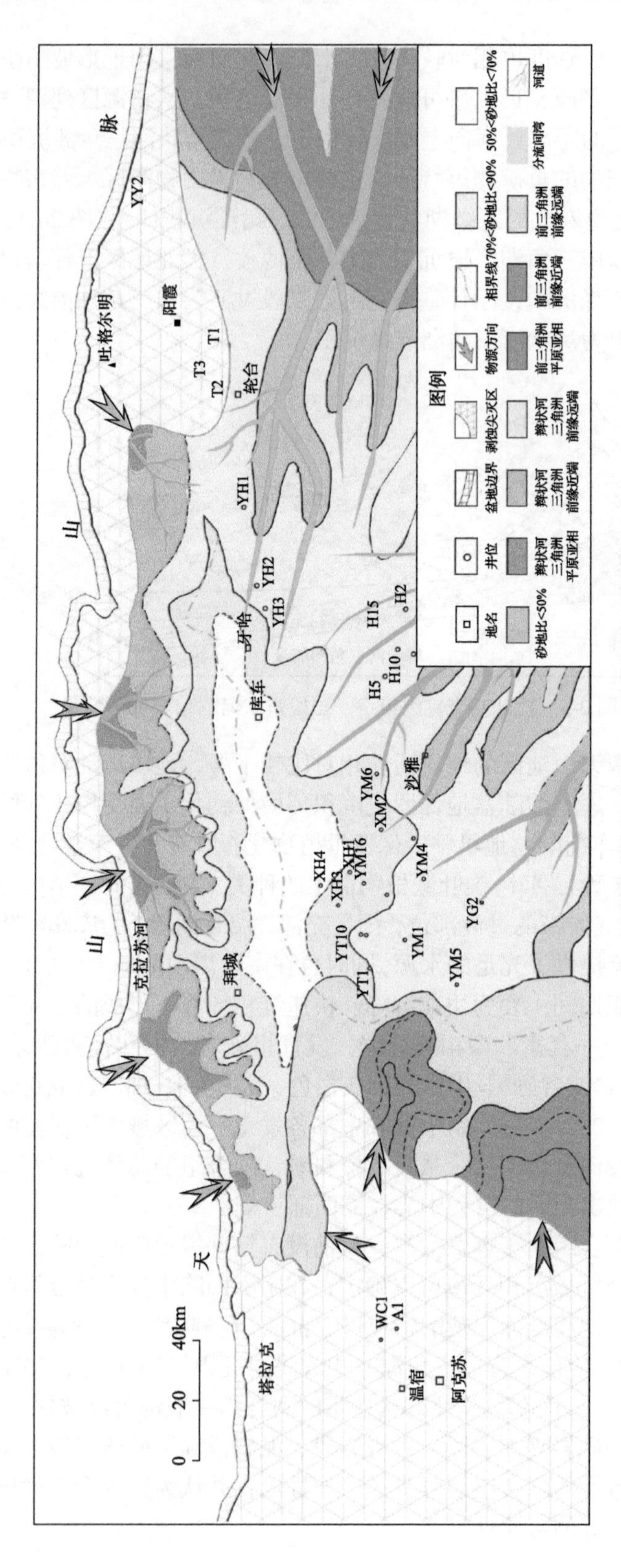

图2-6　巴什基奇克组第一、二段岩相古地理图

库车前陆盆地阿合组和阳霞组以湖泊—河流沉积环境为主，辫状河三角洲相和滨浅湖相沉积发育。下侏罗统主要发育辫状河三角洲—湖泊沉积体系。参照 Williams 等（1969）的辫状平原沉积相模式，根据库车拗陷北部构造带下侏罗统沉积的特点，建立了阿合组—阳霞组区域性沉积相模式，该沉积相模式总体反映了潮湿气候条件下粗粒辫状河三角洲沉积特征（图 2-7）。平面上，阿合组以辫状河三角洲平原的河道滞留沉积、心滩，辫状河三角洲前缘的水下分流河道夹河口坝、分流间湾及沼泽为特征（图 2-8）。纵向上，阿合组整体上为一套扇三角洲平原沉积建造，下部层段发育扇三角洲前缘沉积。

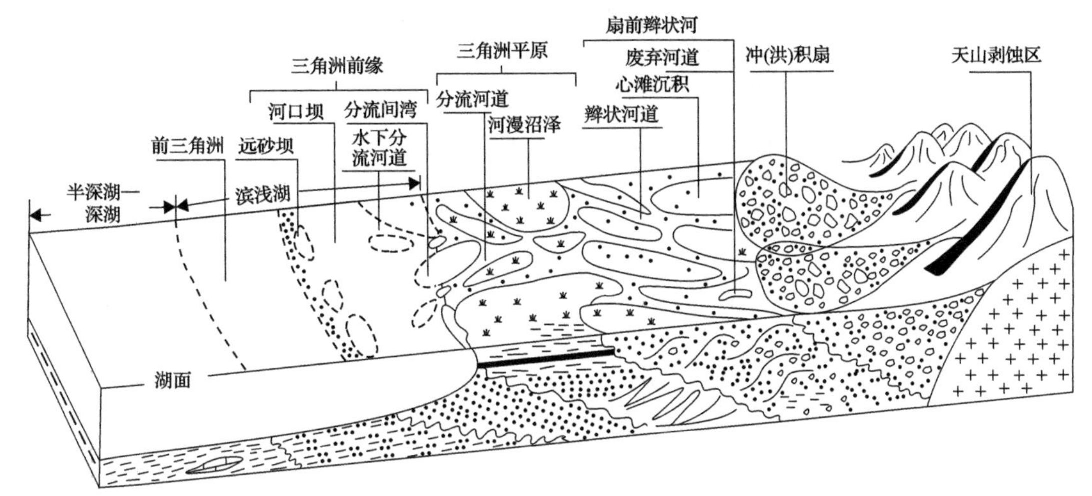

图 2-7　库车拗陷北部构造带阿合组—阳霞组沉积相模式（张荣虎等，2019a）

2.3　构造演化阶段

库车前陆盆地是一个在古生代被动大陆边缘基础之上发育起来的中—新生代叠合前陆盆地（何登发等，2009），经历了晚二叠世—三叠纪古前陆盆地发育期、侏罗纪弱伸展期、白垩纪末期以来持续挤压和陆内前陆冲断发育期等多期构造变形叠加过程。

库车前陆盆地由四个构造带和三个凹陷组成。四个构造带由北至南分别为北部单斜带、克-依构造带、秋里塔格构造带和南部斜坡带；三个凹陷从西向东分别为乌什凹陷、拜城凹陷和阳霞凹陷（图 2-9）。

1. 三叠纪前陆盆地阶段

泥盆纪—早二叠世塔里木板块与伊犁—中天山地块碰撞后，一方面使南天山迅速褶皱隆起，并向塔里木盆地发生强烈冲断；另一方面使塔里木板块南天山发生 A 型俯冲，在塔里木板块北部形成了库车前陆盆地。由于该前陆盆地的形成是在南天山洋向伊犁—中天山地块俯冲之后塔里木大陆壳向南天山造山带发生 A 型俯冲的结果，且晚二叠世—侏罗纪的沉降沉积中心均靠近南天山造山带一侧，故三叠纪的库车拗陷属周缘前陆盆地，其范围比现今拗陷的范围要大。

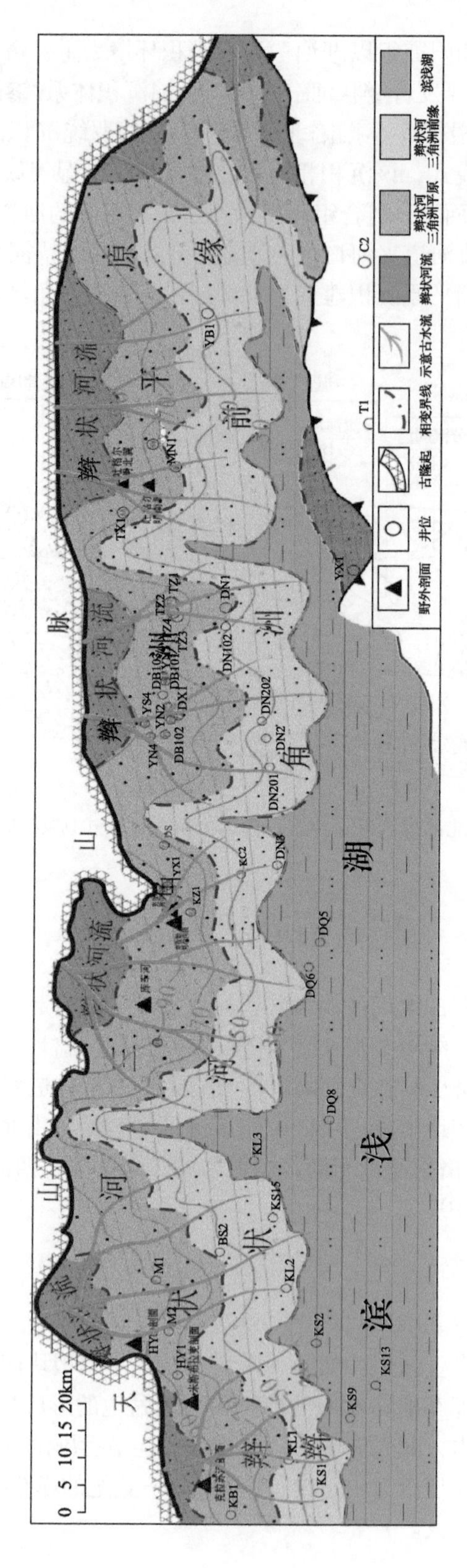

图2-8　阿合组沉积相平面分布图

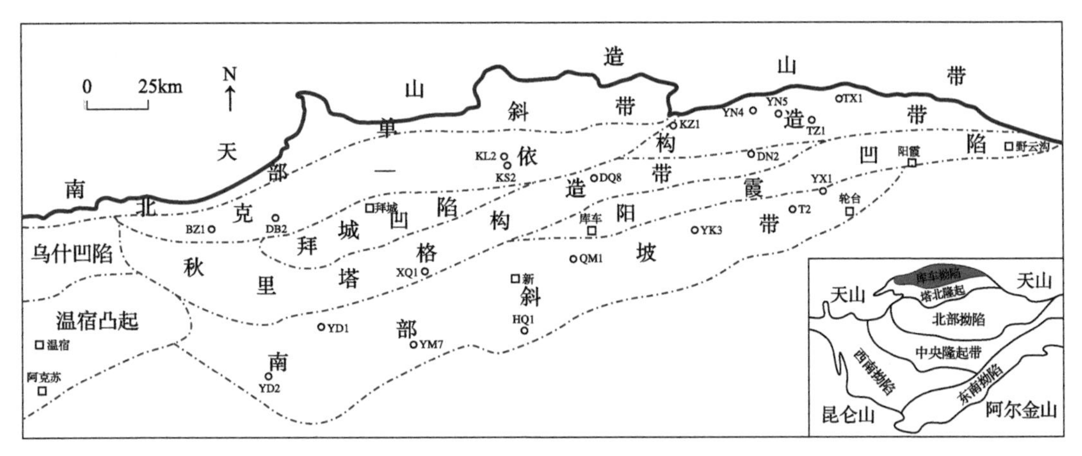

图 2-9　库车前陆盆地构造分区图

库车前陆盆地三叠系具有沉积厚度大、沉积速率高的特点(图 2-10)。盆地北部沉积厚度一般在 1000～2300m，沉积速率达 29～65.7m/Ma，向南厚度减薄，并在库车南斜坡超覆尖灭。根据构造沉降史，三叠纪盆地受构造控制处于快速下沉状态，其中下三叠统俄霍布拉克组的构造沉降量达 900m 以上，中三叠统克拉玛依组的构造沉降量也在 600～800m，上三叠统黄山街组最大构造沉降量达 1400m，反映库车前陆盆地三叠纪时期在构造影响下为快速沉降背景，这种高速构造沉降是典型的前陆挠曲盆地特征。

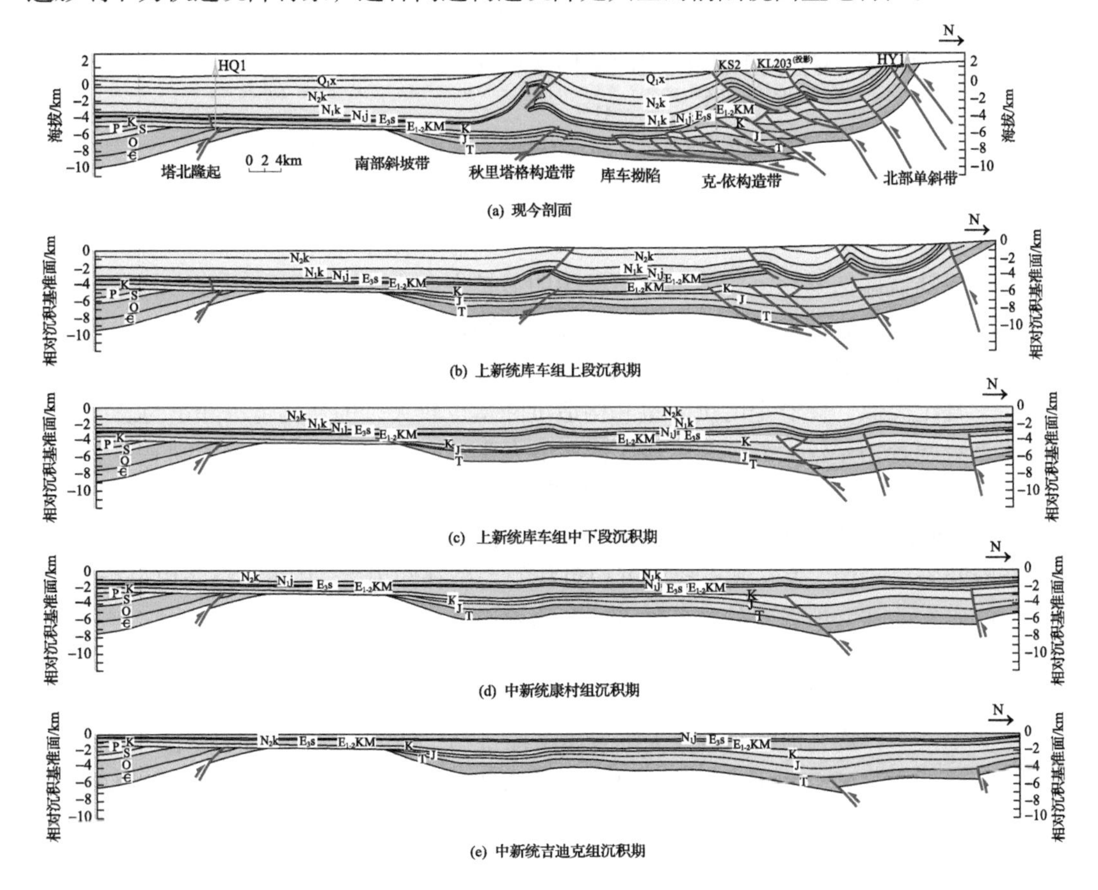

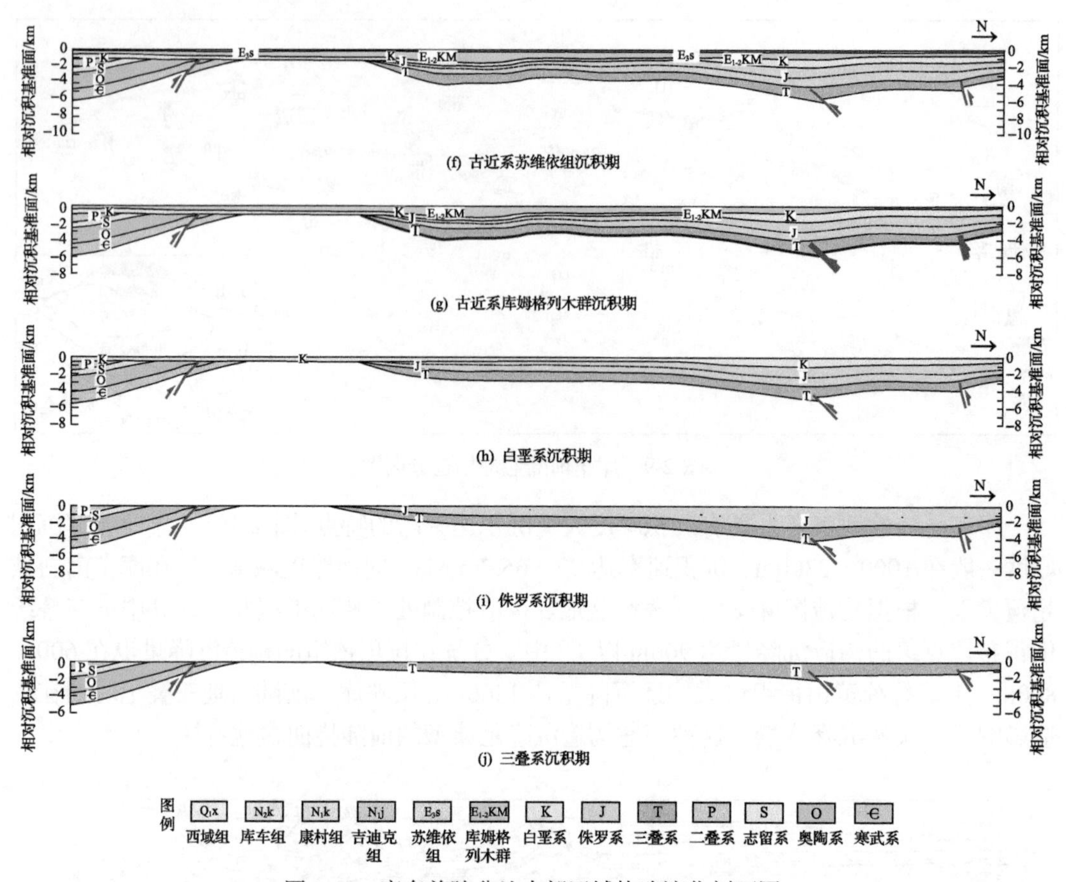

图 2-10　库车前陆盆地中部区域构造演化剖面图

2. 侏罗纪断陷盆地阶段

库车前陆盆地侏罗纪沉积范围比三叠纪明显扩大，由北向南已超覆至塔北隆起。但沉降中心和沉积中心同样位于库车拗陷北部，范围比三叠纪大，向西延至卡普沙良河一带，向东延至库车河一带，侏罗纪沉积厚度一般在 1500～2000m。

同三叠纪类似，侏罗纪的沉降量和构造沉降量也较大，但从构造沉降量与总沉降量的比值来看两者相差较大。三叠纪该比值一般大于 50%，而侏罗纪该比值则基本上小于 50%，即侏罗纪时，库车前陆盆地的沉降有近 2/3 属于沉积负载引起，构造成因的沉降仅占 1/3，这种特征是伸展型裂谷盆地的重要特征之一。在伸展背景下，上地幔的上隆与浅层岩石圈断陷呈镜像关系，其形成以沉积负载的均衡补偿为主。因此，沉降史分析表明，侏罗纪的库车前陆盆地属于伸展条件下的断陷盆地性质。

3. 白垩纪—古近纪拗陷盆地阶段

侏罗纪末期，藏北地体与欧亚大陆发生碰撞拼贴，使塔里木板块北缘向天山的 A 型俯冲再度复活，古天山造山带再度隆升，并使侏罗纪已基本消亡的库车前陆盆地再次挠曲沉降，形成库车再生前陆盆地。上侏罗统喀拉扎组和白垩系底部亚格列木组厚达数百米的砾岩沉积即为古天山造山带上升和 A 型俯冲复活的证据。

白垩纪时期，沉降中心向南迁至北部克-依构造带一带，沉积厚度一般在 1000～1500m，由北向南沉积减薄，至塔北轮台断隆，白垩系一般只有 100～400m。至古近纪，沉降中心再次南移至拜城凹陷至轮台断隆北侧一带，一般厚 100～500m，且总体上表现为东薄西厚的特征。古近纪库车前陆盆地范围有所扩大，向南包括整个塔北隆起和北部拗陷区域。然而，在白垩纪—古近纪时期，库车拗陷沉积速率相对较低，白垩系沉积速率平均为 12.5～19m/Ma，古近系为 25m/Ma，反映该期构造沉降速率和沉积幅度较小，天山造山带的隆升幅度不高，且古近系广泛分布的膏盐湖环境可能反映了一种相对宁静的构造环境，表明白垩纪—古近纪的库车拗陷属构造相对稳定的拗陷性质。

4. 新近纪—第四纪再生前陆盆地阶段

始新世末期，印度板块与欧亚板块发生了强烈碰撞，并向北发生持续挤压，使古天山造山带再度复活抬升。塔里木盆地北部再次向天山发生强烈的 A 型俯冲，从而在塔里木盆地北部形成了一个北断南超、不对称箕状拗陷型巨型再生前陆盆地，范围由库车拗陷向南一直延至中央隆起一带。其中库车拗陷沉降幅度最大，接受了厚达 6000m 的沉积。此外，新近纪—第四纪也是库车前陆盆地的主要冲断变形时期，盆地内发育的几排前陆冲断带构造均主要形成于这一时期。新近纪无论在沉积特征还是构造上都与前陆盆地相似，该时期构造活动强烈，挤压变化明显，构造缩短量大，使库车拗陷形成了现今的构造格局，同时由于古近系膏盐岩层等塑性地层的不规则流动，形成了盐上、盐下不同构造样式的相互叠置。古近系沉积沉降中心随着构造逐步向南推覆迁移。由于新生代的构造运动特点，其地层的沉积厚度亦具有明显的成带性，与现今构造格局基本吻合。

2.4 储层地质特征

库车前陆盆地目前已发现的主要含油气层位包括侏罗系阿合组、阳霞组、克孜勒努尔组，白垩系舒善河组、巴西盖组、巴什基奇克组，古近系库姆格列木群、苏维依组和新近系吉迪克组等。本书主要以白垩系巴什基奇克组、侏罗系阿合组储层为例，介绍其储层地质特征。

2.4.1 岩石学特征

白垩系巴什基奇克组第一段储层岩石类型以中-中细粒岩屑长石砂岩为主，含少量长石岩屑砂岩(图 2-11)，石英质量分数一般为 40.0%～60.0%，平均为 49.2%；长石质量分数一般为 20%～32%，平均为 28.8%，以钾长石为主；岩屑质量分数一般为 15%～30%，平均为 22.0%，主要为岩浆岩屑，其次为变质岩屑。巴什基奇克组第二段储层岩石类型以细-中粒岩屑长石砂岩为主，含极少量长石岩屑砂岩，石英质量分数一般为 41.0%～60.0%，平均为 49.1%；长石含量克深区块稍高，一般为 20%～33%，平均为 31.7%；岩屑质量分数约为 15%，以岩浆岩屑为主，其次为变质岩屑。巴什基奇克组第三段储层岩石类型以细-极细粒岩屑长石、长石岩屑砂岩为主，石英质量分数一般为 45.0%～51.0%，平均为 49.0%；长石质量分数一般为 23%～36%，平均为 30.8%，以钾长石为主；岩屑质量分数一般为 15%～28%，平均为 20.3%，以岩浆岩屑为主，其次为变质岩屑。纵向上，巴什基奇克组第一段至第三段，岩矿成分变化小，以岩屑长石砂岩为主，其次为少量长石岩屑砂岩，石英、长石含量相对稳定；平面上，各井区岩矿成分差异小，石英、长石及岩屑含量相对集中。

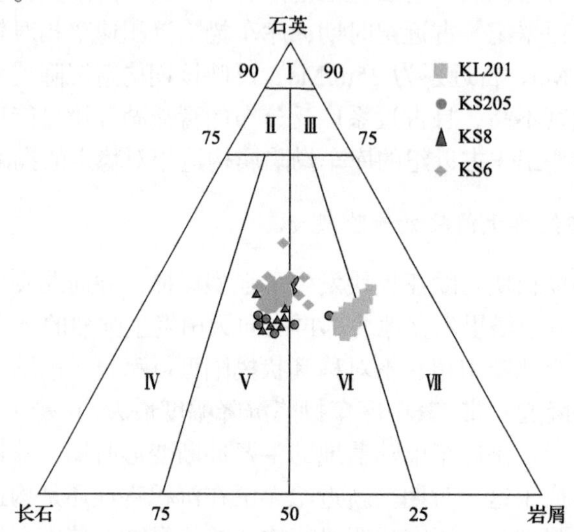

图 2-11　白垩系巴什基奇克组岩矿成分三角图(单位：%，质量分数)

填隙物及黏土矿物方面，白垩系巴什基奇克组储层填隙物中杂基成分主要为泥质，质量分数一般为 0.5%～15%，平均质量分数一般为 1.4%～10.5%。胶结物以方解石、白云石为主，其次为硅质、膏质和长石质，胶结类型为孔隙、孔隙-压嵌式胶结，颗粒间压实程度较强，多呈点-线接触、线-凹接触。黏土矿物组合为伊/蒙混层-伊利石-绿泥石组合，其中以伊/蒙混层、伊利石为主，含少量高岭石和绿泥石。

侏罗系阿合组储层岩石类型以岩屑砂岩为主，含少量长石质岩屑砂岩(图 2-12)，总

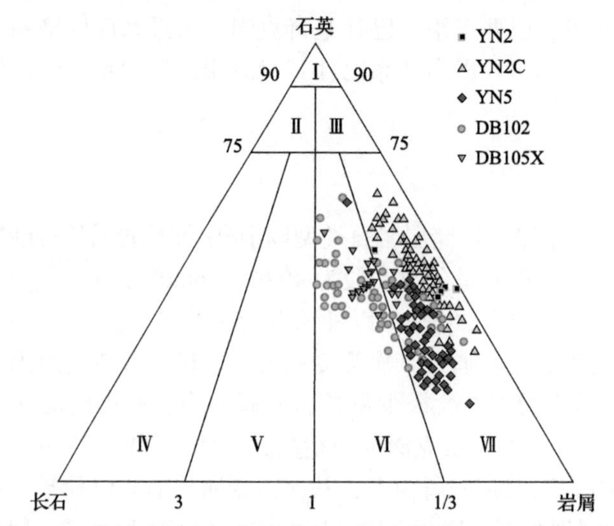

图 2-12　侏罗系阿合组岩矿成分三角图(单位：%，质量分数)

体岩石粒度以砾岩、含砾粗砂岩、不等粒砂岩为主。碎屑组分石英平均质量分数为 26.5%～52.4%，长石平均质量分数为 6%～35.34%，岩屑质量分数为 32.09%～53.25%，其中以变质岩屑为主，岩浆岩屑次之。岩石结构成熟度中等，颗粒间以线、凹凸-线接触为主，胶结类型为接触-孔隙和压嵌-孔隙式。颗粒填积密度为 89.1%～93.18%(王珂等，2020a)，表明岩石的成岩强度与机械压实作用强度较高。填隙物含量为 6.85%～10.9%，其中胶结物质量分数为 0.94%～4.7%，主要自生矿物为铁方解石、方解石、铁白云石、硅质、黄铁矿。

2.4.2　储集空间类型

白垩系巴什基奇克组储层的储集空间类型在不同区块间具有一定的差异性(图 2-13)，其主要的储集空间类型包括原生粒间孔、粒间溶孔、晶间孔及构造缝等(图 2-14)。依据钻井取心及镜下分析资料(刘春等，2009)，大北区块白垩系巴什基奇克组储层储集空间主要为残余原生粒间孔和裂缝，占比约 65%，含少量粒间溶孔及粒内溶孔，约占 20%。基质孔隙平均孔隙喉道半径主值区间为 20～400nm，最大孔隙喉道半径主值区间为 60～1000nm。裂缝性孔隙型储层喉道类型主要为颗粒压嵌片状、管孔状和缩颈型喉道。克深区块白垩系巴什基奇克组储层储集空间类型有原生粒间孔、粒间溶孔、粒内溶孔、裂缝和微孔隙，其中原生粒间孔占比约 30%，粒间溶孔占比约 45%，其次为粒内溶孔和裂缝，

(a) DB202井(5789.60m)，中粒岩屑长石砂岩，石英加大发育，残余原生粒间孔，(-)×100

(b) DB203井(6430.46m)，中细粒岩屑长石砂岩，以残余原生粒间孔为主，(-)×40

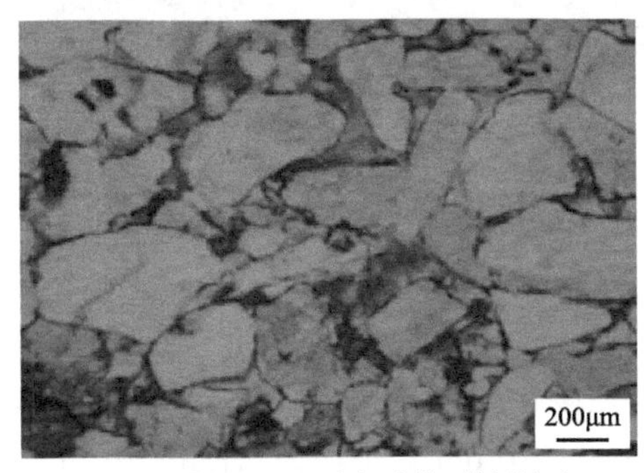

(c) KS2井(6733m)，中细砂岩，粒间长石质大部分被溶蚀，(-)×100

(d) KS2井(6736m)，中细砂岩，长石溶蚀孔、粒间孔发育，K_1bs，(-)×100

图 2-13　白垩系巴什基奇克组主要储集空间类型

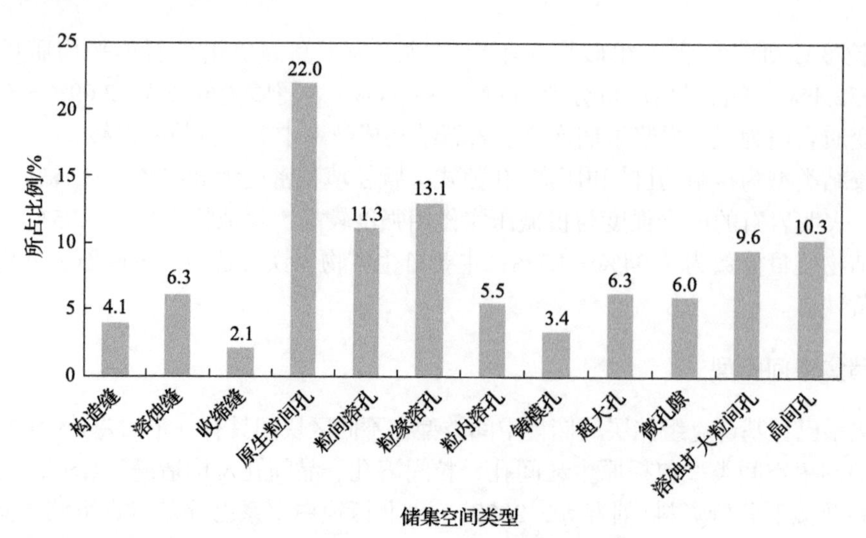

图 2-14 白垩系巴什基奇克组主要储集空间类型

占孔隙类型总量的 5%～36%(王俊鹏等，2013)。克深区块储层受压实程度强，颗粒以线接触为主，胶结类型为孔隙式和压嵌式胶结，构造裂缝发育，部分被方解石充填(张荣虎等，2016)，主要发育 4 种类型孔隙喉道，即裂缝沟通带状微裂隙喉道、胶结物溶蚀管状喉道、颗粒压嵌片面状喉道和黏土矿物晶间微孔喉道，其中以裂缝沟通带状微裂隙喉道、胶结物溶蚀管状喉道和颗粒压嵌片面状喉道为主。

侏罗系阿合组除 MN1 井因埋藏较浅，大气淡水淋滤作用较强而以粒间溶孔、粒内溶孔及微孔隙为主外，其余井多以微孔隙和粒内溶孔为主(图 2-15)，分别占孔隙总量的 50.4%和 29.6%，其次为粒间溶孔和构造缝(图 2-16)。

(a) KZ1井(3237.2m)，粒内溶孔、粒间溶孔及微孔隙，面孔率8%

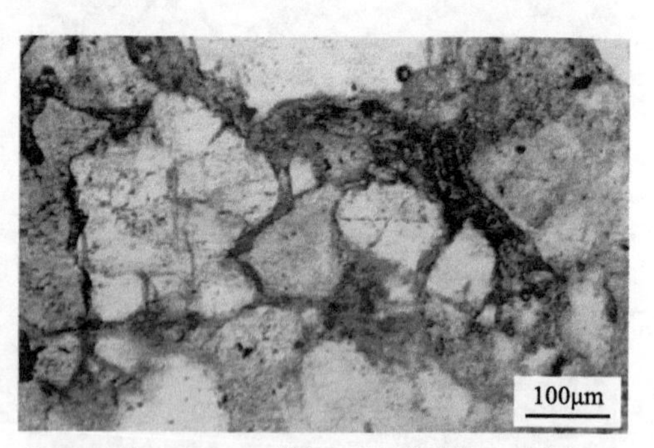

(b) YN2井(4843.0m)，粒间溶孔及微孔隙，面孔率6%

图 2-15 侏罗系阿合组主要储集空间类型

2.4.3 储层物性特征

白垩系巴什基奇克组储层实测基质氦孔隙度一般为 1.5%～5.5%，平均为 4.0%(图 2-17)，基质氦渗透率一般为 0.01×10^{-3}～$0.1\times10^{-3}\mu m^2$，平均为 $0.128\times10^{-3}\mu m^2$。大北区块白垩系巴什基奇克组砂岩岩心孔隙度主要分布在 1.5%～7.5%，基质渗透率主要分布在 0.01×10^{-3}～$1\times10^{-3}\mu m^2$，测井有效储层孔隙度主要分布在 3.5%～9.5%，基质渗透

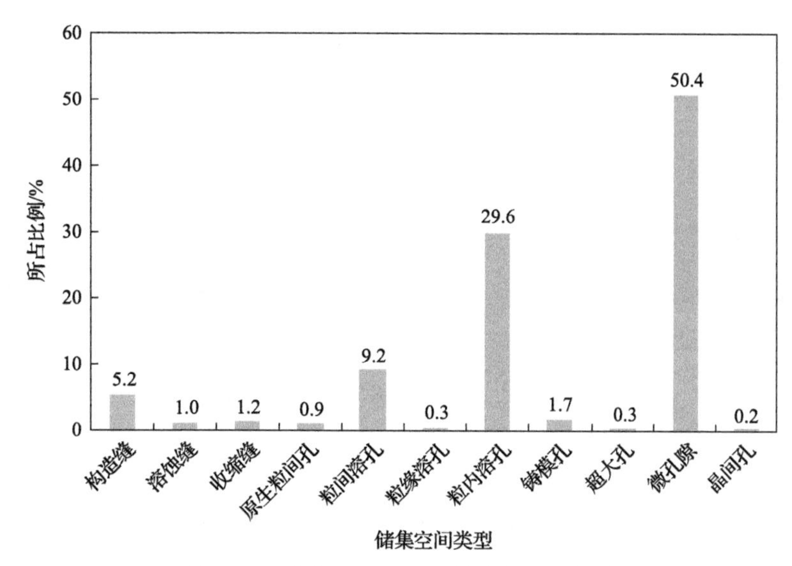

图 2-16　侏罗系阿合组主要储集空间类型

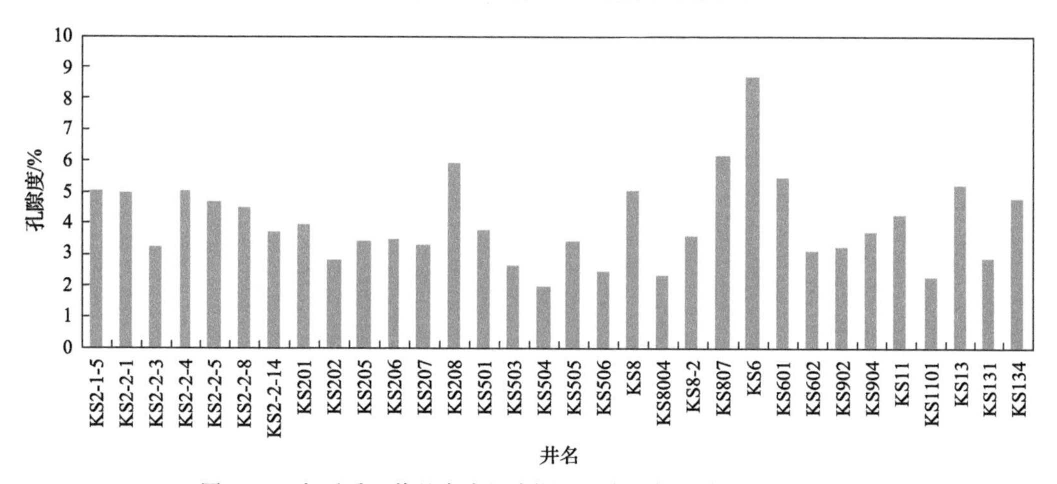

图 2-17　白垩系巴什基奇克组克深地区实测氦孔隙度统计直方图

率一般小于 $0.1\times10^{-3}\mu m^2$。克深区块白垩系巴什基奇克组岩心实测基质氦孔隙度主要分布在 1.5%～5.5%，平均为 4.0%，基质氦渗透率主要分布在 0.01×10^{-3}～$0.1\times10^{-3}\mu m^2$，平均为 $0.08\mu m^2$，测井基质孔隙度主要分布于 1.5%～9.5%，平均值为 5.5%，总体属于低孔储层。而从生产测试数据看，各区块测试渗透率普遍大于 $1\times10^{-3}\mu m^2$，如此大的测试渗透率差异反映出巴什基奇克组储层内裂缝普遍发育。

侏罗系阿合组岩心实测及测井解释结果表明，阿合组储层孔隙度主值区间为 2.5%～12%(图 2-18)，同时，在不同地区储层物性差别较大。巴什构造段目前尚无井钻遇阿合组，阿合组岩心实测平均孔隙度为 5.8%～10.1%，渗透率为 0.9×10^{-3}～$29.5\times10^{-3}\mu m^2$；克孜—依西地区储层平均孔隙度为 2.6%～4.5%，渗透率为 0.02×10^{-3}～$0.53\times10^{-3}\mu m^2$；迪北—吐孜地区储层平均孔隙度为 5.2%～9.5%，渗透率为 0.5×10^{-3}～$2.0\times10^{-3}\mu m^2$；吐东井区储层平均孔隙度为 4.4%～12.0%，渗透率为 $0.29\times10^{-3}\mu m^2$；明南井区储层平均孔隙度为 13.5%～18.4%，渗透率为 11.7×10^{-3}～$120.75\times10^{-3}\mu m^2$。

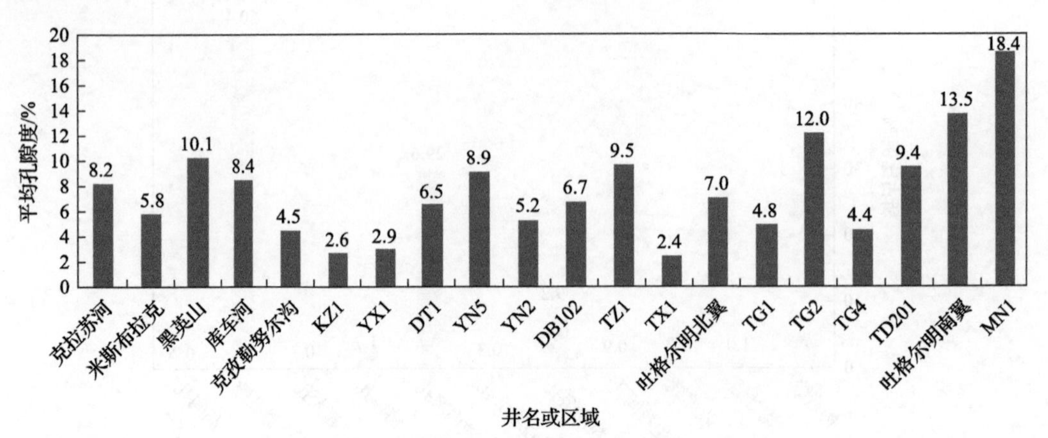

图 2-18　侏罗系阿合组实测孔隙度统计直方图

第3章　库车前陆盆地构造变形与演化

3.1　构造变形特征

位于南天山造山带与塔北隆起之间的库车前陆盆地沉积了巨厚的中—新生界，在北部边缘地面露头的沉积地层总体上表现为向盆地倾斜的单斜岩层，盆地内部的构造变形整体上表现为“南北向分带、东西向分段、纵向分层”特征。

3.1.1　南北向分带特征

由南天山造山带到盆内的区域结构剖面(图3-1)可知，由北向南区域大断裂将整个库车前陆盆地分割成若干单元，同时根据其变形特征，可将库车—塔北地区划分为造山带增生楔、被动陆缘斜坡带、克拉通边缘隆起带等结构单元。造山带增生楔为仰冲起来的褶皱冲断带，被动陆缘斜坡带为压陷下去的掀斜断块，克拉通边缘隆起带为翘倾隆升的断背斜。库车拗陷中生界北部上叠在南天山海西期造山楔之上，向南超覆在塔里木克拉通上。克拉苏构造带是盆山变形过渡带，温宿—秋里塔格—牙哈是台盆与被动陆缘的枢纽线(杨克基，2017；能源等，2019)。在平面上，库车前陆盆地从北往南依次对应呈东西向展布的北部单斜带、克-依构造带、秋里塔格构造带和南部斜坡带(图2-10)。

1. 北部单斜带构造特征

北部发育多条逆冲断层，单条断层位移较小，并没有破坏单斜岩层层序的总体连续性(图3-2)。因此，北部单斜带可看作是拜城凹陷北部宽缓复式向斜的北翼，其南翼逐渐过渡到克拉苏构造带。出露的中生界岩层形成紧闭的背斜和宽缓的向斜。中生界构造层的构造变形特征与新生界构造层类似，环绕库车拗陷的三个凹陷的深洼区分布的弧形强变形带(deformation band)与新生界的强变形带位置基本能上下叠置，差别在于中生界的强变形带主要是断裂变形，不同强变形带的构造样式存在很大差异。

2. 克-依构造带

克-依构造带发育3～4排高角度北倾基底逆冲断层，向上尖灭在库姆格列木群膏盐岩层内(图3-2)。南部两排基底断裂上发育反冲次级断层收敛在侏罗系—三叠系内，在中生界形成断背斜构造。向北基底断裂，倾角变陡并断穿至地表，局部白垩系抬升剥蚀。在基底逆冲断裂上方，浅层受挤压抬升作用发育北倾破冲断裂滑脱到库姆格列木群膏盐岩层里，并形成2～3排背斜褶皱带。

3. 秋里塔格构造带构造特征

秋里塔格构造带在地表为1～2排背斜，大型盐丘构造构成新生界背斜核部，盐下层

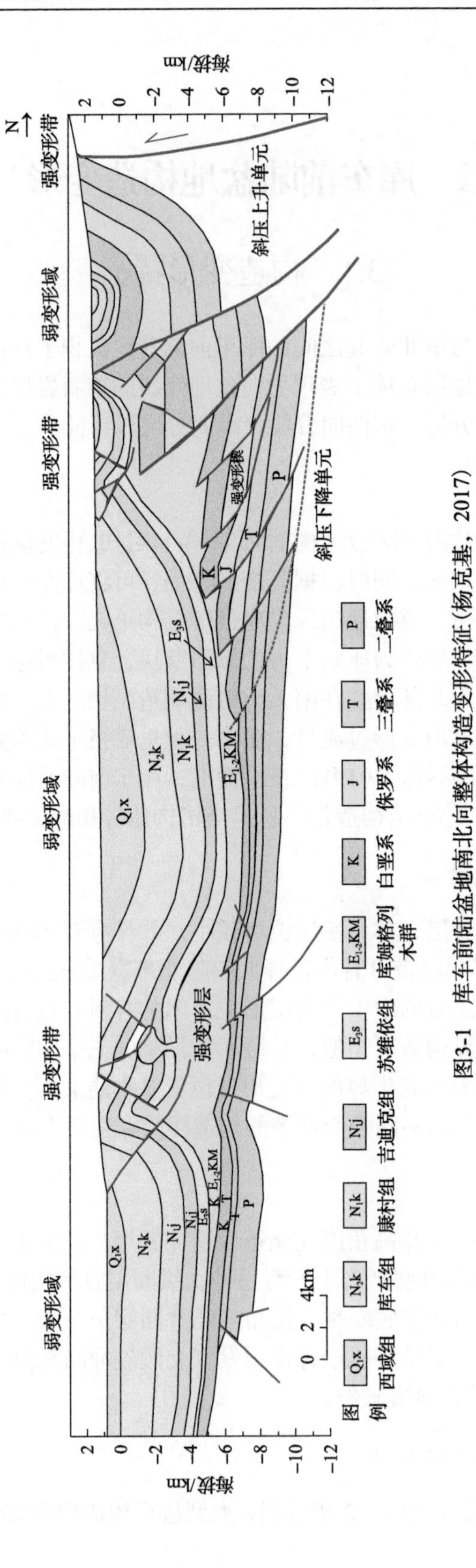

图3-1　库车前陆盆地南北向整体构造变形特征（杨克基，2017）

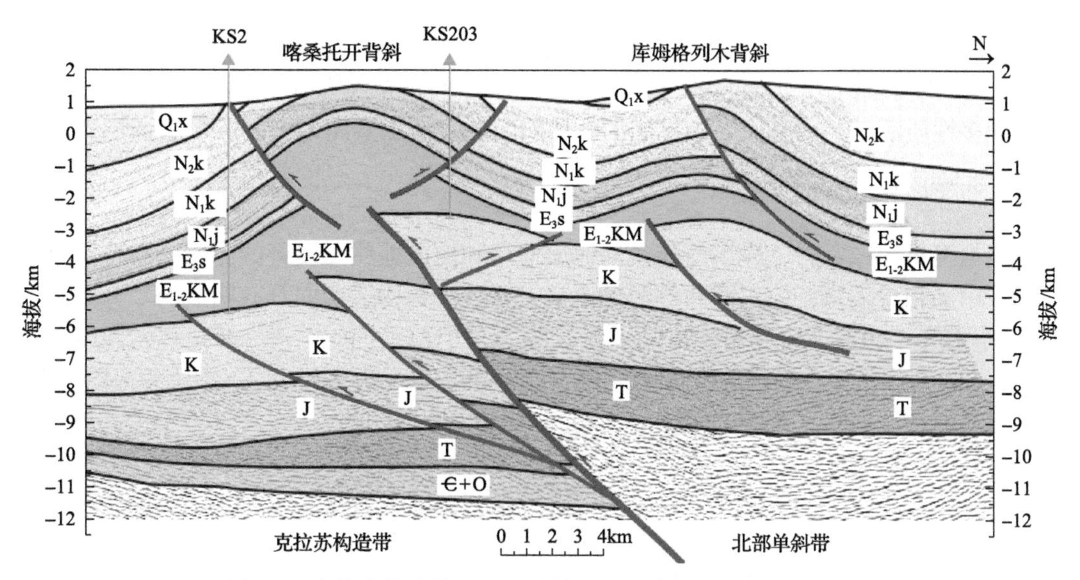

图 3-2　克拉苏构造带中段地质剖面图[据杨克基(2017)修改]

变形较弱(图 3-3)，盐上层新生界的褶皱也伴生发育由核部向翼部逆冲的破冲断层。出露的最老岩层为新近系康村组，背斜核部在库姆格列木群膏盐岩层中滑脱。库车拗陷卷入褶皱的地层由北向南总体上依次变新，在库姆格列木背斜及以南区域，褶皱变形主要发育在新生界。秋里塔格构造带的中生界相对较薄，发育中-高角度倾斜的基底断层及与基底断块隆起相关的披覆背斜，基本不发育盖层滑脱的断层及褶皱构造。

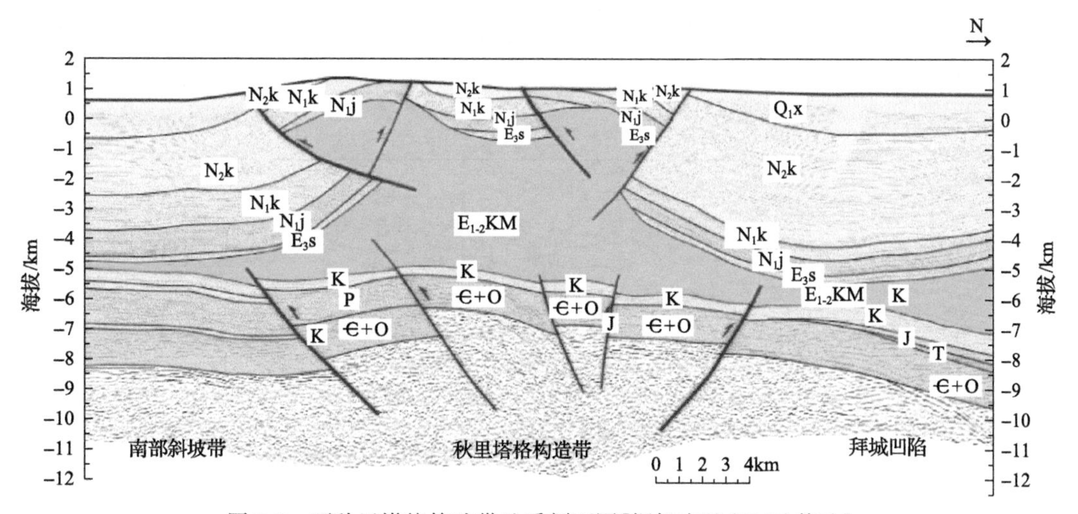

图 3-3　西秋里塔格构造带地质剖面图[据杨克基(2017)修改]

4. 前缘隆起带构造特征

前缘隆起带中—新生界盐体不发育，在隆起核部为中生界白垩系或侏罗系与寒武系—奥陶系或前寒武系不整合接触。中—新生界稳定沉积，地层主要为平行不整合接触。基底发育多期活动的逆冲断层，并具有走滑特征，在基底断层上部的浅层形成引张环境，发育一系列不同倾向的正断层。塔北古隆起在古生代继承性发育，在中—新生代被沉积埋藏。塔北断裂系为塔北隆起区的“一层楼结构”，基底卷入构造以高角度断裂为主，具有多期多性质活动，以基底断层控制的断块圈闭、古潜山圈闭为主。

3.1.2　东西向分段特征

根据卫星影像资料，库车前陆盆地地形地貌和地面地质图发育的露头分布特征显示清晰，中部相对较宽，向东西两侧明显变窄，并且沿着构造走向具有明显的“分段式”特征(李勇等，2017；杨克基，2017；余海波等，2016)。同时，进一步研究发现库车前陆盆地亦发育多类型变换构造，西段的主体沉降-沉积单元为乌什凹陷，中段的主体沉降-沉积单元为拜城凹陷，东段的主体沉降-沉积单元为阳霞凹陷。

1. 西段变形特征

根据横穿库车前陆盆地西段构造走向的构造剖面来看(图 3-4，图 3-5)，库车前陆盆地西段可划分为乌什段、阿瓦特段及博孜段。乌什段为乌什凹陷与南天山之间的北倾基底卷入逆冲断层形成的强变形带。在平面上，乌什凹陷是一个窄长条的凹陷，从西至东走向由北东向逐渐转变为北东东向、近东西向；西端以走滑逆冲断层带与温宿凸起分隔，向东过渡为库车前陆盆地的拜城凹陷。乌什凹陷北部边缘与南天山之间以逆冲叠瓦扇接触，靠近山前的主干逆冲断层角度较高，向北切割到造山带内部，而部分逆冲断层将盆地基底岩层逆冲到新近系库车组或第四系西域组之上[图 3-5(a)]。在盆地边缘的地面露头上可以看到海西期褶皱被后期发育的逆冲断层破坏，显示强烈基底卷入式挤压构造变形特征。乌什凹陷发育一系列叠瓦状北倾逆冲推覆断层，向上尖灭在库姆格列木群膏盐岩层内，向下收敛在造山带高角度的基底逆冲断层上，古生界强烈变形和变质作用明显。

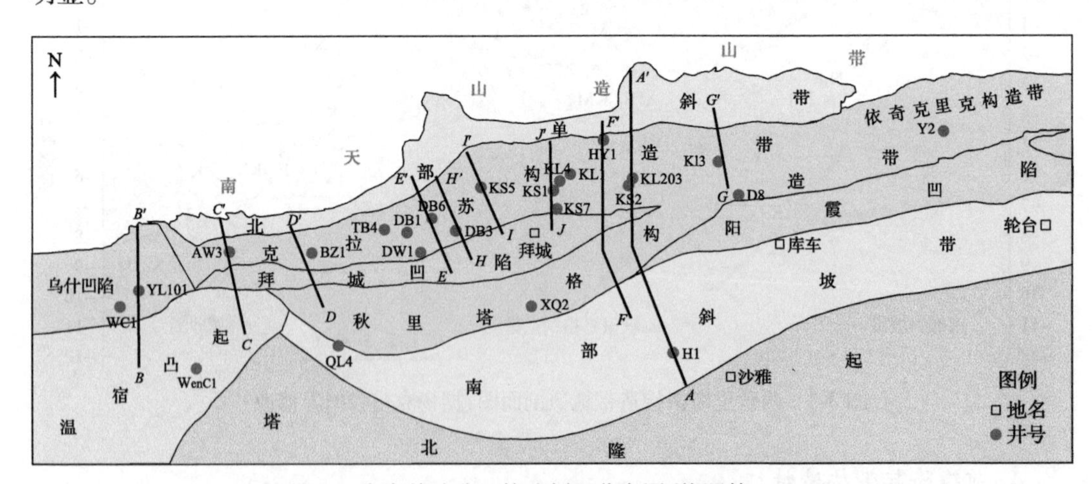

图 3-4　库车前陆盆地构造剖面分布图(能源等，2019)

阿瓦特段位于乌什凹陷东部，温宿凸起东北缘。与乌什凹陷的差异在于阿瓦特段古近系沉积巨厚膏盐岩层，膏盐岩层在该段所引起的盐岩层、盐下层分层变形明显强于

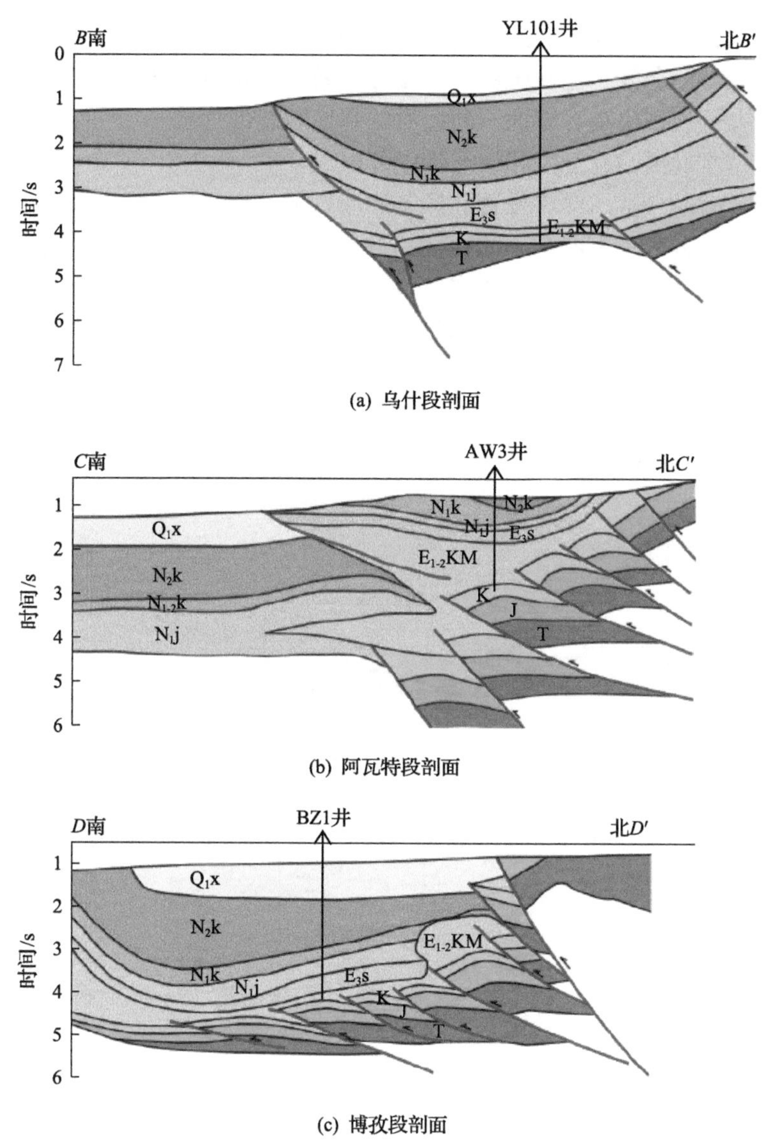

图 3-5　库车前陆盆地西段结构剖面(能源等，2019)

剖面位置见图 3-4

乌什凹陷。盐上层构造变形与乌什凹陷相似，仍然表现为盐上向斜构造特征，盐下层发育一系列的高角度逆冲断层[图 3-5(b)]。

博孜段构造变形范围明显增加，盐上层向斜表现为北薄南厚的特征，盐岩层在博孜段广泛分布，但是厚度变化较大。博孜段发育盐刺穿底辟构造，盐下层为基底卷入逆冲叠瓦扇构造，盐上层构造变形微弱[图 3-5(c)]。

2. 中段变形特征

中段的拜城凹陷在平面上呈长轴近东西向延伸的透镜状，周边被强变形带包裹。拜城凹陷西侧被北西向的克拉苏构造带与乌什凹陷、温宿凸起分隔，东侧被北东东向的东秋构造带与阳霞凹陷分隔。这些强变形带多显示挤压或走滑挤压构造变形特征，但是结构特征各异，并都表现出具有多期不同性质的基底断裂带背景。

中段的构造剖面显示，克拉苏构造带中部的大北段[图 3-6(a)]在地表浅层发育盖层滑脱的吐孜玛扎背斜构造，深层发育北倾基底卷入逆冲叠瓦扇构造，盐岩层发育刺穿和隐刺穿底辟构造，分隔上下两个不同特征的构造变形层。克拉苏构造带东段的构造与西段的构造差异明显，东段在地表及浅层发育两排大致平行的背斜，北部库姆格列木背斜核部是白垩系，南部喀桑托开背斜核部是古近系，向西延伸与吐孜玛扎背斜断续相连成为近东西向背斜带。

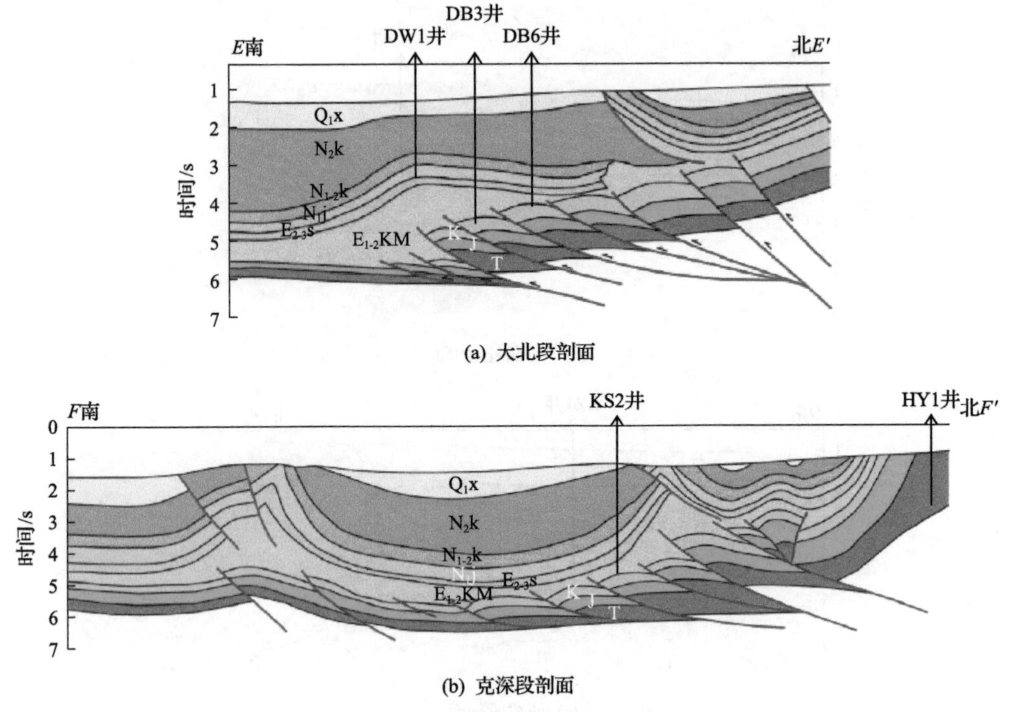

图 3-6　库车前陆盆地中段结构剖面(能源等，2019)

剖面位置见图 3-1

在拜城凹陷，盐上层与盐下层表现出明显的分层不协调性变形特征[图 3-6(b)]，库姆格列木群膏盐岩层是区域性的滑脱层。位于拜城凹陷深洼带的轴线北侧，盐上层的新生界表现为一个北深南浅的不对称向斜构造，盐下层的中生界则表现为被若干基底断层切割的、向北倾斜的斜坡构造。深洼带充填巨厚的中—新生界膏盐岩层，其中库车组和第四系西域组具有同构造期沉积充填特征，厚度变化明显。

另外，秋里塔格构造带盐上层发育滑脱背斜和破冲断层，西秋段浅层为北缓南陡的宽缓背斜，以库姆格列木群膏盐岩层为核，背斜南翼发育破冲断层，盐下层发育有中-高角度基底断层；中秋段浅层为近对称的箱状背斜，背斜南北两翼均发育南倾或北倾破冲断层，形成冲起构造；东秋段浅层为南缓北陡的背斜，背斜北翼发育破冲断层。秋里塔格构造带盐下层发育多条断距较小的基底断层，以相向倾斜的对冲组合为主，在西段表现为近直立的逆冲断层带特征。

3. 东段变形特征

东段的阳霞凹陷与中段的拜城凹陷类似，在平面上呈长轴近东西向延伸的透镜状，被东秋构造带和塔北隆起等强变形带包围，构造变形在不同结构单元也具有明显差异(图 3-7)。阳霞凹陷南侧不发育滑脱褶皱带，发育基底断裂带，变形强度比西秋构造带明显较弱；阳霞凹陷相对较浅，盐岩层从古近系库姆格列木群变换为新近系吉迪克组，盐上层形成滑脱背斜，盐下层基底卷入的逆冲断层向上尖灭到吉迪克膏盐岩层内。

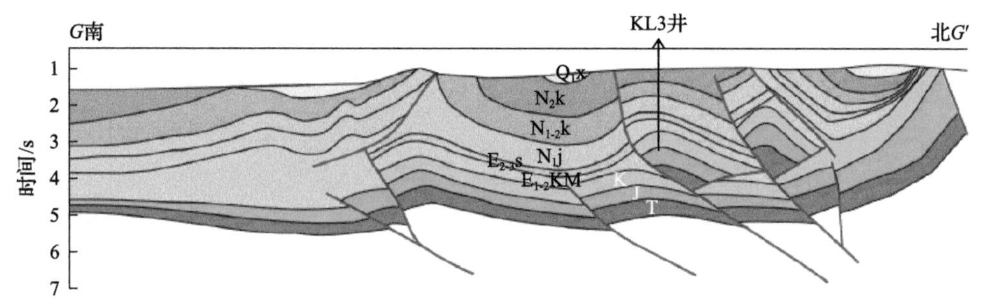

图 3-7　库车前陆盆地东段结构剖面(能源等，2019)
剖面位置见图 3-1

东秋构造带在区块西部盐下发育坡坪式盖层滑脱断层组合，向下滑脱到寒武—奥陶系底面，向东变为基底卷入逆冲断层上发育对冲断层，向下断穿寒武—奥陶系，向上尖灭到新近系吉迪克组膏盐岩层内部。新近系吉迪克组盐体顺层滑脱增厚，浅层发育盐刺穿背斜和人字形对冲断层，从西向东盐刺穿背斜规模变小。

在依奇克里克构造带，由于吐格尔明构造带隆升，古近系沉积很薄，基底断裂引起上方的浅层发育逆冲断层和褶皱背斜，发育多排高角度北倾逆冲基底断层，引起浅层发生强烈褶皱上翘变形，局部地层由北倾变为南倾，地表见志留系、泥盆系和石炭系出露。

3.1.3　纵向分层特征

从区域上的地质剖面来看，库车前陆盆地充填的主要沉积地层包括中—新生界，但是中—新生界层序并不是连续的，普遍缺失下白垩统。膏盐岩层主要发育在拜城凹陷古近系库姆格列木群和阳霞凹陷新近系吉迪克组，这些膏盐岩层及区域不整合面的存在，导致新生界与中生界及盆地基底在构造变形组合上存在差异，膏盐岩层使新生界与中生界的变形不协调，构造变形具有分层性。按照纵向上的变形特征可将库车前陆盆地地层分为：盐上层、盐层及盐下层(图 3-8)。

1. 盐下层变形特征

基底和盐下层的构造样式较为复杂多变，可分为基底冲断型和盐下盖层滑脱型两种

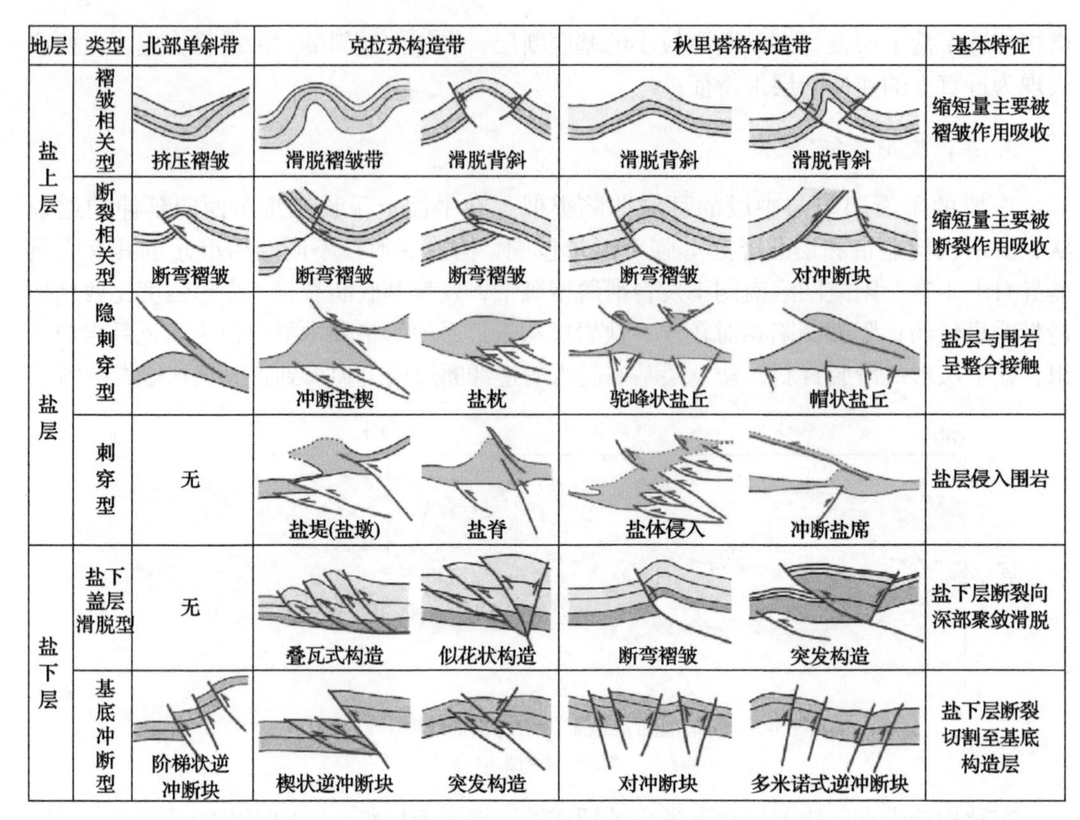

图 3-8　库车前陆盆地典型构造变形样式(杨克基，2017)

类型。其中，毗邻南天山的北部单斜构造带由于遭受的挤压应力最为强烈，地层掀斜抬升明显，基底和盐下层构造变形多表现为阶梯状逆冲断块，断裂向上可切穿盐层和盐上构造层，无盐下盖层滑脱型构造样式发育；位于盆山过渡带的克拉苏构造带基底和盐下层构造变形样式较多，主要包括克拉苏断裂上盘的突发构造、下盘的楔状逆冲断块、叠瓦式构造、克拉苏构造带与依奇克里克构造带过渡部位的似花状构造等；秋里塔格构造带西秋地区基底和盐下层主要发育对冲断块和多米诺式逆冲断块等基底冲断型构造，而东秋地区盐下层则发育断弯褶皱和突发构造等盐下盖层滑脱型构造样式。

2. 盐层变形特征

盐层的构造变形整体上分为刺穿型和隐刺穿型两种类型，不同构造带的差异也较为明显。其中，克拉苏构造带主要在逆冲叠瓦扇后缘克拉苏断裂下盘发育冲断盐楔、盐堤和盐脊等构造样式，而在逆冲叠瓦扇前缘拜城北断裂顶部发育盐枕；西秋构造带东段膏盐岩主要在西秋古隆起之上聚集形成驼峰状和帽状等整合型盐丘，而在西部的阿瓦特和却勒地区则发育大规模的盐刺穿构造。

3. 盐上层变形特征

盐上层构造变形主要表现为断裂和褶皱作用共存，几何学特征在不同构造带较为相似。杨克基等(2018)依据构造缩短量的吸收形式将其分为褶皱相关型和断层相关型两大类，前者的构造缩短量主要被盐上层的褶皱弯曲所吸收，后者的构造缩短量则主要依靠断层错断方式吸收，其中，北部单斜构造带和克拉苏构造带发育窄陡背斜和宽缓向斜组成的褶皱带，而秋里塔格地区主要在基底断裂顶部发育单个背斜，褶皱的核部多为破冲断层所切割破坏。

3.2 典型构造变形样式

库车前陆盆地是一个经过多期挤压作用而形成的前陆盆地，在盆地内部发育一系列的挤压型构造变形样式(韩耀祖等，2016；魏红兴等，2016；王洪浩等，2016；贾茹等，2017；张宁宁等，2017；代春萌等，2017；滕学清等，2017；杨克基，2017；杨克基等，2018；张玮等，2019；汪伟等，2019；杨海军等，2020)，并且对重点区带北部单斜带、克拉苏构造带、秋里塔格构造带进行构造解析，分析了各种构造要素之间的几何关系。

3.2.1 北部单斜带构造样式

北部单斜带受到强烈的挤压作用，基底变形从西向东强度先增强后减弱，浅层发育的2～3排褶皱背斜构造幅度也先增大后减小。在北部单斜带西部(图3-9)，两条北倾基底逆冲断层下盘，分别发育滑脱到侏罗系的次级断层，向上尖灭在库姆格列木群膏盐岩层内，断裂抬升幅度小，中生界背斜隆起被分割成多块。在北部单斜带中部，靠南的1～2排基底断裂上盘发育次级对冲断层滑脱在三叠—侏罗系内，下盘不发育次级断层，靠北的基底逆冲断层直接断穿地表，引起浅层形成高幅度的背斜构造。由西向东基底逆冲断裂上下盘不发育次级断层，构造强度相对较弱。

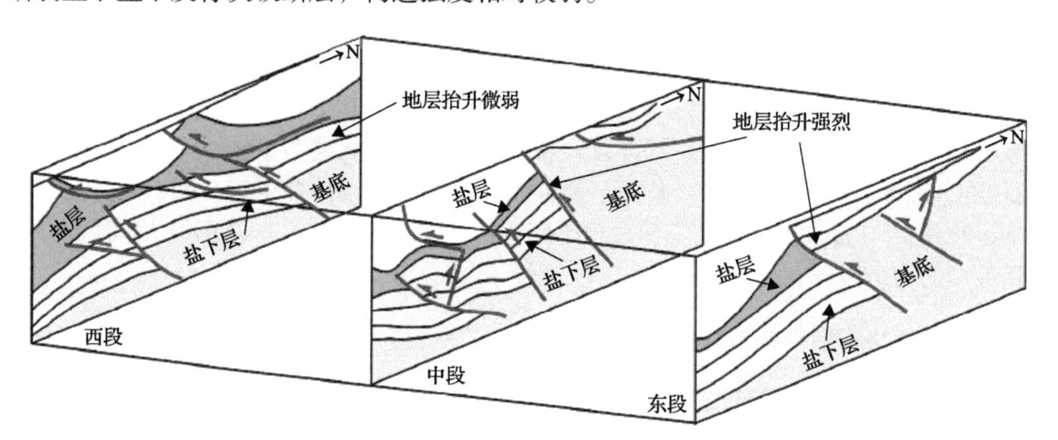

图3-9 北部单斜带东西向构造对比剖面(杨克基，2017)

3.2.2 克拉苏构造带构造样式

克拉苏构造带依据其构造变形特征，可划分为博孜、大北及克深段。博孜段发育多条北倾次级逆冲断层，形成楔状叠瓦构造，逆冲断层向上尖灭在库姆格列木群膏盐岩层内，向下滑脱在侏罗系或寒武—奥陶系中[图3-10(a)]。浅层受基底断裂的影响，盐层发育底辟构造，在其上方形成背斜褶皱和逆冲断层，向上冲向地表，向下滑脱在库姆格列木群膏盐岩层内。

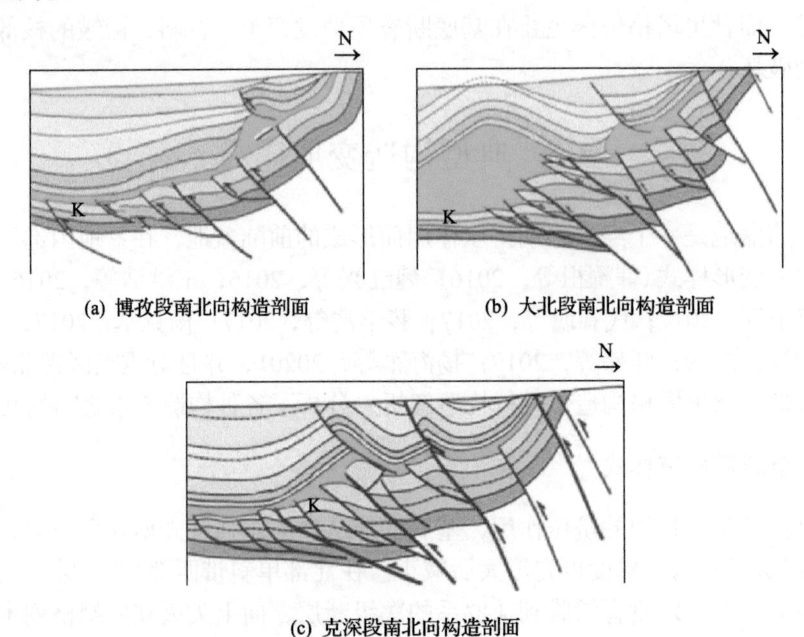

(a) 博孜段南北向构造剖面　(b) 大北段南北向构造剖面

(c) 克深段南北向构造剖面

图 3-10　库车前陆盆地西部博孜、大北、克深构造变形剖面(魏国齐等，2020)

克拉苏构造带大北段的构造与克深段的构造有一定差异。大北段构造变形盐上层发育 2 组背斜构造，北部吐孜玛扎背斜主要受盐上滑脱逆冲断层影响，在断层上盘形成断背斜。盐下冲断构造也表现出自北向南由基底卷入式向盖层滑脱式过渡的特征，由于中生界厚度向南部减薄明显，盖层滑脱构造变形范围较窄，而基底卷入式构造变形范围较宽[图 3-10(b)]。克深段盐上层主要发育背斜与向斜构造，其中北部向斜构造内部受盐下构造层逆冲断层及断背斜影响，局部发育背斜构造，向斜北翼为单斜，而南翼则发育受滑脱断层控制的喀桑托开背斜。盐下层逆冲断层相对大北段传播更远，深入到拜城凹陷之下，形成 6～7 排冲断构造，克深段也是库车前陆盆地内构造变形范围最大、逆冲断层数量最多的构造段[图 3-10(c)]。

3.2.3　秋里塔格构造带构造样式

按照构造格局、所处位置和盐层沉积的差异，可将秋里塔格构造带划分为西秋构造带和东秋构造带(杨克基，2017)，最新的研究亦将东秋构造带进一步划分为中秋段及东秋段，本节采用前一种划分方案。西秋段几何学变形特征差异明显(图 3-11)：盐下层构造变形以发育基底卷入的逆冲断裂为主，不同构造位置断裂数量和规模差异较大，这些断裂所夹持断块的逆冲抬升对其上覆盐层的构造变形有重大影响。盐层的构造变形主要表现为在西秋古隆起之上聚集增厚，形成规模和形态迥异的盐丘或盐枕。盐上层的构造变形呈现出单背斜型和双背斜型两种类型，双背斜型盐丘可能是由单背斜型盐丘演化而来。

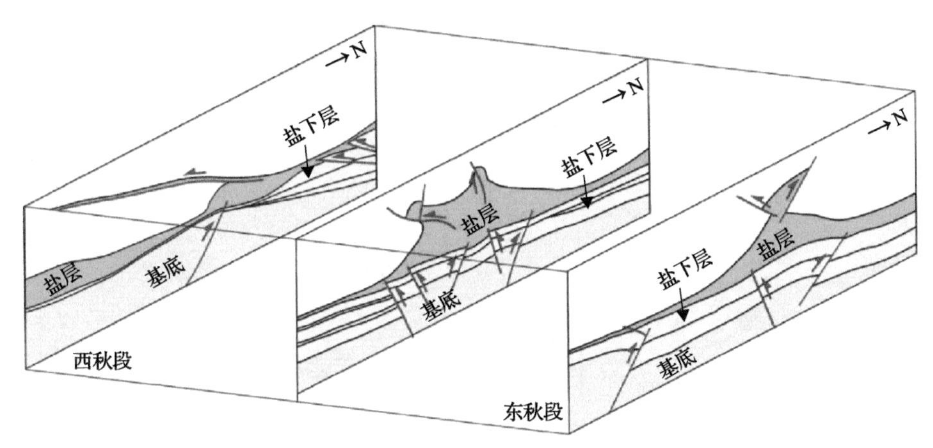

图 3-11 库车前陆盆地秋里塔格构造带东西向构造对比剖面(杨克基，2017)

与西秋段相比，东秋段起滑脱作用的盐层为中新统吉迪克组。由于吉迪克组盐层相对较薄，该地区盐层构造规模相对西秋构造带较小。东秋段以发育北倾的逆冲断裂为主，这些断裂均向上尖灭于吉迪克组盐层内，除规模最大的东秋断裂为基底卷入式外，其他断裂均为盖层滑脱式，向深部滑脱于中生界三叠—侏罗系煤层。东秋断裂上盘发育断层相关褶皱，局部地区发育倾向相反的次级断层，与东秋断裂结合形成突发构造。东秋段盐层的构造变形较为简单，主要在东秋断裂顶部聚集增厚形成盐背斜，背斜核部被破冲断层切割。这些破冲断层可组合成对冲或背冲样式。

3.3 构 造 演 化

3.3.1 北部单斜构造带构造演化

北部单斜构造带距离南天山最近，受南天山挤压应力传播影响，遭受的挤压应力最为强烈。如图 3-12 所示，在侏罗系沉积前，受地壳均衡沉降作用，北部单斜带断裂不发育，三叠系稳定沉积，沉积厚度为中间厚、两端薄。库姆格列木群沉积前，侏罗系和白垩系继续稳定沉积，北部山前局部地层发生均衡挠曲变形，基底断裂不发育。康村组沉积前，受地壳均衡挠曲作用增强，地层变形幅度加大，并发育了库姆格列木群膏盐岩层。

在库车组沉积前，开始受挤压作用的影响，发育 3 排北倾基底逆冲断层，向上尖灭在库姆格列木群膏盐岩层内，中生界形成断背斜构造，北部断层抬升幅度相对较大。在库车组和西域组沉积时期，受晚喜马拉雅期强烈的挤压作用，基底逆冲断层角度变陡，断距增大，并引起浅层发生滑脱逆冲断层和褶皱背斜，北部地层发生大幅度抬升，中生界遭到剥蚀。北部单斜构造带西段残留的盐层厚度相对更厚，在挤压过程中对盐上和盐下地层构造变形具有一定的分隔拆离能力，对盐下层断裂向上传播有一定的抑制作用，最终导致北部单斜构造带西段盐下层断裂向上延伸尖灭于盐层内部，而膏盐岩在基底断裂附近的弱应力区聚集增厚形成小规模盐丘，盐上层则发育滑脱褶皱和破冲断层(杨克基，2017)。在北部单斜构造带东段残留的盐层较薄，对不同构造层的变形分隔能力较弱，不同构造层变形较为协调一致，基底断裂向上局部可直接切割至地表。

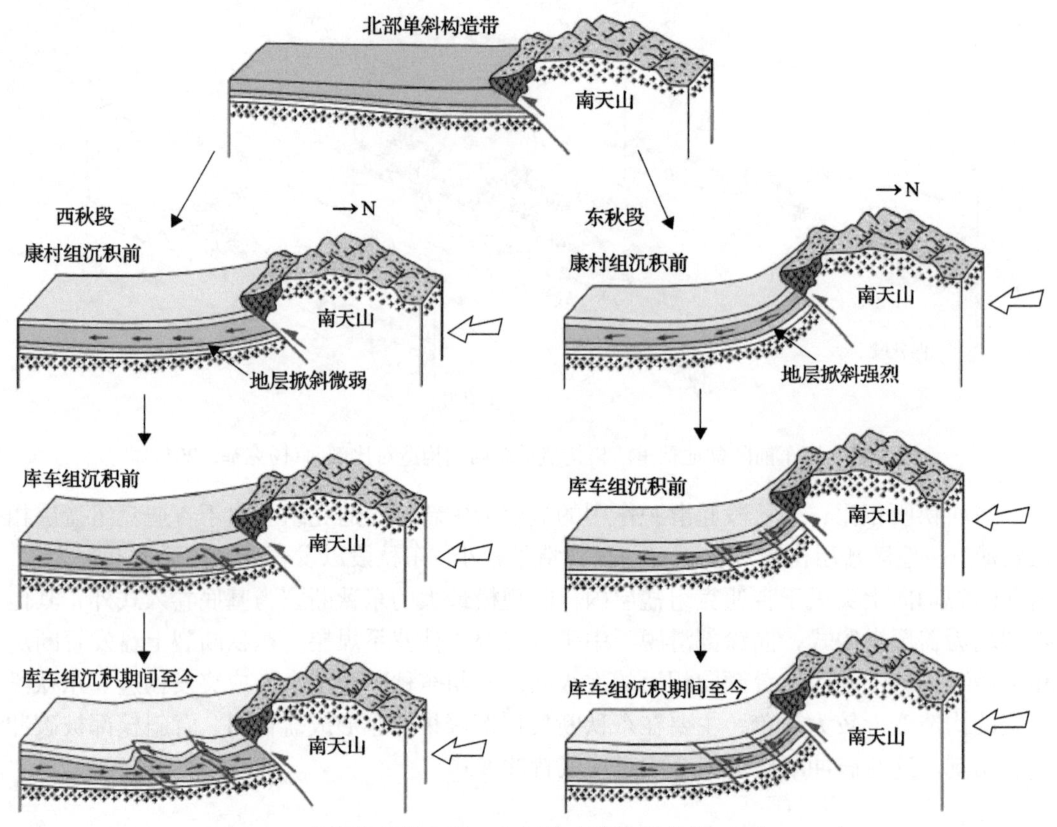

图 3-12　北部单斜带西段、东段构造演化模式(杨克基，2017)

3.3.2　克拉苏构造带构造演化

三叠系沉积时期，库车坳陷为造山后裂陷盆地，受地壳均衡作用发生稳定沉积，克拉苏和北部单斜带基底断裂被三叠系覆盖，活动较弱。侏罗系沉积时期，盆地持续受地壳均衡沉降作用，从克拉苏构造带向南在牙哈古隆起附近逐渐减薄尖灭，其延伸距离相对较远，超覆在下伏三叠系之上，沉积和沉降中心略向北迁移。白垩系沉积时期，盆地的沉积和沉降中心向南迁移，白垩系向南与塔北隆起的白垩系连接成片，该时期断裂不活动。库姆格列木群、吉迪克组沉积时期，该区域持续沉降，东秋里塔格盐湖是吉迪克组膏泥盐岩主要的沉降-沉积中心，发育巨厚膏盐岩层。上新统库车组和第四系西域组沉积时期，克拉苏构造带与东秋构造带发生强烈构造变形，早期古前陆盆地内构造发生复活，在区域挤压作用下，形成了一系列冲断构造。逆冲楔前缘一直延伸到东秋构造带，基底卷入断层直接影响盐上层构造变形，形成一系列叠瓦冲断构造及冲起构造(图 3-13)。

北部单斜构造带的掀斜抬升导致膏盐岩在重力作用下向南流动，而拜城凹陷的重力载荷则驱使膏盐岩向北流动。在上述因素共同作用下，膏盐岩在克拉苏断裂附近聚集增厚，形成大规模盐丘(杨克基，2017)。盐上层构造变形主要受控于基底主干断裂的向上传播、沉积负荷的差异压实、膏盐岩向弱应力区的底辟上涌、挤压应力的不断增强以及

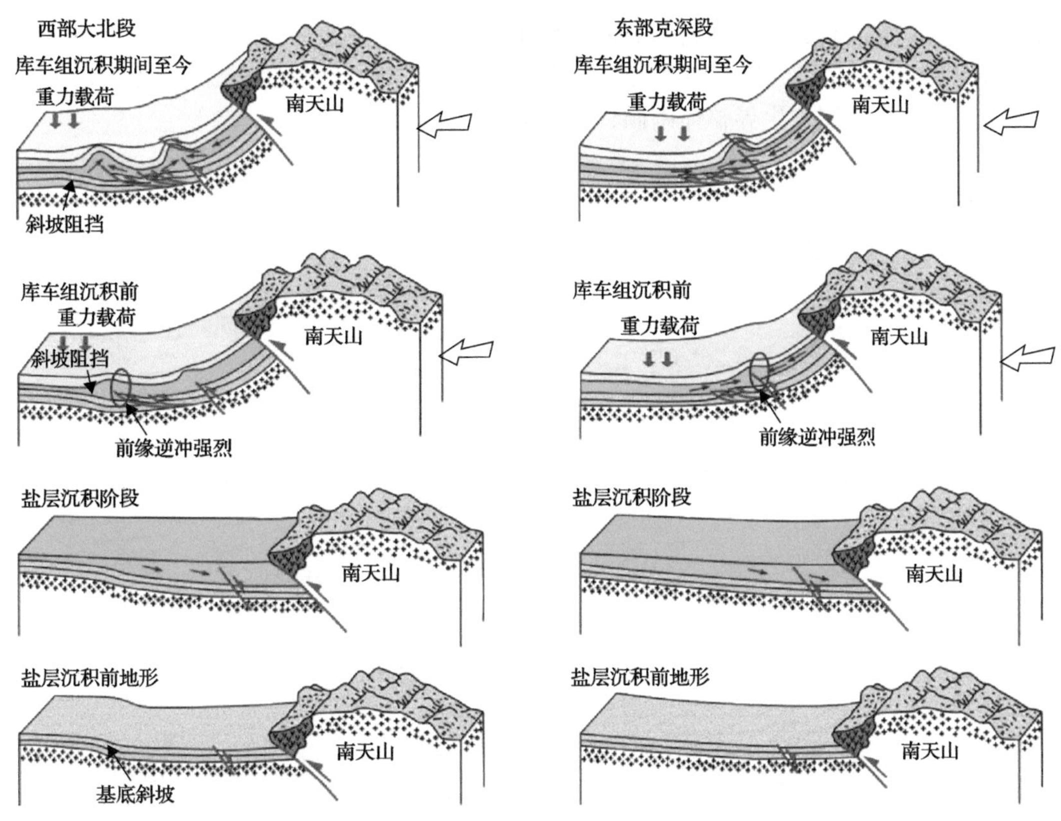

图 3-13　克拉苏构造带大北段、克深段构造演化模式(杨克基，2017)

北部山前地形高差对膏盐岩流动的阻挡等多种因素，其演化过程经历了中新世早期基底断裂诱发的断层传播褶皱、库车组沉积期间差异压实作用诱发的底辟褶皱以及持续强烈挤压作用下背斜核部形成破冲断层等阶段。

克拉苏构造带大北段和克深段构造变形差异明显，大北段除克拉苏断层顶部发育盐丘之外，在克拉苏断层下盘的逆冲叠瓦扇前缘也有盐丘发育，构造变形整体呈双背斜形态；克深段盐丘仅发育在克拉苏断层顶部，而逆冲叠瓦前缘没有盐丘发育，构造变形整体呈单背斜形态。

3.3.3　秋里塔格构造带构造演化

秋里塔格构造带西秋段构造演化于二叠纪末、三叠纪初，南天山洋关闭时，海西期造山作用导致库车前陆盆地开始形成(图 3-14)。受三叠纪末期印支运动影响，秋里塔格构造带北缘抬升幅度较大，导致三叠系沉积厚度自南向北逐渐减薄尖灭，并遭受一定程度的风化剥蚀，而侏罗系处于沉积间断状态。晚白垩世库车拗陷在燕山晚期运动作用下遭受整体挤压抬升，上白垩统普遍缺失。此阶段西秋段基底构造层受构造挤压作用发育两条逆冲断裂，其中南侧断裂逆冲断距较大，上盘抬升导致二叠系、三叠系剥蚀殆尽，形成西秋古隆起的雏形。新生代古近纪初期，沉积了库姆格列木群膏盐岩层。中新世晚期，随着南天山的崛起，西秋段发生强烈挤压变形，膏盐岩在基底断裂顶部聚集底辟形成盐丘。盐上层在构造挤压和膏盐岩底辟作用下发生强烈褶皱作用。库车组沉积期间至今，随挤压应力的持续，盐上层褶皱核部发育破冲断层。西秋段在中—新生代演化期间，差异沉降使现今地层古生界整体南倾，而新生界整体北倾。

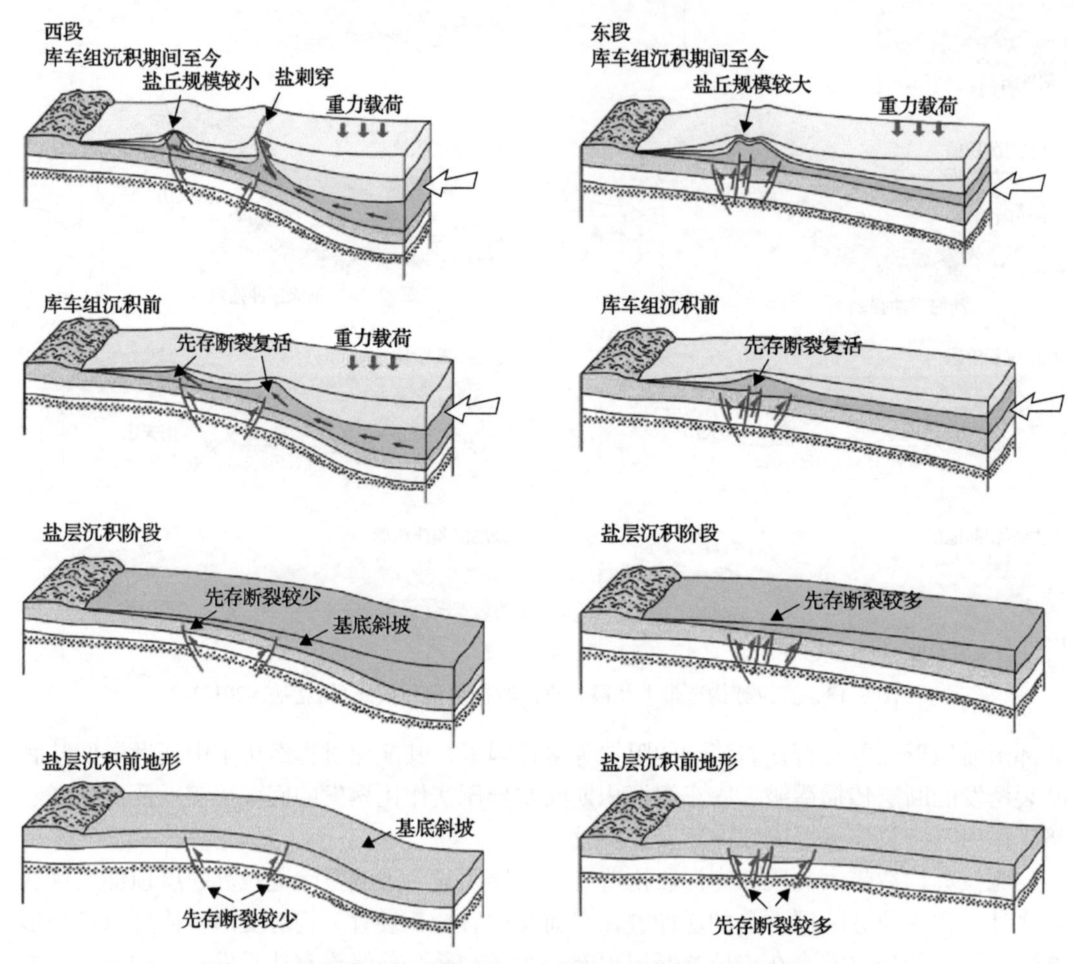

图 3-14 秋里塔格构造带西段、东段构造演化模式(杨克基，2017)

东秋段在三叠纪末期碰撞造山之后，东秋地区发生地壳均衡沉降作用，在相对稳定的环境下接受三叠系—上白垩统沉积。晚白垩世库车拗陷因遭受挤压而整体抬升，缺失上白垩统沉积。东秋段新生代早期，盐层厚度和流动性都差于库姆格列木群膏盐岩层，新近纪中新世晚期，东秋段盐下层发育一条向下切割至盆地基底、向上尖灭于吉迪克组盐层内的基底大断裂(东秋断裂)。库车组沉积时期，东秋断裂继续向上传播，断距明显增大，其上盘发育明显的断层相关褶皱，下盘发育一条北倾次级逆冲断裂。东秋断裂的顶部作为构造薄弱带，成为后期膏盐岩构造变形集中的弱应力区。随着断裂的持续活动，膏盐岩在东秋断裂顶部逐渐聚集增厚，并导致上覆地层形成背斜。随着挤压作用的继续，盐上层背斜被核部新生的两条对冲断裂切割破坏。在喜马拉雅晚期持续的挤压作用下，深、浅层断裂与膏盐岩的底辟上涌相互促进，导致盐上层褶皱作用越发强烈，局部地区膏盐岩因背斜顶部遭受抬升剥蚀而出露地表。

3.4　构造应力场演化

库车前陆盆地为典型的叠合盆地，在多期构造变革和多个单型盆地叠加复合的长期发展演化过程中，由于不同的地球动力学背景，产生了不同的构造应力场特征，对盆地的建造和改造起到重要的制约作用。在构造变形解析的基础上，结合岩石磁组构和岩石声发射试验分析等资料，对该盆地中—新生代构造应力场进行了定量分析(曾联波，2004)。该区共划分出 7 期构造应力场，不同期次构造应力场的主应力方向和大小具有明显的变化(表 3-1)。

表 3-1　岩石声发射测量的最大古有效应力值(曾联波等，2004a)　(单位：MPa)

地层时代	最大古有效应力					
	印支期	燕山早期	燕山晚期	喜马拉雅早期	喜马拉雅中期	喜马拉雅晚期
N_2					26	39.0
N_1					56.1	81.5
E_{1+2}				50.2	71.6	85.2
K_1			35.2	59.9	74.8	80.9
J_1		28.8	46.9	65.3	88.2	95.6
T	52.5	25.9	35.8	47.1	64.9	73.0

注：T 样品取自地表露头，其他样品取自岩心。

1) 印支期(250～208Ma)

三叠纪末，随着古特提斯洋关闭，羌塘板块与塔里木板块拼合，该时期库车坳陷处于较强的近南北向挤压环境。该时期构造应力场的平均最大主压应力方向为 10°左右，露头区岩石样品声发射试验记忆的该时期平均最大古有效应力值为 52.5MPa。

2) 燕山早期(208～135Ma)

该时期由于受西北方向的俯冲挤压，整个中国大陆处于北西向挤压、北东向伸展的环境中。该时期构造应力场的平均最大主压应力方向为 310°左右，在北东向伸展作用下，在该区下侏罗统阿合组中形成了一组与岩层层面垂直、具有较好等距性的北西向(300°～310°)节理，并在中—下侏罗统中形成系列正断层，断层上盘地层厚度明显大于下盘，在地震剖面上反射明显，反映了当时的伸展构造环境。下侏罗统钻井岩心和露头区岩石样品声发射记忆的该时期平均最大古有效应力值为 27.4Ma。

3) 燕山晚期(135～65Ma)

从侏罗纪末开始，欧亚大陆南缘发生一系列碰撞事件，该区处于南北向挤压环境。该时期构造应力场的平均最大主压应力方向为 0°左右。下白垩统、下侏罗统钻井岩心和露头区样品岩石声发射记忆的该时期平均最大古有效应力值为 39.3MPa。此时，随着挤压和褶皱逆冲作用的发生，库车开始具有前陆盆地雏形，但其范围明显较小，沉积沉降中心位于山前边界逆冲断层附近。

4) 喜马拉雅早期(65～23.3Ma)

喜马拉雅早期，随着中特提斯洋主体闭合，印度板块向欧亚板块碰撞。该时期构造应力场仍以近南北向水平挤压为特征。其平均最大主压应力方向大致为350°左右。古近系、下白垩统、下侏罗统钻井岩心和露头区样品岩石声发射记忆的该时期平均最大古有效应力值为 55.7MPa。随着挤压作用的增强，该区前陆盆地的性质开始明朗，范围也开始变宽。

5) 喜马拉雅中期(23.3～2.6Ma)

随着印度板块进一步向欧亚板块楔入，该区继续处于较强的近南北向挤压环境。根据构造变形解析，该时期构造应力场的平均最大主压应力方向为近南北向。新近系、古近系、下白垩统、下侏罗统钻井岩心和露头区样品岩石声发射记忆的该时期平均最大古有效应力值为 63.6MPa。

6) 喜马拉雅晚期(2.6～0.7Ma)

随着印度板块向欧亚板块快速楔入，青藏高原快速隆升及天山山体强烈抬升，该区近南北向挤压作用更加强烈。该时期构造应力场的平均最大主压应力方向为近南北向。新近系、古近系、下白垩统、下侏罗统钻井岩心和露头区样品声发射记忆的该时期平均最大古有效应力值为 79.4MPa，因此，喜马拉雅晚期是库车拗陷的最强烈挤压时期，最终形成了该区近东西向逆冲推覆构造格局。

7) 新构造期(0.7Ma～现今)

库车拗陷新构造期现今应力场的最大主应力方向为近南北向。该时期平均最大有效应力值为 53.8MPa，各层位的最大主应力分布在 50～113MPa，平均值为 87MPa。现今应力场的最大主应力在不同构造部位明显不一致，在现有的测试范围内，水平最大主应力、水平最小主应力和垂向应力与深度呈较好的线性关系。

第 4 章　库车前陆盆地储层成岩作用

4.1　成岩作用类型

地层沉积以后的成岩作用和构造作用是控制储层物性的关键(Morad et al.，2000；曾联波等，2016)。砂岩的成岩作用是在盆地内、外动力地质作用下进行的，它既受盆地内部类似于低温化学-物理反应器的埋藏热效应的控制，也受盆地构造变形等过程中构造应力的影响。因此，砂岩成岩作用分为埋藏热效应、埋藏热效应-构造应力和埋藏热效应-流体作用三种端元的成因类型(寿建峰，2004)。埋藏热效应成因类型指的是沉积物开始进行埋藏成岩作用后，主要在上覆岩石载荷和盆地热流的作用下，使岩石体积逐渐发生变化，表现出成岩演化的连续性和阶段性；埋藏热效应-构造应力成因类型指的是砂岩在经受埋藏热效应成岩作用的过程中，还受到了构造活动的影响，表现出成岩演化的阶梯性和突变性；埋藏热效应-流体作用为砂岩在经受埋藏热效应成岩作用的过程中，还受到地层流体的明显影响而延缓或加快砂岩的流体压实作用(寿建峰，2004)。

本章将针对库车前陆盆地下白垩统巴什基奇克组，详细分析其成岩作用，同时涉及下侏罗统阿合组的部分成岩作用特征。总结来看，巴什基奇克组砂岩的成岩作用类型可分为埋藏压实作用、胶结作用、溶蚀作用、交代作用和构造挤压改造作用。其中，胶结作用主要包括硅质胶结、长石胶结、碳酸盐胶结、硫酸盐胶结和黏土胶结等，溶蚀作用包括碎屑颗粒溶蚀和胶结物溶蚀。

4.1.1　埋藏压实作用

埋藏压实作用是库车前陆盆地下白垩统巴什基奇克组典型的成岩作用类型(毛亚昆等，2017；高志勇等，2018a)。薄片资料表明，大北区块下白垩统巴什基奇克组储层埋深大，压实作用中等—强，镜下典型标志为：颗粒呈点-线、压嵌接触，塑性颗粒(岩屑、云母等)强烈变形，原生孔隙大量减少直至消失，自上而下压实作用呈变强的趋势(图 4-1)。例如，DB6 井巴什基奇克组埋深在 6800～7200m，强烈的压实作用使石英、长石颗粒被压碎，以线接触为主，原生孔隙数量大量减少，埋藏热压实作用的减孔量一般为 28.0%～30%。颗粒接触关系与杂基和胶结物含量密切相关，胶结物含量高的层段，压实作用较弱，颗粒多呈基底或悬浮式支撑，胶结物含量低和杂基含量高的层段压实作用相对较强，颗粒多呈线接触。克深区块下白垩统巴什基奇克组储层埋深大于 6500m，镜下典型标志与大北区块类似，但是克深区块埋藏压实作用造成原生孔隙的损失率可达 80%(高志勇等，2018b)，同时，石英、长石颗粒伴有压溶现象，胶结物含量低和杂基含量高的层段(孔隙度小于 5%)，压实作用相对较强，颗粒多呈线接触(图 4-1)。

(a) DB203，K_1bs(6483.5m)，细粒岩屑长石砂岩，强烈压实，胶结致密，线接触，(-)×100

(b) DB6，K_1bs(6854.87m)，中粒岩屑长石砂岩，强烈压实，压碎缝较发育，(-)×40

(c) KS205，K_1bs(7085.06m)，细粒岩屑长石砂岩，强烈压实，颗粒以线接触为主

(d) KS205，K_1bs(7091.38m)，中细粒岩屑长石砂岩，强烈压实，颗粒以凸凹-线接触为主

图 4-1　库车前陆盆地下白垩统巴什基奇克组储层埋藏压实作用微观特征

4.1.2　胶结作用

库车前陆盆地白垩系沉积成岩的碱性水介质条件和局部酸性水介质条件决定了储层胶结作用具有发生时间早、作用时间长和胶结矿物种类多的特点(袁静等，2015；巩磊等，2015)。从最新资料来看，主要胶结作用类型包括方解石胶结作用、白云石胶结作用、硅质胶结作用和黏土胶结作用等；主要胶结物为白云石、方解石、硬石膏、硅质和长石等；胶结物总含量一般为 5%～10%；胶结方式多样，以孔隙式胶结为主，其次为薄膜式、孔隙-薄膜式和嵌合式等。依据胶结率指标，当胶结率为 0%～30%时为弱胶结，胶结率为 30%～60%时为中等胶结，胶结率大于 60%时为强胶结。大北—克深区块白垩系储层胶结率一般低于 30%(图 4-2)。

1) 方解石胶结

方解石胶结物是库车前陆冲断带下白垩统巴什基奇克组最丰富的胶结物类型，不同深度均有发现，深度上分布规律不明显，相对来说，近不整合面储层更易见到方解石胶结物。类型上主要为基底式胶结和孔隙式胶结(图 4-3)，基于颗粒的点接触关系推断，区内方解石胶结物明显存在两期，即埋藏期早成岩期孔隙式方解石胶结最早[图 4-3(a)]，颗粒以线接触的方解石胶结相对较晚[图 4-3(b)]。

(a) DB203，K_1bs(6357.69m)，细粒岩屑长石砂岩，压实较弱，胶结强烈，基底式胶结，方解石胶结物含量为10%，(-)×40

(b) DB6，K_1bs(6860.55m)，含中砂细粒岩屑长石砂岩，含铁方解石充填构造缝，无可见孔，(-)×40

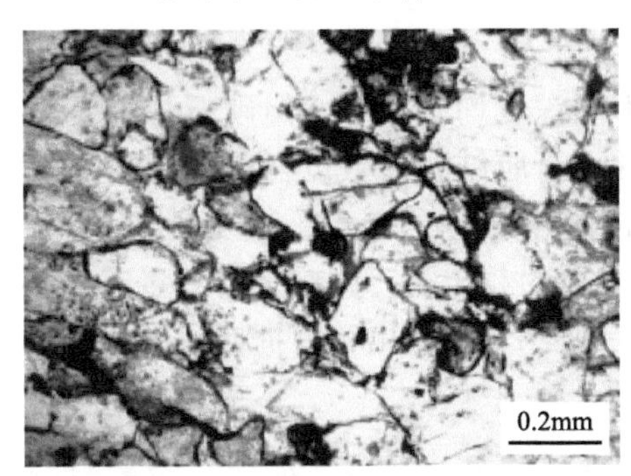

(c) KS202，K_1bs(6855.78m)，中粒岩屑长石砂岩，硅质、钠长石胶结致密，钠长石，长石溶蚀

(d) KS202，K_1bs(6855.78m)，中细粒岩屑长石砂岩，方解石(红色)和铁泥质胶结致密

图 4-2 库车前陆盆地下白垩统巴什基奇克组储层胶结作用微观特征

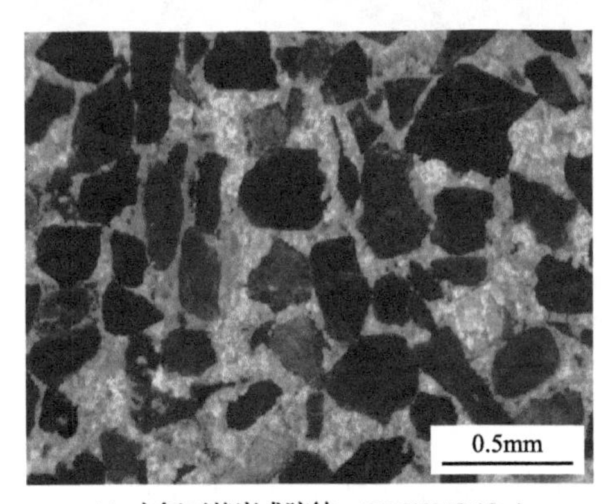

(a) 方解石基底式胶结，DB6(6858.18m)

(b) 方解石孔隙式胶结，KS202(6855.78m)

图 4-3 库车前陆冲断带下白垩统巴什基奇克组自生方解石特征

2) 白云石胶结

白云石胶结作用在巴什基奇克组也广泛发育，从含量来看，相对于方解石胶结物含量，白云石胶结物含量相对较低。从不同深度含量来看，白云石胶结物具有与钠长石较为一致的分布趋势，主要分布在 6000m 以下的下白垩统巴什基奇克组砂岩中。白云石胶结作用主要分为两种形式：基底式胶结[图 4-4(a)]、孔隙式胶结[图 4-4(b)]。

(a) 白云石基底式胶结，KS207(6799.82m)

(b) 白云石孔隙式胶结，KS201(6705.43m)

图 4-4　库车前陆冲断带下白垩统巴什基奇克组白云石胶结物特征

3) 硬石膏胶结

石膏胶结物含量与深度关系不大，在不同深度均有发现，但硬石膏主要分布于白垩系顶部不整合面附近或者是裂缝带中。硬石膏胶结物多数以自形为主，镶嵌粒状结构[图 4-5(a)、(b)]，裂缝中发现的板状硬石膏晶体都平行或近平行于裂缝边缘。对于孔隙中的硬石膏胶结物来说，越接近裂缝，含量相对越丰富。同时，石膏多形成于蒸发环境下，镜下观察发现硬石膏胶结物亦可呈嵌晶胶结形式产出，占据储层原始孔隙，导致储层储集物性下降(罗威等，2017)。

(a) 硬石膏孔隙式胶结充填孔隙，KS8003(6776.95m)

(b) 硬石膏孔隙式胶结，KS228(6740.03m)

图 4-5　库车前陆冲断带下白垩统巴什基奇克组自生硬石膏特征

4) 硅质胶结

从镜下资料来看，硅质胶结在整个库车前陆冲断带下白垩统巴什基奇克组广泛发育。硅质胶结物主要表现为石英孔隙式胶结、自生加大边(图 4-6)，裂隙中石英沿着裂缝空间生长，随埋深加大石英胶结物的含量增加。不同类型的自生石英以自生加大边形成时间最早，其次为孔隙内生长的自生石英。

5) 长石胶结

长石类胶结常见于博孜、大北及克深区块，胶结物类型主要为钠长石化和自生钠长石，是巴什基奇克组砂岩的重要成岩特征，其中钠长石化主要表现为斜长石溶蚀后的次生孔隙边缘残余和钾长石的钠长石化；自生钠长石主要表现为孔隙式胶结[图 4-7(a)]、自形板状及板柱状颗粒[图 4-7(b)]。钠长石胶结物随埋深加大、温度升高而增加。镜下常见钠长石与方解石呈共生组合分布(Liu C et al., 2021)。

(a) 石英孔隙式胶结，KS201(6705.1m)

(b) 石英在孔隙中自形生长，KS205(7092.64m)

图 4-6　库车前陆冲断带下白垩统巴什基奇克组硅质胶结物特征

(a) 钠长石孔隙式胶结，KS2-2-1(6612.4m)

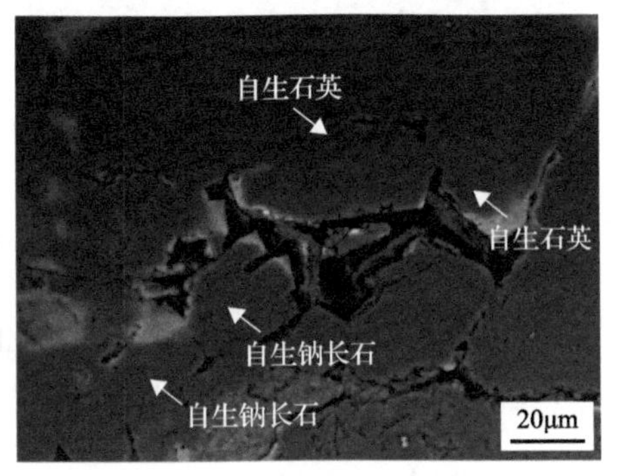

(b) 孔隙中生长的自生钠长石和石英，KS2-2-3 (6947.75m)

图 4-7　库车前陆盆地下白垩统巴什基奇克组自生钠长石特征

6) 自生黏土矿物胶结

自生黏土矿物是库车前陆盆地下白垩统巴什基奇克组重要的胶结物类型，广泛分布于全区，在不同深度上亦可见到。从镜下资料来看，主要类型有：伊/蒙混层、伊利石、绿泥石及高岭石(冯洁等，2017；罗威等，2017；潘荣等，2018)。其中，自生伊利石是区内重要的黏土矿物类型，其含量随埋深增大和温度增高而增加。伊利石呈丝状、片状、丝缕状产出，且大部分伊利石伴随伊/蒙混层出现[图 4-8(d)]。伊利石的大量存在与钾长石密切相关，早期钾长石的蚀变为伊利石的形成和早期石英的加大提供了物质基础。在埋藏至高温条件后，钾长石与高岭石发生化学作用，大量消耗高岭石，并产生了大量的伊利石和自生石英(Franks and Zwingmann，2010)。自生绿泥石在区内分布具有一定的非均质性，在不同深度段都有见到，其产状主要呈竹叶状、蜂窝状分布在某些碎屑颗粒的边缘[图 4-8(b)、(c)]。高岭石作为长石、火山岩碎屑蚀变产物，主要是分布在原生孔隙中[图 4-8(a)]，当温度超过 130℃时伊利石会交代高岭石，并由钾长石提供钾离子来源(Bjorlykke，1998)。

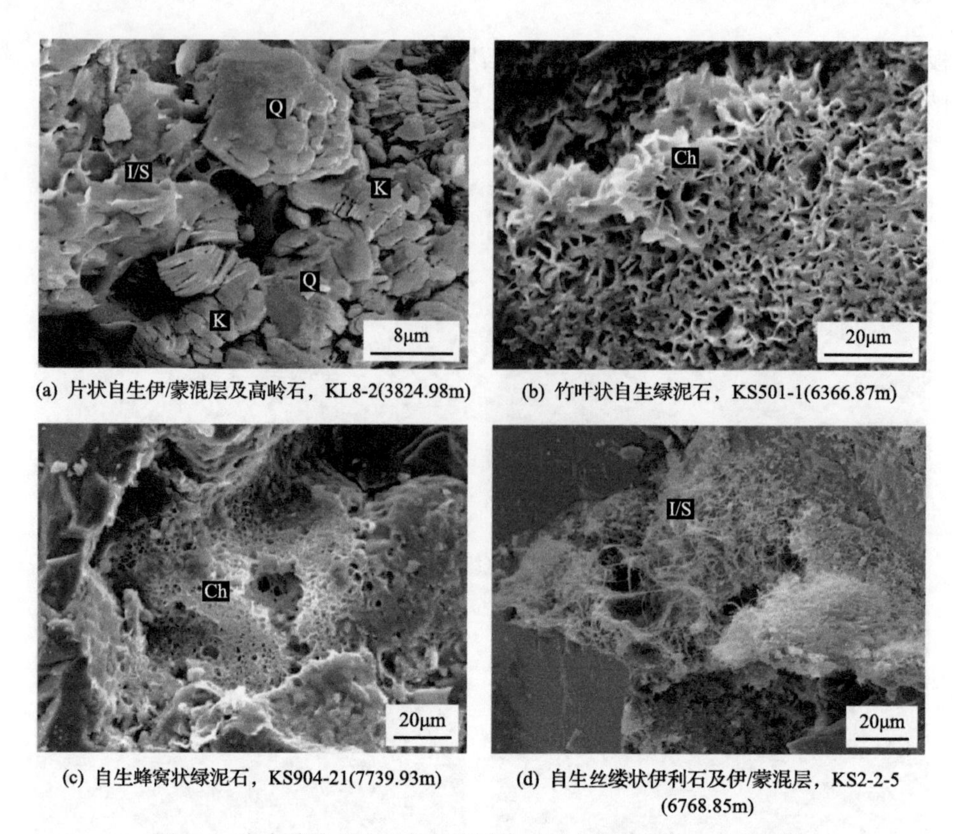

(a) 片状自生伊/蒙混层及高岭石，KL8-2(3824.98m)

(b) 竹叶状自生绿泥石，KS501-1(6366.87m)

(c) 自生蜂窝状绿泥石，KS904-21(7739.93m)

(d) 自生丝缕状伊利石及伊/蒙混层，KS2-2-5(6768.85m)

图 4-8 库车前陆盆地下白垩统巴什基奇克组自生黏土矿物特征

Q-石英；I/S-伊/蒙混层；K-高岭石；Ch-绿泥石

4.1.3 溶蚀作用

溶蚀作用可以显著增加储层的储集空间，有利于油气保存(伍劲等，2019)。库车前陆盆地下白垩统巴什基奇克组砂岩储层的溶蚀作用主要表现为长石、岩屑颗粒、钠长石胶结物的溶蚀，储层中自生高岭石的出现可能与此有关(张荣虎等，2019b)。白云石和方解石胶结物的溶蚀较少见，但从孔隙类型和分布来看，具有较大的非均质性。总体而言，大北区块巴什基奇克组储层溶蚀作用相对较弱，镜下鉴定溶蚀面孔率为 0%～0.5%，克深区块巴什基奇克组储层溶蚀作用相对较强，镜下鉴定溶蚀面孔率为 0.2%～4.0%，溶蚀孔成为储层基质孔隙的重要组成部分(图 4-9)。

库车前陆盆地东部侏罗系阿合组储层发育溶蚀作用相对较强，储集空间以溶蚀孔-残余原生孔隙为主。溶蚀作用产生粒内微溶孔、铸模孔、粒间胶结物溶孔及原生粒间溶蚀扩大孔(图 4-10)。溶蚀作用主要表现为长石、岩屑的溶蚀，从而形成大量自生高岭石；溶蚀作用改善了储层孔隙结构，形成超大孔、伸长孔，使孔隙分选性明显变差，但溶蚀作用不同程度改善储层物性，是一种重要的建设性成岩作用。铸体薄片鉴定表明：侏罗系阿合组储层溶蚀增孔量一般为 0.5%～4%，最高可达 6.2%，溶蚀孔占储集空间的 25%～60%，最高可达 95%。露头与井下的资料对比后发现，地表物性明显好于井下，说明表生大气淋滤作用对储层性质改善很大，起到良好的建设性作用。

(a) DB202井，K_1bs^2(5714.43m)，(-)×100，细中粒岩屑长石砂岩，长石溶孔

(b) DB204，K_1bs(5942.34m)，细粒岩屑长石砂岩，粒间长石质胶结物溶蚀，溶蚀面孔率$\varphi_{面}$=0.5%，(-)×100

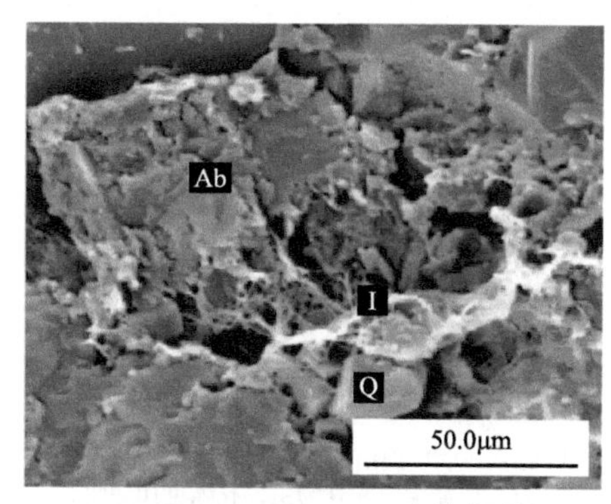

(c) KS201，K_1bs(6705.73m)，细粒岩屑长石砂岩，钠长石溶蚀及粒间孔隙充填石英、丝片状伊利石

(d) KS201，K_1bs(6707.45m)，细粒岩屑长石砂岩，粒间孔隙充填石英(Q)、钠长石(Ab)、丝片状伊/蒙混层(Or)、丝状伊利石

图4-9　库车前陆盆地白垩系巴什基奇克组储层溶蚀作用微观特征

Ab-钠长石；I-伊利石；Q-石英

4.1.4　交代作用

下白垩统巴什基奇克组砂岩的交代作用总体较弱，镜下多见长石被高岭石交代，偶见晚期白云石交代岩屑和长石。在克深区块原生粒间孔、溶蚀孔中可见白云石和铁白云石的交代物(冯洁等，2017)。白云石交代作用一般发生在晚成岩时期，是孔隙溶液中的CO_2分压升高、温度升高或二者共同影响造成的，与长石、岩屑等溶蚀引起Mg^{2+}浓度升高也有关系。另外，亦发现有方解石交代石英现象(罗威等，2017)。

4.1.5　构造挤压改造作用

构造挤压对库车前陆盆地的改造作用主要为构造挤压减孔作用和构造裂缝的产生(李忠等，2009；唐雁刚等，2011；潘荣等，2014；张立强等，2018；魏国齐等，2020)。构造挤压减孔作用主要是指在挤压作用下，岩石储集层的孔隙空间被压缩，将会在后面章节单独详细介绍。构造裂缝的产生对储层成岩作用的影响主要体现在两个方面：储集物性的提升及成岩流体的导向作用。

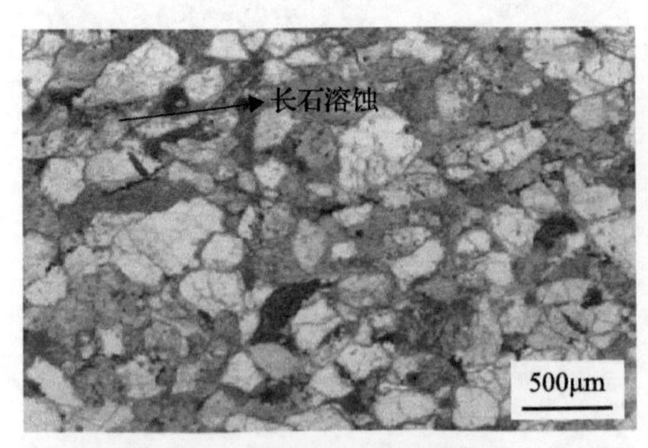

(a) 黑英山剖面，中砂岩，主要为粒间孔，孔隙度13.2%，长石颗粒溶蚀，溶蚀面孔率1%

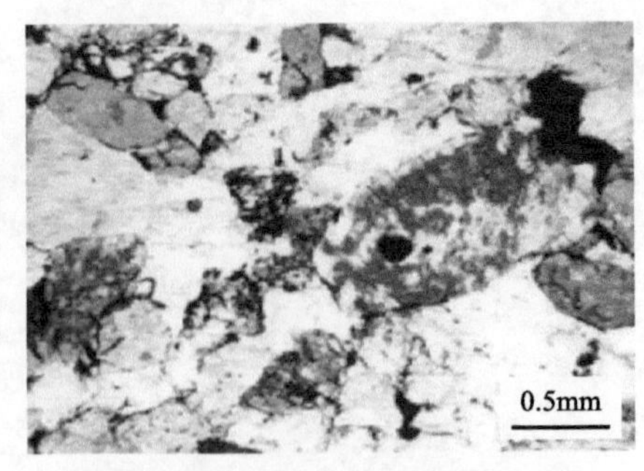

(b) DB102(5029.85m)，长石颗粒溶蚀，溶蚀面孔率2.5%

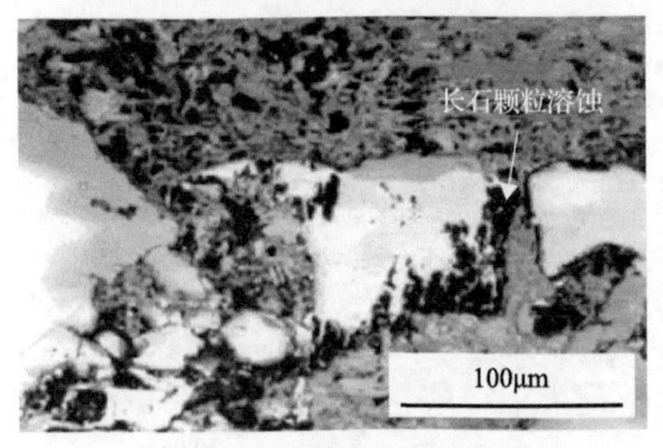

(c) YS4(3981.6m)，长石溶蚀微孔结构

(d) 吐格尔明剖面南翼，含砾粗巨砂岩，孔隙较发育，以原生粒间孔为主，孔隙度10.29%，溶蚀面孔率0.5%

图 4-10　库车东部侏罗系阿合组溶蚀作用镜下特征图版

1) 构造裂缝网络对储集物性的提升

构造裂缝网络整体对储层基质孔隙度的提升非常有限。王俊鹏等(2018)利用微电阻率扫描成像测井(FMI)成像测试的裂缝视孔隙度和计算机断层扫描(CT)定量计算的下白垩统巴什基奇克组裂缝孔隙度结果显示，裂缝孔隙度整体<0.1%，占比为60.87%。同时，裂缝孔隙度在纵向上具有一定变化：即上部地层受挤压弯曲拉张变形，拉张缝占比大，裂缝开度大，同时裂缝充填物受上部不整合面流体淋滤溶蚀改造，使不整合面以下150m以内裂缝孔隙度整体较高，主值区间为0.003%～0.04%；不整合面150m以下，流体淋滤溶蚀改造作用减弱，同时挤压弯曲变形中，多发育网状、斜交裂缝，且裂缝开度较小，因此，不整合面150m以下裂缝孔隙度普遍<0.02%。

裂缝发育可显著改善储层渗透率。通过实测对比含裂缝岩心及不含裂缝岩心渗透率、CT全直径岩心构造裂缝渗透率计算、完井测试实测井下裂缝渗透率及试采资料分析(王俊鹏等，2014，2018)，发现裂缝发育可将储层渗透率有效提升1～3个数量级。下白垩统巴什基奇克组储层基质渗透率主要为$0.01\times10^{-3}\sim0.1\times10^{-3}\mu m^2$，约占76.6%，实测储层裂缝渗透率普遍介于$1\times10^{-3}\sim100\times10^{-3}\mu m^2$。另外岩心样品的高压压汞实验对比分析表明，含裂缝样品平均渗透率是不含裂缝样品平均渗透率的10～1000倍，含裂缝样品排驱压力小、低分选、粗歪度，都反映裂缝对储层渗透率的提升明显。

2)构造裂缝网络对成岩流体的导向作用

早期构造裂缝可成为储层成岩胶结的快速通道(王俊鹏等，2014；刘春等，2017a，2017b)。白垩纪沉积期以来，经历了三期构造运动，发育三期构造裂缝：早期拉张裂缝、中期剪切缝、晚期剪-张缝(张仲培和王清晨，2004；张明利等，2004)。受构造运动的影响，断裂因沟通不整合面而成为流体活动的通道。岩心观察发现，早期裂缝常见碳酸盐类充填，且有被溶蚀改造的痕迹；镜下薄片观察发现早期裂缝常绕过岩石颗粒，反映出张裂缝性质，同时，裂缝周边颗粒一般为点接触或漂浮接触(图 4-11)，表明胶结成岩时间较早。

(a) KS501井，井深6364.65 m，微裂缝及周围孔喉均被方解石(红色)胶结

(b) KS1101井，井深6605.62 m，不规则构造缝被方解石(红色)充填

图 4-11　下白垩统巴什基奇克组储层微裂缝充填特征

镜下微裂缝观察表明，早期裂缝网络加速了储集空间的胶结及裂缝空间的充填，不利于储层有效储集空间的保存，加剧了储层的非均质性，在克拉苏构造带北部区块尤为典型(王俊鹏等，2018)。早期裂缝网络成为成岩胶结的快速通道，使储层的有效储集空间被胶结物抢占，同时也使储层的孔喉结构复杂化，影响后期油气的快速饱和充注。另外，岩心裂缝观察证据表明，不整合面附近岩心中的构造裂缝被碳酸盐类充填的同时，亦接受了上部不整合面流体溶蚀的有限改造。中晚期裂缝网络有利于储集空间的溶蚀改造。伴随大规模的构造挤压运动，下白垩统巴什基奇克组储层裂缝大量形成，先期形成的裂缝被再次改造。三叠—侏罗系烃源岩天然气开始向白垩系储层充注，油气沿断层、裂缝网络等优势通道运移，有机酸溶蚀裂缝中的部分碳酸盐充填物，对储层基质孔喉的连通亦有一定的改善及提高。随着天然气的持续充注，储层内压力升高，流体活动减弱，成岩胶结作用减弱，岩石破裂产生的微裂缝沟通了裂缝周围的孔喉，有效改善了储层孔喉的连通性，提高了渗流能力。

4.2　成岩演化序列

前人已对库车前陆盆地下白垩统、下侏罗统的成岩作用开展了多方面的研究(肖鑫等，2017；冯洁等，2017；罗威等，2017；罗威，2018；刘衍琦和张立强，2018)，根据区内构造沉积演化史，库车前陆冲断带属于间断埋藏成岩作用序列，结合成岩矿物的赋存与共生组合关系，不同深度条件下下白垩统巴什基奇克组呈现出大致相似的成岩演化序列(图 4-12)，按自生矿物生成次序，成岩的典型序列分别是埋藏压实作用、胶结作用、溶蚀作用、交代作用、构造挤压改造作用。

成岩阶段		R_o/%	成岩温度/℃	颗粒接触类型	颗粒接触变形	埋藏压实作用	构造挤压改造作用	裂缝生成	自生矿物							溶蚀作用			烃类侵位	成岩环境
									黏土矿物	绿泥石	方解石	白云石	铁白云石	石英及长石	硫酸盐矿物	碳酸盐	长石及岩屑	硅质		
同生成岩			古常温																	碱性
早成岩	A	<0.35	古常温~65	点状为主	塑性颗粒变形															
表生成岩			古常温																	酸性
早成岩	A	<0.35	古常温~65																	
	B	0.35~0.50	65~85	点-线	刚性颗粒趋向紧密堆积															碱性
中成岩	A	0.50~1.30	85~140	线状为主																
	B	1.30~2.00	140~170	线-镶嵌																酸性

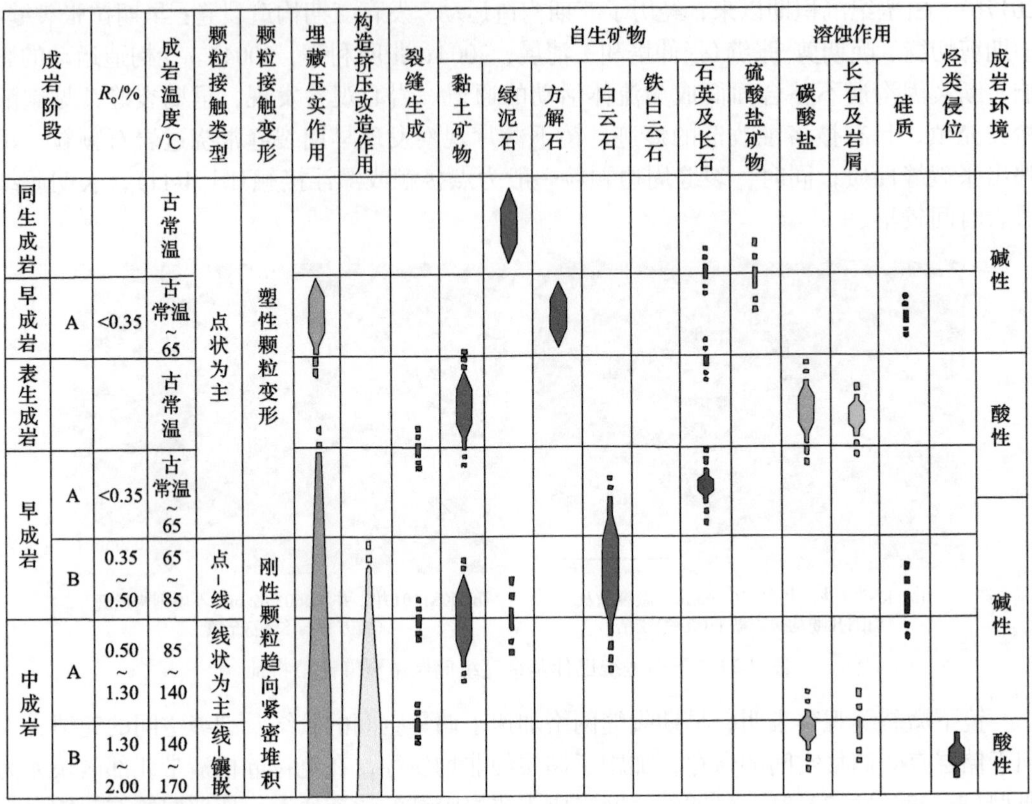

注：R_o表示镜质组反射率。

图 4-12 库车前陆盆地下白垩统巴什基奇克组典型成岩序列(KS2 气藏)(冯洁等，2017)

库车前陆盆地下白垩统巴什基奇克组储层埋深大，普遍大于 5000m，因此，埋藏压实作用整体较强。强烈的埋藏压实作用使石英、长石颗粒被压碎，以线接触为主，原生孔隙数量大量减少，埋藏热压实作用的减孔量一般为 28%～30%。自上而下埋藏压实作用呈变强的趋势，导致原生孔隙锐减，直至消失。颗粒接触关系与杂基和胶结物含量密切相关，胶结物含量高的层段，埋藏压实作用较弱，颗粒多呈基底或悬浮式支撑。胶结物含量低和杂基含量高的层段，埋藏压实作用相对较强，颗粒多呈线接触。

库车前陆盆地下白垩统沉积成岩环境主要为碱性水介质，局部为酸性水介质。从成岩胶结的颗粒接触状态来看，成岩作用时间长。因此，在全区整个巴什基奇克组都见到了不同程度的成岩胶结，主要胶结物为白云石、方解石、膏质、硅质、长石质等；胶结物总含量一般为 5%～10%；胶结方式多样，以孔隙式胶结为主，其次为薄膜式、孔隙-薄膜式和嵌合式等。巴什基奇克组砂岩储层的胶结作用至少存在两期：一类是早期的基底式胶结，发生于未压实前，主要是方解石、白云石胶结物。它们起抗压实作用，此类矿物表面较脏，易于井下识别。另一类是晚期充填式胶结，胶结物主要是铁(含铁)方解石，呈自形晶，它们以充填构造缝的形式存在。

溶蚀作用可以显著提升储层的储集能力，但从孔隙类型和分布来看，溶蚀作用的强弱具有较强的非均质性。总体而言，大北区块巴什基奇克组储层溶蚀作用相对克深区块较弱，溶蚀面孔率为 0%～0.5%，克深区块巴什基奇克组储层溶蚀作用相对较强，溶蚀孔成为储层基质孔隙的重要组成部分，溶蚀面孔率可达 0.2%～4.0%。值得注意的是，溶蚀作用在同一地区(如克深区块)的不同井区、不同层段亦表现出显著差异性，需要进一步研究其成因及控制因素。

下白垩统巴什基奇克组砂岩的交代作用多见长石被高岭石交代，镜下偶见晚期白云石交代岩屑和长石。白云石交代作用一般发生在晚成岩时期。交代过程必须有一定数量的组分从外部带入岩石中，并在其中富集，另一些组分则被带出，结果使岩石总化学成分发生不同程度的改变，但是岩石总体积基本不变。因此，交代作用整体对储集空间保存影响不大。

构造改造作用对储集空间的影响主要表现在晚期的构造挤压减孔、构造裂缝增孔，前面已述及，此处不再赘述。

关于侏罗系阿合组砂岩储层的成岩情况，不同类型致密砂岩的成岩过程差异性明显。张立强等(2018)根据岩石类型及含油气性将该组砂岩划分为 4 类，整体经历的成岩演化序列(图 4-13)为：压实作用、胶结作用、溶蚀作用、构造挤压改造作用。

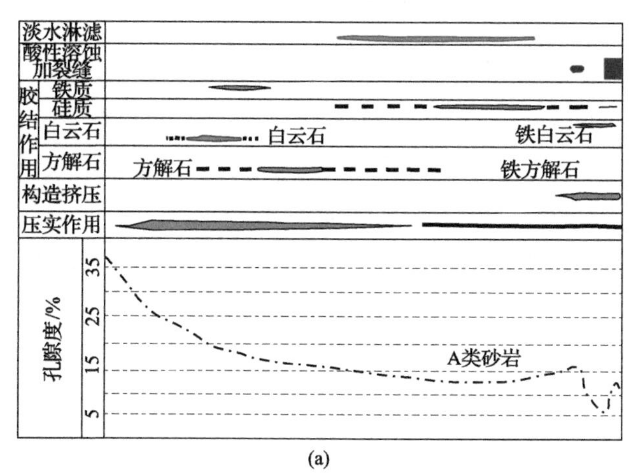

(a)

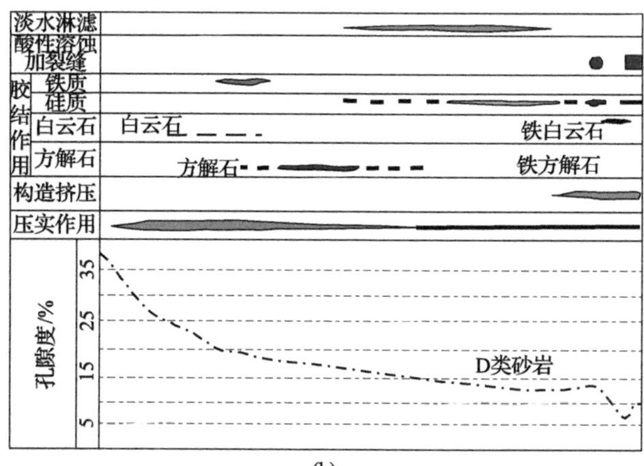

(b)

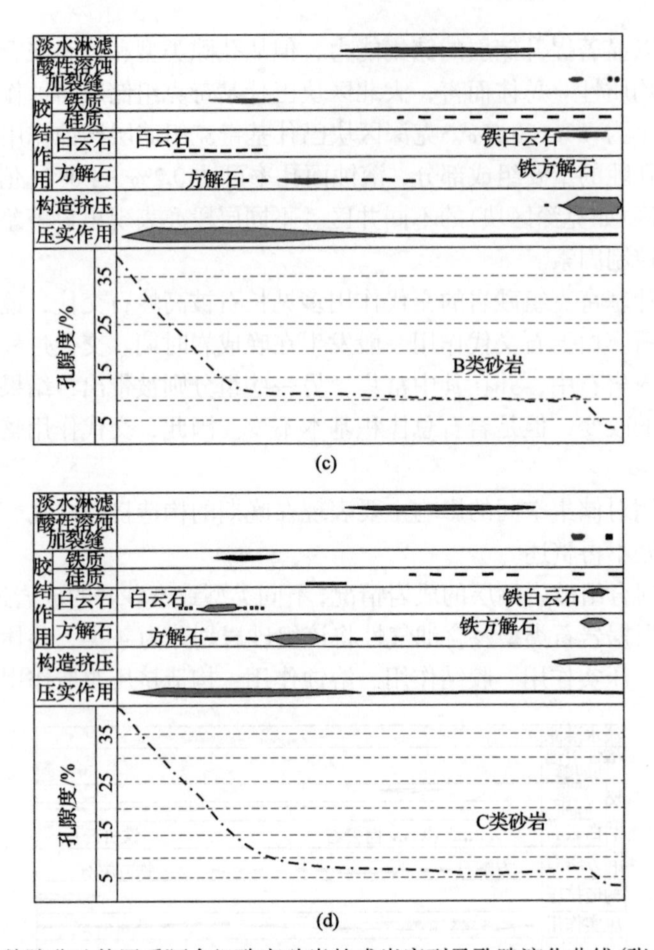

图 4-13　库车前陆盆地侏罗系阿合组致密砂岩的成岩序列及孔隙演化曲线(张立强等，2018)

4.3　成岩阶段划分及特征

4.3.1　巴什基奇克组成岩阶段及特征

按照《碎屑岩成岩阶段划分》(SY/T 5477—2003)，库车前陆盆地下白垩统巴什基奇克组储层总体达到中成岩 B 亚期，证据有如下几点。

(1)储层黏土矿物组合为伊/蒙混层-伊利石-绿泥石，以伊/蒙混层、伊利石、绿泥石为主，含少量高岭石，不含绿/蒙混层，伊/蒙混层中的蒙皂石含量一般为 15%～20%，说明巴什基奇克组储层的成岩阶段已进入中成岩 B 亚期。

(2)自生矿物以方解石、白云石为主，其次为硅质、长石质和硬石膏，含少量铁(含铁)方解石和铁(含铁)白云石。

(3)石英次生加大，最高达Ⅱ级，颗粒呈凹-线状接触，粗颗粒有压碎现象，构造裂缝相对发育，保留少量残余原生粒间孔隙。

(4)溶解、溶蚀较少见，镜下清晰可见少量长石、岩屑及胶结物溶蚀现象。

(5) 地层温度为 120～160℃，时间-温度指数(TTI)为 208～300，盐水包裹体均一温度为 150～160℃，指示储层已进入中成岩 B 亚期。

参考前人研究(罗威等，2017；罗威，2018；肖鑫等，2017；冯洁等，2017；刘衍琦和张立强，2018)，结合对成岩作用类型及其序列研究表明：储层主要经历了准同生成岩作用，早成岩 A 期快速埋藏压实、胶结(石英质、长石质、碳酸盐)减孔作用，表生期风化淋滤、蒸发胶结(碳酸盐、黏土矿物)作用，早成岩 B 期构造破裂、压实压溶、硅质和碳酸盐胶结充填作用及中成岩 B 期构造破裂、碳酸盐重结晶和胶结充填作用的成岩演化序列。可分为以下 6 个阶段(图 4-14)。

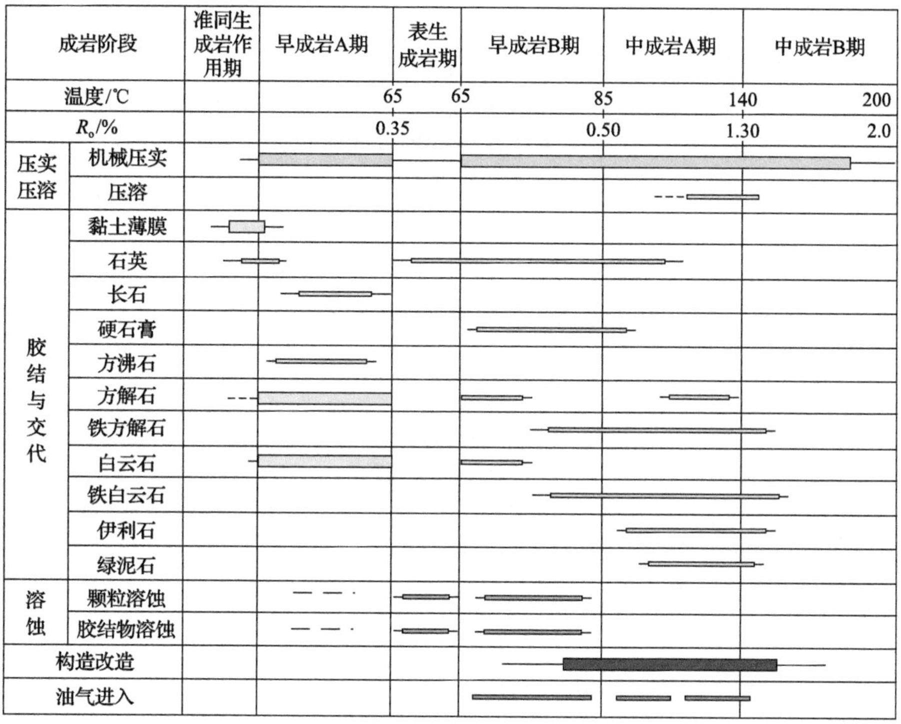

成岩阶段		准同生成岩作用期	早成岩A期	表生成岩期	早成岩B期	中成岩A期	中成岩B期
温度/℃			65	65	85	140	200
R_o/%			0.35		0.50	1.30	2.0
压实压溶	机械压实						
	压溶						
胶结与交代	黏土薄膜						
	石英						
	长石						
	硬石膏						
	方沸石						
	方解石						
	铁方解石						
	白云石						
	铁白云石						
	伊利石						
	绿泥石						
溶蚀	颗粒溶蚀						
	胶结物溶蚀						
构造改造							
油气进入							

图 4-14　白垩系巴什基奇克组储层成岩阶段划分

第一期为准同生成岩作用期，主要形成高岭石黏土薄膜及部分次生石英加大，原生粒间孔受压实减孔作用明显，总体减孔量可达 8%～12%。

第二期为早成岩 A 期，储层受快速埋藏压实作用，在弱碱性环境下，长石质、碳酸盐方沸石胶结，石英质少量溶蚀，总体减孔量可达 5%～6%。

第三期为表生成岩期，储层暴露遭受风化淋滤，长石质、方沸石及少量碳酸盐胶结物遭受溶蚀，同时形成黏土矿物及次生硅质胶结物，总体增孔量可达 2%～4%。

第四段为早成岩 B 期，储层在持续稳定埋藏压实作用下，成岩环境由弱酸性向中碱性过渡，主要形成碳酸盐、石膏及少量硅质胶结物，总体减孔量可达 6%～8%。

第五期为中成岩 A 期，为持续埋藏压实及胶结充填期，胶结物以铁方解石及铁白云石为主，总体减孔量为 3%～5%。

第六期为中成岩 B 期，烃类气体开始注入，储层受快速埋藏压实、构造挤压作用及晚期碳酸盐重结晶胶结作用，产生构造破裂、颗粒压溶、次生硅质和碳酸盐胶结充填裂缝作用的演化序列，总体减孔量为 4%～5%，形成至今的致密砂岩储层。

基于以上认识，库车前陆盆地下白垩统巴什基奇克组砂岩在沉积以后主要经历了准同生成岩作用期—早成岩 A 期的碱性胶结作用、表生期暴露溶蚀—早成岩 B 期碱性溶蚀作用、中成岩 A 期的快速埋藏压实作用及中成岩 B 期的构造改造作用。

1) 准同生成岩作用期—早成岩 A 期的碱性胶结作用

早期碳酸盐胶结物在储层中含量的多少与储层的原生沉积环境有很大的关系。在碎屑岩储层中，碳酸盐胶结物是其最主要的结构组分之一。主要包括方解石与白云石，以方解石为主；胶结物晶粒大小变化较大，从粉晶到粗晶都有出现，一般以细晶和粉晶为主，分布于具初步压实、多具线接触或凹凸接触特征的碎屑颗粒之间。

库车拗陷深层储层在成岩早期(65Ma 之前)，地层水继承了沉积水体的低—中咸化碱性水环境，胶结作用具有发生时间早和胶结矿物种类多的特点。胶结时间主要发生于准同生成岩作用期—早成岩 A 期，粒间孔隙发育，胶结物类型主要有碳酸盐、硅质、铝硅酸盐类和高岭石黏土矿物等，其中以方解石和铝硅酸盐类为主。阴极发光下方解石为橙红色、橙黄色，常呈连晶状或斑块状，碎屑颗粒明显弱压实。胶结物总含量一般为 5%～15%，平均为 6.8%；胶结方式多样，以基底式胶结为主，其次为薄膜式、孔隙-薄膜式等(图 4-15)。

(a) DB203(6357.69m)，细粒岩屑长石砂岩，压实作用弱，胶结强烈，基底式胶结，方解石胶结物10%, (-)×40

(b) KS207(6868.19m)，中细粒岩屑长石砂岩，压实作用弱，胶结强烈，方解石呈斑点状分布，石英、长石常具次生加大边

(c) KS202(6766.7m)，阴极光下石英主要发棕色光，少量发蓝紫色光；长石主要发天蓝色光，少量发灰色和褐灰色光；粒间泥质不发光，方解石发橙黄色光

(d) DB204(5947.52m)，阴极发光下石英发棕色光；长石发灰色和天蓝色光；岩屑发棕色光；粒间泥质不发光，方解石发橙红和橙黄色光

图 4-15　下白垩统巴什基奇克组同生期—早成岩 A 期的碱性胶结作用微观特征

2)表生期暴露溶蚀—早成岩 B 期碱性溶蚀作用

对于下白垩统巴什基奇克组储层来说，由于沉积期的干旱蒸发环境及沉积地层中碱层的存在，地层水持续以弱酸性或碱性的状态出现，伴随有机质演化而形成的酸性水对地层水的影响较弱，因而它对早期碳酸盐矿物的溶蚀改造有限。从区域构造演化、黏土矿物类型、胶结物特征及烃源岩演化来看：深层区下白垩统巴什基奇克组储层在燕山期末遭抬升暴露后至再次深埋期前(23Ma)地层水介质环境总体为弱酸性—弱碱性。暴露期，大气淡水对长石颗粒、硅酸盐胶结物(方沸石、钠长石等)及碳酸盐胶结物进行淋滤和溶蚀作用；埋藏早期，碱性地层水也对长石质、石英质颗粒及胶结物进行了有效溶蚀作用(图 4-16)，储层段自生高岭石、次生石英、碳酸盐胶结物及钠长石的出现可能与此密切相关。总体而言，克深地区巴什基奇克组储层溶蚀作用相对较强，镜下鉴定溶蚀面孔率为 0.2%～4.0%，粒间、粒内溶蚀孔成为储层基质孔隙的主体，大北地区储层溶蚀作用相对较弱，镜下鉴定溶蚀面孔率为 0.5%～1%，克深地区溶蚀作用相对较强，溶蚀面孔率为 1%～2.5%(图 4-17)。

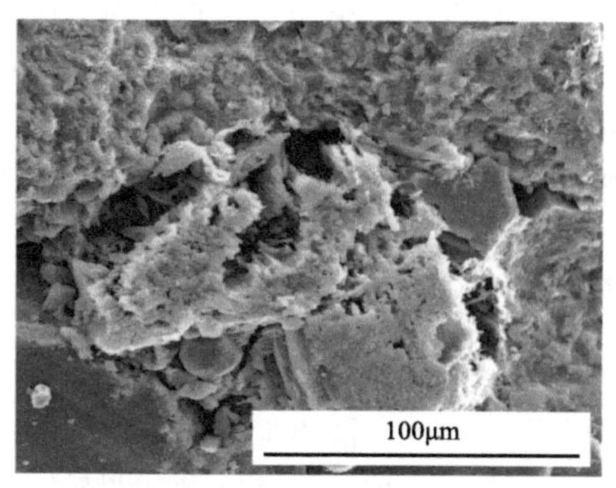

(a) KS205，K_1bs(6807.86~6807.92m)，细粒岩屑长石砂岩，钾长石溶蚀孔，呈蜂窝状

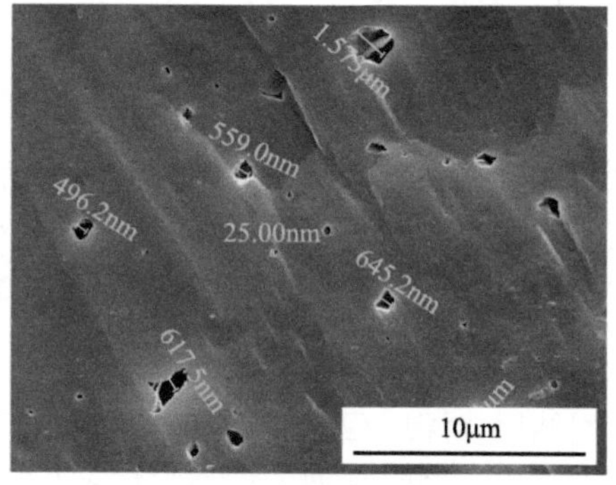

(b) KS207，K_1bs(6802.57m)，细粒岩屑长石砂岩，石英颗粒溶蚀孔，呈圆洞状

图 4-16　下白垩统巴什基奇克组表生期暴露溶蚀—早成岩 B 期碱性溶蚀作用扫描电镜微观特征

(a) DB202井，K_1bs(5714.43m)，(-)×100，细中粒岩屑长石砂岩，长石溶孔

(b) DB204，K_1bs(5942.34m)，岩屑长石细砂岩，粒间长石质胶结物溶蚀，$\varphi_{面}$=0.5%，(-)×100

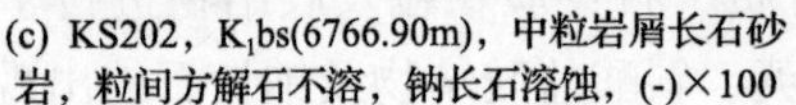

(c) KS202，K_1bs(6766.90m)，中粒岩屑长石砂岩，粒间方解石不溶，钠长石溶蚀，(-)×100

(d) KS202，K_1bs(6766.90m)，中粒岩屑长石砂岩，$\varphi_{面}$=3%，以长石溶孔为主，(-)×40

图 4-17　下白垩统巴什基奇克组表生期暴露溶蚀—早成岩 B 期碱性溶蚀作用微观特征

3) 中成岩 A 期的快速埋藏压实作用

下白垩统巴什基奇克组砂岩的快速埋藏压实作用主要发生在中—晚期成岩阶段(图 4-18)。由于埋深大，压实作用中等—强，镜下典型标志为：颗粒呈点-线、压嵌接触，塑性颗粒(岩屑、云母等)强烈变形，原生孔隙大量减少，直至消失。自上而下压实作用呈变强的趋势，强烈的压实作用使石英、长石颗粒被压碎，以线接触为主，原生孔隙数量大量减少，发育大量构造裂缝，此时的压实作用减孔量一般为 35.0%～37%。

颗粒接触关系与杂基和胶结物含量密切相关，胶结物含量高(大于 10%)的层段压实作用较弱，颗粒多呈基底或悬浮式支撑，胶结物含量低(小于 5%)和杂基含量高的层段，压实作用相对较强，颗粒多呈线接触(图 4-19)。

4) 中成岩 B 期的构造改造作用

深层储层在深埋藏晚期(5Ma 年以来)埋深大于 3000m，随着储层致密化增强，基质孔隙大大减少，同时强烈的构造挤压产生大量构造裂缝。地层流体活动性明显增强，碳酸盐主要在裂缝中沉淀，形成半充填—全充填裂缝。显微镜下典型标志主要为方解石、含铁方解石(或白云石)呈粗晶状半自形—自形胶结，但含量明显较低，对碎屑颗粒及其加大边具有交代作用，阴极发光下含铁方解石发暗橙色光、方解石发橙色光，普通薄片染色后为红色或红紫色(图 4-20)。早期裂缝成为储层成岩胶结的快速通道，中晚期裂缝亦为成岩流体的溶蚀改造提供了空间。

4.3.2　阿合组成岩阶段及特征

阿合组砂岩储层成岩阶段可以划分为以下四个阶段。

1) 早期浅埋藏阶段的大气淡水淋滤与胶结

早—中三叠世该区气候干旱，地形高差较大，至早侏罗世时期，气候稍变湿润，但仍处于干旱环境下，因此阿合组沉积时期，库车拗陷为干旱到半干旱气候。在侏罗系沉积早期为辫状河—辫状河三角洲沉积环境、沉积中期为曲流河—三角洲沉积环境，且有小范围湖侵，沉积晚期为三角洲和滨浅湖沉积环境，古近系库姆格列木群和新近系吉迪克组为膏盐岩层，且在吉迪克组沉积时，阿合组埋深并不大，仅为 2000m 左右，因此，

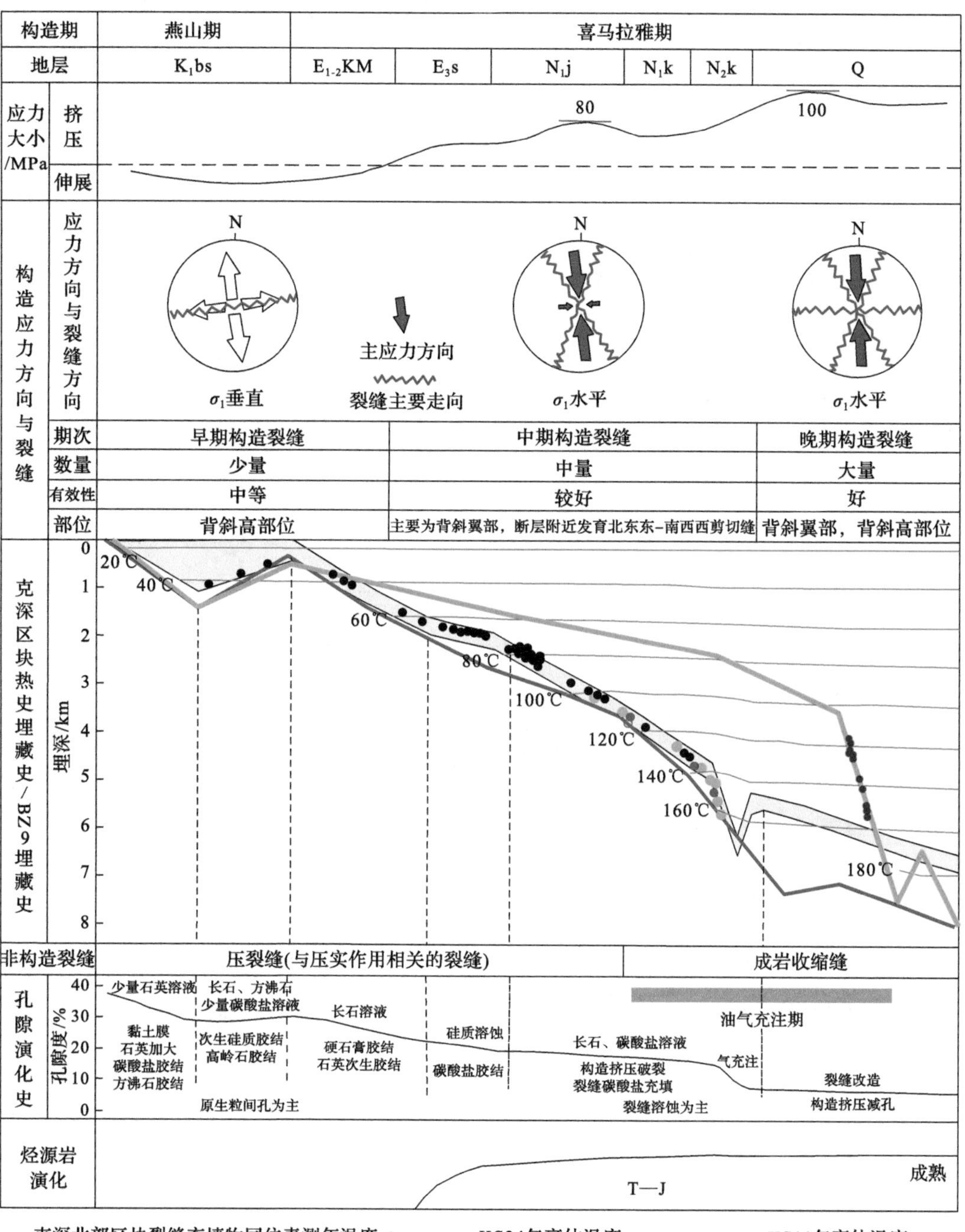

图 4-18　下白垩统巴什基奇克组储层裂缝发育及热史/埋藏史配置图(魏国齐等，2020)

(a) KS201(6509.13m)，中粒岩屑长石砂岩，压实作用较强，颗粒以线-点接触为主

(b) KS202(6765.23m)，含灰细中粒岩屑长石砂岩，压实作用较强，颗粒呈线-点接触

(c) DB204(5942.34m)，细粒岩屑长石砂岩，压实作用强烈，凹-线接触，可见孔少，(-)×40

(d) DB6(6854.87m)，中粒岩屑长石砂岩，压实作用强，压碎缝较发育，(-)×40

图 4-19　白垩系巴什基奇克组储层埋藏压实作用微观特征

(a) DB6，K_1bs(6860.55m)，含中砂细粒岩屑长石砂岩，含铁方解石充填构造缝，(-)×40

(b) DB202井，K_1bs(5717.66m)，含泥中细粒岩屑长石砂岩，方解石充填裂缝，(-)×40

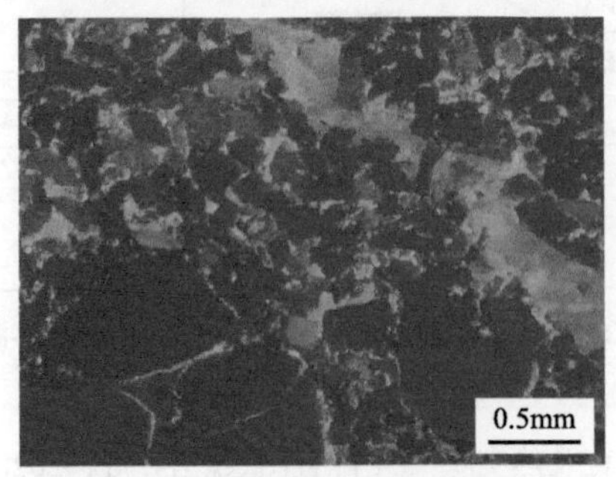

(c) DB202井，K_1bs(5717.58m)，阴极发光下石英发棕色光；钾长石发灰和蓝灰色光；岩屑发棕色光。泥质杂基具氧化铁浸染现象，不发光，构造缝中方解石胶结物发橙红色光

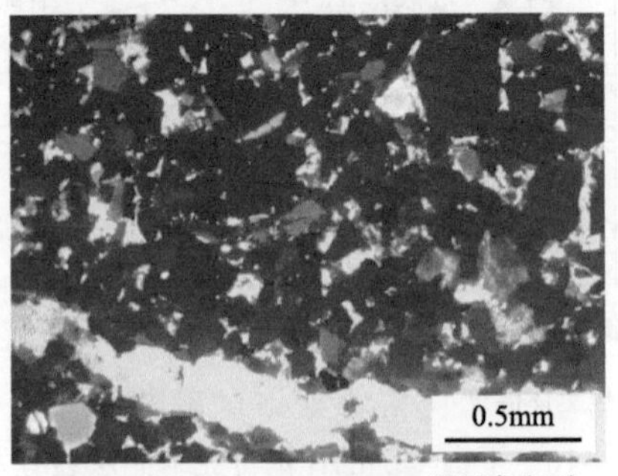

(d) KS202，K_1bs(6766.01m)，阴极发光下石英主要发棕色光，长石发天蓝、灰色和褐色光，方解石发橙黄色光，裂缝中方解石发橙黄色光

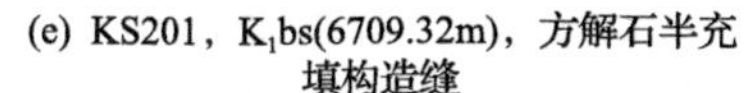
(e) KS201，K_1bs(6709.32m)，方解石半充填构造缝

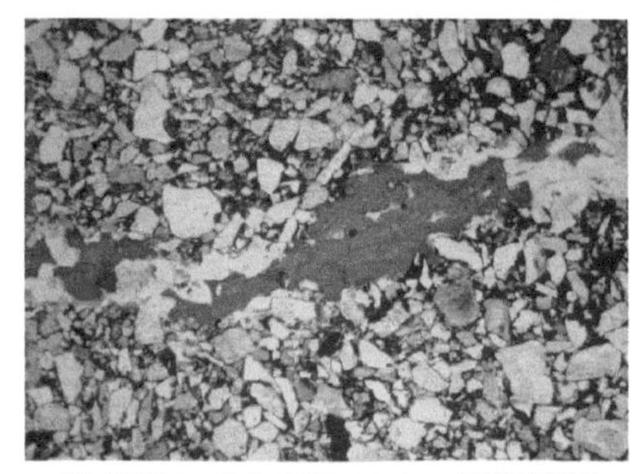
(f) KS202，K_1bs(6770.39m)，方解石充填构造缝，(-)×40

图 4-20　下白垩统巴什基奇克组储层晚期微裂缝特征及胶结充填作用

其沉积时期碱性流体对阿合组砂岩储层有一定的影响。从阿合组沉积到表生成岩或者更晚均为碱性环境。该阶段的主要成岩产物为云泥质杂基充填，后期发生重结晶和方解石基底式胶结。

2) 早期的酸性溶蚀

吉迪克组沉积初期至康村组沉积初期，随着埋深的迅速增大，烃源岩排出大量酸性流体，对阿合组储层内部的长石、钙质胶结物、沉积岩岩屑及低级变质岩岩屑及黏土矿物产生溶蚀。局部原油充注后，经后期演化形成沥青，对储层造成破坏。主要成岩作用及成岩产物为黏土矿物发生大量转化，蒙脱石向伊利石转化；长石、岩屑溶蚀；早期碳酸盐胶结物溶蚀；石英次生加大及高岭石胶结物的胶结。

3) 晚期的碱性溶蚀

康村组沉积初期至库车组沉积，生烃停止，有机酸供应停止，以凝析油为主。受膏岩层活动的影响，转变为碱性环境。该阶段石英颗粒边缘开始溶解，含铁钙质胶结物形成，并交代石英颗粒的边缘，使其呈溶蚀港湾状(图 4-21)。

(a) 早期长石溶解，晚期钙质胶结，铁方解石交代石英颗粒边缘，呈溶蚀港湾状边缘，YN4 井(4458.27m)

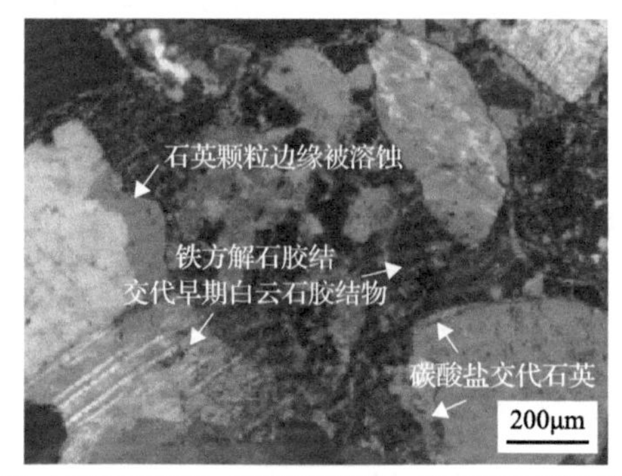

(b) 早期长石溶解，晚期钙质胶结，铁方解石交代石英颗粒边缘，呈溶蚀港湾状边缘，YN4 井(4458.27m)

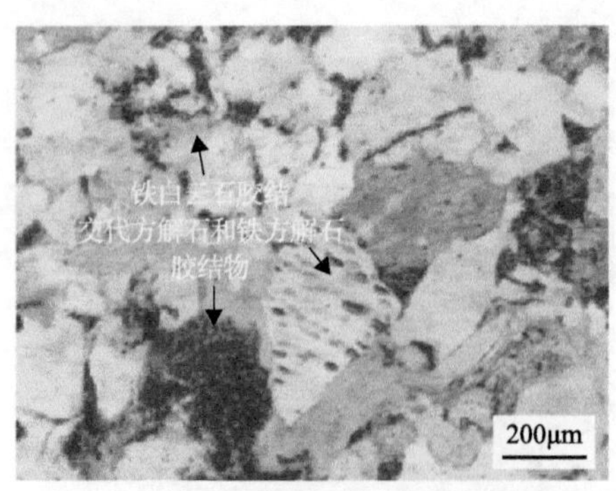

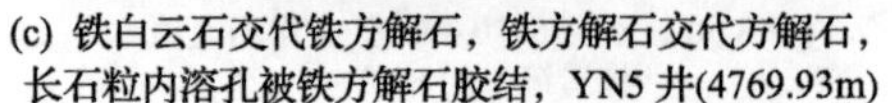

(c) 铁白云石交代铁方解石，铁方解石交代方解石，长石粒内溶孔被铁方解石胶结，YN5 井(4769.93m)

(d) 铁白云石交代铁方解石，铁方解石交代方解石，长石粒内溶孔被铁方解石胶结，YN5 井(4769.93m)

图 4-21　库车前陆盆地阿合组晚期碱性溶蚀成岩特征(严一鸣，2016)

4) 晚期的构造改造及酸性溶蚀

库车组沉积至今，受构造活动影响，阿合组砂岩开始下沉，并再次到达生烃门限。地层流体以酸性为主，且伴随着强烈的构造挤压作用，形成断层和裂缝，导致储层的连通性好，有利于酸性流体流动，使对储层的改造作用良好，导致大量的碳酸盐胶结物、前期未溶蚀的长石、岩屑等发生较强的溶蚀。主要成岩作用为铁方解石、铁白云石胶结物溶蚀。

4.4　成岩作用差异对比

4.4.1　埋藏压实作用差异

压实作用是阿合组和巴什基奇克组的主要减孔作用，包括埋藏压实(垂向压实)和构造压实(侧向压实)，在铸体薄片上表现为颗粒压实致密，孔隙不发育，可见云母等塑性矿物的挤压变形[图 4-22(a)、(g)]。储层埋藏史恢复表明，阿合组最大古埋深为 2800～6500m，平均约 5750m，王珂等(2021)计算出了埋藏压实减孔量为 13.5%～18.6%，平均约 15.3%。巴什基奇克组最大古埋深为 6800～9000m，平均约 7900m，较阿合组深 2000 多米，理论上埋藏压实减孔量应明显高于阿合组，但由于阿合组上覆阳霞组和克孜勒努尔组煤系地层具有低热导率[0.2～0.6W/(m·K)]，阻止了地层热量的向上传导，使阿合组地层温度高于正常地层，促进了压实作用的发生。巴什基奇克组上覆库姆格列木群膏盐岩层具有高热导率[4.7W/(m·K)]，地层热量可以迅速向上传导，使巴什基奇克组地层温度低于正常地层，客观上减缓了压实作用，埋藏压实减孔量为 14.5%～18.4%，平均约 16.6%，仅略高于阿合组。

4.4.2　胶结作用差异

阿合组的胶结作用总体较弱，胶结面孔率一般＜5%，平均 3.3%。胶结物以碳酸盐

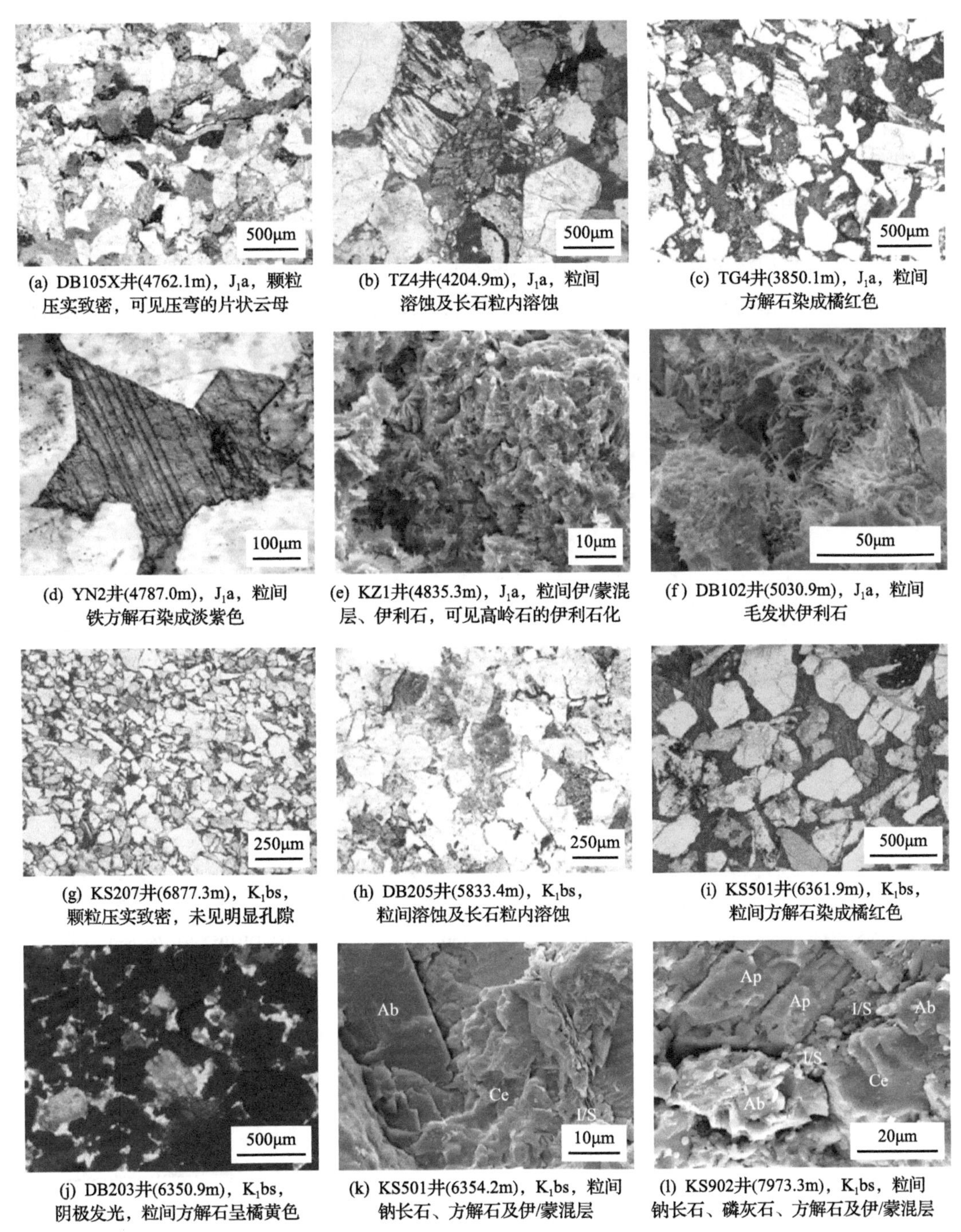

(a) DB105X井(4762.1m)，J_1a，颗粒压实致密，可见压弯的片状云母

(b) TZ4井(4204.9m)，J_1a，粒间溶蚀及长石粒内溶蚀

(c) TG4井(3850.1m)，J_1a，粒间方解石染成橘红色

(d) YN2井(4787.0m)，J_1a，粒间铁方解石染成淡紫色

(e) KZ1井(4835.3m)，J_1a，粒间伊/蒙混层、伊利石，可见高岭石的伊利石化

(f) DB102井(5030.9m)，J_1a，粒间毛发状伊利石

(g) KS207井(6877.3m)，K_1bs，颗粒压实致密，未见明显孔隙

(h) DB205井(5833.4m)，K_1bs，粒间溶蚀及长石粒内溶蚀

(i) KS501井(6361.9m)，K_1bs，粒间方解石染成橘红色

(j) DB203井(6350.9m)，K_1bs，阴极发光，粒间方解石呈橘黄色

(k) KS501井(6354.2m)，K_1bs，粒间钠长石、方解石及伊/蒙混层

(l) KS902井(7973.3m)，K_1bs，粒间钠长石、磷灰石、方解石及伊/蒙混层

图 4-22　北部构造带侏罗系阿合组与克拉苏构造带下白垩统巴什基奇克组成岩作用

Ab-钠长石；Ce-方解石；I/S-伊/蒙混层；Ap-磷灰石

为主，还可见黏土矿物及少量硅质和黄铁矿等。其中碳酸盐矿物主要为方解石、铁方解石、白云石和铁白云石，分散或连晶状充填孔隙并不同程度地交代颗粒，黏土矿物主要为伊利石、伊/蒙混层和绿泥石，硅质主要为石英加大边。

巴什基奇克组的胶结作用较强，胶结面孔率4%～8%，平均6.3%。胶结物也以碳酸盐为主，还可见黏土矿物、硅质、钠长石及硬石膏等。其中碳酸盐胶结物主要为方解石和白云石，铁方解石和铁白云石少见；黏土矿物主要为伊利石、伊/蒙混层和绿泥石，其次为高岭石，局部见方沸石；硅质主要为石英加大边和自生石英。

4.4.3　溶蚀作用差异

巴什基奇克组溶蚀作用主要为粒间碳酸盐胶结物的溶蚀(图4-23)，偶见颗粒整体溶蚀形成铸模孔，溶蚀面孔率一般<1%，平均0.7%，溶蚀作用弱于阿合组。阿合组溶蚀作用以长石和岩屑的粒内溶蚀为主，粒间胶结物的溶蚀不太发育，溶蚀面孔率一般为1%～3%，最大可达10.2%，平均2.3%(图4-23)。

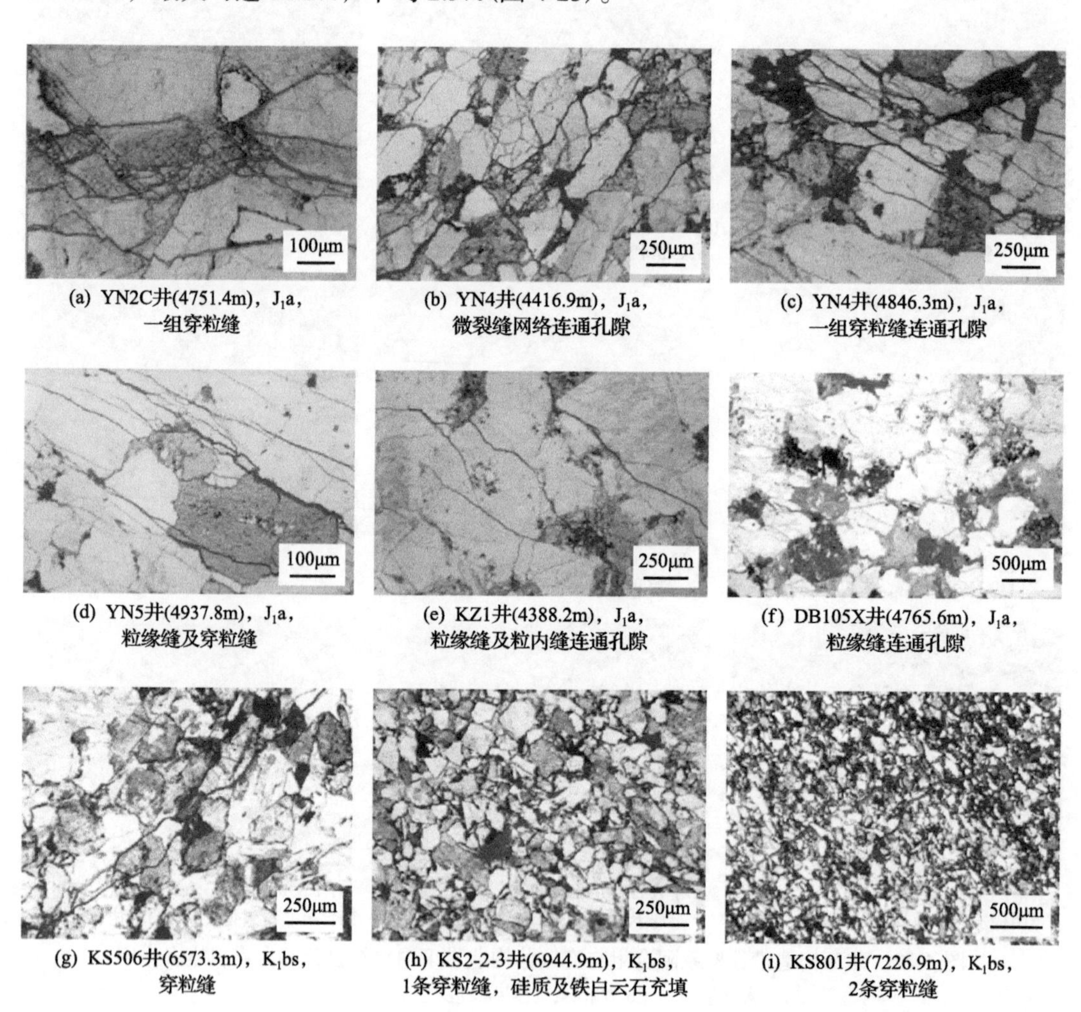

(a) YN2C井(4751.4m)，J_1a，一组穿粒缝

(b) YN4井(4416.9m)，J_1a，微裂缝网络连通孔隙

(c) YN4井(4846.3m)，J_1a，一组穿粒缝连通孔隙

(d) YN5井(4937.8m)，J_1a，粒缘缝及穿粒缝

(e) KZ1井(4388.2m)，J_1a，粒缘缝及粒内缝连通孔隙

(f) DB105X井(4765.6m)，J_1a，粒缘缝连通孔隙

(g) KS506井(6573.3m)，K_1bs，穿粒缝

(h) KS2-2-3井(6944.9m)，K_1bs，1条穿粒缝，硅质及铁白云石充填

(i) KS801井(7226.9m)，K_1bs，2条穿粒缝

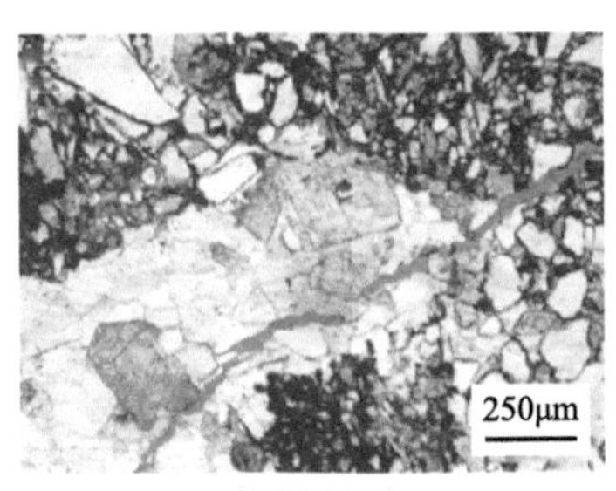

(j) KS905井(7479.8m)，K_1bs，穿粒缝

(k) DB204井(5986.5m)，K_1bs，1条穿粒缝

(l) BZ104井(6802.1m)，K_1bs，穿粒缝连通孔隙

图 4-23　北部构造带侏罗系阿合组与克拉苏构造带白垩系巴什基奇克组微观裂缝

4.4.4　构造挤压改造作用差异

该部分只对构造裂缝差异开展分析。北部构造带阿合组以高角度和直立的剪切缝为主，多数裂缝未被充填，部分裂缝被白云石等矿物充填，偶见低角度的沥青充填裂缝[图 4-24(a)～(f)]。成像测井解释出的裂缝线密度平均为 0.20 条/m，岩心裂缝开度以 0～

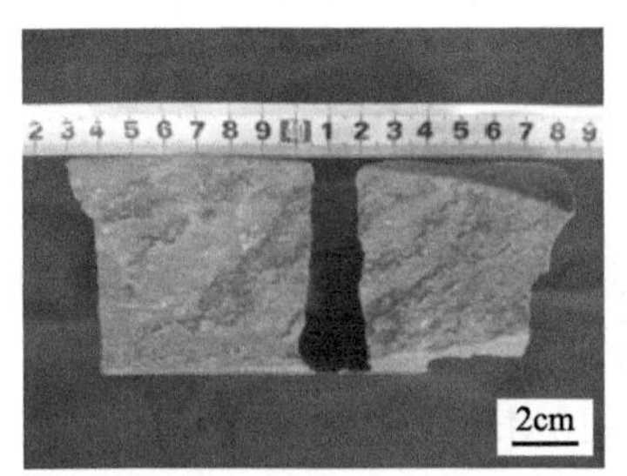

(a) YN2井(4966.1m)，J_1a，细砂岩，直立的剪切缝，白云石少量充填

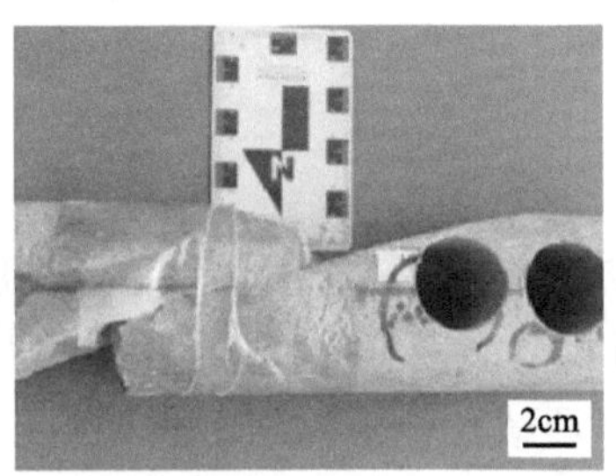

(b) DB102井(5040.0m)，J_1a，细砂岩，高角度剪切缝，未充填

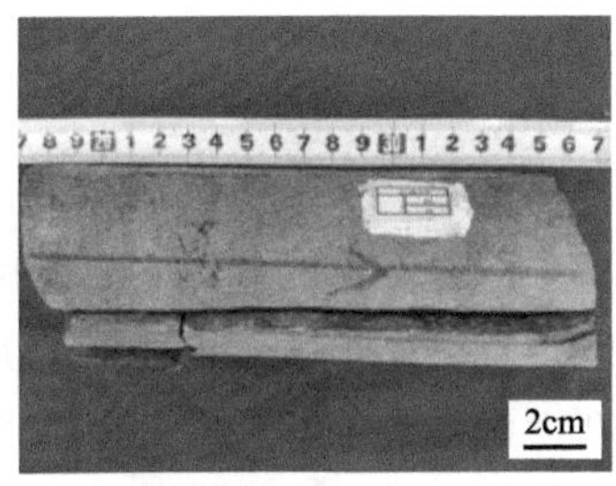

(c) TZ4井(4209.6m)，J_1a，中砂岩，直立剪切缝，未充填

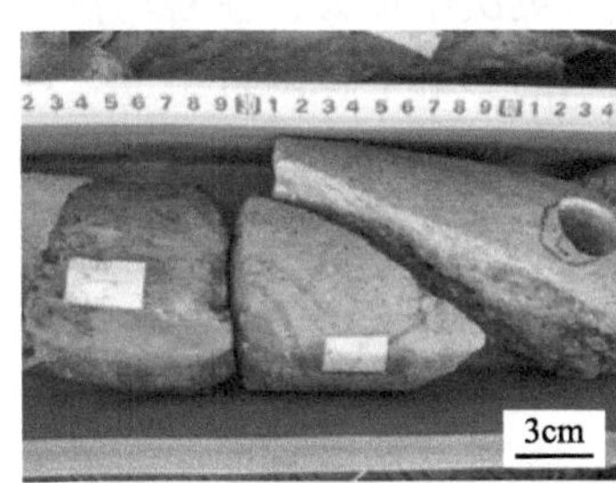

(d) KZ1井(3254.4m)，J_1a，中–粗砂岩，高角度剪切缝，未充填

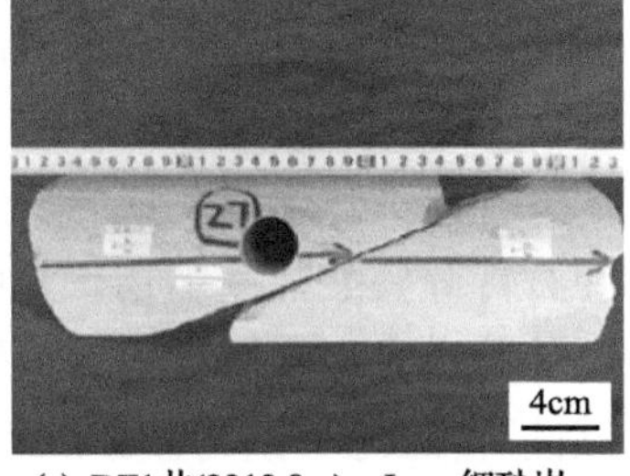

(e) DT1井(2219.8m)，J_1a，细砂岩，高角度剪切缝，白云石半充填

(f) MN1井(963.2m)，J_1a，中–粗砂岩，直立剪切缝，未充填

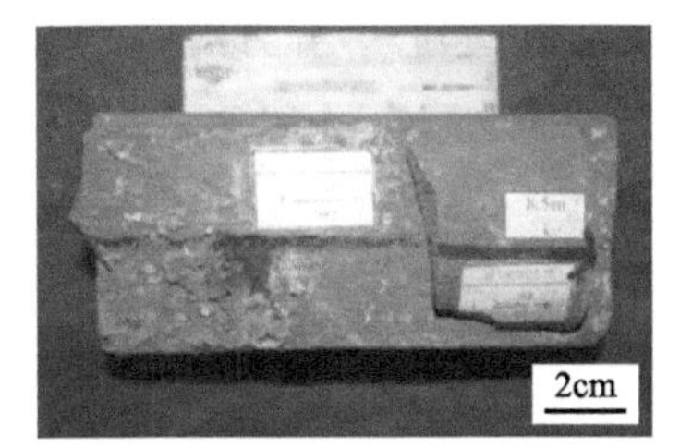

(g) KS504井(6658.9m)，K_1bs，细砂岩，直立张性缝，方解石半充填

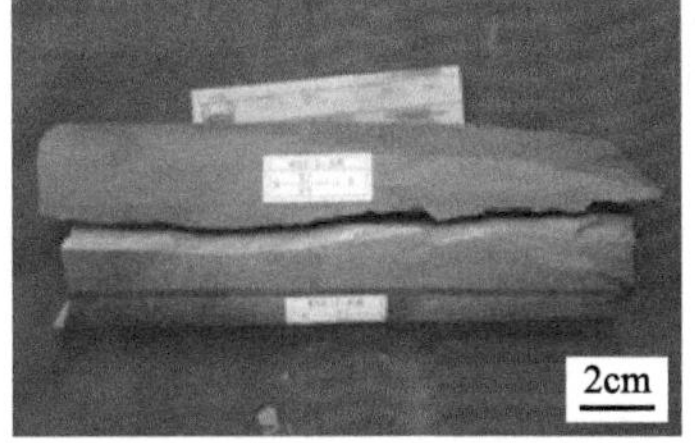

(h) KS2-2-3井(6949.5m)，K_1bs，细砂岩，直立张性缝，未充填

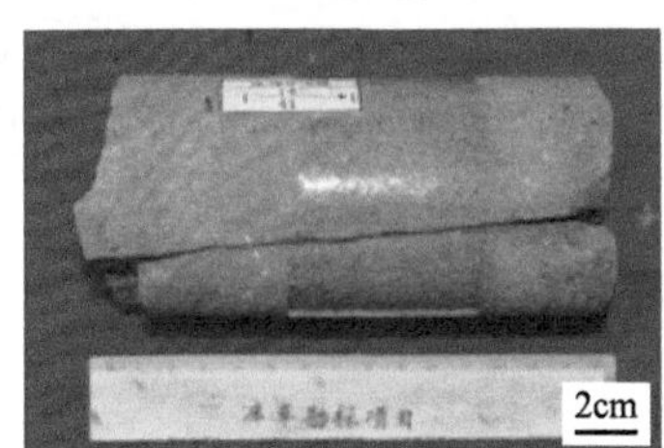

(i) KS8-2井(6780.7m)，K_1bs，细砂岩，高角度剪切缝，未充填

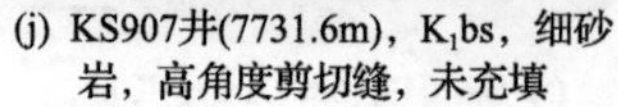
(j) KS907井(7731.6m)，K_1bs，细砂岩，高角度剪切缝，未充填

(k) DB205井(5836.0m)，K_1bs，细砂岩，直立剪切缝，未充填

(l) BZ104井(6843.1m)，K_1bs，中砂岩，直立剪切缝，未充填

图 4-24　北部构造带侏罗系阿合组与克拉苏构造带白垩系巴什基奇克组岩心构造裂缝

0.5mm 为主。微观裂缝特别发育，包括粒内缝、粒缘缝、穿粒缝等类型，裂缝面孔率平均约 0.79%。

克拉苏构造带巴什基奇克组也以直立和高角度裂缝为主，但剪切缝和张性裂缝均有发育，部分裂缝被方解石、硬石膏、白云石等矿物充填［图 4-24(g)～(l)］。成像测井解释出的裂缝线密度平均为 0.57 条/m，岩心裂缝开度以 0.2～1.0mm 为主，明显高于阿合组。微观裂缝基本上均为穿粒缝，常切穿或绕过矿物颗粒，裂缝面孔率平均约 0.17%［图 4-23(g)～(l)］。

4.4.5　主控因素分析

成岩作用的差异主要受控于不同的成岩演化过程。储层埋藏史恢复表明，阿合组和巴什基奇克组虽然均经历了沉积后缓慢沉降、晚白垩世抬升剥蚀、古近纪再次缓慢沉降、新近纪吉迪克组沉积期快速深埋减孔、康村组沉积期(11～10Ma)致密化、库车组沉积期—第四纪减孔造缝的过程(图 4-25)，但成岩环境有显著差异。受上覆阳霞组煤系地层影响，阿合组在成岩早期为酸性成岩环境，铸体薄片上常见石英次生加大，在喜马拉雅晚期油气大量充注带来的有机酸使溶蚀孔发育，但在大气淡水的影响下，阿合组成岩环境逐渐由酸性变为弱碱性，并持续至今(pH=6.1～10.5，平均为 7.8)，镜下可见石英边缘发生溶蚀。巴什基奇克组沉积期，气候炎热干旱，成岩环境为碱性环境，常见早期方解石、白云石等碳酸盐胶结物和硬石膏等硫酸盐胶结物，并可见少量石英溶蚀及长石次生加大；晚白垩世的构造抬升使巴什基奇克组出露地表，遭受大气淡水淋滤溶蚀；随后再次进入埋藏阶段，成岩环境为碱性(古近纪早期为盐湖沉积)；至喜马拉雅晚期，随着天然气的强充注，地层水在多数地区变为酸性(仅局部仍为碱性)，并持续至今(pH=3.9～8.2，平均为 5.8)，可见碳酸盐胶结物和自生钠长石的溶蚀，在部分岩心裂缝方解石充填物中可见酸性溶蚀形成的小型孔洞。

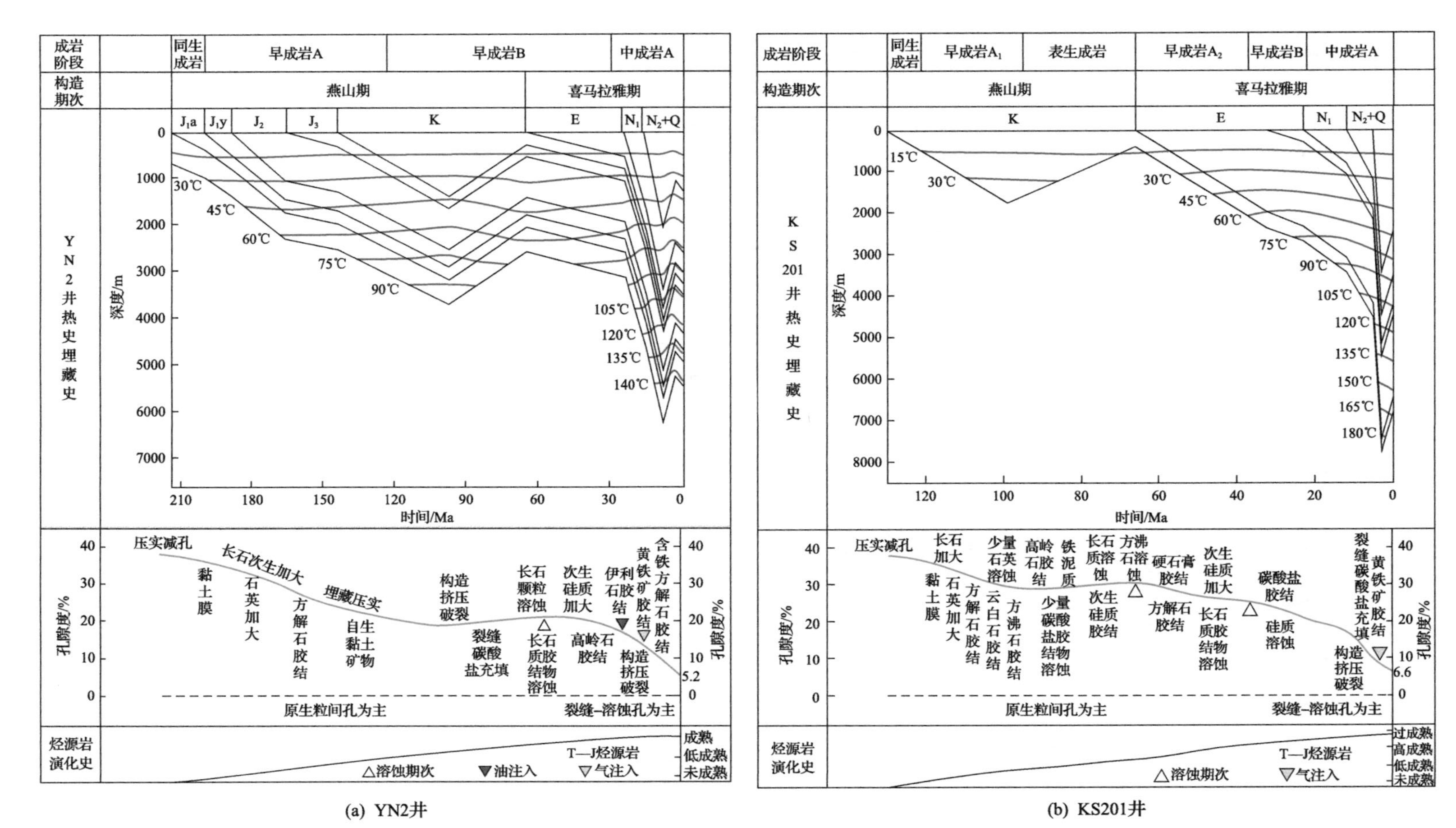

图4-25　北部构造带侏罗系阿合组与克拉苏构造带白垩系巴什基奇克组埋藏史及孔隙演化图

第5章　库车前陆盆地致密砂岩储层裂缝发育特征

5.1　致密储层裂缝成因类型

根据地质成因，致密砂岩储层天然裂缝可分为构造成因、成岩成因、构造成岩成因和异常高压成因4种类型。

5.1.1　构造成因

构造裂缝是指裂缝的形成和分布受局部构造事件或区域构造应力场控制的裂缝(Zeng and Li, 2009)。它们是致密砂岩储层的主要裂缝类型，广泛分布在各种岩性中，具有明显的规律性和方向性。在一定范围内，裂缝的走向比较稳定，往往呈雁列式排列或以共轭裂缝的形式出现，且裂缝中常见有方解石、石英等矿物充填现象。根据构造裂缝的力学性质及其与层理面的空间几何关系，构造裂缝可进一步划分为层内张开裂缝、穿层剪切裂缝和顺层剪切裂缝。

层内张开裂缝一般受力学层控制，裂缝在力学层内部发育，两端终止于力学层的上下界面，裂缝面平整，与层面近垂直或呈大角度相交。层内张开裂缝多被石英、方解石、黄铁矿等矿物充填[图5-1(a)]。层内张开裂缝发育广泛，岩心和野外露头上常见多组裂缝相交形成网状裂缝，其中同组系裂缝具有良好的等间距性。

穿层剪切裂缝是在剪应力作用下，岩石发生剪切破裂形成的裂缝。穿层剪切裂缝的缝面光滑，有明显擦痕或阶步[图5-1(b)]，常以雁列式排列，多表现为贯穿岩石和矿物颗粒。剪切裂缝侧向延伸长度大，垂向上可切穿多套力学层，裂缝高度从几米至几十米均有分布。

顺层剪切裂缝是在构造挤压作用下发生顺层剪切滑动形成的，主要发育在前陆逆冲挤压区。顺层剪切裂缝主要沿砂泥岩界面等软弱结构面发生破裂，形成的裂缝与层面大致平行或低角度相交，缝面上擦痕方向明显具有显著的镜面特征[图5-1(c)]。裂缝局部可见方解石充填，但整体充填程度较弱，侧向连通性好。顺层剪切裂缝的发育程度受地层倾角的影响较大，一般随地层倾角的增大裂缝的规模和密度均会有所增大。

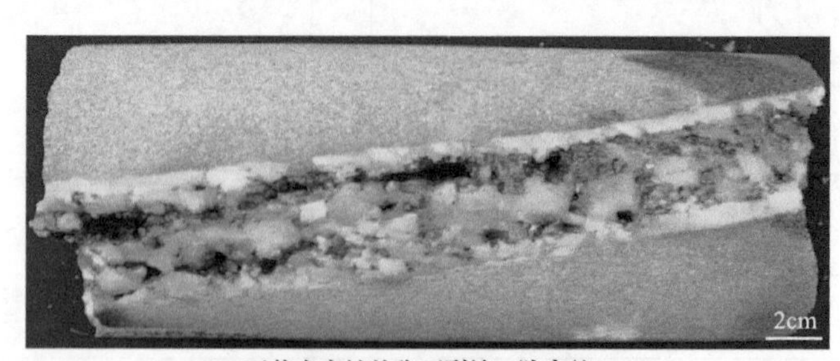

(a) 石英半充填的张开裂缝，脉宽约5cm

(b) 穿层剪切裂缝

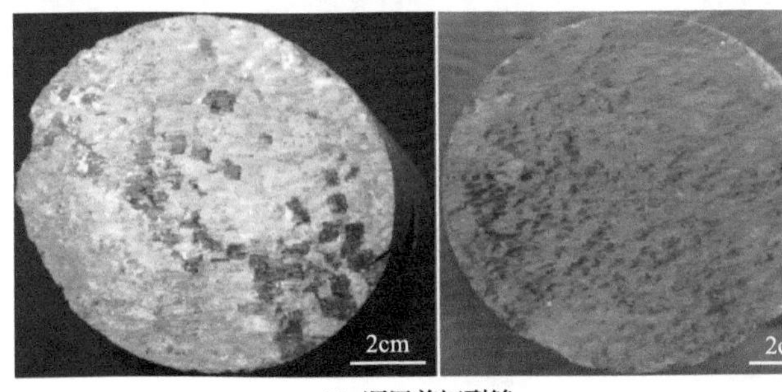

(c) 顺层剪切裂缝

图 5-1　构造成因裂缝发育特征

构造裂缝对储层渗透率的提升至关重要，是众多学者和工程师关注的热点(周鹏等，2018a；曹婷，2018；杨海军等，2018；王珂等，2018；刘春等，2019；张辉等，2019；周露等，2019)。前人对构造裂缝的成因、序列和影响及主控因素做了较全面的分析(周露等，2016，2017；王珂等，2017，2020b；巩磊等，2017a；王俊鹏等，2018)。首先，构造裂缝是研究区致密砂岩储层重要的渗流通道。成像测井分析及岩心观察表明，前陆盆地范围内致密砂岩储层构造裂缝非常发育，主要为未充填的高角度裂缝和网状缝(图 5-2)。成像资料分析表明目的层段存在大量的高角度裂缝及微裂缝(图 5-3)，裂缝走向以近东西向(南东东－北西西向)为主，裂缝倾角 40°～80°，主要为高角度构造缝和斜交构造缝，裂缝密度主要分布在 0.5～2 条/m，在不同井区间具有较大的非均质性。裂缝整体以未充填、半充填为主，裂缝充填物类型亦具有一定的差异性，北部区块以方解石充填为主，南部区块以白云石、硬石膏为主(王俊鹏等，2018)。裂缝发育与其对应的构造

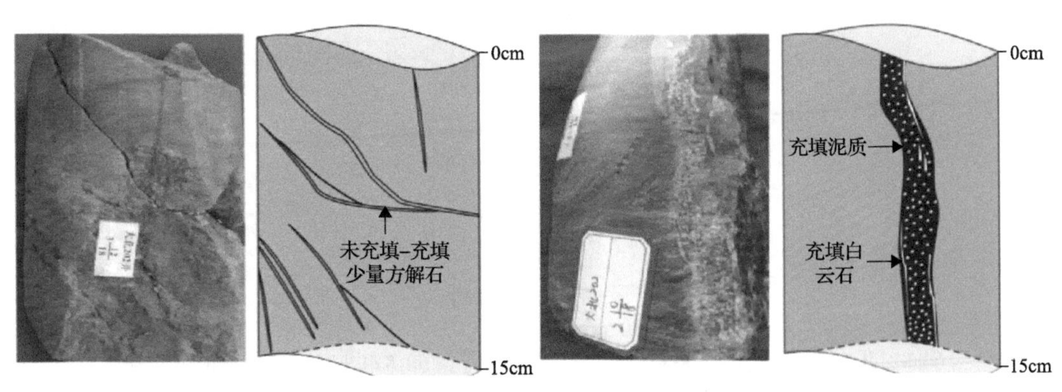

图 5-2　致密砂岩储层典型岩心构造裂缝

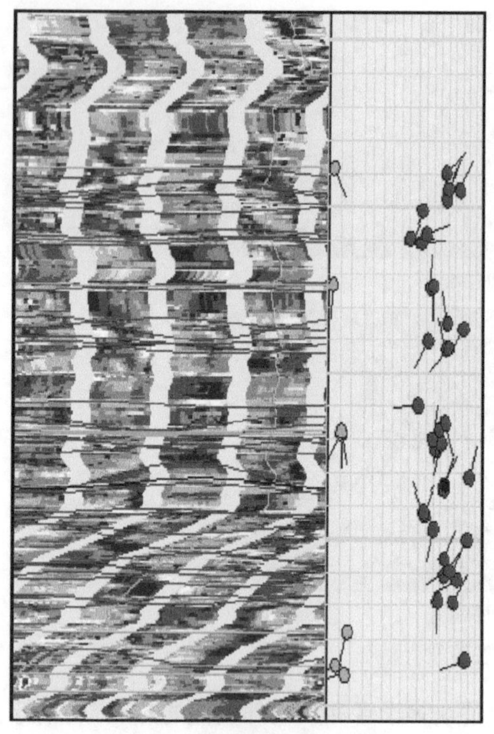

(a) DB201井，5960~5980m，31条裂缝，裂缝密度1.55条/m，高角度裂缝，裂缝倾角50°~80°

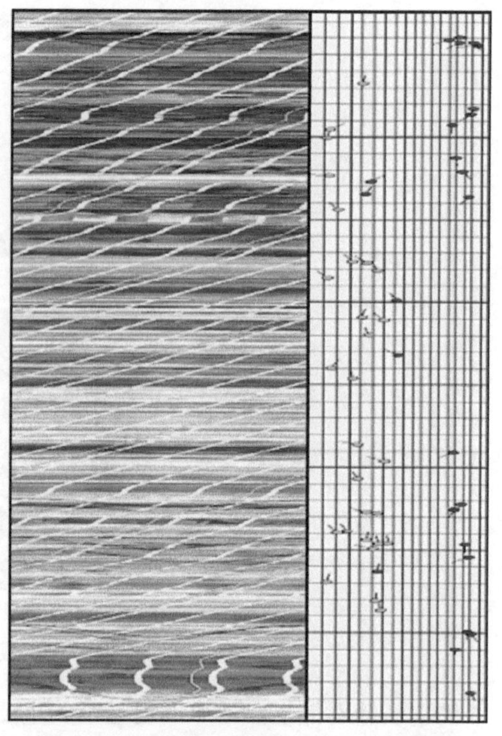

(b) KS202井，6780~6860m，K_1bs^2，24条裂缝，裂缝密度0.3条/m，高角度未充填缝为主，裂缝倾角70°~90°

图 5-3　白垩系巴什基奇克组 FMI 成像测井裂缝解释成果图

样式、构造位置、岩性、地层厚度及断裂的距离具有一定的相关性(王珂等，2020b)。

侏罗系阿合组储层的岩心宏观构造裂缝以高角度和直立的剪切裂缝为主，多数裂缝未被充填(图 5-4)，部分裂缝被白云石等矿物充填，偶见低角度的沥青充填裂缝，平均充填率约 14.8%。成像测井解释的构造裂缝走向总体表现为北东—北北东向，个别井走向有所不同，DB102 井以北北西向为主，DX1 井发育北西向、北北东向和北东东向三组裂缝。

(a) KZ1井，3254.4m，中－粗砂岩，高角度剪切缝，未充填

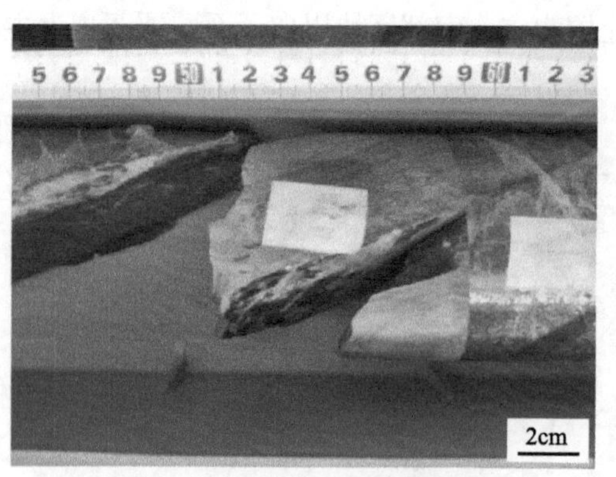

(b) KZ1井，2955.3m，细砂岩，2条平行的高角度剪切缝，未充填

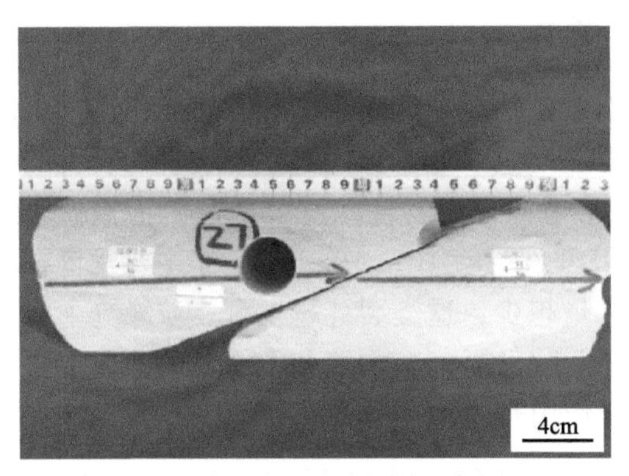

(c) DT1井，2219.8m，细砂岩，高角度剪切缝，白云石充填

(d) YN2井，4966.1m，细砂岩，直立的剪切缝，白云石少量充填

图 5-4　侏罗系阿合组典型岩心构造裂缝

5.1.2　成岩成因

成岩裂缝也是致密砂岩储层中一种常见的裂缝类型之一。所谓成岩裂缝是指岩层在成岩过程中由于压溶或压实作用而产生的近水平裂缝(Zhang H et al., 2021)。成岩裂缝最常见的表现形式是层理缝(图 5-5)。它们的分布受沉积微相和成岩作用控制，主要在细砂岩(尤其是长石砂岩)中发育，呈近水平或低角度顺微层理面断续分布，裂缝开度不大，裂缝面不平整，一般绕过矿物颗粒，表现出张性破裂的特征。绝大多数层理缝未被充填，少数层理缝被泥质、沥青等充填，局部具有溶蚀现象，缝内多存在油浸或油迹显示，含油性好，层理缝是影响单井产能的重要因素。

(a) 岩心上的层理缝(Gong et al., 2019b)

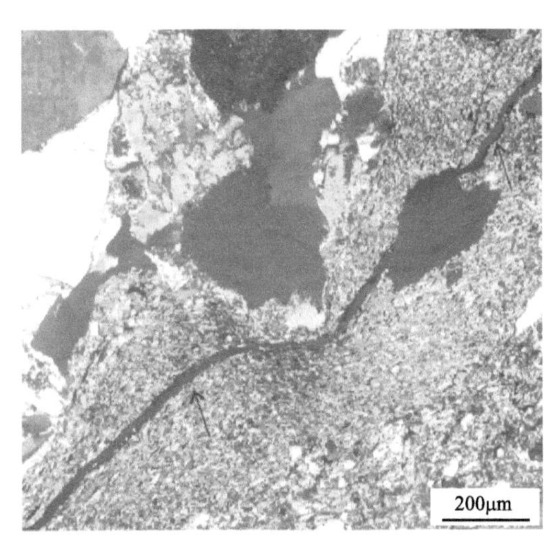

(b) 薄片上的层理缝，正交光(Zeng, 2010)

图 5-5　层理缝发育特征

5.1.3　构造成岩成因

在致密砂岩储层中，由于岩石致密，岩石中矿物颗粒之间产生相互挤压作用，可以在颗粒内部或边缘裂开，形成粒内缝或粒缘缝(Zeng, 2010)。粒内缝主要表现为石英的裂纹缝或长石的解理缝，它们在石英或长石等矿物颗粒内发育，没有切过矿物颗粒边缘[图 5-6(a)]。此类裂缝的规模小，密度大，其开度一般小于 10μm。它们主要发育在相互接触的颗粒之中，岩性越粗，岩石中杂基含量越少，这类裂缝越发育。粒缘缝主要分布在矿物颗粒之间，沿着矿物颗粒边缘分布[图 5-6(b)]。粒内缝和粒缘缝的形成主要与成岩过程中强烈的压实、压溶作用或构造挤压作用有关。

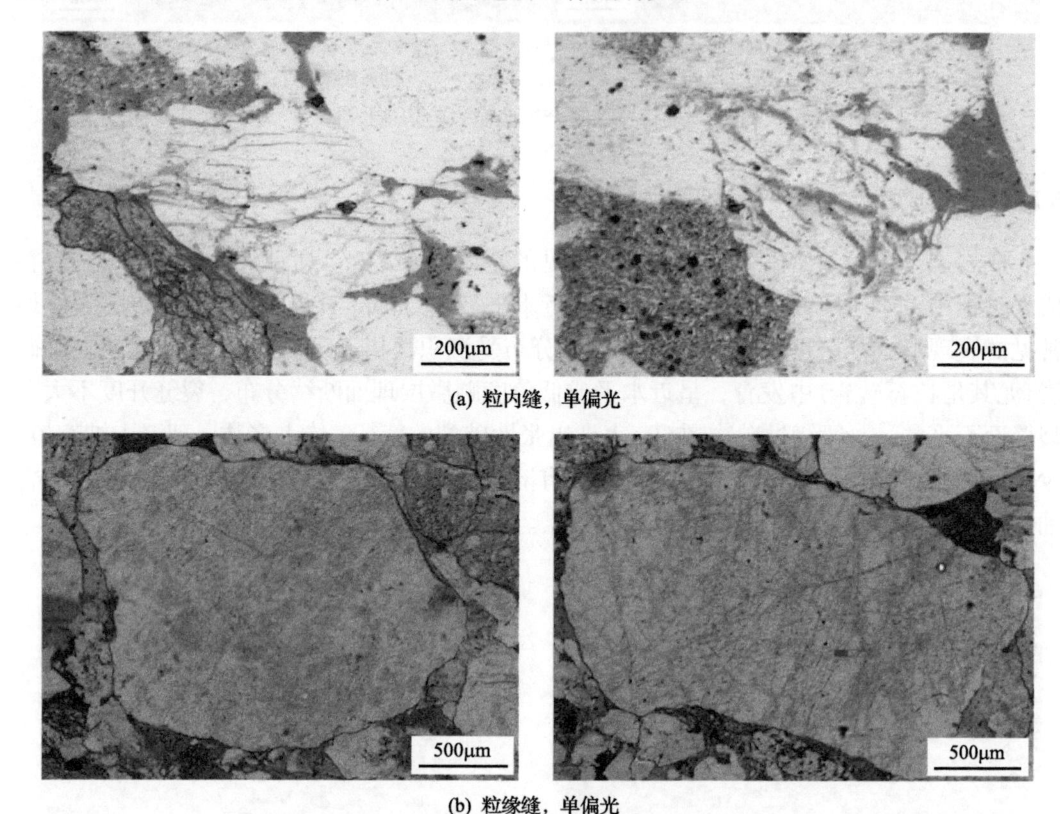

(a) 粒内缝，单偏光

(b) 粒缘缝，单偏光

图 5-6　构造成岩成因裂缝发育特征

5.1.4　异常高压成因

异常高压裂缝通常表现为被方解石、沥青等矿物充填的裂缝脉群(Zeng, 2010; Bons et al., 2012)。以近水平裂缝脉群为主，此外还有呈垂直或斜交的裂缝脉体。单条裂缝脉大多数呈宽而短的透镜状(曾联波，2008)，少数呈薄板状。单条裂缝脉体的宽度一般为数毫米，延伸长度为数毫米至数十厘米。裂缝脉群的分布与岩性和层面有关。它们主要在岩性颗粒相对较粗、岩石强度相对较低的中砂岩和粗砂岩中发育。多数脉体与层理面近平行。由这些裂缝脉群的几何形态可知，它们属于典型的拉张裂缝，是岩石受到拉张应力作用的产物，其裂缝脉体与最小主应力方向垂直。形成这种拉张裂缝的特定应力状态主要是异常流体高压。

5.2　致密储层裂缝形成机制

5.2.1　裂缝形成期次及形成时间

根据裂缝交切关系、岩石声发射实验及裂缝充填物包裹体分析（Gong et al., 2019a），库车前陆盆地白垩系致密储层构造裂缝主要分三期形成，形成时间分别为古近纪末期、中新世末期和上新世末期。

1. 裂缝的交切关系

根据野外露头和岩心观察，可以明显地看到两组被矿物充填裂缝及其限制和错开的关系（图 5-7），说明在发生矿物充填之前，已经有两期裂缝形成。此外，在两组相交的裂缝中，常见一组裂缝被石英或方解石等矿物全充填，而另一组裂缝未被充填（图 5-8），说明后一组裂缝的形成时间晚于研究区主要胶结作用时间，而前者则形成于胶结作用之前。以上信息说明研究区裂缝至少分三期形成，其中前两期形成于主要胶结作用之前，大部分裂缝被充填，而形成于主要胶结作用之后的第三期裂缝绝大部分未被充填，属于有效裂缝。在微观薄片上也可以看到已被充填的雁列式张裂缝被后期充填剪裂缝错开、两组充填裂缝的限制关系及早期共轭剪切裂缝被矿物充填，而晚期裂缝未被充填的现象（图 5-9），亦可以证明研究区裂缝是分三期形成的。

图 5-7　两组被矿物充填裂缝及其限制和错开关系

2. 岩石声发射试验

声发射是指材料内部储存的应变能快速释放时所产生的一种弹性波，当应力达到材

图 5-8 两组相交裂缝，一组被全充填，另一组未被充填(巩磊等，2015)

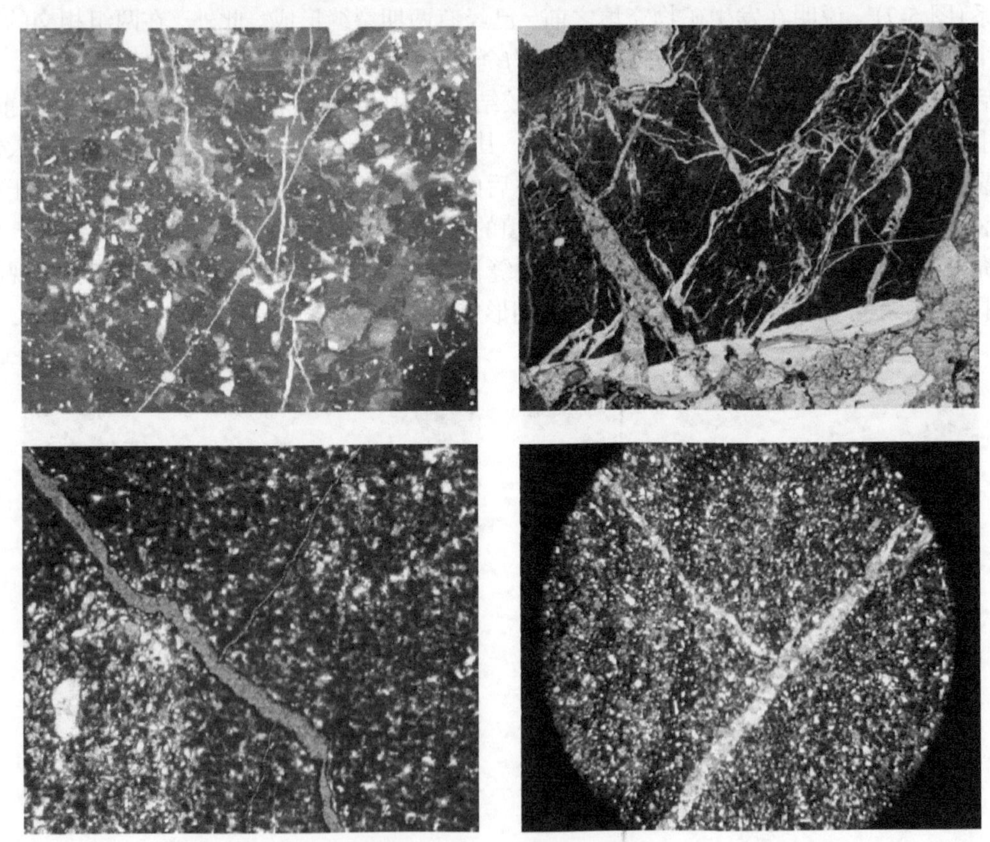

图 5-9 构造裂缝的交切关系

料所承受的先期最大应力时会出现明显的声发射现象，称为凯塞(Kaiser)效应。大量试验研究显示，岩石对先期受到的应力同样具有良好的记忆功能(丁原辰和张大伦，1991；刘洪涛和曾联波，2004；巩磊等，2013)。受多期构造作用的影响，岩石中会产生大量的微裂缝，在对它们进行加载试验时，这些微裂缝失稳扩展，会产生不可逆的声发射效应。

当加载的应力达到古应力强度时，声发射个数明显增加，可以在声发射曲线上形成多个不同的 Kaiser 效应点。可以利用声发射试验曲线上出现的 Kaiser 效应点的个数，判断岩石在地质历史时期所经历的构造期次和构造强度。根据取自库车前陆盆地库车河剖面和 8 口井中 79 块样品的声发射实验结果分析(表 5-1)，自中生代以来，该区经历 6 期构造变形，不同构造期的构造强度和古应力值具有较明显的变化规律，印支期构造变形较强，燕山早期应力值较小，从燕山早期—喜马拉雅晚期，应力值逐渐由小到大，喜马拉雅晚期最强，是该区的主要构造变形期。

表 5-1　库车前陆盆地岩石声发射试验反映的构造变形期次(曾联波等，2004a)

地层时代		取样位置	样品数量	构造变形数量	构造期次
新生代	N	TB1、DW101	17	2	喜马拉雅中期和晚期
	E	KL3、KL201、KL 202	12	3	喜马拉雅早期、中期和晚期
中生代	K	KL201、KL202	16	4	燕山晚期，喜马拉雅早期、中期和晚期
	J	Y2、Y4、KL3	19	5	燕山早期和晚期，喜马拉雅早期、中期和晚期
	T	库车河剖面	15	6	印支期，燕山早期和晚期，喜马拉雅早期、中期和晚期

根据岩石声发射试验及其响应(图 5-10)，下侏罗统岩石一般有 6 个 Kaiser 效应点，下白垩统岩石有 5 个 Kaiser 效应点，古近系岩石有 4 个 Kaiser 效应点，新近系岩石有 3 个 Kaiser 效应点。剔除现今构造运动造成的 1 个 Kaiser 效应点，反映下侏罗统、下白垩统、古近系、新近系岩石分别记忆了 5 次、4 次、3 次和 2 次构造运动。结合研究区构造变形分析(卢华复等，1999；刘志宏等，2000a；李日俊等，2008；汤良杰等，2010)，下白垩统岩石记忆的 4 次古构造运动分别相对应于喜马拉雅晚期(上新世末)、喜马拉雅中期(中新世末)、喜马拉雅早期(古近纪末)及燕山晚期(早白垩世末)的构造运动。理论上每期构造运动都可以形成构造裂缝。然而，结合下白垩统地层埋藏史分析(朱如凯等，2019)，在早白垩世末期，下白垩统埋深不到 1000m，尚未完全固结成岩，再加上此时构造强度较低(最大主应力仅为 41.1MPa)，在构造应力作用下是以压实作用为主，而未产生裂缝。到了古近纪末期，随着地层埋深的增加和成岩作用的加强，在不断增加的构造应力作用下形成了第一期构造裂缝。之后，随着埋深和构造应力的逐步增大，分别在中新世末期和上新世末期形成了后两期构造裂缝。

3. 裂缝充填物包裹体分析

根据裂缝充填物中包裹体的特征分析及均一温度测定，可以得到充填物形成时的古温度，确定裂缝的形成期次及矿物充填期次(周文等，2008；巩磊等，2016)。根据研究区构造裂缝充填矿物的包裹体分析(图 5-11)，包裹体的均一温度主要分布在 90～110℃和 120～130℃两个区间，说明研究区裂缝主要发生了两次充填事件。结合白垩系热史-埋藏史曲线可知(图 5-12)，第一期充填事件发生在中新世末期之前(距今约 5.05Ma)，当时下白垩统埋深大约为 4000m；第二期充填事件主要发生在上新世末期之前(距今

2.0Ma)，当时下白垩统埋深大约为 5200m。

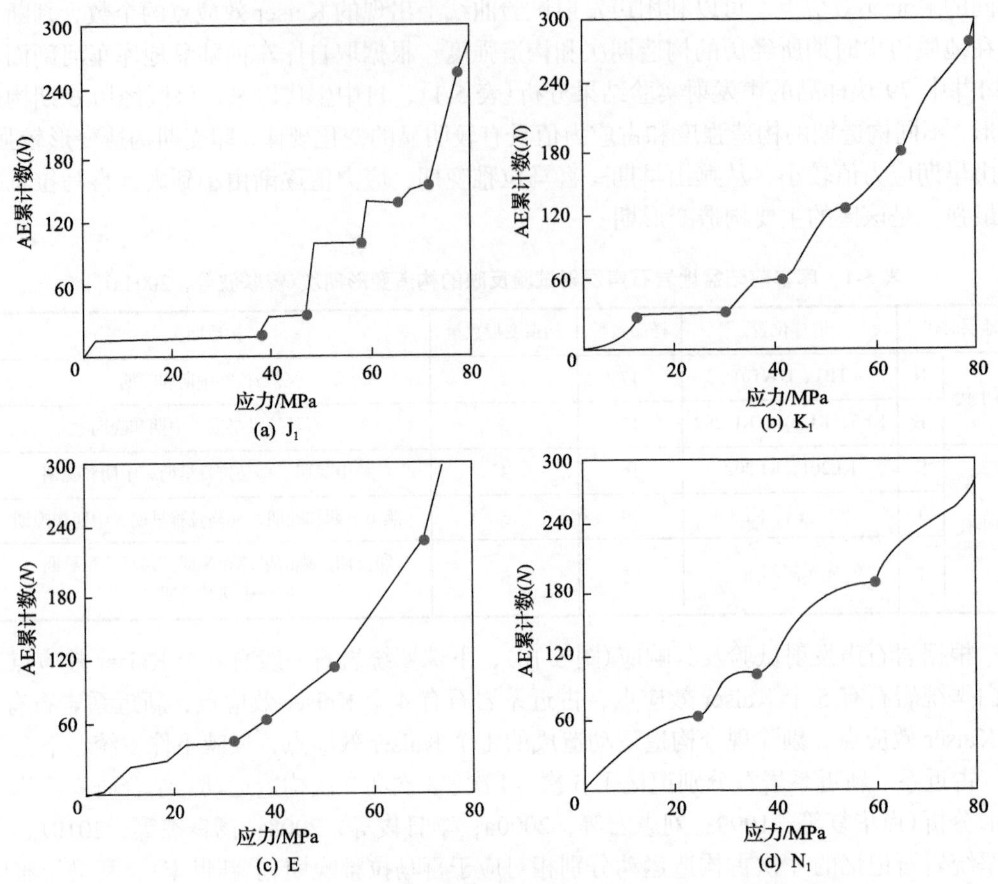

图 5-10　岩石声发射典型响应曲线(曾联波等，2004b)

AE-声发射数量

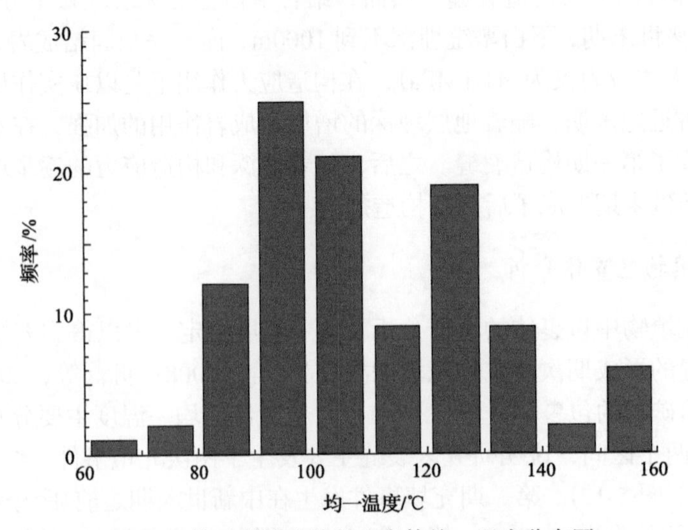

图 5-11　构造裂缝充填物包裹体均一温度分布图

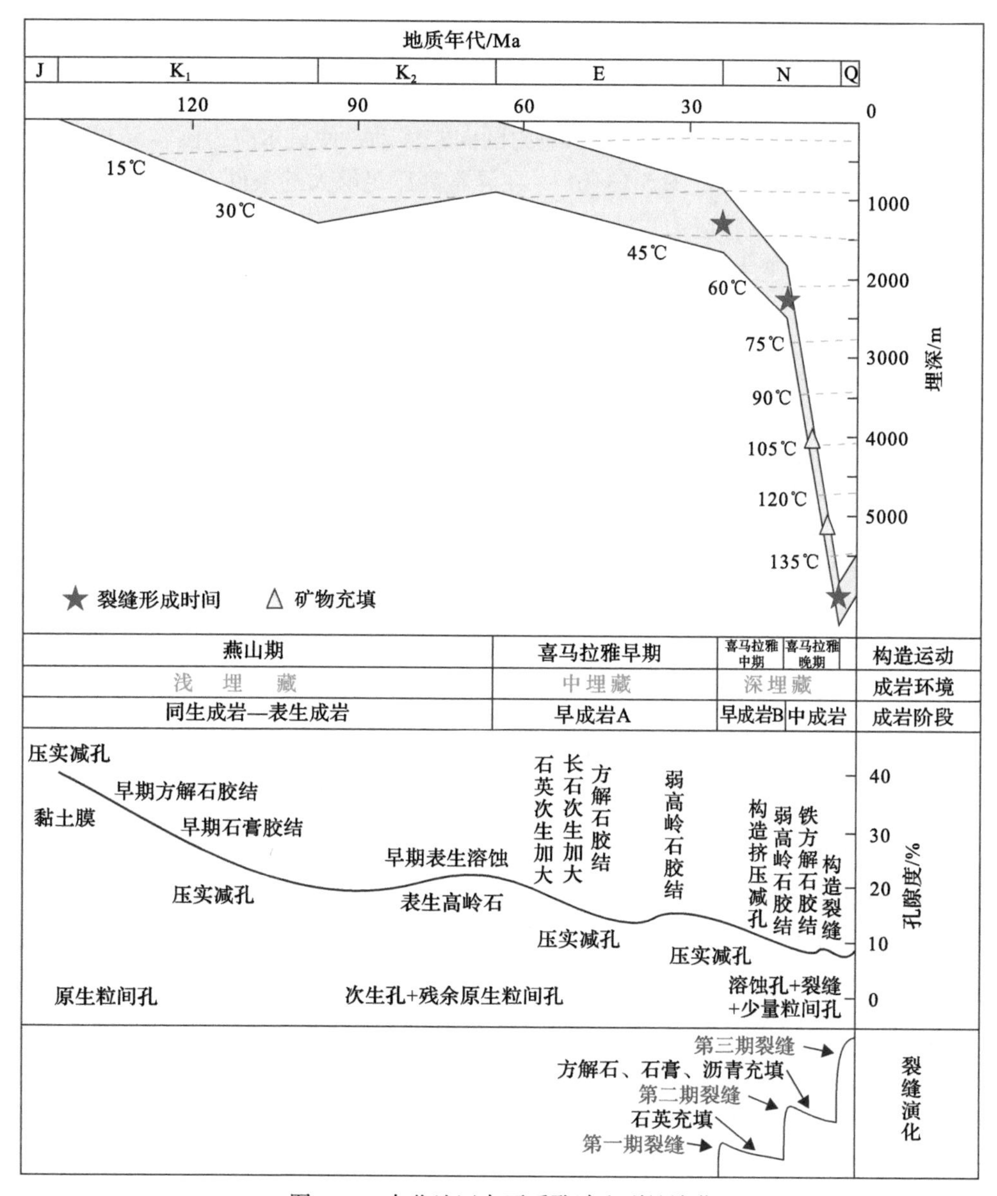

图 5-12　大北地区白垩系孔隙和裂缝演化

5.2.2　裂缝形成机理

根据库车前陆盆地区域构造演化及构造应力场演化分析（卢华复等，1999，2000；刘志宏等，2000a；曾联波，2004；曾联波等，2004b；刘洪涛和曾联波，2004；张明利等，2004；曾联波和王贵文，2005；汤良杰等，2010），库车前陆盆地白垩系致密储层的构造裂缝主要是在喜马拉雅期早期、中期和晚期三期构造作用下形成，水平构造挤压作用、构造挤压造成的异常高压流体作用及晚期抬升剥蚀造成的应力作用是形成构造裂缝的主要力源。构造挤压作用导致最大主应力增大，莫尔应力圆变大，从而使莫尔应力圆与破裂包络线相交，容易在岩石中产生剪切破裂[图 5-13(a)]；异常高压流体的存在导致最大主应力和最小主应力同时降低，莫尔应力圆向左移动，使莫尔应力圆容易与破裂包络线相交而在岩石中产生破裂[图 5-13(b)]，在异常高压足够大的条件下，还可以使莫尔应力圆向左移动变成负值(拉应力)，从而形成拉张裂缝。构造抬升作用可降低最小主应力，同样引发莫尔应力圆变大，从而使莫尔应力圆与破裂包络线相交，容易在岩石中产生剪切破裂[图 5-13(a)]。

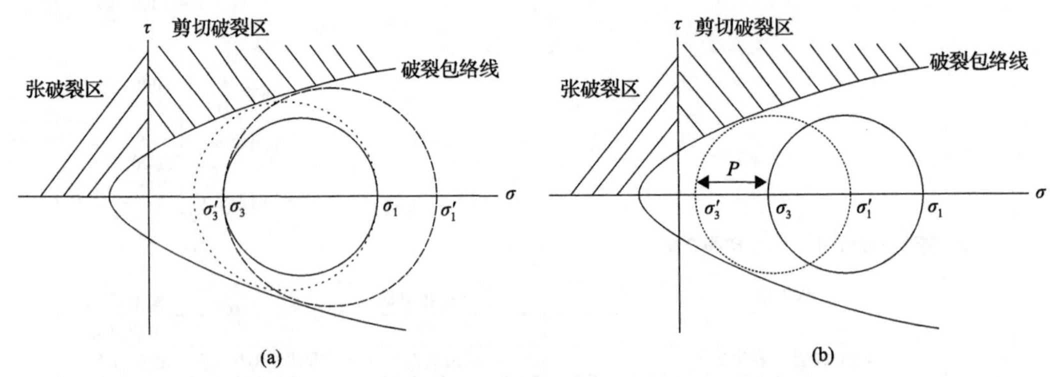

图 5-13　构造裂缝形成机理示意图(Gong et al.，2019b)

σ_1-最大主应力；σ_3-最小主应力；σ_1'-变化后的最大主应力值；σ_3'-变化后的最小主应力值；τ-剪切应力

早白垩世末期，下白垩统埋深比较浅，尚未完全固结成岩，虽然经历了燕山晚期构造运动，但由于此时构造强度较低(最大主应力 41.1MPa)，在构造应力作用下以压实作用为主，几乎无构造裂缝形成(图 5-14)。古近纪末期，在喜马拉雅早期近南北向构造挤压作用下形成了第一期构造裂缝，由于构造应力较小，主要发育了少量的北北西向和北北东向两组共轭剪切裂缝，受后期胶结作用影响，该时期形成的裂缝几乎全部被石英或方解石完全充填，大部分为无效裂缝。中新世末期，在喜马拉雅中期构造运动近南北向构造挤压作用下形成了第二期构造裂缝，该时期构造应力有所增强，裂缝形成数量增多，但裂缝的方位还是北北西向和北北东向两组，裂缝形成以后同样经历了较强的胶结作用，大部分裂缝被方解石或石膏充填，部分裂缝面见有沥青。上新世末期，在强烈的近南北向构造挤压作用下，随着逆冲褶皱作用的进一步发展，库车前陆盆地伴有较强烈的抬升和异常高压流体的形成，在这三者的联合作用之下形成了第三期构造裂缝。在强烈的构造挤压作用下，该时期形成的裂缝数量最多，而且由于错过了主要胶结作用时期，裂缝几乎未被矿物充填，绝大部分为有效裂缝。该时期，除了形成北北西向和北北东向两组共轭剪切裂缝以外，在褶皱作用下，还形成了大量近东西向纵张裂缝。

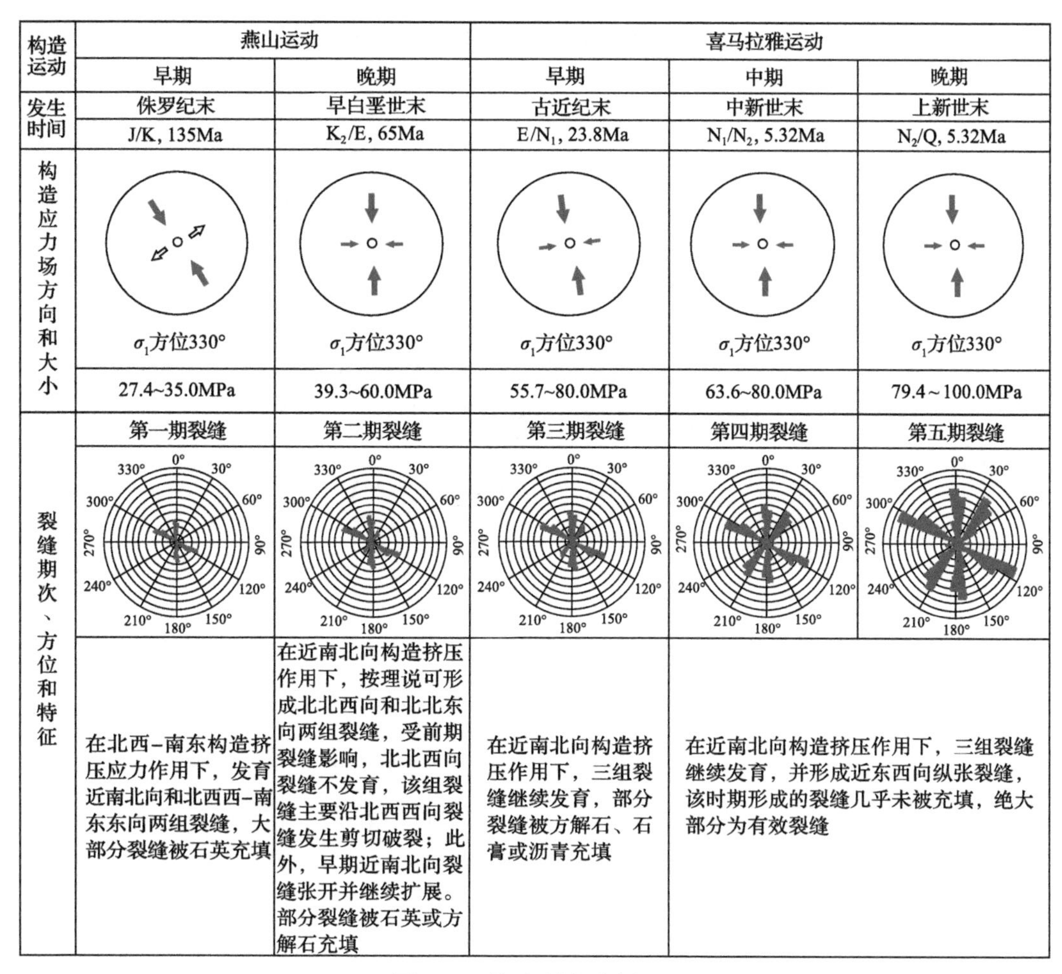

构造运动
燕山运动
喜马拉雅运动
早期
晚期
早期
中期
晚期
发生时间
侏罗纪末
早白垩世末
古近纪末
中新世末
上新世末
J/K, 135Ma
K₂/E, 65Ma
E/N₁, 23.8Ma
N₁/N₂, 5.32Ma
N₂/Q, 5.32Ma
构造应力场方向和大小
σ₁方位330°
σ₁方位330°
σ₁方位330°
σ₁方位330°
σ₁方位330°
27.4~35.0MPa
39.3~60.0MPa
55.7~80.0MPa
63.6~80.0MPa
79.4~100.0MPa
裂缝期次、方位和特征
第一期裂缝
第二期裂缝
第三期裂缝
第四期裂缝
第五期裂缝
0°
30°
60°
90°
120°
150°
180°
210°
240°
270°
300°
330°
在北西-南东构造挤压应力作用下，发育近南北向和北西西-南东东向两组裂缝，大部分裂缝被石英充填
在近南北向构造挤压作用下，按理说可形成北北西向和北北东向两组裂缝，受前期裂缝影响，北北西向裂缝不发育，该组裂缝主要沿北西西向裂缝发生剪切破裂；此外，早期近南北向裂缝张开并继续扩展。部分裂缝被石英或方解石充填
在近南北向构造挤压作用下，三组裂缝继续发育，部分裂缝被方解石、石膏或沥青充填
在近南北向构造挤压作用下，三组裂缝继续发育，并形成近东西向纵张裂缝，该时期形成的裂缝几乎未被充填，绝大部分为有效裂缝

图 5-14　构造裂缝形成机理

5.3　影响致密储层裂缝发育的主控因素

5.3.1　岩性

岩性是影响致密储层裂缝发育程度最基本的因素(Nelson, 1985；曾联波, 2008；Zeng and Li，2010；Ameen et al., 2012；Gong et al., 2016；Wang et al., 2022)。由于不同岩性岩石的矿物成分、结构及构造不同，不同岩石类型的岩石力学性质具有很大的差异性，因而在相同构造应力作用下，裂缝的发育程度不同。根据野外露头、岩心和薄片资料，分析了粒度、矿物成分、分选及物性等岩性因素对裂缝发育程度的影响。

强硬的岩层具有较高的弹性模量，一般表现为脆性，在岩石发生破裂变形之前经受不住更多的应变，其裂缝发育程度要大于软弱岩层。在相同的构造应力作用下，方解石、白云石、石英等高脆性组分岩石中裂缝的发育程度比较高，而泥质、石膏等塑性矿物组分含量高的岩石中裂缝的发育程度比较低(图 5-15)。

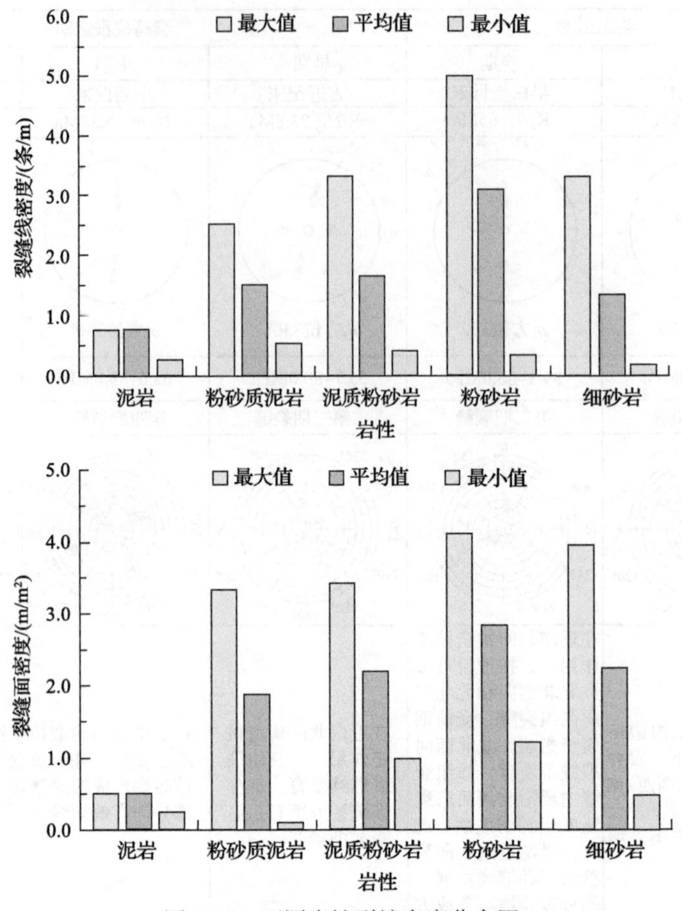

图 5-15 不同岩性裂缝密度分布图

在相同组分的岩石中，随着岩石粒度变细，裂缝发育程度变高；相反，岩石粒度越粗，裂缝越不发育(图 5-15)。裂缝的发育程度与储层基质孔隙度呈明显的负相关关系，孔隙度越大，裂缝一般越不发育(图 5-16)。这是由于随着孔隙体积和矿物颗粒减小，岩石变得致密，岩石的破裂强度增大，在较小的应变条件下就表现出破裂变形，使具有较低孔隙度和较低粒度的岩石裂缝更发育。另外，分选程度也是影响裂缝密度的一个因素，一般来说，分选好的纯净砂岩比分选差的泥质砂岩的裂缝更发育(图 5-17)。

5.3.2 岩石力学层

岩石中地层的分层性造成了岩石力学性质的各向异性，从而控制了层状岩石中裂缝的分布和几何形态(Ferrill et al., 2014，2017；Agosta et al., 2015；Corradetti et al., 2017，2018；Lavenu and Lamarche，2018；Procter and Sanderson，2018；巩磊等，2018)。地层界面能够阻碍裂缝的生长，从而导致裂缝端部终止于离散的地层界面，因此，裂缝面的形状往往是椭圆形，而非圆形。根据裂缝的规模及它们与岩石力学层之间的关系，层状岩石中主要发育两种不同类型的裂缝：①被限制在单个地层内的层控裂缝；②穿越多套地层的穿层裂缝(图 5-18)。

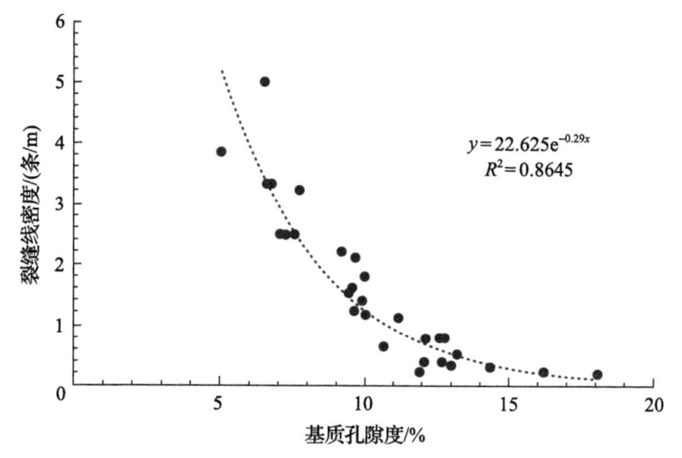

图 5-16　储层基质孔隙度与裂缝线密度关系图

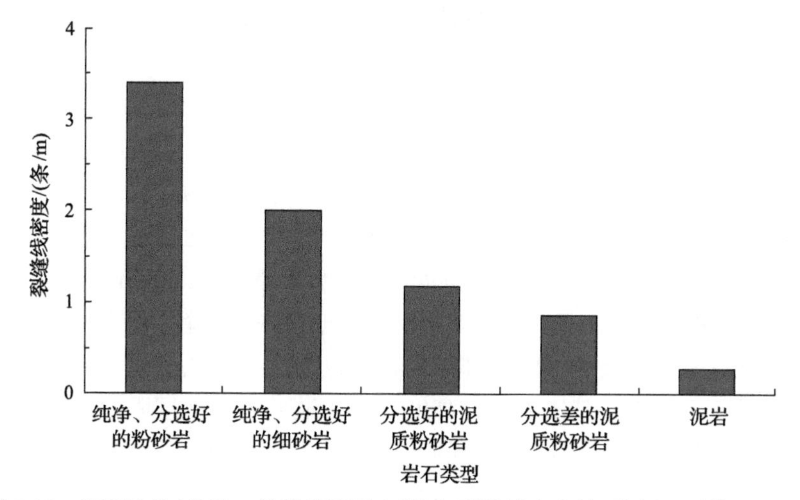

图 5-17　岩石结构(分选、粒度及泥质含量)与裂缝线密度关系图(巩磊等，2017b)

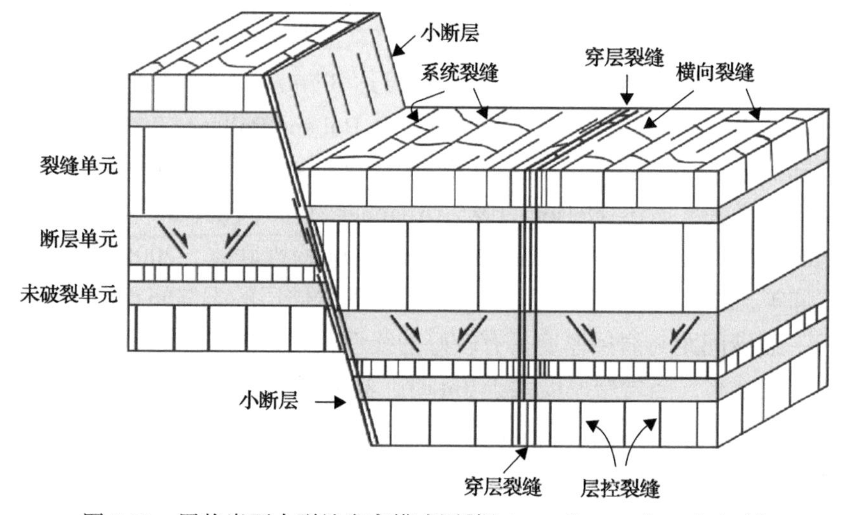

图 5-18　层状岩石中裂缝发育模式图[据 Gross 和 Eyal(2007)改动]

层控裂缝的数量多，具有很好的规律性和等间距性，它们的发育受岩石力学层控制，其端部被限制在岩层界面内，与岩层面垂直，因此，它们的高度一般等于地层厚度。层控裂缝的组数取决于构造应力历史和局部应力条件。层控裂缝一般由早期的系统裂缝和晚期的横向裂缝组成。系统裂缝的形成一般与区域构造应力有关，形成时间早，产状稳定，具有很好的方位一致性，迹线延伸长度大。横向裂缝往往终止于早期的系统裂缝，受早期系统裂缝的限制，延伸长度一般较小，被限制在两条相邻的先存系统裂缝之间，而且它们往往由于受到早期系统裂缝附近的局部应力扰动作用而发生弯曲。

穿层裂缝的几何形态可以是单条裂缝面，也可以是近平行排列的、密集分布的由若干条裂缝组成的裂缝密集带。Bahat(1985)引入了“多层节理”来描述这些切穿多套地层的裂缝。Helgeson 和 Aydin(1991)将那些垂向上发生扩展、穿越地层边界、排成一排但又不完全连续的节理段定义为“复合节理”。Becker 和 Gross(1996)使用了更为普遍的术语“穿层裂缝”来描述那些属于同一群体的面状构造，包含单条多层节理面、密集分布的节理连接带及多层节理和节理带。

野外证据显示，穿层裂缝是由层控裂缝发育而来的。对于薄层—中厚层的岩石，层控裂缝是密集分布的，而穿层裂缝是通过先存层控裂缝的联合(如连接和优先变宽)形成的。裂缝的几何形态表明不同类型裂缝的形成具有明显的时间顺序。系统裂缝最先形成，作为后来横向裂缝发育的力学边界。然后随着应变的增加，通过这些先存层控裂缝的合并和选择性的垂向连接形成穿层裂缝。例如，美国哈鲁基姆(Halukim)背斜在脆性变形过程中，其穿层裂缝的形成往往是利用(如再活化)先存层控裂缝，而不是通过在完整的岩石中扩展新的裂缝面。穿层裂缝的内部结构特征也为这一说法提供了证据，它们往往是由大量的单个裂缝段组成。基于方位、高度、受离散的岩石地层限制的特征，这些裂缝段大多是横向裂缝合并为一个跨越多层的变形带。新裂缝段的扩展是为了连接有限变宽的横向裂缝，通常导致具有之字形几何形态的垂向连续构造。

根据野外露头和岩心裂缝观察，裂缝受岩石力学层控制明显，在层内发育，终止于岩性界面或层理面，裂缝与层理面近垂直，裂缝高度与地层厚度相当，主要分布在 5～20cm，一般不超过 80cm，部分穿层裂缝高度可达 3.7m。裂缝间距是指同组裂缝中两条相邻裂缝之间的垂直距离(Narr and Suppe，1991；Bai and Pollard，2000；鞠玮等，2013)。根据库车前陆盆地 11 条露头剖面层状沉积岩中 4000 余组裂缝间距测量和文献中大量裂缝间距与地层厚度关系描述(Nelson，1985；Angelier，1989；Narr and Suppe，1991；Gross，1993；Wu and Pollard，1995；Bai and Pollard，2000；曾联波，2008；巩磊等，2013，2016；董有浦等，2013；赵文韬等，2013)，致密砂岩储层的裂缝间距常服从对数正态分布(图 5-19)。裂缝间距与岩层厚度具有较好的线性关系，随着岩层厚度增大，裂缝间距增大，裂缝密度减小，当岩层厚度大于 3m 时，其裂缝一般不发育(图 5-20)。

为了描述裂缝与岩层厚度间近似的线性关系，经常用到中值裂缝间距和平均裂缝间距，以及裂缝间距比率(fracture spacing ratio，FSR)和裂缝间距指数(fracture spacing index，FSI)等术语。裂缝间距比率是指单层岩层厚度和中值裂缝间距的比值(Gross，

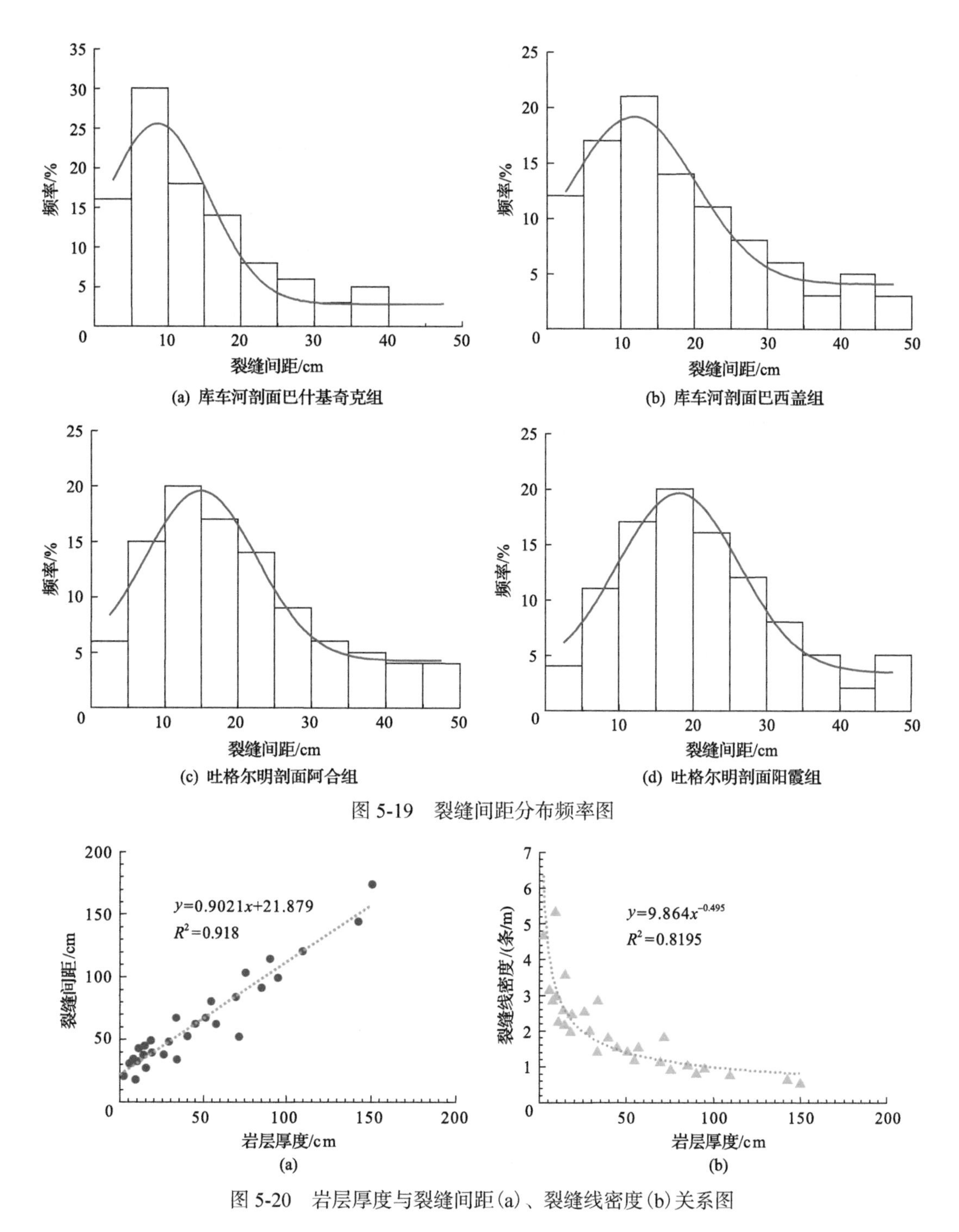

图 5-19　裂缝间距分布频率图

图 5-20　岩层厚度与裂缝间距(a)、裂缝线密度(b)关系图

1993)。裂缝间距指数是指对于不同厚度的裂隙化岩层，单层地层厚度与其平均裂缝间距关系图中二者拟合直线的斜率(Hobbs，1967；Narr and Suppe，1991)。为了方便起见，本书中裂缝间距指数是指裂缝平均间距与裂隙化岩层厚度的比值。裂缝间距指数的相对大小对裂缝密度具有一定的指示作用，一般裂缝间距指数越小，裂缝密度越大，裂缝

越发育。

Hobbs(1967)和Gross(1993)指出，层状岩石中裂缝的形成过程是一个“连续填入”的过程，并且这一点在脆性薄膜材料的四点弯曲实验中也得到了证实(Wu and Pollard，1995)，实验结果显示(图5-21)，在裂缝形成的初始阶段，随着区域应变量的增加，在早期裂缝之间会形成新的裂缝，裂缝间距呈现出快速下降的趋势，然后下降的速度变慢，最后达到一个几乎恒定不变的常量。也就是说，当应变超过某一值时，即使再大的应变也不能明显地改变裂缝间距，这种现象称为“裂缝饱和”(Narr and Suppe，1991；Wu and Pollard，1995)。但是目前存在的理论模型(Hobbs，1967；Narr and Suppe，1991；Bai and Pollard，2000)还不能很好地解释裂缝饱和现象和野外观察到的裂缝间距指数分布范围(0.1～10)的问题。例如，Hobbs(1967)根据应力传递模型提出了解释裂缝间距和地层厚度线性关系的理论模型，但是根据这个模型，随着区域应变的增加，裂缝间距就会永远降低下去，显然该模型不能解释裂缝饱和现象，并且与野外观察(Narr and Suppe，1991；Becker and Gross，1996；Underwood and Troiano，2003；Laubach et al.,2009)和实验结果(Wu and Pollard，1995；Bai and Pollard，2000)是相悖的。Bai和Pollard(2000)提出，层状岩石中，这种周期性的裂缝发育模式是由达到极限平衡状态造成的，并利用解析的方法推导出了裂缝间距指数和裂隙化岩层泊松比之间的关系式，但是根据野外观察，裂缝间距应该是裂隙化岩层强度的一个函数(巩磊等，2012a)，并且根据Cherepanov提出的关系式，裂缝间距指数只能分布在2.72～3.14，这个范围仅仅覆盖了野外观察到的裂缝间距指数分布(0.1～10)的一小部分。

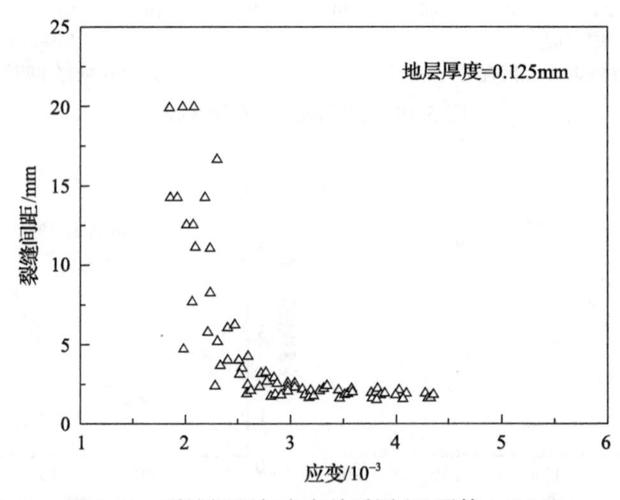

图5-21　裂缝间距与应变关系图(巩磊等，2018)

因此，为了更好地了解地层厚度和裂缝间距之间的线性关系，并且解释裂缝饱和现象，利用有限元方法模拟了裂隙化岩层中等间距分布的两条相邻裂缝之间的应力状态，并研究了应变、岩石力学参数(杨氏模量和泊松比)和上覆压力对裂缝间距指数的影响。

1. 应力状态转变和临界裂缝间距指数

为了了解两条裂缝间应力状态随裂缝间距变化的变化，绘制了不同裂缝间距指数下连接两条相邻裂缝中点的线段上(图 5-22，线段 *AA'*)垂直于裂缝方向的正应力的分布状态，挤压应力为正、拉张应力为负。在成图时，由于在不同裂缝间距指数下，线段 *AA'* 的长度是不同的，为了方便对比，将线段 *AA'*进行了标准化。模拟过程中，三个层采用相同的岩石力学参数，杨氏模量为 40GPa，泊松比为 0.2，应变为 0.02。从图 5-22(a)中可以看出，随着裂缝间距指数的变小(FSI＜1.05 左右)，线段 *AA'*中间部分的应力状态从拉张应力变为挤压应力。这个结果证实，存在一个临界裂缝间距指数(FSI_{cr})，当裂缝间距指数大于这个临界值时，线段 *AA'*的中间部分的应力状态为拉张应力，而当裂缝间距指数小于这个临界值时，整个线段 *AA'*的应力状态为挤压应力。临界裂缝间距指数的确定是通过多次模拟来确定的。例如，从图 5-24(b)中，我们可以大概确定出临界裂缝间距指数位于 1.0～1.1，然后我们通过不断加密模型的裂缝间距指数(如 1.01，1.02，…，1.09)，就能确定出临界裂缝间距指数。产生这种应力状态转变的主要原因是：裂缝一般在能干性强的岩层中形成，当扩展至岩石力学界面时，由于能干性差异，裂缝往往不能穿透岩石力学界面，而是发生偏转，沿岩石力学界面发生剪切滑动，从而改变两条裂缝间的应力状态(由拉张应力转变为挤压应力)，此时莫尔应力圆位于纵轴右侧，不再形成张裂缝[图 5-22(c)]。随着裂缝间距指数进一步变小(FSI＜0.8 左右)[图 5-22(b)]，沿岩石力学界面的剪切作用逐渐减弱，此时以发生裂缝垂向连通和横向张开为主，因此，线段 *AA'*

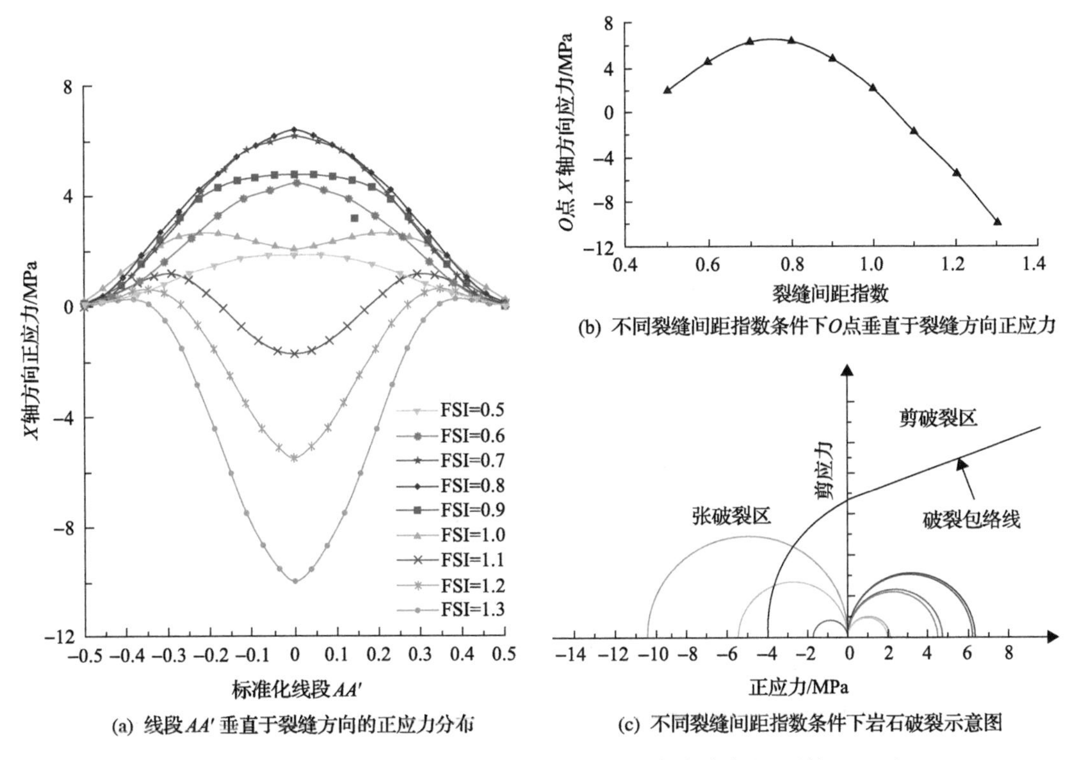

(a) 线段 *AA'* 垂直于裂缝方向的正应力分布　　(c) 不同裂缝间距指数条件下岩石破裂示意图

图 5-22　两条相邻裂缝间垂直于裂缝方向的正应力分布(巩磊等，2018)

中间部分的应力状态虽然仍为挤压应力，但是其数值有变小的趋势，莫尔应力圆不会与破裂包络线相交，即不容易产生剪切裂缝，也就是说，当裂缝间距指数小于临界裂缝间距指数时，即使外施应力加大也不会有新裂缝产生，这就是裂缝的饱和现象的成因。

2. 应变与临界裂缝间距指数的关系

通过改变施加平均应变的大小，模拟了不同裂缝间距指数下两条相邻裂缝中点 O 处垂直于裂缝面方向的正应力分布，如图 5-23 所示。从图 5-23 中可以看出，O 点垂直于裂缝面方向的正应力与应变呈线性相关，在同一裂缝间距指数条件下，所施加的应变越大，O 点的正应力就越大，其斜率取决于裂缝间距指数。但是，平均应变大小只能影响该正应力的大小，却不能改变它的符号(正负)，即临界裂缝间距指数与应变无关。

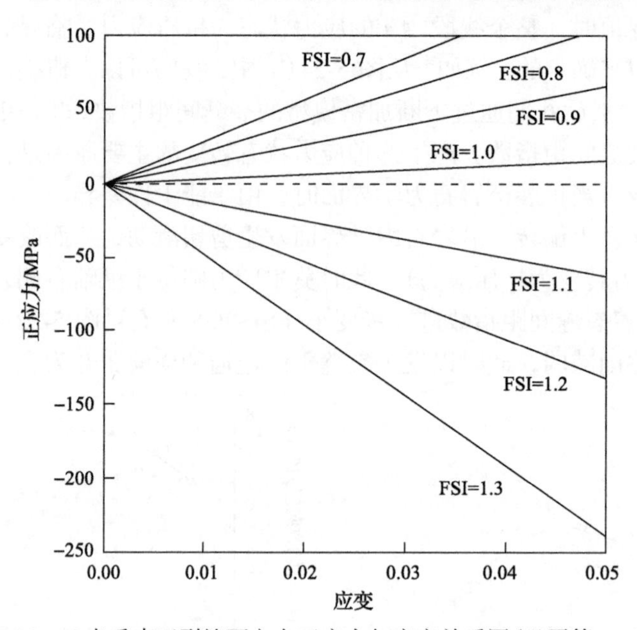

图 5-23　O 点垂直于裂缝面方向正应力与应变关系图(巩磊等，2018)

3. 杨氏模量对裂缝间距指数的影响

在其他岩石力学参数不变的条件下，改变裂隙化岩层的杨氏模量或两个相邻岩层的杨氏模量都可以引起临界裂缝间距指数的变化[图 5-24(a)]。临界裂缝间距指数随裂隙化岩层杨氏模量的增加而降低，随相邻岩层杨氏模量的增加而增加。通过绘制临界裂缝间距指数(FSI_{cr})和杨氏模量比值(E_f/E_n，其中 E_f 为相邻岩层中相对高的杨氏模量值；E_n 为相邻岩层中相对低的杨氏模量值)图[图 5-24(b)]，得到了它们之间的定量关系式(5.1)。临界裂缝间距指数与杨氏模量比值(E_f/E_n)呈非线性关系：首先，当 $0<E_f/E_n<2$ 时，随着杨氏模量比值(E_f/E_n)的增加，临界裂缝间距指数快速降低；其次，随着杨氏模量比值(E_f/E_n)的增加，临界裂缝间距指数降低的速率变慢；最后，当杨氏模量比值(E_f/E_n)趋于无穷大时，临界裂缝间距指数为 0.89 左右(E_f/E_n=4000 时计算的数值)。临界裂缝间距指数(FSI_{cr})和杨氏模量比值(E_f/E_n)的拟合公式为

$$\mathrm{FSI_{cr}} = 1.034\left(\frac{E_\mathrm{f}}{E_\mathrm{n}}\right)^{-0.04} \tag{5-1}$$

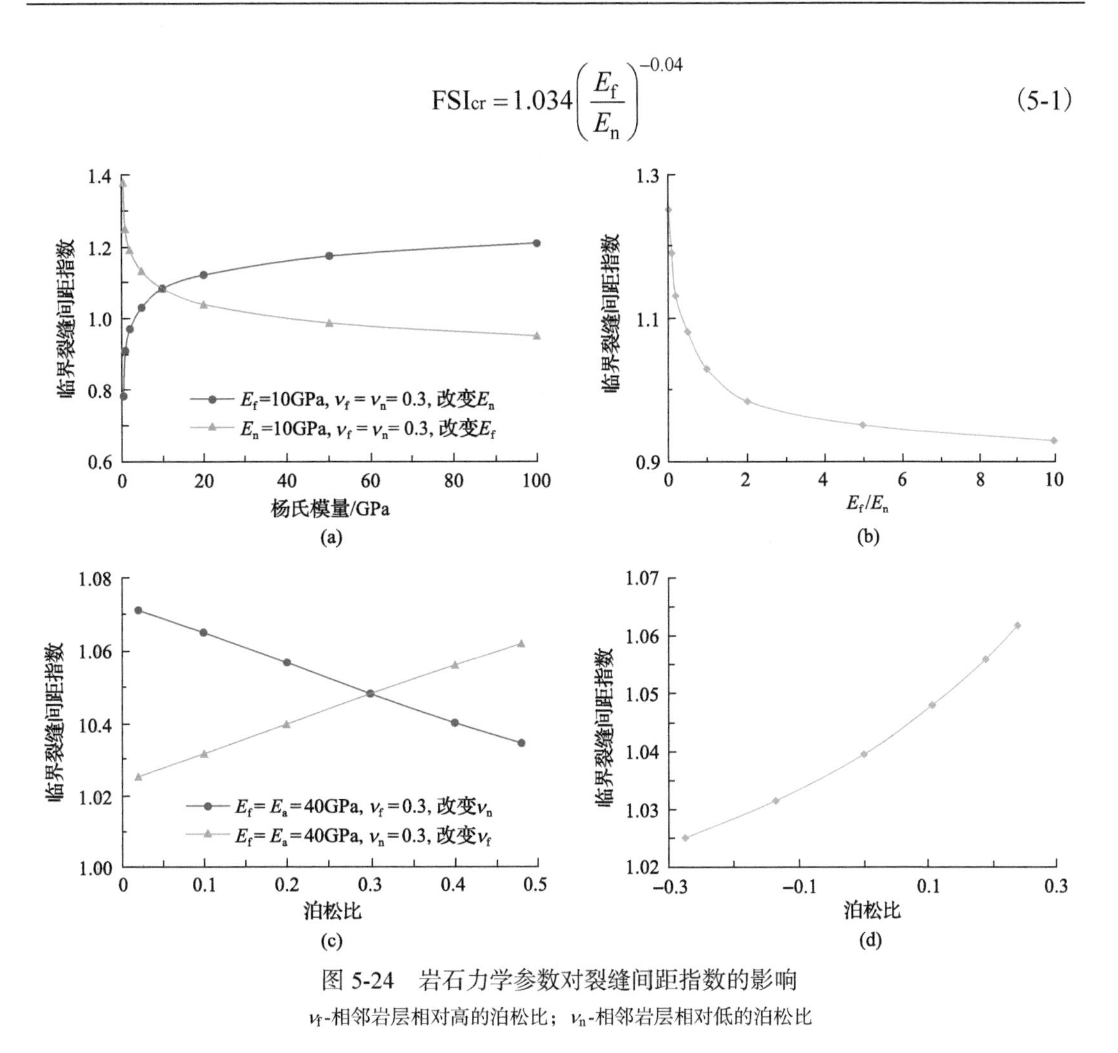

图 5-24　岩石力学参数对裂缝间距指数的影响

ν_f-相邻岩层相对高的泊松比；ν_n-相邻岩层相对低的泊松比

根据图 5-24(a)、(b)和式(5-1)，由杨氏模量的变化而引起的临界裂缝间距指数变化主要分布在 32%以内。另外，大量研究表明(Helgeson and Aydin，1991；Gross，1993；巩磊等，2012b)，在相同的构造应力条件下，在刚性地层中更容易发生破裂。例如，Helgeson 和 Aydin(1991)通过野外观察发现，在灰岩和页岩互层的地层中，裂缝主要发育在灰岩层，而页岩层中裂缝比较少见。Gros 等(1997)、巩磊等(2012b)指出砂岩中裂缝十分发育，而在相邻的含泥质丰富的岩石中几乎看不到裂缝发育，即大多数情况下裂隙化岩层的硬度要大于其相邻岩层的硬度，即 $E_\mathrm{f}/E_\mathrm{n}>1$。因此，可把临界裂缝间距指数的变化范围缩小到 12%。沉积岩的杨氏模量主要分布在 0.125(如弱胶结的粉砂岩)～103GPa(如铁质或硅质砂岩)(Zeng, 2010)，因此，杨氏模量比值($E_\mathrm{f}/E_\mathrm{n}$)最大为 824。然而对于大多数沉积岩而言，杨氏模量主要分布在 5～80GPa。此外，随着杨氏模量比值($E_\mathrm{f}/E_\mathrm{n}$)的增加[图 5-24(b)]，尤其是当杨氏模量比值($E_\mathrm{f}/E_\mathrm{n}$)大于 10 时，最佳拟合曲线的斜率变得很小。即使杨氏模量比值($E_\mathrm{f}/E_\mathrm{n}$)是 1000，临界裂缝间距指数的变化也在 12%之内。

4. 泊松比对裂缝间距指数的影响

在其他参数不变的条件下，通过改变裂隙化岩层或相邻岩层的泊松比模拟了泊松比对临界裂缝间距指数的影响。随着裂隙化岩层泊松比的降低或相邻岩层泊松比的增加，临界裂缝间距指数降低[图 5-24(c)]。为了了解泊松比对临界裂缝间距指数的影响，绘制了临界裂缝间距指数与泊松比影响因子 P_f的关系图[图 5-24(d)]。图 5-24(d)显示，临界裂缝间距指数随泊松比影响因子 P_f的增加呈单调递减的趋势。它们之间的关系为

$$\mathrm{FSI_{cr}} = 0.059{P_\mathrm{f}}^3 + 0.079{P_\mathrm{f}}^2 + 0.070P_\mathrm{f} + 1.039 \tag{5-2}$$

式中，P_f为泊松比影响因子，$P_\mathrm{f} = \dfrac{(1-2\nu_\mathrm{f})(1+\nu_\mathrm{f})-(1-2\nu_\mathrm{n})(1+\nu_\mathrm{n})}{\left(1-\nu_\mathrm{f}^2\right)\left(1-\nu_\mathrm{n}^2\right)}$。

由泊松比变化引起的临界裂缝间距指数变化的范围在 13%以内。到目前为止，所报道的沉积岩的泊松比主要分布在 0.01～0.46。图 5-24(c)覆盖了所有可能出现的沉积岩的泊松比的数值。

根据式(5-1)和式(5-2)综合了杨氏模量和泊松比与临界裂缝间距指数的关系，并以 E_f=E_n=40GPa、ν_f=ν_n=0.2、临界裂缝间距指数=1.039 为基准，推出了它们之间的标准化关系式：

$$\mathrm{FSIcr} = 1.034\beta\left(\frac{E_\mathrm{f}}{E_\mathrm{n}}\right)^{-0.04} \tag{5-3}$$

式中，β=$(0.059D^3+0.079D^2+0.070D+1.039)/1.039$。

5. 上覆压力对裂缝间距指数的影响

为了模拟上覆压力对临界裂缝间距指数的影响，在保证其他边界条件不变的条件下，利用一个恒定的位移来代替上覆压力造成的影响。采用 E_f=E_n=40GPa、ν_f=ν_n=0.2，通过改变上边界的应变来使上覆压力从 0MPa 增至 200MPa。在有限元模拟的基础上，绘制了临界裂缝间距指数和上覆压力的关系图(图 5-25)。图 5-25 显示，临界裂缝间距指数随着上覆压力的增加而增加，其关系为

$$\mathrm{FSI_{cr}} = a + bp_\mathrm{v} + c{p_\mathrm{v}}^2 + d{p_\mathrm{v}}^3 \tag{5-4}$$

式中，a=0.952；b=1.118×10^{-4}；c=6.2×10^{-8}；d=2.1×10^{-9}；p_v为上覆压力。

由上覆压力引起的临界裂缝间距指数的变化一般小于 5%，小于由杨氏模量和泊松比引起的临界裂缝间距指数的变化。图 5-25 中上覆压力值相当于 0～8km 的深度。

由式(5-3)和式(5-4)，可以拟合出临界裂缝间距指数和杨氏模量、泊松比及上覆压力的关系式：

$$\mathrm{FSI_{cr}} = 01.034\gamma\beta\left(\frac{E_{\mathrm{f}}}{E_{\mathrm{n}}}\right)^{-0.04} \tag{5-5}$$

式中，$\gamma=(a+bp_{\mathrm{v}}+cp_{\mathrm{v}}^{2}+dp_{\mathrm{v}}^{3})/0.952$。

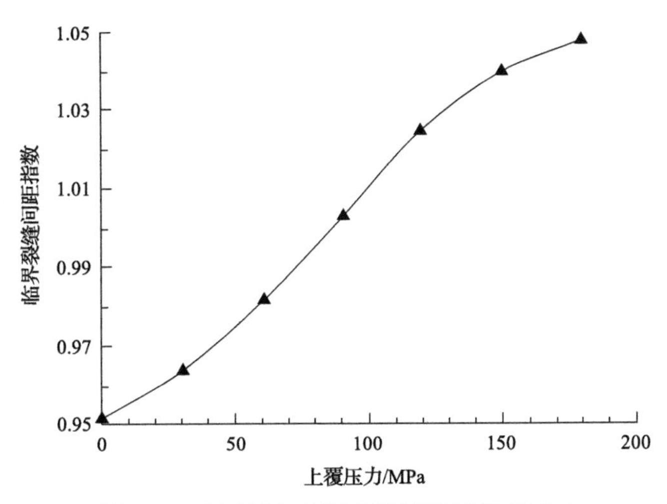

图 5-25　上覆压力对临界裂缝间距指数的影响

5.3.3　沉积微相

由于不同沉积微相的岩石组合及岩层厚度不同，其裂缝密度也存在明显差异。沉积微相主要是通过控制不同部位储层的岩石成分、粒度、单层及累计层厚等储层分布来控制其裂缝发育程度。例如，由库车前陆盆地不同沉积微相 41 口井岩心的裂缝密度统计(表 5-2)可知，在扇三角洲前缘水下分流河道间、前缘席状砂沉积微相裂缝最发育，其次是扇三角洲前缘水下分流河道、河口砂坝沉积微相，再次是辫状分流河道，而在前扇三角洲和漫滩沼泽等沉积微相中，裂缝发育程度较差。

表 5-2　白垩系不同沉积微相裂缝密度数据表

沉积相	亚相	微相	岩性	宏观裂缝线密度/(条/m)	微观裂缝面密度/(cm/cm^2)
扇三角洲沉积	扇三角洲平原	辫状分流河道	厚层砾岩、砾状砂岩为主	0.96	0.20
		漫滩沼泽	粉砂、黏土及细砂的薄互层	0.51	0.11
	扇三角洲前缘	水下分流河道	以含砾砂岩和砂岩为主	1.58	0.33
		水下分流河道间	由互层的浅灰色细砂、粉砂及灰绿色泥岩组成	2.49	0.51

续表

沉积相	亚相	微相	岩性	宏观裂缝线密度 /(条/m)	微观裂缝面密度 /(cm/cm^2)
扇三角洲沉积	扇三角洲前缘	河口砂坝	含砂量高粒度以分选好的粉砂-中砂为主	1.66	0.35
		前缘席状砂	厚度薄的席状砂体，岩性较细，表现为砂泥岩互层	2.65	0.53
	前扇三角洲	前三角洲	由互层泥岩、泥质粉砂岩、钙质页岩、油页岩组成	0.49	0.12

由于扇三角洲前缘水下分流河道间、前缘席状砂等沉积微相的岩石颗粒细，砂体的单层厚度小而累计厚度大，在相同的应力条件下，其裂缝发育程度最高；在扇三角洲前缘水下分流河道、河口砂坝等沉积微相中，岩石颗粒明显变粗，以含砾砂岩和砂岩为主，而且单层砂体厚度也变大，从而使裂缝的整体发育程度变差；在辫状分流河道等沉积微相中，岩石颗粒变得更粗，地层厚度也越大，以厚层砾岩、砾状砂岩为主，因而其裂缝发育程度更差；而在前三角洲和漫滩沼泽等沉积微相中，以泥质沉积为主，使得其裂缝发育程度最差。

5.3.4　构造

构造是控制库车前陆盆地致密储层裂缝发育的重要因素，它主要是通过控制不同构造部位的局部应力分布来控制裂缝的发育程度(Nelson，1985；曾联波，2008；巩磊等，2012b)。为了研究不同构造样式对裂缝发育程度的控制作用，在野外露头剖面分别选取了逆断层(卡普沙良河剖面)、褶皱(吐格尔明剖面)和断层转折褶皱(卡普沙良河剖面)等构造样式来分析不同构造部位裂缝的分布情况。

1. 断层

根据野外露头观察与测量，在断层面附近及断层的端部等部位，无论在断层的上盘还是在断层的下盘裂缝均十分发育；随着距断面距离的增大，裂缝的线密度明显降低，裂缝线密度随着距断面距离的增加呈负指数函数递减的趋势(图 5-26)。这是断层活动形成应力扰动作用造成的，沿断裂带一般具有明显的应力集中现象，从而使其裂缝明显发育(巩磊等，2012b；van Noten et al.,2013；Maerten et al.,2018，2019)。另外，根据统计还发现，虽然在断层的上盘和下盘均具有随着距断层距离的增大裂缝线密度呈明显降低的趋势，但是在断层两侧，裂缝发育程度也不一样，整体来说，断层上盘裂缝的发育程度要明显大于下盘裂缝的发育程度，这是因为断层上盘往往是活动盘，应力扰动作用更明显。在由逆断层组成的断块中，通常冲起构造中裂缝最发育，其次是叠瓦式逆冲构造，在三角构造中裂缝发育程度相对较弱。

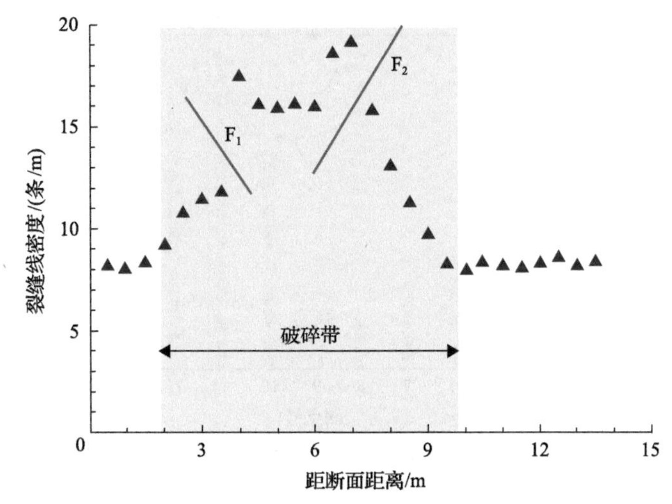

图 5-26　断层附近构造裂缝线密度与距断面距离关系图

F_1，F_2-断层编号

2. 纵弯褶皱

在库车前陆盆地，褶皱也是控制裂缝发育的一个重要构造因素(Tavanid et al.,2015；Ukar et al.,2016；Awdal et al.,2016；Casini et al.,2018)。根据野外相似露头观察与测量，在褶皱的核部和转折端等构造曲率较大的部位裂缝最发育，在褶皱的翼部，地层弯曲程度较小，裂缝相对不发育，其中陡翼的裂缝相对于缓翼发育。图 5-27 是吐格尔明剖面一个典型的背斜构造，在背斜的转折端(测点 2、3、11、12)裂缝十分发育，最大裂缝线度可达 17 条/m，随着距轴面距离的增大，裂缝线密度呈负指数递减的趋势(图 5-28)。

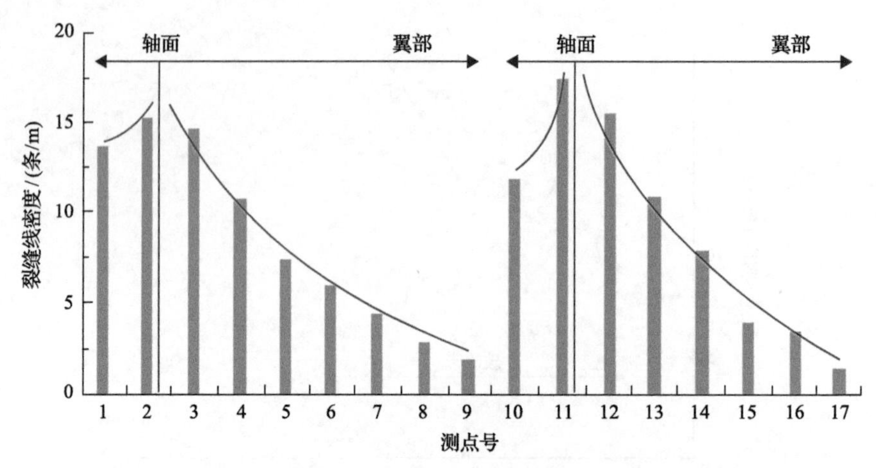

图 5-27　库车前陆盆地裂缝与褶皱关系图(巩磊等，2017a)

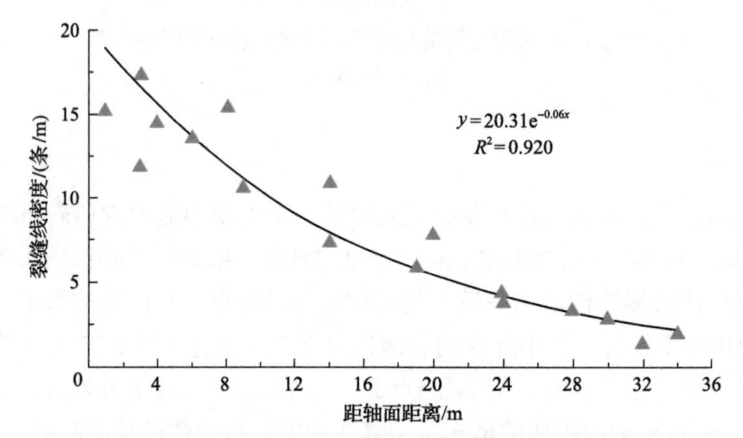

图 5-28　库车前陆盆地褶皱附近裂缝的发育规律(高志勇等，2016a)

3. 断层转折褶皱

断层通过断坡由一个断坪传到另一个断坪，上盘岩层按下盘的形状形成褶皱，即断层转折褶皱(李本亮等，2010)。断层转折褶皱的运动学模型由 Suppe(1983)建立(图 5-29)，岩层变形发生在活动轴面和不活动轴面之间的区域，这两个轴面位于断层的上方，活动轴面下端位于断层的拐点(断层面倾角发生变化的位置)上。变形首先发生于活动轴面，活动轴面左侧的岩层未发生倾斜变形，变形岩层沿断层向上滑移。不活动轴面代表了活动轴面的原始位置，变形前不活动轴面与活动轴面重合，变形发生后，不活动轴面与活动轴面分离，活动轴面位置不变，不活动轴面沿断层面滑移，不活动轴面与活动轴面之间的区域组成膝折带，膝折带的宽度等于断层的滑移量。膝折带迁移(加宽)形成断层转折褶皱，褶皱翼部倾斜岩层的倾角不变，倾斜岩层的宽度与断层滑移量成正比关系。这样形成的褶皱后翼长(取决于下盘断坡)，前翼短，后翼平缓，前翼倾角可达 30°以上，背斜一般发育平顶(李本亮等，2010)。

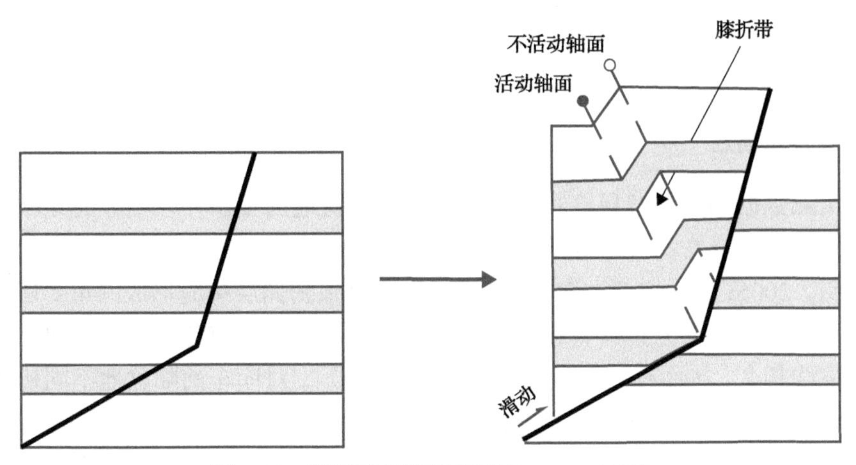

图 5-29　断层转折褶皱模型(Suppe，1983)

断层转折褶皱对裂缝发育的影响与断层对裂缝的影响类似(Sun et al.,2017；Li et al.,2018a；Watkins et al.,2018)，但也有明显的不同。在断层的下盘，断层面附近裂缝十分发育，裂缝线密度可达 32.2 条/m，随着距断面距离增加，裂缝线密度呈明显减小的趋势(图 5-30)；在断层的上盘，整体上表现出距断面距离越远，裂缝线密度越小的趋势，但是裂缝线密度在整体变小的同时出现了两个裂缝线密度的异常高点(测点 6、测点 9)，这两点的裂缝线密度要明显大于比它更接近裂缝面测点的裂缝线密度，这是由于这两个

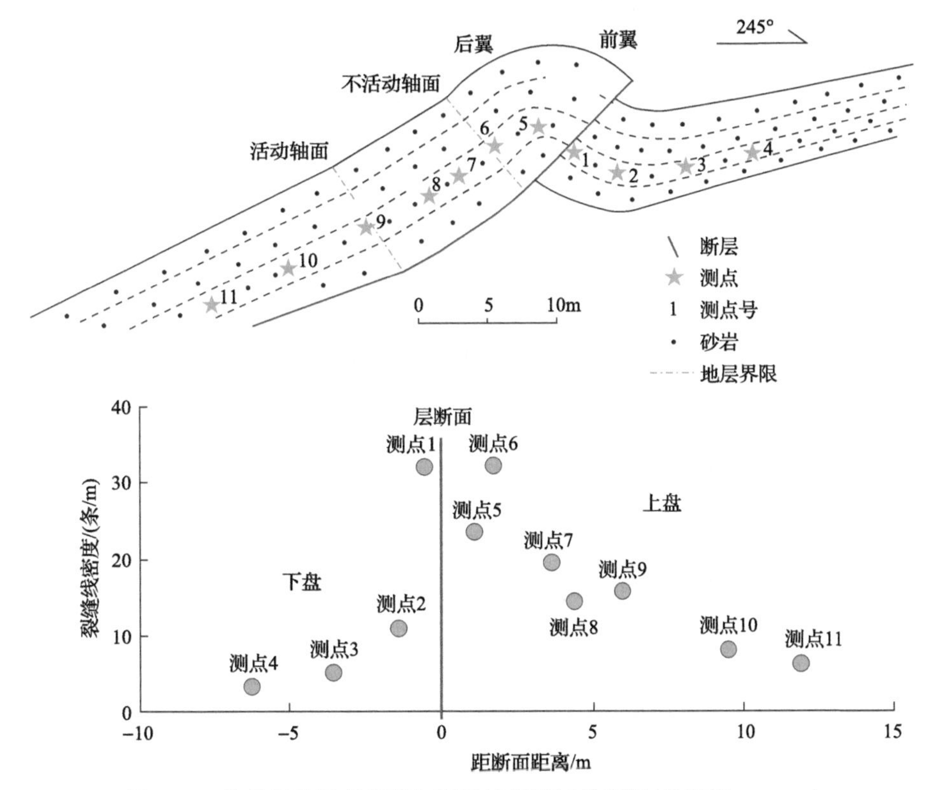

图 5-30　构造裂缝发育程度与断层转折褶皱关系图(巩磊等，2017a)

测点处于活动轴面或不活动轴面位置，变形强度较大，应力集中现象更加明显，因此其裂缝发育程度会明显变高(祖克威等，2013)。

5.3.5 异常流体高压

钻井实测数据和测井解释资料表明，库车前陆盆地白垩系存在明显的异常高压，构造挤压作用是该区异常高压形成的主要因素(皮学军等，2002；曾联波等，2004a；曾联波和刘本明，2005；张凤奇等，2012)。异常高压是致密储层裂缝形成的重要驱动力，对致密储层裂缝的形成和分布具有重要影响。异常高压的存在使莫尔应力圆向左移动，并与破裂包络线相交，从而有利于裂缝形成[图 5-13(b)]。对库车前陆盆地不同构造带裂缝线密度与地层压力系数进行统计发现，二者之间具有较好的正相关关系，这种正相关关系在同一构造带内部更加明显(图 5-31)，这说明异常高压的存在使裂缝更容易形成。当孔隙流体压力达到一定数值的时候，可以使最小主应力由挤压状态变成拉张状态，从而在岩石中形成拉张裂缝，这就是在挤压逆冲构造带不仅广泛发育剪切裂缝，而且还发育拉张裂缝的主要原因。

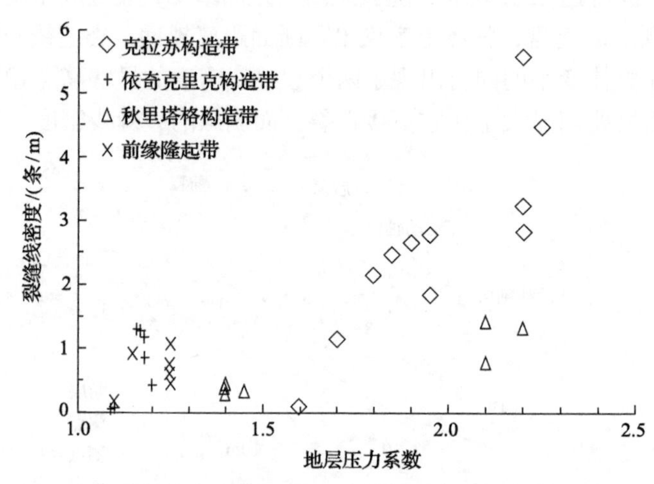

图 5-31 裂缝线密度与地层压力系数关系图(巩磊等，2017b)

5.4 典型构造样式裂缝发育模式

库车前陆冲断带构造变形强烈，断层相关褶皱普遍发育，断层相关褶皱控制的天然裂缝是影响前陆盆地深层致密储层油气运移和富集分布的重要因素。弄清前陆冲断带不同类型断层相关褶皱典型构造样式中天然裂缝的分布规律及其发育的差异性，对指导该区油气的勘探开发具有重要意义。本节在离散元数值模拟和构造物理模拟的基础上，结合地表露头和地下典型构造的裂缝实测资料，建立了断弯褶皱和断展褶皱构造的裂缝发育模式。

5.4.1　离散元数值模拟

离散元数值模拟是一种基于离散颗粒间接触准则的数值计算方法，最早由 Cundall 在 1979 年提出，并应用于散土变形的研究之中(Cundall and Strack，1979)。该方法以颗粒为基本对象，重点解决不连续介质问题，并允许微粒间的滑动与破裂，符合上地壳岩石的脆性变形特征，因而被广泛地应用于地质学领域(Burbidge and Braun, 2002; Finch et al., 2003; Strayer et al., 2004; Hardy et al., 2009; Morgan, 2015)。颗粒流离散元数值模拟软件(PFC)可以模拟圆形颗粒的运动与相互作用问题，也可以通过两个或多个颗粒与其直接相邻的颗粒连接形成任意形状的组合体来模拟块体结构问题，能够用来模拟地质构造变形及其应变过程(李江海等，2020)。通过调整颗粒单元直径，可以调节孔隙率，通过定义可以有效地模拟岩体中节理等弱面。颗粒间接触相对位移的计算，不需要增量位移而直接通过坐标来计算。颗粒流方法在模拟过程中作了如下假设：①颗粒单元为刚性体；②接触发生在很小的范围内，即点接触；③接触特性为柔性接触，接触处允许有一定的"重叠"量；④"重叠"量的大小与接触力有关，与颗粒大小相比，"重叠"量很小；⑤接触处有特殊的连接强度；⑥颗粒单元为圆盘(二维)或者球(三维)。

1. PFC 计算原理

颗粒流理论在整个计算循环过程中，交替应用力-位移定律和牛顿运动定律，其计算循环过程如图 5-32 所示。通过力-位移定律更新接触部分的接触力，通过运动定律，更新颗粒与墙(边界)的位置，构成颗粒之间的新接触。

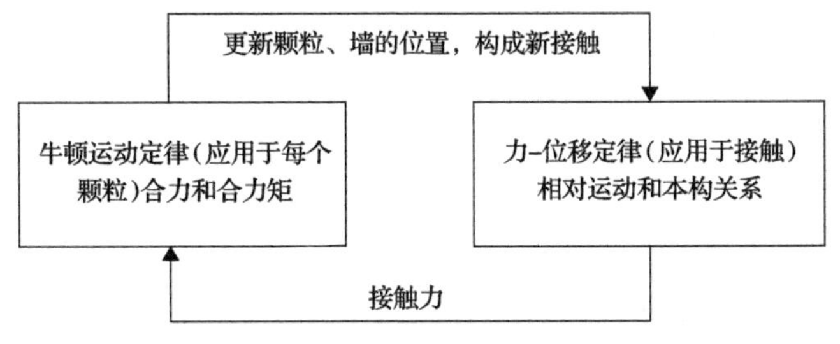

图 5-32　计算过程循环图

1) 力-位移定律

颗粒流理论通过力-位移定律把相互接触部分的力与位移联系起来，颗粒流模型中的接触类型有"颗粒-颗粒"接触与"颗粒-墙体"接触两种。

接触力 F_i 可以分解为切向与法向分量：

$$F_i = F_i^{\mathrm{n}} + F_i^{\mathrm{s}} \tag{5-6}$$

式中，F_i^{n} 为法向分量；F_i^{s} 为切向分量；下角 i 为颗粒的数量。

法向分量可以根据式(5-7)计算：

$$F_i^{\mathrm{n}} = K^{\mathrm{n}} U^{\mathrm{n}} \boldsymbol{n}_i \tag{5-7}$$

式中，K^{n} 为接触点法向刚度；U^{n} 为接触“重叠”量；$\boldsymbol{n}_i$ 为接触面单位法向量。

而切向接触力以增量的形式计算：

$$\Delta F_i^{\mathrm{s}} = -K^{\mathrm{s}} \Delta U_i^{\mathrm{s}} \tag{5-8}$$

$$\Delta U_i^{\mathrm{s}} = V_i^{\mathrm{s}} \Delta t \tag{5-9}$$

式中，K^{s} 为接触点切向刚度；U_i^{s} 为计算时步内接触位移增量的切向分量；V_i^{s} 为接触点速度的切向分量；Δt 为计算时步。

式(5-7)和式(5-8)中的 K^{n} 和 K^{s}，是根据互相接触颗粒的几何参数及接触模量确定，在具体计算时首先根据被模拟介质特性设定某一值，然后通过试算逼近目标值的方法确定其值。

通过迭加求出接触力切向分量：

$$F_i^{\mathrm{s}} \leftarrow F_i^{\mathrm{s}} + \Delta F_i^{\mathrm{s}} \tag{5-10}$$

调整由式(5-7)和式(5-10)确定的接触力切向与法向分量，使其满足接触本构关系。

2) 牛顿运动定律

单个颗粒的运动由作用于其上的合力和合力矩决定，可以用颗粒内一点的线速度与颗粒的角速度来描述。运动方程由两组向量方程表示，一组是合力与线性运动的关系，另一组是表示合力矩与旋转运动的关系，分别如式(5-11)与式(5-12)所示。

线性运动：

$$F_i = m(\ddot{x} - g_i) \tag{5-11}$$

旋转运动：

$$M_i = \dot{H}_i \tag{5-12}$$

式中，F_i 为合力；m 为颗粒总质量；g_i 为重力加速度；M_i 为合力矩；$\dot{H}_i$ 为角动量；$\ddot{x}$ 为线运动加速度。

2. 接触本构模型

PFC2D 采用离散单元方法来模拟圆形颗粒介质的运动及其相互作用，颗粒之间的相互作用模型有接触刚度模型、滑动模型和平行连接模型三种。

1) 接触刚度模型

接触刚度模型通过式(5-13)和式(5-14)得出接触应力与相对法向和切向位移之间的关系：

$$F_i^{\mathrm{n}} = K^{\mathrm{n}} U^{\mathrm{n}} \boldsymbol{n}_i \tag{5-13}$$

$$\Delta F_i^{\mathrm{s}} = -K^{\mathrm{s}} \Delta U_i^{\mathrm{s}} \tag{5-14}$$

式中，K^{n} 为法向刚度，可描述总体法向力和总体法向位移之间的关系；K^{s} 为切向刚度，可描述剪力增量和切向位移之间的关系。

2)滑动模型

滑动模型在相互接触颗粒之间没有法向抗拉强度，允许颗粒在其抗剪强度范围内发生滑动，该模型适用于模拟颗粒间不存在黏结力的散体材料(如砂土)。滑动模型是两个接触实体(颗粒-颗粒、颗粒-墙体)之间的内在属性，当存在法向应力的情况下，通过计算最大允许剪应力来确定是否发生滑动。滑动模型是通过两接触颗粒间最小摩擦系数 μ 来定义的，若颗粒间重叠量 U^n 小于或等于零，则令法向和切向接触力等于零。颗粒之间发生滑动的判别条件为

$$F_{\max}^{\mathrm{s}} = \mu \left| F_i^{\mathrm{n}} \right| \tag{5-15}$$

若 $\left| F_i^{\mathrm{s}} \right| > F_{\max}^{\mathrm{s}}$，则可发生滑动，并且在下一循环中 F_i^{s} 为

$$F_i^{\mathrm{s}} \leftarrow F_i^{\mathrm{s}} \left(F_{\max}^{\mathrm{s}} / \left| F_i^{\mathrm{s}} \right| \right) \tag{5-16}$$

通过这样的循环迭代，直到 $\left| F_i^{\mathrm{s}} \right|$ 与 $F_{\max}^{\mathrm{s}}$ 非常逼近，确定发生滑动时 F_i^{s} 的临界值。

3)平行连接模型

颗粒流模型允许相互接触颗粒连接在一起，有两种连接模型：即接触连接模型与平行连接模型。接触连接假设连接只发生在接触点很小范围内，而平行连接发生在接触颗粒间有限范围内。接触连接只能传递力，而平行连接同时能传递力矩。平行连接模型适用于模拟颗粒之间存在黏结力的材料(黏性土)，也是本次数值模拟采用的黏结模型。

平行连接模型用来模拟两相邻颗粒间附着的胶凝物质，其接触关系及受力情形如图 5-33 所示。根据模拟颗粒为圆球和圆盘，对应平行连接形式分别为圆柱体和长方体。

平行连接形成后，力 $\bar{F}_i$ 和弯矩 $\bar{M}_3$ 初始值均为零，每个计算时步均在接触处产生相对位移和转动增量，通过式(5.17)～式(5.19)转换成力和力矩增量：

$$\Delta \bar{F}_i^{\mathrm{n}} = (-\bar{K}^{\mathrm{n}} A \Delta U^n) \boldsymbol{n}_i \tag{5-17}$$

$$\Delta \bar{F}_i^{\mathrm{s}} = -\bar{K}^{\mathrm{s}} A \Delta U_i^{\mathrm{s}} \tag{5-18}$$

$$\Delta \bar{M}_3 = -\bar{K}^{\mathrm{n}} I \Delta \theta_3 \tag{5-19}$$

式中，$\bar{K}^{\mathrm{n}}$、$\bar{K}^{\mathrm{s}}$ 分别为平行连接的法向刚度和切向刚度；$\boldsymbol{n}_i$ 为接触面单位法向向量；A 为平行连接截面面积；I 为该截面沿接触点对转动方向的转动惯量；θ_3 为接触点法向与转动方向的夹角。

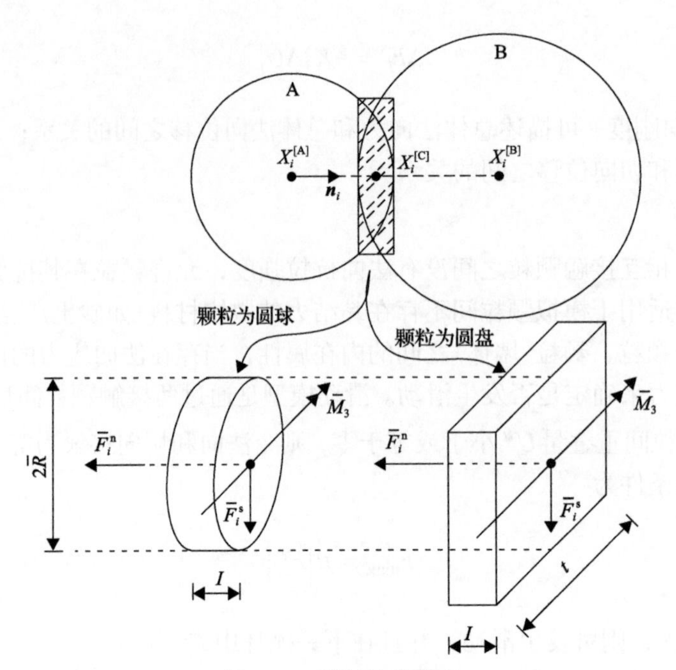

图 5-33　平行连接模型

$X_i^{[A]}$ -A 颗粒中的某点；$X_i^{[B]}$ -B 颗粒中的某点；$X_i^{[C]}$ -C 接触颗粒间的某点

将力和力矩的增量分别与其初值相加，得到新的力和力矩：

$$\bar{F}_i^{\rm n} \leftarrow \bar{F}^{\rm n} \boldsymbol{n}_i + \Delta \bar{F}_i^{\rm n} \tag{5-20}$$

$$\bar{F}_i^{\rm s} \leftarrow \bar{F}_i^{\rm s} + \Delta \bar{F}_i^{\rm s} \tag{5-21}$$

$$\bar{M}_3 \leftarrow \bar{M}_3 + \Delta \bar{M}_3 \tag{5-22}$$

根据梁体承载分析，在平行连接周围分布的最大拉应力($\sigma_{\max}$)和最大剪应力($\tau_{\max}$)分别由式(1.18)、式(1.19)得到

$$\sigma_{\max} = \frac{-\bar{F}^{\rm n}}{A} + \frac{|\bar{M}_3|}{I} \bar{R} \tag{5-23}$$

$$\tau_{\max} = \frac{|\bar{F}_i^{\rm s}|}{A} \tag{5-24}$$

式中，$\bar{R}$ 为平行连接的宽度，通过取两接触颗粒 A、B 半径中的最小值乘以平行连接半径系数得到，如果最大拉应力超过颗粒间法向最大强度($\sigma_{\max} \geqslant \bar{\sigma}_{\rm c}$)或最大剪应力超过颗粒间最大切向强度($\tau_{\max} \geqslant \bar{\tau}_{\rm c}$)，则平行连接破坏，其在边坡破坏过程中相应表现为拉张破坏和剪切破坏。

接触连接可以想象为一对有恒定法向刚度与切向刚度的弹簧作用于颗粒接触点处，并假设这些弹簧有一定的抗拉强度与抗剪强度。当接触连接存在时颗粒间没有滑动，即切向接触力不满足式(5-23)。当颗粒间重叠量 $U^{n}<0$ 时，允许出现张力，但是法向接触张力不能超过接触连接强度。在颗粒流模型中，接触连接由法向连接强度 F_{c}^{n} 和切向连接强度 F_{c}^{s} 定义。当法向抗拉接触力大于或等于法向连接强度时，颗粒间的连接破坏。当切向抗剪接触力大于或等于切向连接强度时，连接也发生破坏，但是接触力不发生变化，并假设切向力不超过摩擦极限。

3. 模型与模拟结果

针对库车前陆冲断带的典型构造样式，本小节总结了 16 组模型的离散元数值模拟结果。离散元数值模拟模型全部采用平行黏结模型，平行黏结模型中的黏结类似于岩石的胶结作用，黏结之后的颗粒可以模拟沉积物经历胶结作用后形成的固结岩石。颗粒被赋予黏结后，力会通过黏结物和颗粒传递，颗粒可以滚动、旋转和重叠，但当作用在颗粒间黏结处的应力超过黏结强度后，颗粒间的黏结被破坏，并形成裂缝。颗粒间的黏结被破坏后，颗粒转变为接触模型，颗粒间以滚动或者滑动摩擦方式运动。

本节采用的离散元数值模拟模型皆为均质模型。模型中所有颗粒岩石力学性质相同，其中颗粒法向刚度(K^{n})为 5.5×10^{9}，切向刚度(K^{s})为 5.5×10^{9}，颗粒间的摩擦系数为 0.3，颗粒的密度为 $2500kg/m^{3}$。颗粒间黏结键(胶结物)的黏结模量为 10GPa，刚度比为 3，胶结物的黏结强度为 3MPa，抗张强度为 30MPa。本小节将不可变形的光滑墙体作为先存断面，重点监测运动过程中地层的变形，并实时监测应力分布和裂缝形成及分布特征，所有模型都是在准静态条件下运行。

1) 断弯褶皱

断弯褶皱属于断层相关褶皱中的一种，是地层沿断面爬升过程中引起的褶皱，这种褶皱与断块密切相关，其断面为上、下断坪与断坡的组合，在准南、库车和川西等前陆冲断带普遍发育。断弯褶皱的断坡倾角一般很小，所形成的褶皱翼间角较小，不易被识别，岩层变形较弱，完整性较好，有利于形成良好的构造圈闭。本小节共设计了 14 个模型，探讨断层倾角和断层活动方式对断弯褶皱地层变形的影响。

(1) 断层倾角

此次模拟设置了断层倾角为 15°、30°、45°、60°、75°、90°共六组模型，通过单侧恒定速率挤压促使岩层沿断面滑动，并最终形成断弯褶皱(图 5-34)。断层倾角为 15°的模型中，随着断距的增加，褶皱两翼逐渐形成，但地层变形微弱。沿断层下转折端附近活动轴面密集形成一系列近垂直于断面的调节断层，但调节断层的断距都比较小，调节断层具有等间距特征。在褶皱的上转折端附近不发育调节断层，裂缝主要分布在褶皱前翼发生旋转的地层中。裂缝发育区呈扇形，裂缝的形成与地层的弯曲变形和层间滑动密切相关。对比不同倾角模型的模拟结果发现，当断层倾角小于 75°时，随着断层倾角的增大，褶皱中裂缝的数量会增加，断坡上调节断层数量减少，断层间距增大，断层断距也增大。此外，应力在断层的上、下转折端出现明显的集中，且随着断层倾角的增加断层下转折端应力集中程度显著增加。随着断层倾角的增加，褶皱前翼裂缝发育区范围呈现出一个的先增加后减小的特征。当断层倾角大于 75°时，地层难以沿断面向上断坪运动，断弯褶皱的发育受到明显抑制，此时模型中的裂缝数量也呈现减少的趋势。

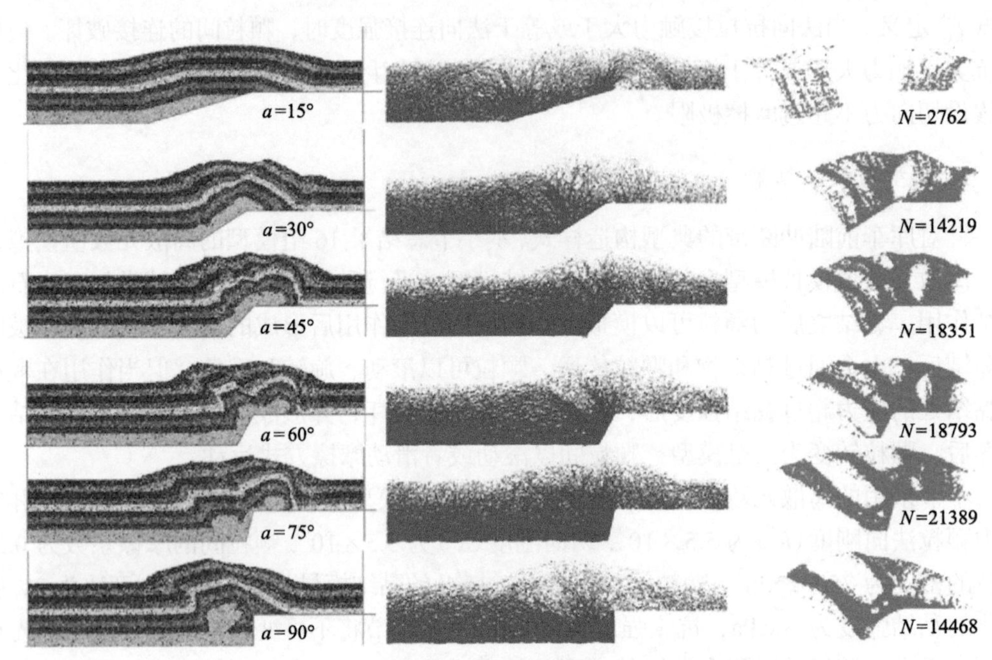

图 5-34 不同断层倾角的断弯褶皱离散元数值模拟

a-断层倾角；N-裂缝数量

(2)运动方式

在前陆冲断带地层变形过程中，根据是断层上盘还是断层下盘运动形成的断弯褶皱，可将断层褶皱划分为主动式和被动式。在浅表层中受造山带及滑脱层的影响，断弯褶皱主要是主动式褶皱；而在深部地层中受先存断裂及板块俯冲的影响，存在被动式断弯褶皱。为了探究这两种断弯褶皱形成机制对褶皱形态、应力及裂缝分布的影响，本小节共设计了两种机制形成的断弯褶皱，其中断层倾角分别为 15°、30°、45°和 60°，共计 8 组模型。对比这 8 组模型的结果(图 5-35)，相同断层倾角的模型中主动式断弯褶皱中的裂缝数量是高于被动式的，两类模型中应力的分布相近，但是被动式断弯褶皱中调节断层的断距和断层间距是小于主动式的，且褶皱中地层的变形程度也相对较弱。此外，在断层倾角较大时(断层倾角＞45°)，被动式断弯褶皱前翼形成了明显的拉张区，褶皱前翼的应力无明显集中。

2) 断展褶皱

断展褶皱的前翼较陡，后翼相对缓和，其岩层完整性较差，裂缝发育程度较高。断展褶皱与断弯褶皱最大的差异在于上断坪，褶皱前翼主要向上传播，地层变形强烈。

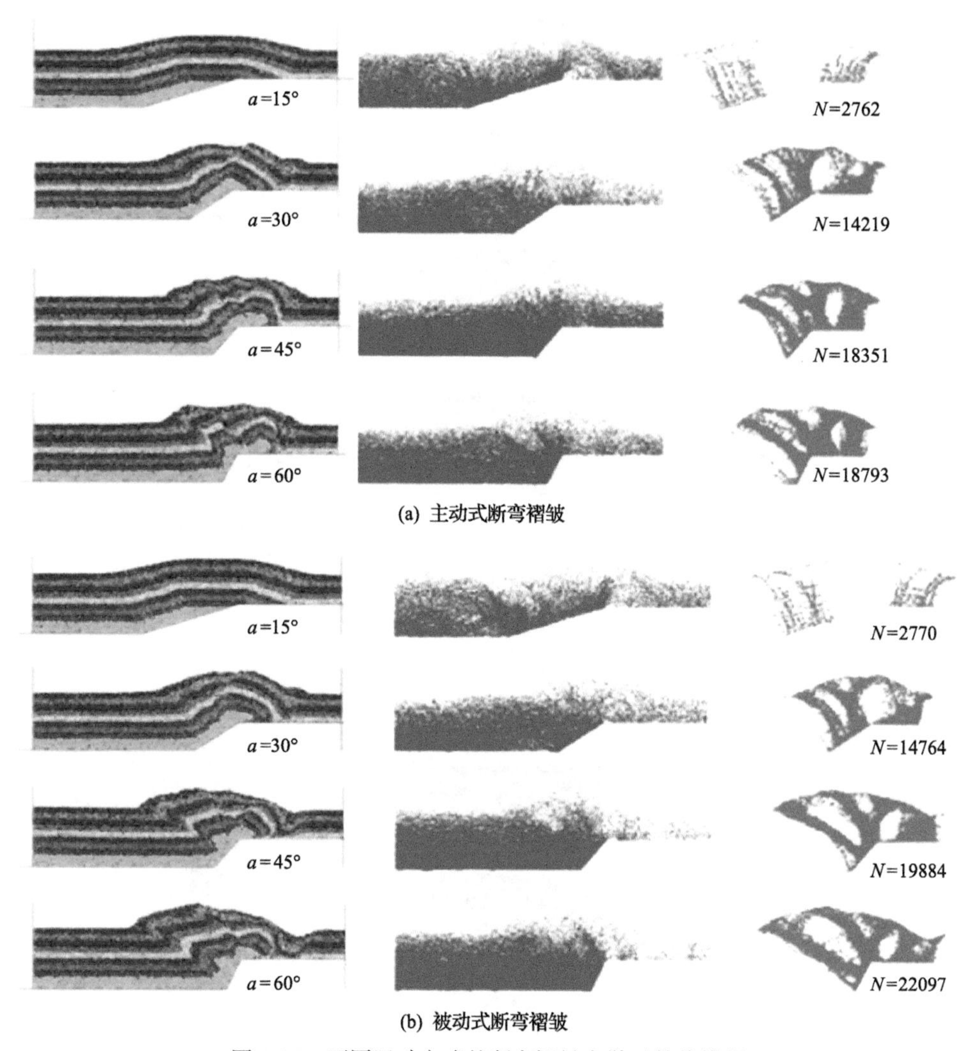

图 5-35　不同运动方式的断弯褶皱离散元数值模拟

在前述断弯褶皱模型中已经探究了断层倾角、褶皱运动方式等对断层相关褶皱的影响，因此针对断展褶皱主要设计了两组模型探讨断面形态对断展褶皱的影响，两个模型的断层倾角皆为 45°(图 5-36)。对断展褶皱的数值模拟结果显示，地层变形主要集中在断坡上和褶皱前翼中，裂缝也主要分布在断坡上的调节断层附近和褶皱前翼的增厚地层中。在断展褶皱中，褶皱前翼裂缝集中分布在三角形区域内，受三角剪切作用的控制。在断距较大时，褶皱前翼地层中会出现沿断坡生长的突破断层。对比断面形态不同的两个模型，裂缝的发育程度和裂缝的分布存在明显的差异。在断面圆滑的褶皱中，褶皱前翼的三角剪切带范围更大，但是褶皱中裂缝数量比非圆滑断面形成的褶皱要少，位于断坡的调节断层的断距也更小，地层变形程度也更弱。

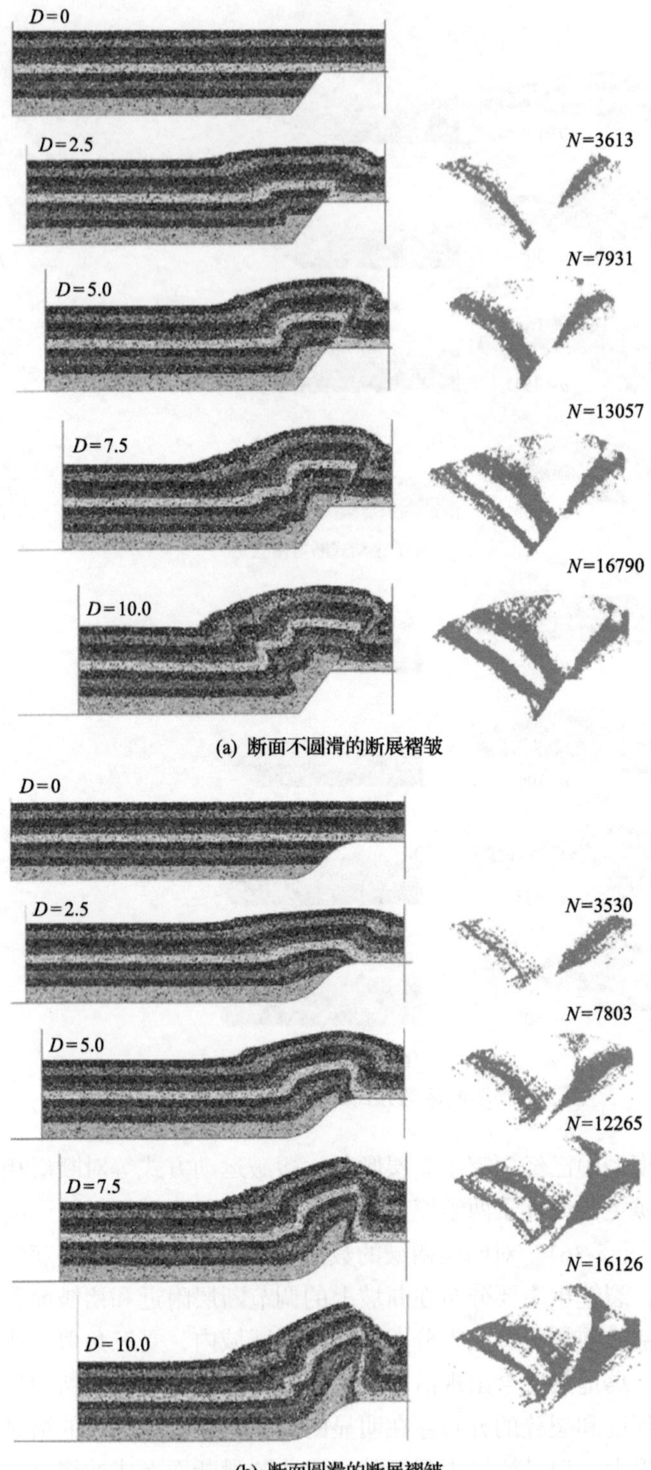

图 5-36　断层倾角为 45°的断展褶皱离散元数值模拟

D-断距，m

5.4.2 构造物理模拟

1. 构造物理模拟平台简介

本小节开展的构造物理模拟试验均在中国石油勘探开发研究院西北分院的三维动态构造控藏物理模拟实验平台上进行(图5-37)。该平台可实现全方位加载模拟动力，满足挤压、拉伸、剪切、中央拱升等多种实验功能，可完成单向、双向、多向不同方向动力组合模拟实验。此外，该平台还配备高能量工业CT，扫描精度(有效射束宽度)为192μm，可有效识别实验材料密度的差异。模型在变形过程中产生的裂缝或断裂会引起局部材料密度(空气占比增加)的差异，因而可以采用CT扫描反映模型内部结构变化及裂缝的分布。

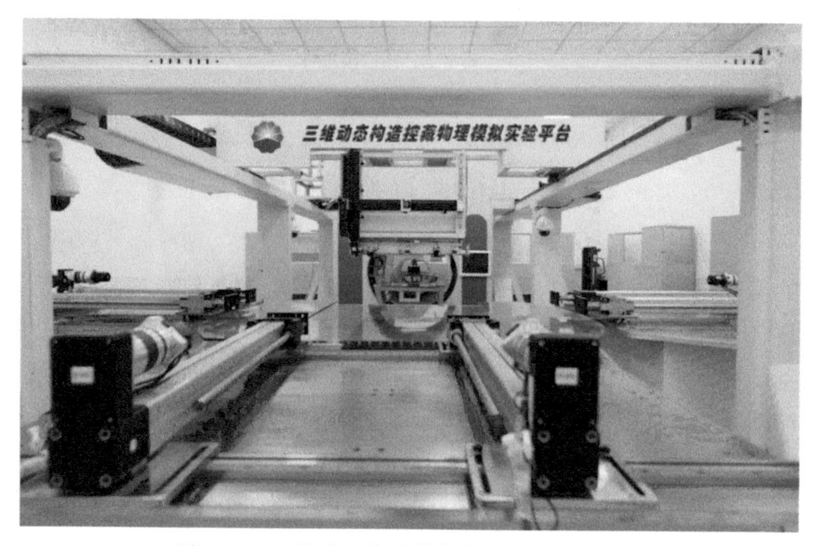

图5-37 三维动态构造控藏物理模拟监测平台

2. 材料及模型建立

实验砂箱尺寸38cm(长)×20cm(宽)×12cm(高)，材质均为亚克力板(图5-38)。实验平台为单侧挤压，另一端固定，挤压速率为1mm/min。单岩层所采用的材料为80～120目的纯净石英砂和4000目的高岭土等比例混合物，密度为2200kg/m^3，内聚力约为100Pa。根据相似性原则，该材料可以有效模拟砂岩和碳酸盐岩(<内聚力100MPa)等能干性较强的地层(马瑾，1987；周建勋和漆家福，1999)。模型中以80目的棕刚玉为标志层，其密度较大(2700kg/m^3)，在CT扫描中可有效区分上下地层。所有实验模型单层厚度为5mm，标志层厚度为0.1mm。本次模拟共设计了两组断弯褶皱模型，在模型右侧设置三角楔形体用来模拟先存断面。三角楔形体的高度保持不变，为2.5cm，倾角分别为11.7°和45°。当地层达到右侧挡板时，停止挤压，并采用工业CT对模型进行扫描。

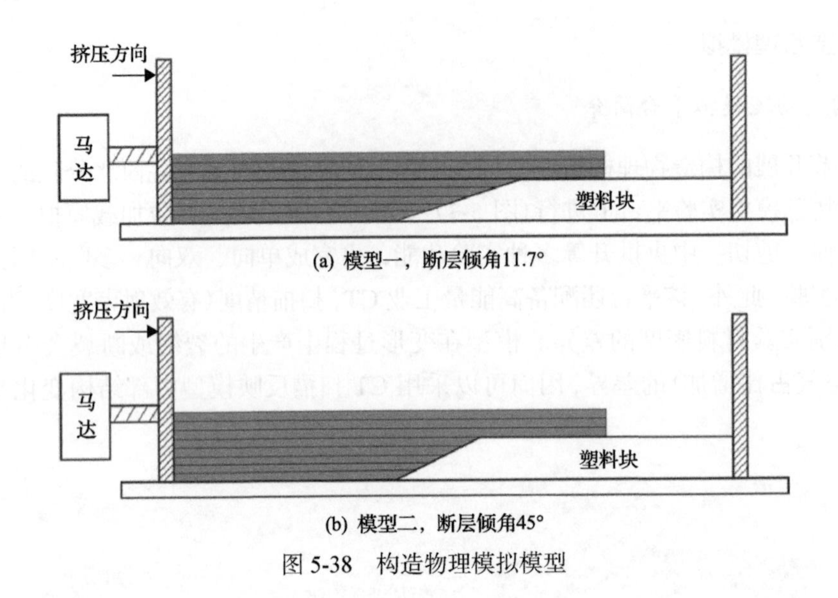

(a) 模型一，断层倾角11.7°

(b) 模型二，断层倾角45°

图 5-38 构造物理模拟模型

3. 模拟结果

1) 模型一

模型一的实验结果如图 5-39 所示。当压缩位移量 d=1.0cm 时，率先在活动端形成反冲断层 F_1，随着压缩位移量增加到 2.8cm，靠近活动端的地层中形成逆冲断层 F_2。当压缩位移量达到 3.6cm 时，模型在地层变形的同时沿着楔形体向上滑移，靠近活动端的地层中产生反冲断层 F_3，并在褶皱前翼形成张断裂 F_4。当 d=13cm 时，地层沿楔形体滑移量达到最大值，在褶皱后翼形成反冲断层 F_6。图 5-39 中黄色区域为经过断层活动轴面变形的地层范围。当 d=15cm 时，由于模型固定端的阻挡，褶皱前翼产生与断坡产状一致的逆冲断层 F_7，并在褶皱核部顶端形成张断裂 F_8。

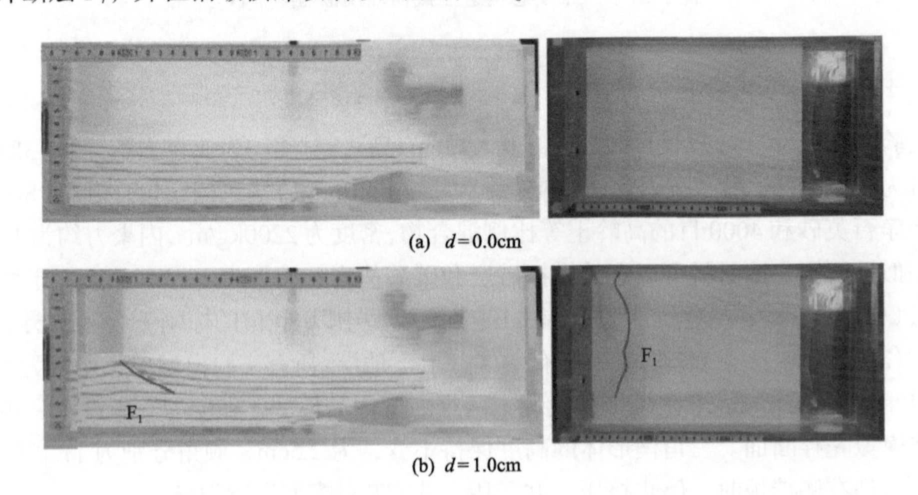

(a) d=0.0cm

(b) d=1.0cm

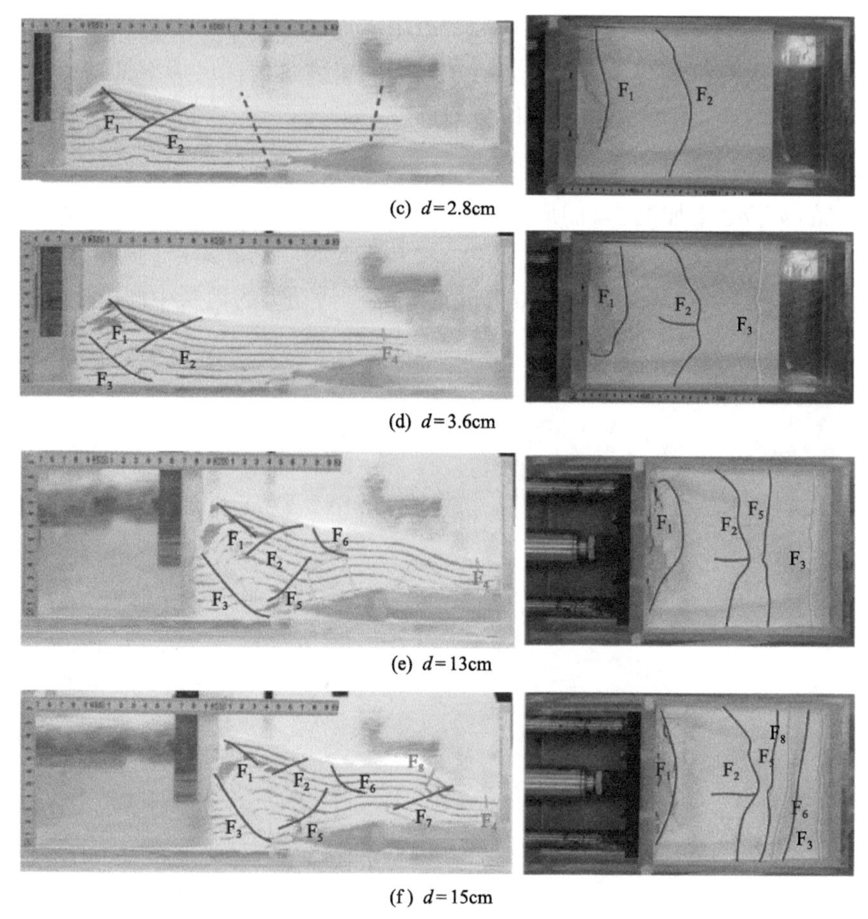
(c) d=2.8cm

(d) d=3.6cm

(e) d=13cm

(f) d=15cm

图 5-39　第一组断弯褶皱构造物理模拟结果(模型一)

将压缩位移量 d=15cm 的挤压结果进行 CT 扫描，并将扫描结果进行三维重建。结果显示 8 条断层(F_1～F_8)位置清晰(图 5-40)，在活动端地层变形以断裂为主，褶皱后翼经过活动轴面变形地层范围较小，褶皱前翼地层活动轴面影响较大。张断裂仅在褶皱前翼和褶皱核部发育，断裂规模较小。根据密度差异进行赋色，其结果显示：断弯褶皱中在断层转折端变形的地层裂缝呈条带状分布，而未发生变形的地层中不发育裂缝；褶皱前翼裂缝发育程度和分布范围比褶皱后翼高，且断层 F_6 上盘裂缝发育程度明显比下盘要高；活动挡板处形成的楔形构造内部呈高密度区，裂缝不发育。在断弯褶皱模拟结果中，

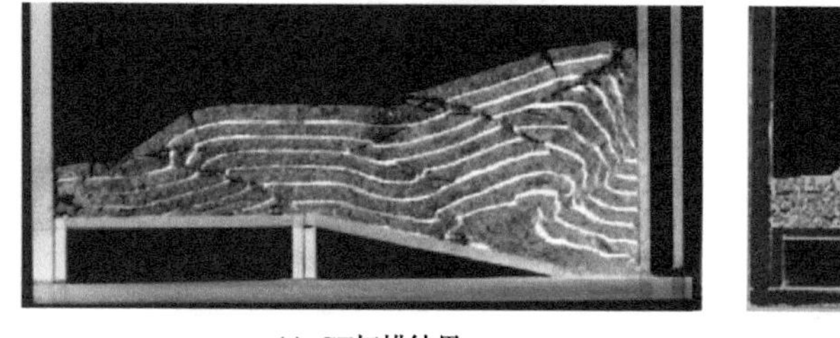
(a) CT扫描结果

(b) 密度赋色

图 5-40　断弯褶皱 CT 扫描结果(模型一)

裂缝集中发育于两个区域，一个是断坡底部发生变形的地层中，裂缝和总体呈平行断面的四边形分布，内部可划分为多个近垂直于断面的裂缝条带；另一个是断坡顶部经过上部转折端的变形的地层中，裂缝发育区呈扇形。

2）模型二

模型二的实验结果如图 5-41 所示。当 d=1.0cm 时，率先在活动端形成逆断层 F_1。随着压缩位移量达到 4.2cm，形成逆冲断层 F_2 和 F_3。此时，活动端地层变形减弱，地层沿先存断坡活动。当压缩位移量达到 10.4cm 时，靠近活动端的地层中产生反冲断层 F_4 及

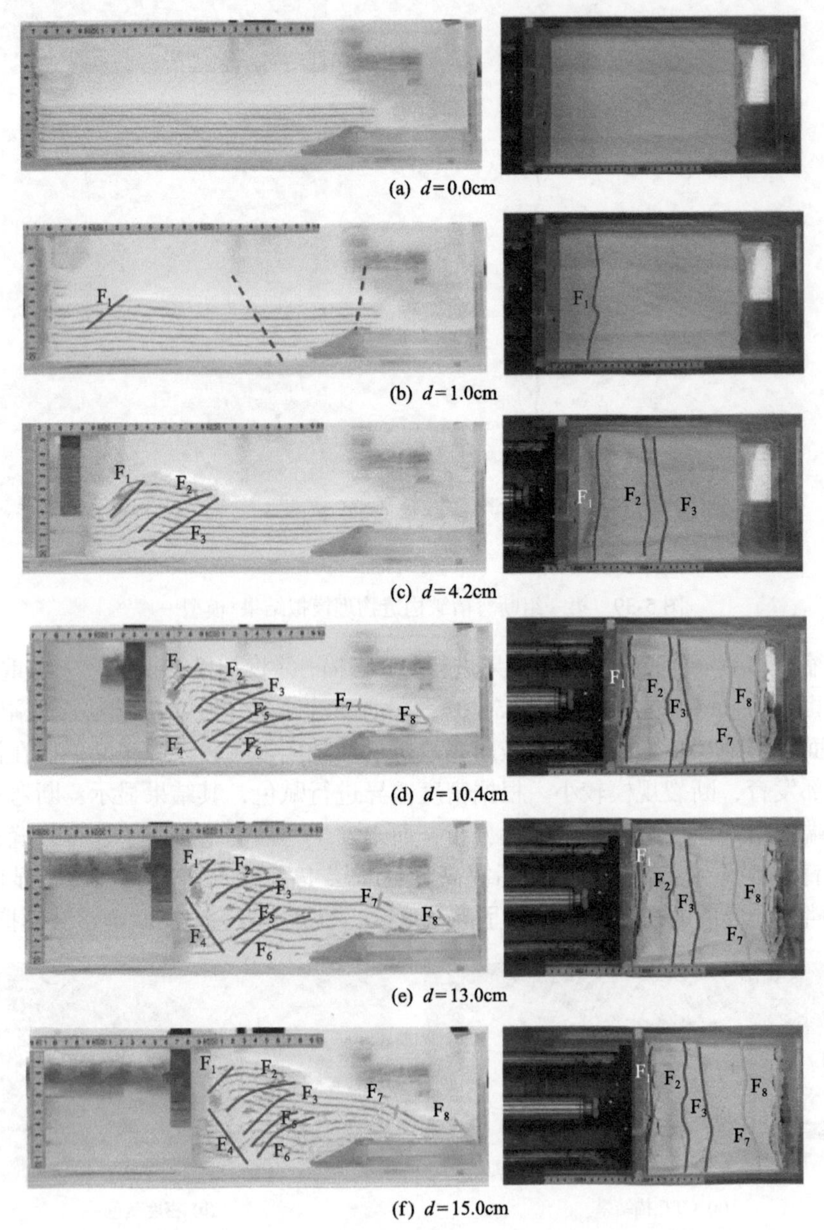

(a) d=0.0cm

(b) d=1.0cm

(c) d=4.2cm

(d) d=10.4cm

(e) d=13.0cm

(f) d=15.0cm

图 5-41　第一组断弯褶皱构造物理模拟结果(模型二)

逆断层 F_5 和 F_6，并在褶皱前翼形成张断裂 F_7 和 F_8。当 d=15.0cm 时，地层中无新断层产生，褶皱前翼达到右侧固定挡板。

将 d=15.0cm 的挤压结果进行 CT 扫描，并将扫描结果进行三维重建。结果显示 8 条断层(F_1～F_8)位置清晰(图 5-42)，断裂集中在靠近活动端的地层中，褶皱后翼经过活动轴面变形地层范围变小，褶皱前翼地层活动轴面影响较大。张断裂仅在褶皱前翼和褶皱核部发育，断裂规模较小。根据密度差异进行赋色，其结果显示：在断弯褶皱中经过活动轴面变形的地层裂缝呈条带状分布，而未发生变形的地层中不发育裂缝；褶皱前翼裂缝发育程度和分布范围比褶皱后翼高；活动挡板处形成的楔形构造内部呈高密度区，裂缝不发育。

(a) CT扫描结果

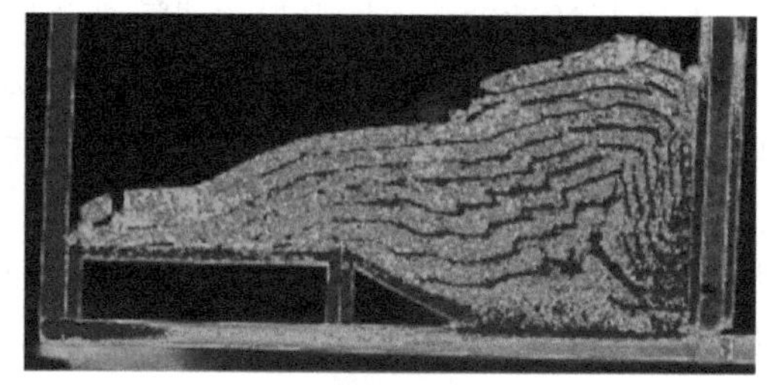

(b) 密度赋色

图 5-42　断弯褶皱 CT 扫描结果(模型二)

对比模型一和模型二的实验结果，显示先存断裂倾角的增加不利于地层沿断坡向上传播，靠近活动端的断裂也会增加。此外，在模型二实验中，经过活动轴面的变形地层中变形程度大，裂缝发育程度明显比模型一的裂缝发育程度更高。

5.4.3　断层相关褶皱中裂缝发育模式

1. 裂缝域

断层相关褶皱在前陆冲断带中广泛分布，它们通常是油气的优势富集区(McClay，2004)。断层相关褶皱的膝折模型最早由 Suppe(1983)提出，并将一定范围内地层单元产状相似的区域定义为等倾角域。Hardy 等(1995)在运用数值模拟方法研究断层相关褶皱的运动学特征时发现，断层相关褶皱中不同区域的运动速度存在明显差异，并建立了对应的速度域模型。Salvini 和 Storti(1996，2001)等通过野外观测和数值模拟的方式，研究了断层相关褶皱中不同构造部位地层变形历史，发现断层相关褶皱中一些构造部位的地层经历的变形具有相似性，并将经历相同变形历史的区域定义为变形域。为了明确断层相关褶皱中裂缝的分布规律和发育特征，国内学者在前人研究的基础上，通过野外观测和有限元数值模拟的结果提出了断层相关褶皱的损伤区模型(Lin et al.，2014；Ju et al.，2014)。这些认识反映了断层相关褶皱构造变形的规律性，规律性的构造变形同样控制了其储层天然裂缝的发育规律。

为进一步明确断层相关褶皱中天然裂缝的分布规律，提出了“裂缝域”的概念。所谓裂缝域，是指在一定范围内的地层经历过相同的变形历史，其中裂缝产状相似或者产状连续变化，以及裂缝发育程度也相近的区域(祖克威等，2013)。断层相关褶皱的裂缝域边界通常为褶皱的活动轴面、脊线和转折端等。根据离散元数值模拟和三维构造物理模拟结果，结合地表露头区和地下断层相关褶皱裂缝分布的测量与统计，建立了库车前陆盆地两种主要的断层相关褶皱构造中裂缝域的分布与天然裂缝的发育模式。

2. 断弯褶皱裂缝发育模式

在断弯褶皱中，裂缝的形成与区域构造挤压、转折端附近的活动轴面、地层弯曲、层间滑动等密切相关。通过上述研究发现断弯褶皱中不同构造部位的地层变形历史和裂缝发育特征具有显著差异。根据裂缝域的定义，将断弯褶皱划分为六个裂缝域(即 A～F 裂缝域)。其中，A 裂缝域的地层变形主要为区域挤压，B 裂缝域和 C 裂缝域的地层变形主要是平行活动轴面剪切引起的层间滑动和次级断裂，D 裂缝域的地层变形则是层间滑动和地层弯曲导致的拉张，E 裂缝域的地层变形以层间滑动为主，F 裂缝域的地层变形则主要与主断面的活动相关。构造活动形成的区域裂缝表现出明显层控特征，在褶皱中分布相对均匀，这类裂缝多被限制在层内，穿层裂缝较少。区域裂缝多为高角度裂缝，以一组或两组共轭裂缝形式出现，裂缝走向与褶皱的走向斜交或平行，主要形成于褶皱形成之前。在断弯褶皱生长过程中，在褶皱后翼平行于活动轴面的剪切作用较强，在 B 裂缝域和 C 裂缝域形成次级调节断层及其伴生裂缝。这些调节断层与活动轴面近平行，穿过多套岩层，且与岩层大角度相交，而断层伴生裂缝则主要集中在调节断层周围的损伤带中。此外，除了产生次级断裂，经过活动轴面的地层也可能会发生弯曲，使得地层倾角增加，有利于地层间滑动的形成。最终在 B 裂缝域、C 裂缝域和 E 裂缝域的岩层内部会形成层间滑动相关裂缝，它们的规模相对较大，可以是高角度裂缝也可以是低角度裂缝，走向与褶皱走向近平行。此外，地层沿主断层面运动的过程中，在断层面附近损伤带中也会形成一到两组与断层面斜交的断层伴生裂缝。在褶皱形成后期，褶皱两翼越发陡峭，翼间角变小，褶皱核部(D 裂缝域)地层曲率持续增加，在褶皱顶部(中和面以上)形成与地层近垂直的张裂缝。综上所述，在断弯褶皱中主要存在四类裂缝，第一类是区域裂缝，形成最早；第二类是层间滑动形成的裂缝；第三类是断层伴生裂缝；第四类是地层弯曲形成的张裂缝，形成时间最晚。断弯褶皱中这六个裂缝域中裂缝发育程度的顺序依次为 C>E>F>B>D>A(图 5-43)。

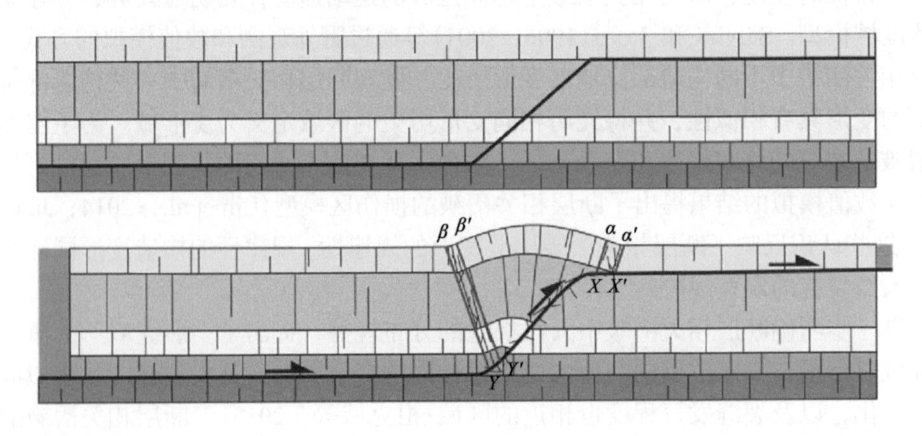

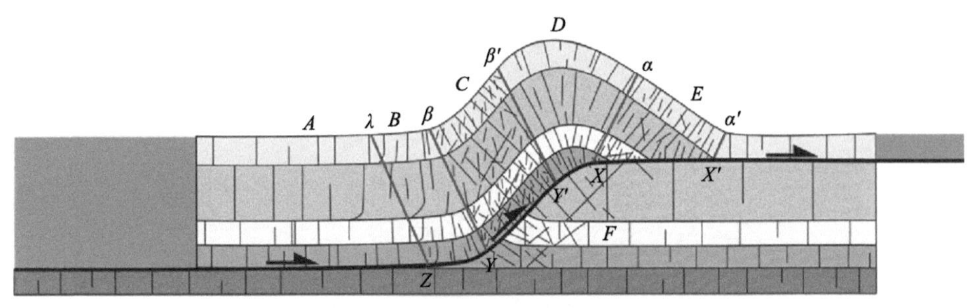

图 5-43　断弯褶皱裂缝形成演化模式

α，α′，β，β′，X，X′表示断裂点

3. 断展褶皱裂缝发育模式

在断展褶皱中，区域构造挤压力位于断层下转折端的活动轴面，使地层弯曲，层间滑动同样是裂缝形成的主要因素，但由于缺少上断坪，褶皱前翼地层的变形方式受三角剪切作用的控制较强。如前所述，断展褶皱可被划分为七个不同的裂缝域(即 A～G 裂缝域)。F 裂缝域和 G 裂缝域未经过褶皱变形，地层变形仍为区域挤压。与断弯褶皱不同，断展褶皱中的前翼地层无法向前传播，褶皱后翼平行活动轴面剪切作用更强，B 裂缝域和 C 裂缝域中次级调节断层垂向断距更大，断块间的地层变形(E 裂缝域)多为层间滑动。断展褶皱中 D 裂缝域中地层变形与断弯褶皱相似，以层间滑动和弯曲为主。在三角剪切作用下，褶皱前翼地层(A 裂缝域)变形更加强烈，层间滑动、地层弯曲及突破断层都有可能出现。在断展褶皱变形早期，区域构造挤压形成一组或共轭的两组裂缝，裂缝走向与褶皱走向平行，在地层中均匀分布。随着褶皱持续生长，褶皱后翼地层经过断层下转折端活动轴面后易形成次级断裂，且调节断层的断距与主断层的断距密切相关。断层伴生裂缝在 B 裂缝域和 C 裂缝域中大量发育，E 裂缝域中则主要为层间滑动相关的裂缝。此外，随着褶皱核部地层曲率增大，褶皱核部(D 裂缝域)同样会形成与褶皱走向平行、与岩层面垂直的张裂缝。在 A 裂缝域中，三角剪切作用导致的突破断层和层间滑动相关裂缝大量发育，裂缝的走向多与褶皱走向平行。然而，由于地层向前传播受阻，断展褶皱中易形成差异挤压，形成走向与褶皱走向垂直的大规模裂缝，这类裂缝的形成时间相对较晚。在断展褶皱中 7 个裂缝域的裂缝发育程度依次为 A＞B＞C＞D＞E＞F≈G(图 5-44)。

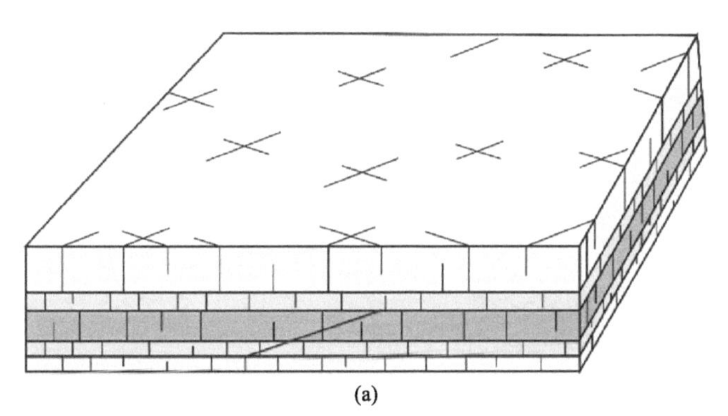

(a)

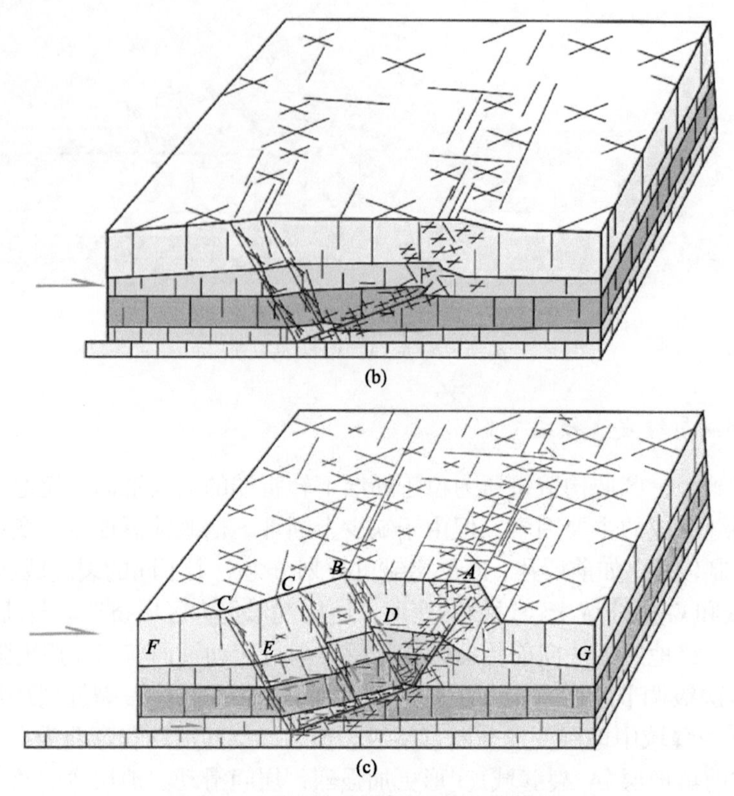

图 5-44　断展褶皱裂缝形成演化模式

第6章　构造作用与成岩作用的耦合关系

6.1　构造作用对储层成岩作用的影响

6.1.1　不同构造带构造变形的差异性

1. 构造变形时间和变形强度的差异

由库车前陆盆地中新生代演化过程中发生的主要构造运动及不整合面的分布、沉积特征、沉降史和古构造格局等资料(贾承造，1997；卢华复等，2000；刘志宏等，2000a；王清华等，2004；张明利等，2004；李忠等，2009；朱如凯等，2009；汤良杰等，2010)可知，其构造变形具有南北分带、东西分段的特征，整体表现为：在构造变形时间上，东部比西部早、北部比南部早；在构造变形强度方面，西部比东部强、北部比南部强。

在形成时间上，东部的依奇克里克构造带变形时间最早，中新统吉迪克组沉积时期(距今约23.8Ma)，库车前陆盆地北缘发生台阶状逆断层由北向南逆冲，开始形成北部单斜带和北部单斜带东部的依奇克里克背斜。康村组沉积期(距今约 5.3Ma)，库车前陆变形作用前锋扩展到北部单斜带和拜城—阳霞向斜带的北缘，并开始形成克拉苏构造带。更新统西域组沉积早期(距今约 1.8Ma)，库车前陆逆冲带的构造变形作用前锋扩展到南部背斜带，开始形成秋里塔格构造带。西域组沉积晚期(距今约 1.2Ma)，开始形成前缘隆起带中的诸背斜。

根据平衡剖面分析(李忠等，2009；韩登林等，2011；李军等，2011)、岩石声发射实验及构造应力场数值模拟(图 6-1)，库车前陆盆地古构造应力场强度的时空变化比较大，在区域变化上具有以下特点。

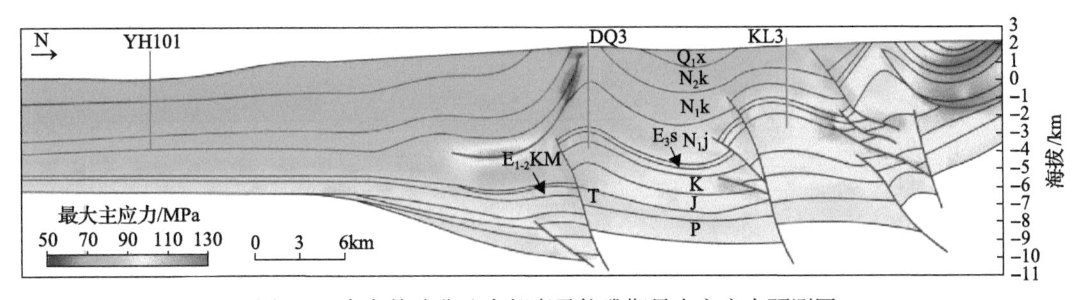

图 6-1　库车前陆盆地中部喜马拉雅期最大主应力预测图

(1)在南北方向上，构造变形强度北强南弱。根据平衡剖面分析(郭卫星等，2010)，从北向南，白垩系的地层缩短量和收缩率呈明显降低的趋势，反映其构造强度明显降低。例如，在北部的克拉苏构造带，白垩系的地层收缩率为 15%～20%；在却勒—西秋地区，白垩系的地层收缩率仅为 1%～3%。从南向北，岩石记忆的古构造应力值迅速变小，在北部斜坡带和克拉苏构造带岩石变形强度最大，岩石记忆的最大古构造应力值一般大于100MPa，最大值达 156.2MPa。南部秋里塔格构造带的构造变形强度明显要小于克拉苏构造带，其岩石记忆的最大古构造应力值一般分布在 40～100MPa。野外露头岩样分析(李忠等，2009)具有相同的规律，最靠近山前地区，实测最大古构造应力值达 156.2MPa；稍往南的克孜勒努尔沟剖面的最大古构造应力值为 133.5MPa；库车河剖面的最大古构造应力值为 96.9MPa；而在轮台附近，最大古构造应力值仅为 61.4MPa。

(2)在东西方向上，岩石记忆的古构造应力值具有明显的分段性特征(李忠等，2009)，整体来说具有东西分段的特征，以库车河剖面为界，西部构造变形强度大、卷入深，东部构造变形强度小。但在东西方向上，不同地区实际的应力分布情况要复杂得多。例如，在东部的吐格尔明剖面，实测的古构造应力值为 23.5～31.4MPa；向西至克孜勒努尔沟剖面，实测的古构造应力值为 84.3～133.5MPa；克孜勒努尔沟剖面再往西约 8km 的剖面，最大古构造应力值增至 156.2MPa；而更靠西的库车河剖面的最大古构造应力值又降为96.9MPa。

(3)在时间上，表现为递进变形的特征，从早到晚，构造变形强度增大。

2. 构造样式的差异

在近南北向区域挤压应力作用下，库车前陆盆地构造变形复杂、构造样式多变，由于受构造变形强度、先存构造及地层能干性等因素的影响，不同构造带显示出不同的构造样式(卢华复等，2000；王清华等，2004；汤良杰等，2010；郭卫星等，2010)。在北部的克拉苏构造带和依奇克里克构造带构造变形强烈，发育有丰富的构造样式，而在南部的秋里塔格构造带和前缘隆起带构造变形强度较弱，其构造样式相对较少(图 6-2)。

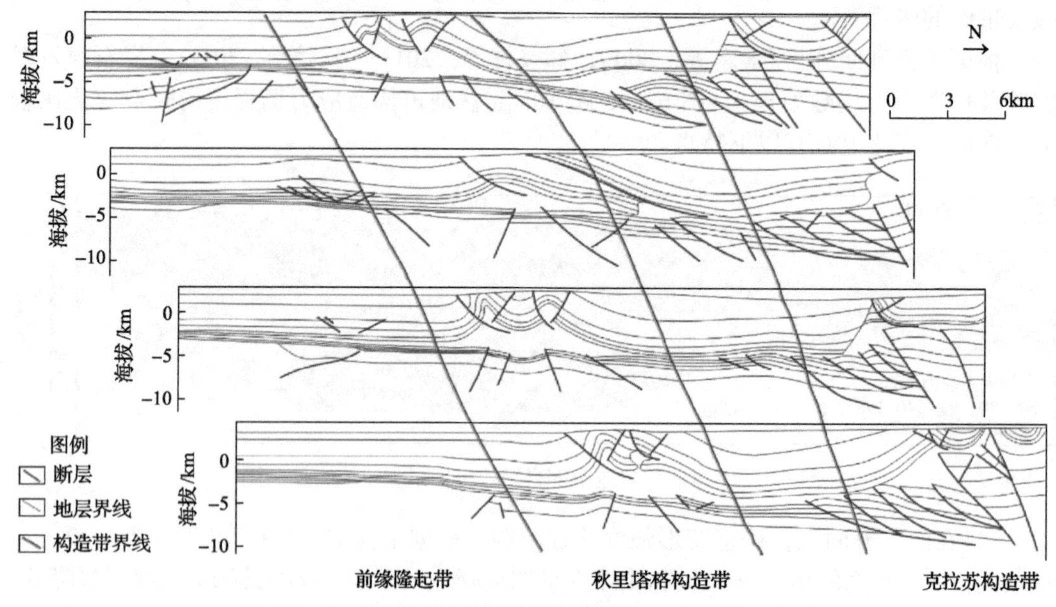

图 6-2　库车前陆盆地地震剖面解释图(郭卫星等，2010)

在克拉苏构造带，发育有大量基底卷入性质的高角度逆冲断层、反铲式逆冲断层、铲式逆冲断层和坡坪式逆冲断层。此外，在地震剖面上还可以识别出少量的盲冲断层。在断层上盘的断块发生了相应的褶皱变形，以断弯褶皱为主，断展褶皱偶有发现，未发现断滑褶皱。克拉苏构造带逆冲断层的组合样式表现为逆冲叠瓦扇构造，以北侧的基底卷入型高角度逆冲断层为主导，并在断层的下盘发育盲冲断层，在捷径断层的南侧发育有低角度铲式逆冲断层。

在秋里塔格构造带发育有高角度逆冲断层、铲式逆冲断层和坡坪式逆冲断层，反铲式逆冲断层和盲冲断层不发育，断层相关褶皱的变形幅度不大。逆冲断层的组合样式整体表现为对冲构造，西部却勒地区还发育有背冲构造，组成对冲构造或背冲构造的逆冲断层的产状对称，往往具有共轭剪切的性质。

在前缘隆起带构造变形强度较弱，发育少量小规模的高角度逆冲断层，其组合样式主要表现为背冲构造。

通过上述对比分析可知，库车前陆盆地不同构造带之间的构造变形时间、构造变形强度存在明显的差异性(表6-1)。北部克拉苏构造带变形时间最早、构造变形强度最强，其次是秋里塔格构造带，前缘隆起带的构造变形时间最晚、构造变形强度最弱。

表6-1　不同构造带构造变形特征

	构造带		
	克拉苏构造带	秋里塔格构造带	前缘隆起带
构造变形时间/Ma	5.3	1.8	1.2
构造样式	逆冲断层为主,组合样式丰富	构造样式较少	断层发育较少
地层平均缩短量/km	7.90	0.65	0.28
地层平均收缩率/%	26.3	2.1	1.1
最大古应力/MPa	80～100	60～80	<70

6.1.2　不同构造带构造沉降的差异性

库车拗陷的强烈构造活动主要表现为水平方向上的构造推覆，对地层的沉积和沉降产生直接影响，构造活动越强烈，沉降速率则越大。沉降速率直接影响着储层物性在演化过程中所经历的压力和埋藏时间，对储层物性的保存具有极其重要的作用。库车拗陷不同构造带由于受到的构造活动强度不同，其沉降特征也不同，弄清该区不同构造带的构造沉降差异性对认识储层物性的平面非均质性具有重要的作用。

1. 沉降分析方法

盆地的总沉降量由构造沉降量和非构造沉降量两个部分组成。构造沉降量主要是岩石圈板块的变形、板块间的相互作用、板块内部的热作用及相转换而引起的沉降量，非构造沉降量主要是沉积负荷、全球海平面相对变化及古水深变化而造成的沉降量。

分析沉降史时，采用回剥法，其基本原理是将实测地质剖面中的各时间地层单元依次逐层剥去，通过一系列校正(去压实校正、古水深校正、剥蚀量校正等)，计算盆地在

各个时期的沉降量大小。根据 Allen 等(1991)提出的方法，计算公式为

$$h_2' - h_1' = h_2 - h_1 - \frac{\phi_0}{C}\left[\exp(-Ch_1) - \exp(-Ch_2)\right] + \frac{\phi_0}{C}\left[\exp(-Ch_1') - \exp(-Ch_2')\right] \tag{6-1}$$

式中，h_2' 为沉积前地层的底面埋深，m；h_1' 为沉积前地层的顶面埋深，m；h_2 为沉积后地层的底面埋深，m；h_1 为沉积后地层的顶面埋深，m；ϕ_0 为初始孔隙度，%；C 为压实系数，m^{-1}。

计算构造沉降量时，采用 Allen 等(1991)提出的方法，计算公式为

$$\begin{aligned} Y(t) = F(z,t)\{S[\rho_\text{m} - \rho_\text{s}(t)] / (\rho_\text{m} - \rho_\text{w}) - \Delta\text{SL}(t) \times \rho_\text{w} / (\rho_\text{m} - \rho_\text{w})\} \\ + [W_\text{d}(t) - \Delta\text{SL}(t)] \end{aligned} \tag{6-2}$$

式中，$Y(t)$ 为时刻 t 的构造沉降量，m；$F(z,t)$ 为基底对负载的响应函数；S 为回剥后的地层厚度，m；$\Delta\text{SL}(t)$ 为相对现今水位的海平面升降值；$W_\text{d}(t)$ 为沉积时的古水深，m；ρ_m 为地幔密度，kg/m^3；ρ_w 为水在 0℃时的密度，kg/m^3；$\rho_\text{s}(t)$ 为该时间段内沉积物的平均密度，kg/m^3。

在中、新生代，库车拗陷主要是陆相的河湖相沉积，湖水水深的变化不大，因此，可以忽略湖平面和湖水水深变化的影响，在艾里均衡条件下，式(6-2)简化为

$$Y(t) = S[\rho_\text{m} - \rho_\text{s}(t)] / (\rho_\text{m} - \rho_\text{w}) \tag{6-3}$$

2. *沉降分析所需参数*

本小节主要是使用 Basinmod-1D 软件进行沉降史恢复，所需要的地质参数包括地层分层数据，地层单元的年龄，岩性，岩石初始孔隙度、岩石密度和压实系数，地层剥蚀量等。

1) *地层分层数据*

不同构造带单井沉降史恢复时，所使用的地层分层数据主要借鉴了中国石油塔里木油田公司的研究成果(表 6-2)。

表 6-2　库车拗陷不同构造带单井的地层分层统计表　　(单位：m)

层位		克拉苏构造带		秋里塔格构造带		前缘隆起带	
		DB1 井	KL3 井	QL101 井	DQ5 井	YD2 井	YH1 井
第四系		200	—	—	—	100	75
新近系	库车组	3687	1155	3362	—	3114	3466
	康村组	4342	2220	4298	391	3786.5	4453
	吉迪克组	5283.5	2722	4726.5	4353	4441	5319
古近系	苏维依组	5451	3550	5679.5	4901	4738	5498
	库姆格列木群	5570					

续表

层位		克拉苏构造带		秋里塔格构造带		前缘隆起带	
		DB1 井	KL3 井	QL101 井	DQ5 井	YD2 井	YH1 井
白垩系	巴什基奇克组	5596.5	3876	5730∇	5316∇	4871.5	5600∇
	巴西盖组	5719.5	4025				
	舒善河组	6018∇	4100∇				

注：“—”表示未沉积或沉积剥蚀；“∇”表示未钻穿。

2）地层单元的年龄

模拟所需的地质年龄参考阎福礼等（2003）研究库车拗陷沉降特征及万桂梅等（2006）研究秋里塔格构造带沉降特征时所使用的数据（表 6-3）。

表 6-3　库车拗陷地质年龄　（单位：Ma）

地层	白垩系				古近系		新近系			第四系
	亚格列木组	舒善河组	巴西盖组	巴什基奇克组	库姆格列木群	苏维依组	吉迪克组	康村组	库车组	
底界年龄	135	128	120	116	65	35.4	23.3	16.9	5.2	1.64
数据来源	阎福礼等（2003）				万桂梅等（2006）					

3）岩性

不同构造带单井沉降史恢复所需要的岩性比参考了中国石油塔里木油田公司的研究成果（表 6-4）。

表 6-4　库车拗陷单井的岩性比　（单位：%）

层位			新近系			古近系		白垩系
			库车组	康村组	吉迪克组	苏维依组	库姆格列木群	
DB1 井	岩性比	砂岩	59.7	14.6	0	0	0	62.3
		粉砂岩	32.8	63.5	59.5	18.7	7.2	20.1
		泥岩	7.5	21.9	40.5	12.6	50.6	17.6
		膏岩	0	0	0	68.7	42.2	0
KL3 井	岩性比	砂岩	13.6	0	2.9	3.2		60
		粉砂岩	28.8	33.3	28.4	9.5		21.4
		泥岩	57.6	66.7	68.7	74.2		18.6
		膏岩	0	0	0	13.1		0

续表

<table>
<tr><th colspan="3" rowspan="2">层位</th><th colspan="3">新近系</th><th colspan="2">古近系</th><th rowspan="2">白垩系</th></tr>
<tr><th>库车组</th><th>康村组</th><th>吉迪克组</th><th>苏维依组</th><th>库姆格列木群</th></tr>
<tr><td rowspan="4">QL101井</td><td rowspan="4">岩性比</td><td>砂岩</td><td>24.3</td><td>0</td><td>0</td><td colspan="2">0</td><td>0</td></tr>
<tr><td>粉砂岩</td><td>19.6</td><td>27.2</td><td>10.9</td><td colspan="2">8.4</td><td>80.2</td></tr>
<tr><td>泥岩</td><td>56.1</td><td>72.8</td><td>76.9</td><td colspan="2">57.1</td><td>19.8</td></tr>
<tr><td>膏岩</td><td>0</td><td>0</td><td>11.2</td><td colspan="2">34.5</td><td>0</td></tr>
<tr><td rowspan="4">DQ5井</td><td rowspan="4">岩性比</td><td>砂岩</td><td></td><td>6.9</td><td>0</td><td colspan="2">0</td><td>72.3</td></tr>
<tr><td>粉砂岩</td><td></td><td>49.4</td><td>10.2</td><td colspan="2">22.3</td><td>6.8</td></tr>
<tr><td>泥岩</td><td></td><td>43.7</td><td>54.9</td><td colspan="2">67.3</td><td>20.9</td></tr>
<tr><td>膏岩</td><td></td><td>0</td><td>34.9</td><td colspan="2">10.4</td><td>0</td></tr>
<tr><td rowspan="4">YD2井</td><td rowspan="4">岩性比</td><td>砂岩</td><td>2.8</td><td>0</td><td>0</td><td colspan="2">3.6</td><td>42.1</td></tr>
<tr><td>粉砂岩</td><td>32.6</td><td>23.8</td><td>15.7</td><td colspan="2">13.2</td><td>38.4</td></tr>
<tr><td>泥岩</td><td>64.6</td><td>76.2</td><td>84.3</td><td colspan="2">54.4</td><td>19.5</td></tr>
<tr><td>膏岩</td><td>0</td><td>0</td><td>0</td><td colspan="2">28.8</td><td>0</td></tr>
<tr><td rowspan="4">YH1井</td><td rowspan="4">岩性比</td><td>砂岩</td><td>15.3</td><td>7.6</td><td>0</td><td colspan="2">31.7</td><td>52.4</td></tr>
<tr><td>粉砂岩</td><td>22.5</td><td>18.5</td><td>4</td><td colspan="2">5.4</td><td>19.6</td></tr>
<tr><td>泥岩</td><td>62.2</td><td>73.9</td><td>76</td><td colspan="2">56.1</td><td>38</td></tr>
<tr><td>膏岩</td><td>0</td><td>0</td><td>20</td><td colspan="2">6.8</td><td>0</td></tr>
</table>

4）岩石物理参数

沉降史计算过程中所使用的岩石初始孔隙度、岩石密度和压实系数来自张明山等(1996)研究库车拗陷沉降和沉积关系的成果(表 6-5)。

表 6-5 岩石物理参数(张明山等，1996)

岩石类型	初始孔隙度/%	岩石密度/(g/cm³)	压实系数/m⁻¹
砂砾岩	53	2.65	0.31
砂岩	56	2.68	0.39
粉砂岩	45	2.60	0.4
泥质粉砂岩	41	2.64	0.55
粉砂岩质泥岩	58	2.69	0.45
泥岩	63	2.72	0.51

5）地层剥蚀量

根据前人的研究成果可以得出，库车拗陷主要经历了两次重大的抬升-剥蚀事件：

一是晚白垩世地层的抬升，剥蚀范围比较小，剥蚀量也较小，并具有东段剥蚀量较大、西段剥蚀量较小的特征；二是新近纪库车期发生的大面积区域性剥蚀事件。

计算地层剥蚀量的方法主要有声波时差法、地质对比法、包裹体温度法、沉积速率法、地层物质平衡法及磷灰石裂变径迹法等。本小节主要采用了前人的研究成果(表6-6)。白垩系剥蚀量的估算借鉴了贾承造等(2004)及曹连宇(2010)的研究结果,库车组剥蚀量主要参考了顾家裕等(2000)根据声波时差法研究得出的结果，对于却勒地区的剥蚀量，本书主要使用地质对比法估算了白垩系和库车组的剥蚀量。

表6-6　库车拗陷白垩系和库车组剥蚀量统计表　（单位：m）

井号	DB1	KL3	QL101	DQ5	YD2	YH1
白垩系	800	571	450	595.6	486.4	1139.2
白垩系数据来源	曹连宇(2010)	贾承造等(2004)	本小节研究	贾承造等(2004)	贾承造等(2004)	贾承造等(2004)
库车组	850	2484.7	900	2675	402.1	1266.6
库车组数据来源	曹连宇(2010)	顾家裕等(2000)	本小节研究	顾家裕等(2000)	顾家裕等(2000)	顾家裕等(2000)

3. 构造沉降的差异

本节通过选择库车拗陷东、西两条剖面分别对克拉苏构造带、秋里塔格构造带及前缘隆起带典型井的构造沉降速率和构造沉降量进行了对比分析。

从不同构造带典型井的沉降史可以看出：库车拗陷不论是东段还是西段，各个构造带的沉降史曲线总体相似，呈上凸形，沉降曲线的斜率由缓变陡，表现为早期缓慢浅埋，晚期快速深埋；但是，由于受构造活动的强度不同，各个构造带的构造沉降速率、构造沉降量及总沉降量具有较明显的差异(图6-3，表6-7)。

自白垩纪开始，库车拗陷不同构造带的沉降总体上可以划分为以下四段。

(1)白垩纪(135～65Ma)，沉降曲线比较平缓，反映出库车拗陷稳定下降。沉积充填为细粒的碎屑岩，并且下白垩统总体上平行不整合于侏罗系之上，古近系小角度不整合于下白垩统之上。由北向南，各个构造带的沉降特征略有不同。克拉苏构造带靠近造

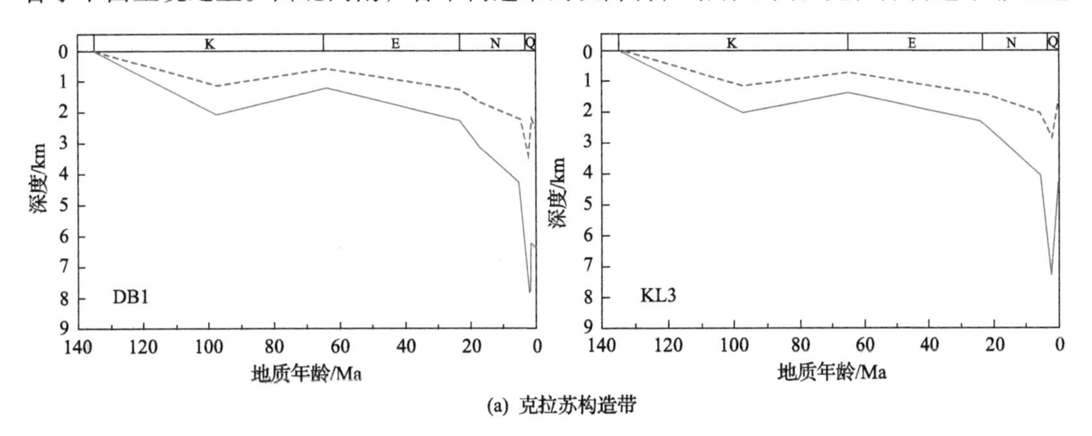

(a) 克拉苏构造带

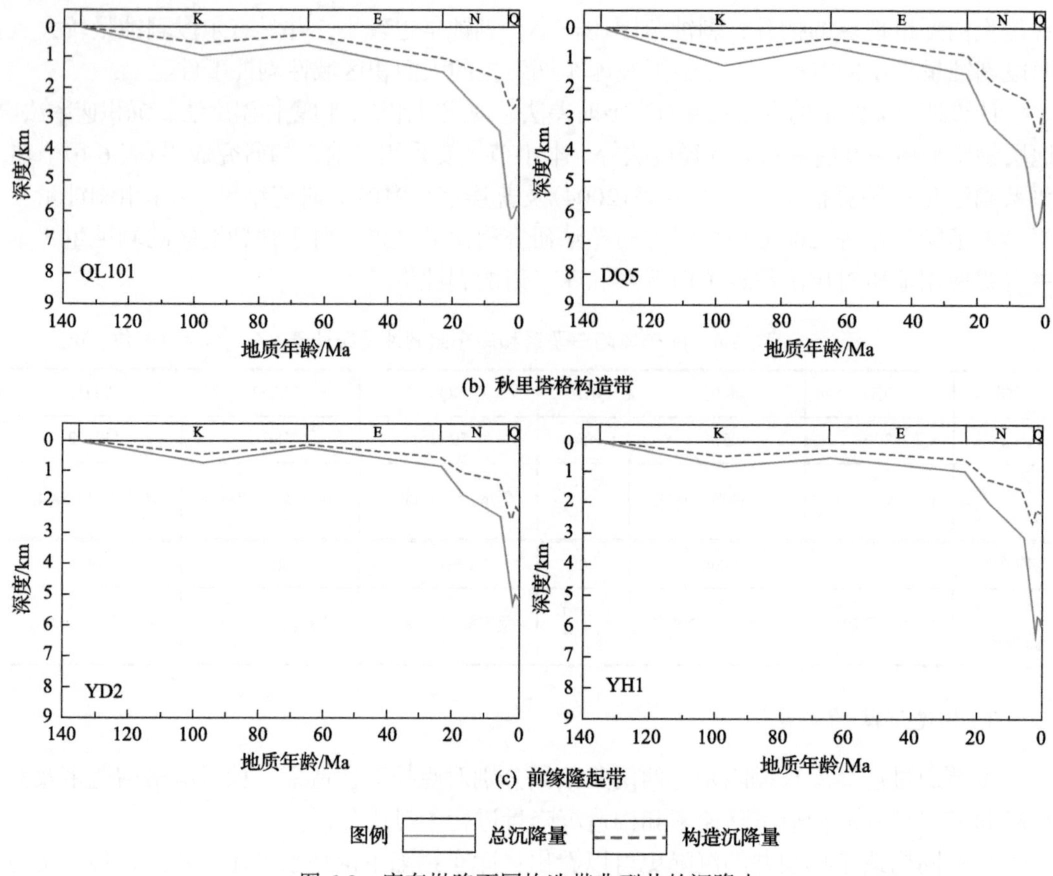

图 6-3　库车拗陷不同构造带典型井的沉降史

左侧：西段的典型井；右侧：东段的典型井

表 6-7　库车拗陷不同构造带构造沉降速率统计表　（单位：m/Ma）

地质时期		白垩纪		古近纪	新近纪		
		早白垩世	晚白垩世		吉迪克期	康村期	库车期
克拉苏构造带	DB1 井	47.2	−17.8	27.6	95.6	23.1	549.3
	KL3 井	48.9	−15.4	25.2	87.3	33.8	650.8
	均值	48	−16.6	26.4	91.5	28.5	600
秋里塔格构造带	QL101 井	17.7	−11.4	14.9	31.4	56.6	334.2
	DQ5 井	22.3	−13.2	17.2	47.5	66.3	365.7
	均值	20	−12.3	16	39.5	61.5	350
前缘隆起带	YD2 井	13.4	−6.3	8.8	22.6	32.3	289
	YH1 井	15.7	−9.8	9.4	26.3	43.1	320
	均值	14.6	−8	9.1	24.5	37.7	304.5

山带，构造运动比较强烈，构造沉降速率平均为 48m/Ma，沉降速率大，构造沉降量达到 1km，总沉降量可达 2km，晚白垩世抬升的幅度也大；秋里塔格构造带沉降相对缓慢，构造沉降速率下降为 20m/Ma 左右，构造沉降量平均为 650m，总沉降量约为 1km；前缘隆起带受构造活动的影响小，构造沉降速率平均为 14.6m/Ma，构造沉降量平均为 350m，总沉降量平均为 700m，晚白垩世经历了较小幅度的抬升。

(2) 古近纪(65～23.3Ma)，进入喜马拉雅碰撞早期，天山造山运动处于停歇期，构造活动比较微弱，整个库车坳陷的沉降相对缓慢，地层中缺少粗碎屑岩，在干旱炎热的气候条件下，红层和膏盐岩广泛发育。从图 6-3 和表 6-7 可以看出，克拉苏构造带的构造沉降速率和沉降量最大，秋里塔格构造带的构造沉降速率和沉降量次之，前缘隆起带的构造沉降速率和沉降量最小。

(3) 中新世(23.3～5.4Ma)，印度板块与欧亚板块向北持续碰撞拼贴，南天山造山楔向南快速推进，库车坳陷内的构造活动加强，沉降速率加大，形成了巨厚的磨拉石沉积。这一沉降阶段与喜马拉雅运动中期相对应。中新世早期(吉迪克期)，库车坳陷内的沉降速率自北向南降低，克拉苏构造带的沉降速率较大，秋里塔格构造带的沉降速率次之，前缘隆起带的沉降速率最小；中新世晚期(康村期)，由于构造活动的南移，秋里塔格构造带的沉降速率大于克拉苏构造带。库车坳陷西部的沉降中心位于拜城和库车之间，东部的沉降中心位于 DQ5 井附近。

(4) 上新世至今(5.3Ma 以来)，进入喜马拉雅运动的晚期，印度板块与欧亚板块全面碰撞，强度加大，南天山造山带隆升速度加快，库车坳陷的各个构造带均发生了大幅度的快速沉降，岩性总体上表现为粗碎屑的特征，自北向南具有变细的趋势。不同构造带的构造沉降速率、沉降量及最大埋深呈现出自北向南递减的趋势，克拉苏构造带的构造沉降速率达到 600m/Ma，总沉降量达到 8km；秋里塔格构造带的构造沉降速率为 350m/Ma 左右，总沉降量为 6～7km；前缘隆起带的构造沉降速率约为 300m/Ma，总沉降量均值为 5.5km。库车期晚期，强烈的构造运动使克拉苏构造带抬升剥蚀的幅度最大，在 2～2.5km，向南递减，到前缘隆起带抬升剥蚀的幅度仅 300～1000m。

由上述分析可知，克拉苏构造带构造活动较强烈，构造沉降速率高，构造沉降量和总沉降量较大，沉降方式表现为早期相对深埋，晚期持续深埋。随着距造山带距离的增大，秋里塔格构造带的构造沉降速率降低，构造沉降量略有减小，沉降方式表现为早期浅埋、晚期快速深埋。前缘隆起带构造活动比较微弱，构造沉降速率小，构造沉降量和总沉降量也小，沉降方式表现为早期缓慢浅埋、晚期相对浅埋。

6.1.3　不同构造带成岩作用的差异性

不同构造带的构造变形强度、构造变形时间和构造样式具有差异性，导致不同构造带的构造沉降史不同，从而造成不同构造带的成岩作用差异明显，具体体现在成岩作用类型和强度、成岩演化序列、成岩演化阶段及成岩相等方面。

1. 成岩作用类型和强度差异性

1）压实作用

库车前陆盆地白垩系岩石具有低成分成熟度和低结构成熟度的特征，埋藏或构造挤压引起的机械压实作用是造成库车前陆盆地白垩系致密化的主要因素之一（顾家裕等，2001；朱如凯等，2009）。由于不同构造带的埋藏史、埋藏深度及构造变形强度不同，其压实作用强度有所差异。大北地区处于构造变形强度最大、埋藏较深的克拉苏构造带，其岩石压实程度强烈，颗粒间以点-线接触和线接触为主，局部还呈镶嵌接触，压实作用造成的减孔量为 15%～31%。KL2 井区压实作用同样强烈，上部巴什基奇克组一段、二段岩石颗粒之间以点-线接触或线接触为主，向下岩石颗粒以线接触为主，反映压实作用呈自上而下变强的趋势。在镜下还可以观察到云母被压弯及由于石英颗粒相互挤压形成的裂纹缝。根据薄片观察和统计，KL2 井巴西盖组和巴什基奇克组砂岩储层的压实率为 11%～40%，属于中等压实程度。依奇克里克构造带白垩系砂岩颗粒以线接触为主，其次为凹凸接触、点-线接触，压实率在 37%～64%，压实强度中等。秋里塔格构造带东部迪那地区白垩系埋藏较深，压实强度中等—强，压实减孔量一般为 20%～30%。秋里塔格构造带西部却勒地区岩石以细粒、细—粗粒砂质结构为主，颗粒分选中—好，颗粒间以点接触为主，点-线接触次之，压实减孔量为 10%～15%，压实强度中等—偏弱。前缘隆起带白垩系埋藏深度相对较浅，构造变形强度也低，其岩石胶结程度疏松，颗粒之间为点接触，压实强度较弱。

2）胶结作用

库车前陆盆地不同地区白垩系胶结程度存在着明显的差异。北部克拉苏构造带、依奇克里克构造带白垩系碎屑岩的胶结程度最高，如大北地区巴什基奇克组砂岩中胶结物含量平均为 9.1%，局部可高达 20%～30%（刘春等，2009；杨学君，2011）。克拉 2 气田巴什基奇克组胶结物含量一般为 3%～9%。依南—迪那构造带亚格列木组砂岩胶结物含量一般为 10%～15%。其次是秋里塔格构造带，其胶结程度较强，胶结减孔量在 11%～17%。南部前缘隆起带胶结程度较弱，处于此带的砂岩储层胶结物含量很低，一般小于 10%。

不同地区胶结物类型也不同：西部白垩系胶结物以方解石为主；北部克拉苏构造带白垩系胶结物以方解石和白云石组合为主；东部依奇克里克构造带白垩系胶结物以方解石为主；秋里塔格构造带白垩系胶结物以方解石和硬石膏为主；英买构造带以白云石和方沸石组合胶结为主。

3）溶蚀作用

溶蚀作用在不同层位不同程度地改善储层物性，是一种建设性的成岩作用（朱如凯等，2009）。根据微观薄片观察，大北地区孔隙类型以残余原生粒间孔为主，颗粒溶孔与粒内溶孔所占比例很低，反映大北地区白垩系溶蚀作用较弱。而根据 KL1 井、KL2 井、KL201 井、KL3 井统计，白垩系储层溶蚀作用较强，主要表现为长石内部沿解理缝的强烈溶蚀、颗粒溶蚀残余、方解石溶蚀成浑圆状和岩屑的筛状溶蚀等现象，粒间溶孔和粒内溶孔占总孔隙空间的 71%～96%，平均为 85.0%。迪那井区白垩系砂岩储层孔隙类型以原生粒间孔为主，其次为粒间溶孔和粒内溶孔，粒间溶孔和粒内溶孔占总储集空间的 24%～42%，主要由方解石、方沸石等胶结物溶解形成，其次为石膏胶结物溶蚀孔，溶蚀作用还常沿矿物解理缝进行。在前缘隆起带的羊塔、玉东、英买地区，溶蚀作用较强，如 YD2 井以溶蚀孔隙为主，占储集空间的 63%左右；YT1 井粒间溶孔平均占储集空间的 29%～90%，对储层的改善起到非常重要的作用。

2. 成岩演化序列差异性

成岩演化序列受埋藏深度、古温度和成岩流体控制。成岩流体性质的不同控制了自生矿物的形成(朱如凯等，2007a，2007b，2009)。在北部克拉苏构造带最早生成的自生矿物为赤铁矿浸染的颗粒包裹黏土(主要为伊/蒙混层)，是由于碎屑黏土和胶结物在孔隙流体中发生重结晶作用形成的，随着埋藏深度的增加伊利石含量增加，而蒙脱石含量降低(顾家裕等，2001；朱如凯等，2007a，2007b，2009；薛红兵等，2008)。其次是自生石英和少量增生长石的形成，但是由于赤铁矿黏土的包裹作用，其含量比较少。再次是白云石和方解石的形成，它们以孔隙充填和颗粒交代晶体的形式出现。之后是在白云石(少量方解石)晶体上形成了含铁白云石镶边，形成条带状晶体。铁白云石之后是方沸石的沉淀，而高岭石明显形成于上述胶结物之后。另外，在部分井段样品中含有丰富的硬石膏，其形成于石英次生加大之后。

前缘隆起带白垩系自生矿物演化序列与克拉苏构造带相似，但也有一些差异(顾家裕等，2001；薛红兵等，2008；朱如凯等，2009)。例如，大多数样品存在赤铁矿侵染的颗粒包裹黏土，其次是形成石英和长石次生加大，其含量同样较少。在同一样品中白云石和方解石共生现象很少，方解石一般嵌入白云石的菱形晶体中，说明方解石可能在白云石之后形成。方沸石含量较少，在碳酸盐岩胶结物之后形成。硬石膏含量丰富，形成于白云石、方沸石之后，并环绕之。

3. 成岩演化阶段差异性

根据成岩演化序列、自生矿物组合、黏土矿物及混层黏土矿物的转化、矿物包裹体均一温度分析以及有机质热演化参数(顾家裕等，2001；朱如凯等，2009)，库车前陆盆地白垩系成岩演化阶段整体处于中成岩阶段，但是由于构造变形和埋藏深度的不同，不同构造带之间有一定差异。其中，克拉苏构造带、依奇克里克构造带及迪那地区已经进入了中成岩 B 期。处于该成岩阶段的地层所经受的最大古温度大于 140℃，有机质成熟度高，伊/蒙混层中蒙脱石含量很少，一般小于 15%。中成岩阶段 B 期成岩作用强烈，导致储层致密化。秋里塔格构造带中、西部及前缘隆起带的东部地区处于中成岩 A_2 亚期，其地层所经受的最大古温度主要分布在 110～140℃，有机质成熟度较高，伊/蒙混层中蒙脱石质量分数为 15%～35%。前缘隆起带西部地区处于中成岩 A_1 亚期，处于该成岩阶段的地层所经受的最大古温度一般小于 110℃，有机质成熟度低，伊/蒙混层中蒙脱石含量为 35%～50%。

4. 成岩相差异性

根据自生矿物胶结类型、胶结矿物组合及溶蚀作用等，平面上可将库车前陆盆地白垩系分成强胶结致密型成岩相、中等胶结溶解型成岩相和弱胶结强溶解型成岩相三种类型(薛红兵等，2008；朱如凯等，2009)。

库车前陆盆地北部的天山山前带为强胶结致密型成岩相，根据胶结物类型的差异，自东向西又可划分为东部方解石胶结带、中部方解石-白云石胶结带和西部方解石胶结带。东部依奇克里克构造带和迪那构造带为方解石胶结带，其成岩演化处于中成岩 A_2 亚期，储层物性差，平均孔隙度为 5.28%，平均渗透率为 0.13mD[①]。中部克拉苏构造带和北部单斜带为方解石-白云石胶结带，其成岩作用最强，成岩演化处于中成岩 B 期。由于受到强烈的构造挤压作用、机械压实作用和胶结作用，储层物性变差。除克拉 2 地区储层物性较好之外，其他地区储层物性均较差。例如，大北地区白垩系平均孔隙度为 2.64%，平均渗透率为 0.06mD。西部方解石胶结带处于中成岩 A_2 期，方解石含量较高，平均为 13.12%，储层物性较差，平均孔隙度为 5.17%，平均渗透率为 1.45mD。

库车前陆盆地中部为中等胶结溶解型成岩相，该相带受到的构造挤压作用明显减弱，其储层物性要明显好于北部的强胶结致密型成岩相。区域上可以分为中部方解石-硬石膏中等胶结带和中东部方解石中等胶结带。中部却勒、西秋、羊塔、东秋井区为方解石-硬石膏中等胶结带，该相带胶结作用中等，并有一定的溶解作用，孔隙类型以粒间溶孔和粒间孔为主，岩石物性较好。例如，QL101 井巴什基奇克组平均孔隙度为 9.84%，平均渗透率为 9.18mD。中东部 T2 井区、YHHT2 井区为方解石中等胶结带，该相带成岩演化处于中成岩 A_2 亚期，储层物性较好，如 T2 井白垩系储层平均孔隙度为 9.48%，平均渗透率为 23.47mD。

前缘隆起带的各井区为弱胶结强溶解型成岩相，该相带储层胶结物含量很低，一般小于 10%，溶蚀作用强烈，成岩演化处于中成岩 A_1 亚期。储集空间主要为原生粒间孔和粒间溶孔，储层物性好，如 YM19 井白垩系储层平均孔隙度为 19.42%，平均渗透率为 546.84mD。

通过上述对比分析可知，不同构造带构造变形时间和变形强度的差异性，造成了不同构造带沉降史的差异，从而使不同构造带白垩系的成岩作用类型和强度、成岩演化序列、成岩演化阶段及成岩相具有很大的差异(图 6-4)。在北部的克拉苏构造带，以压实作用和胶结作用为主，溶蚀作用较弱，已经进入了中成岩 B 期，表现为强胶结挤压致密型成岩相；秋里塔格构造带，压实作用和胶结作用中等，并有一定的溶蚀作用，处于中成岩 A_2 亚期，表现为中等胶结弱溶解型成岩相；而在南部的前缘隆起带，压实作用和胶结作用均比较弱，溶蚀作用较强，处于中成岩 A_1 亚期，表现为弱胶结强溶解型成岩相。

---

① $1D=0.986923\times10^{-12}m^2$。

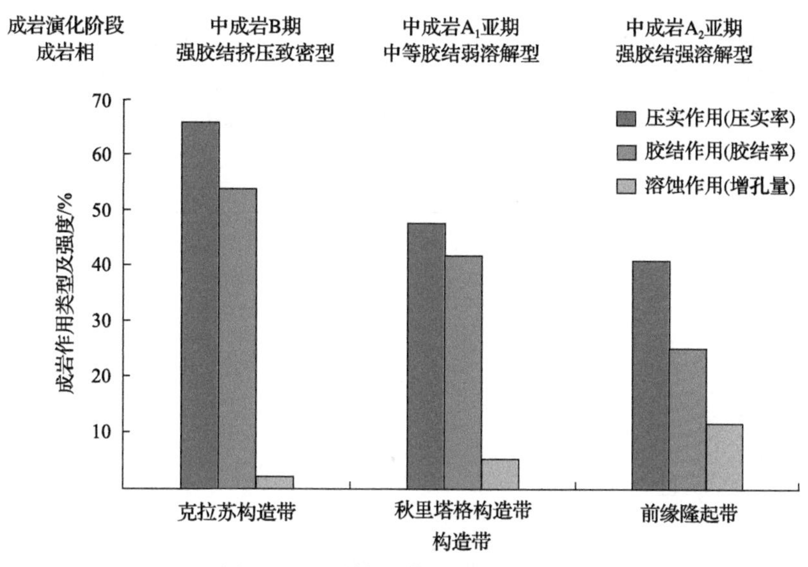

图 6-4　不同构造带成岩作用差异性

6.1.4　构造活动强度对储层成岩作用的影响

盆地沉降史的恢复是研究盆地构造演化的方法之一，沉降特征反映了地质历史时期构造活动的强烈程度。同时，不同的沉降速率导致储层在埋藏过程中经历不同的温度和压力，对储层成岩作用产生直接影响，造成储层的成岩演化序列、成岩作用强度、成岩演化阶段不同。库车拗陷各个构造带沉降速率的不同决定其储层成岩作用存在较大的差异性。

克拉苏构造带由于靠近造山带，受到构造挤压作用的强烈影响，构造沉降速率大，最大埋深可达 8000m，造成储层的深埋时间长，储层成岩演化序列为早期较强的压实作用和较弱的胶结作用、中成岩早期的溶蚀作用和晚期强烈的胶结作用及破裂作用。快速沉降，一方面使储层在短时间内处于深埋，加快了成岩压实作用速率，储层的压实作用较强，大大降低了原始粒间体积，碎屑颗粒之间呈线-凹凸接触关系；另一方面使储层的岩屑含量较高，在压实过程中易填充粒间孔隙。长时间的相对深埋使储层中石英次生加大和长石次生加大较发育，从而有效地阻塞了孔喉。这种早期相对深埋、晚期持续深埋的沉降特点使该区储层成岩作用较强，处于中成岩 B 期，表现为强压实致密型成岩相(图 6-5)。

秋里塔格构造带位于克拉苏构造带和前缘隆起带的中间，构造活动强度略有降低，其构造沉降速率和储层经历的最大埋藏深度小于克拉苏构造带，但大于前缘隆起带。由于构造运动向南传递，沉降方式表现为早期浅埋、晚期快速深埋。这种沉降方式导致储层的成岩压实作用较弱，碎屑颗粒的接触关系为线接触，凹凸接触关系少见，石英次生加大现象不常见，储层整体处于中成岩 A_2 期，属于中等胶结溶解型成岩相(图 6-6)。

前缘隆起带由于距造山带较远，受到构造活动的影响比较微弱，相比于前两个构造带，构造沉降速率小，仅从库车期开始发生快速沉降，储层经历的最大埋深<6000m，导致储层处于浅埋的时间较长，储层经历了早期强的胶结作用、较弱的压实作用及晚期较弱的胶结作用、较强的溶蚀作用和极其微弱的破裂作用。储层在胶结物发育的地方，碎

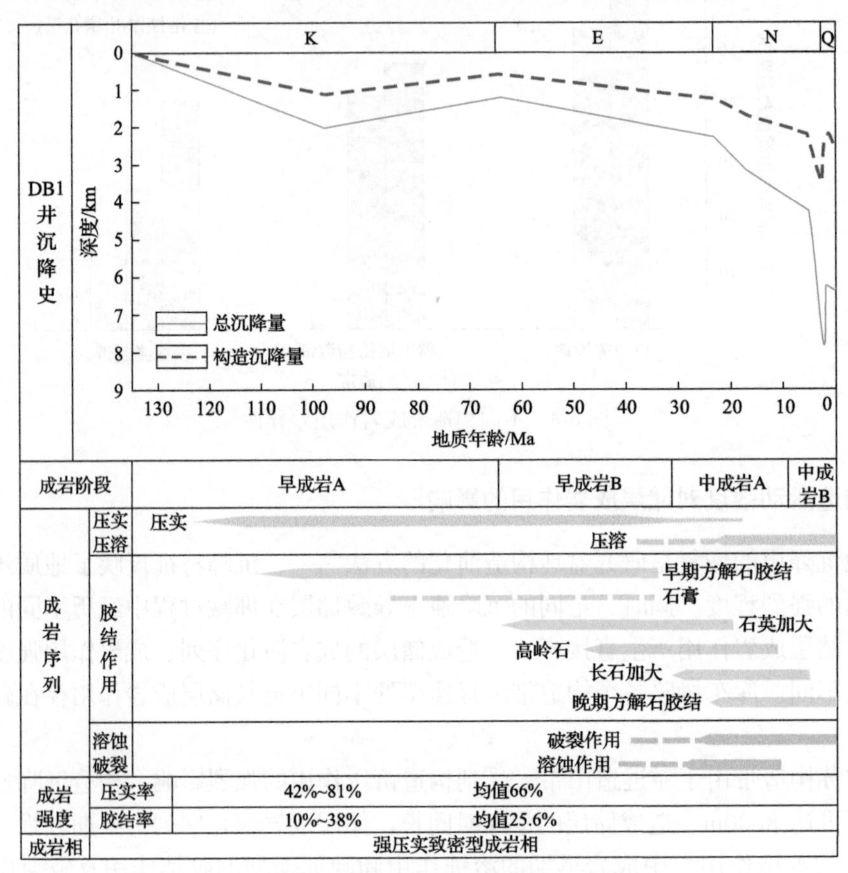

图 6-5　库车拗陷克拉苏构造带储层成岩作用演化图

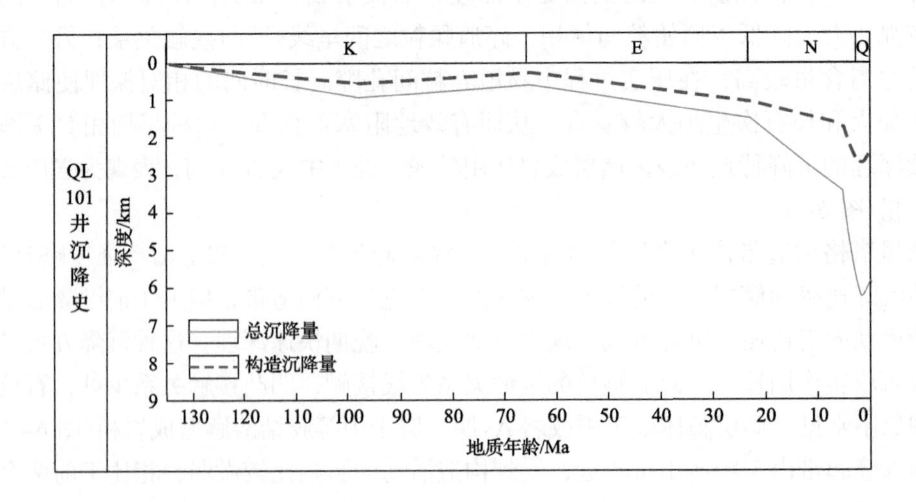

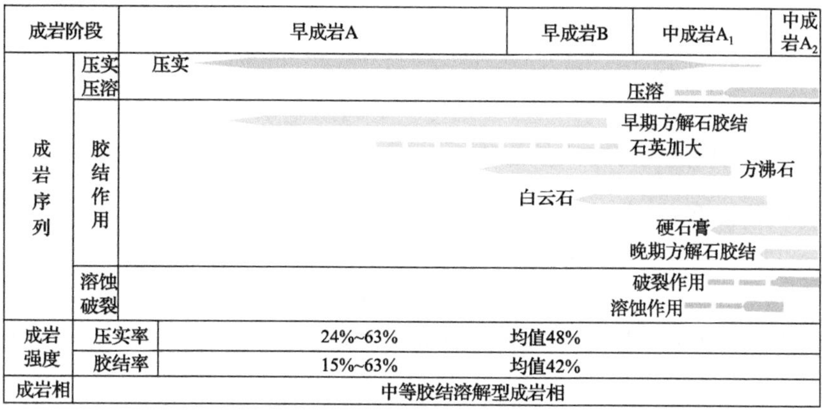

成岩阶段
早成岩A
早成岩B
中成岩A_1
中成岩A_2
成岩序列
压实
压溶
压实
压溶
胶结作用
早期方解石胶结
石英加大
方沸石
白云石
硬石膏
晚期方解石胶结
溶蚀破裂
破裂作用
溶蚀作用
成岩强度
压实率
24%~63%
均值48%
胶结率
15%~63%
均值42%
成岩相
中等胶结溶解型成岩相
图 6-6　库车坳陷秋里塔格构造带储层成岩作用演化图

屑颗粒之间以点接触为主，甚至呈漂浮状态；此外，长时间的浅埋状态使储层中石英次生加大少见，更难见到交代现象。早期缓慢沉降、晚期快速沉降，造成储层成岩压实作用不强，破裂作用在该区不显著。这种长期的浅埋状态使储层成岩强度较弱，储层处于中成岩 A_1 期，属于弱胶结强溶解型成岩相(图 6-7)。

YD2井沉降史
K
E
N
Q
深度/km
0
1
2
3
4
5
6
7
8
9
总沉降量
构造沉降量
130
120
110
100
90
80
70
60
50
40
30
20
10
0
地质年龄/Ma
成岩阶段
早成岩A
早成岩B
中成岩A_1
成岩序列
压实
压溶
压实
压溶
胶结作用
黏土矿物包壳
早期白云石胶结
方解石
方沸石
硬石膏
溶蚀破裂
破裂作用
溶蚀作用
成岩强度
压实率
22%~55%
均值41%
胶结率
23%~72%
均值54%
成岩相
弱胶结强溶解型成岩相
图 6-7　库车坳陷前缘隆起带储层成岩作用演化图

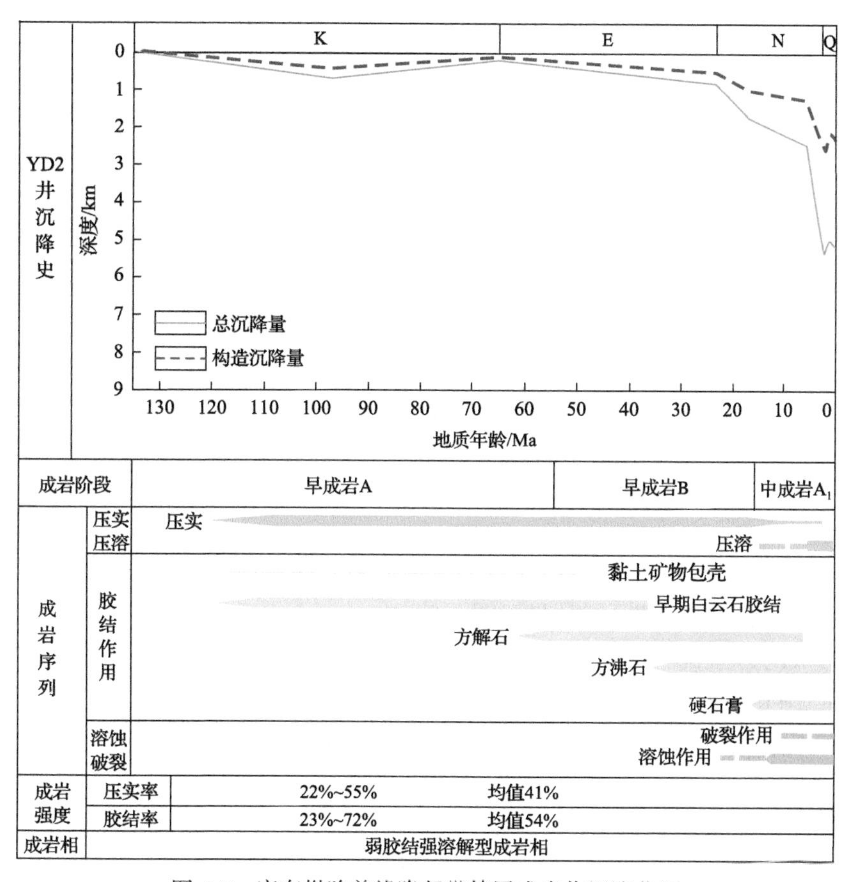

6.2　成岩作用对构造变形的影响

6.2.1　成岩作用对构造变形方式的影响

自从沉积物沉积以后，其岩石力学性质就随着成岩作用的不断进行而发生变化(Laubach et al.，2009)，因此，在不同的成岩阶段，岩石的构造变形也表现出不同的特征。在沉积物沉积早期，由于所经历的成岩作用类型和强度均比较少(或小)，颗粒之间的排列比较疏松，在上覆静岩压力或构造挤压应力作用下，沉积物以塑性变形为主，以减少总体积的方式来响应外力。

随着成岩作用的不断进行，压实作用和胶结作用使岩石开始致密，刚性增强，砂岩中会发生应变局域化现象，并形成丛生或成带产出的变形带(李忠等，2009；Eichhubl et al.，2010)。变形带是孔隙性砂岩和沉积物中普遍存在而又独特的构造变形特征，它们一般发育在砂岩等具有颗粒结构的孔隙性介质中，其形成过程包括颗粒的旋转、转换甚至是压碎。单条变形带的位移量很小，即便是延伸长度达100m的变形带，它的位移量也只有几厘米。变形带与其他破裂构造(断层、裂缝等)对渗透率的影响相差很大，对于10条0.1cm厚的变形带，其渗透率仅为基质的1/10左右。因此，变形带并不能代表破裂面或滑动面。随着成岩演化程度和构造变形强度的增加，变形带不断地从低级向高级演化，从单条产出发育到丛生产出，最终会沿这些成熟阶段的丛生变形带发生破裂，形成破裂面(断层或裂缝)。

1. 变形带

变形带是指发育在高孔隙岩石中，在局部压实、膨胀或剪切作用下，由颗粒滑动、旋转及破碎形成的带状微构造(Aydin，1978；Aydin and Johnson，1978，1983；Fossen et al.，2007；Schueller et al.，2013)。其同义词包括微断层(microfaults)(Jamison and Stearns，1982)、碎裂断层(cataclastic faults)(Fisher and Knipe，2001)、小规模断层(small scale faults)(Boult et al.，2003)、微裂缝(micro fractures)(Borg et al.，1960；Dunn et al.，1973；Gabrielsen and Koestler，1987)、剪切带(shear bands)(Menendez et al.，1996)、变形剪切带(deformation-band shear zones)(Davis，1999)、碎裂滑动带(cataclastic slip bands)(Fowles and Burley，1994)、粒化缝(granulation seams)(Pittman，1981；Beach et al.，1999；Bernard et al.，2002)。

变形带存在多种类型，按其所在母岩成岩程度、埋藏历史和泥质含量可以将变形带分为解聚带、层状硅酸盐带和碎裂带(图6-8)(Fossen et al.，2007)。

按其形成的力学机制可以分为压实带、剪切带、膨胀带、压实剪切带、简单剪切带、膨胀剪切带(图6-9)(Aydin，2000)。压实带表现为颗粒无明显破碎或有明显破碎，但紧密堆积导致渗透率降低[图6-10(a)]。剪切带有明显的位移，颗粒无明显破碎或有明显破碎[图6-10(b)]。膨胀带表现为颗粒无明显破碎，体积增大，渗透率提高[图6-10(c)]，多为变形过程中有高压流体参与。Solum等(2010)按有无碎裂、剪切位移和压实程度分为剪切带、有碎裂剪切带、无碎裂剪切带和压实带。Antonellini等(1994)按有无碎裂作用和泥岩涂抹发育，将变形带分为无碎裂作用变形带(膨胀型、无体积变化型和压实型)、碎裂变形带(碎裂不明显型和碎裂严重型)和泥岩涂抹型。Fossen(2010)按变形带形成时间将其分为同沉积型和构造型(图 6-11)。

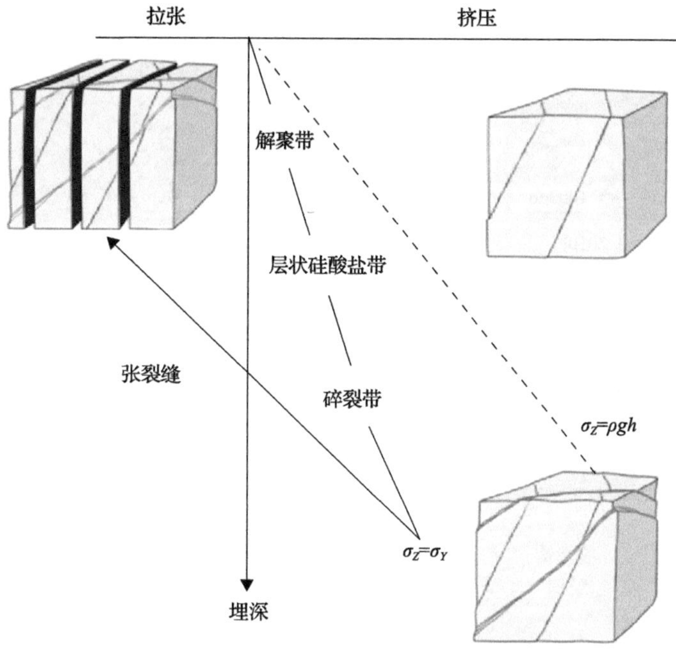

图 6-8　不同类型的变形带形成于埋藏的不同阶段(Fossen，2007)

ρ-上覆岩石密度，g/cm^3；g-重力加速度，9.8m/s；h-埋藏深度，m；σ_Z-上覆地层压力，MPa；σ_Y-垂向压力，MPa

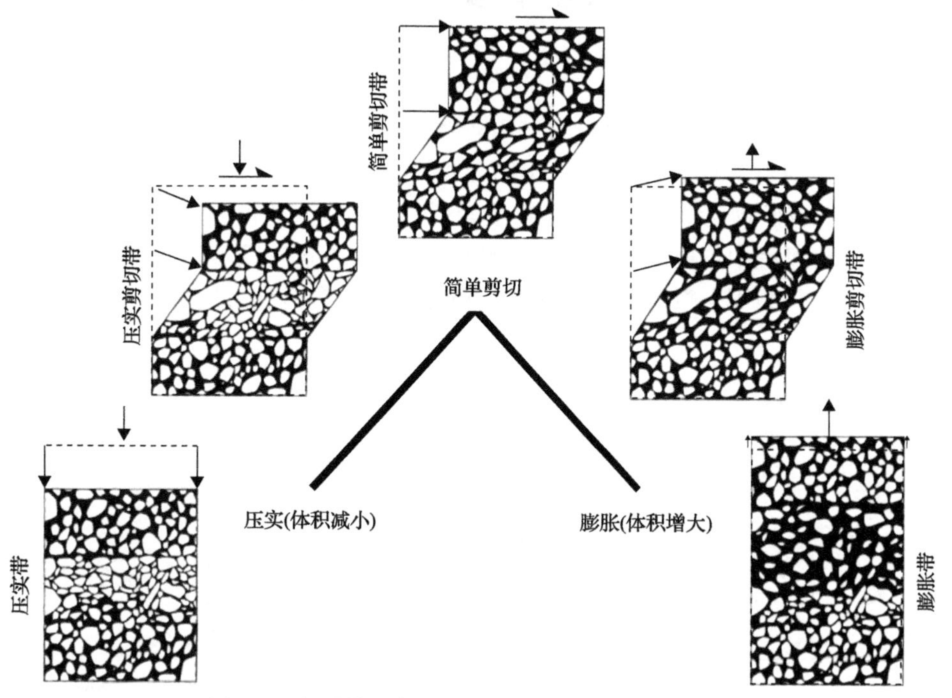

图 6-9　变形带的力学机制分类(Aydin et al.，2000)

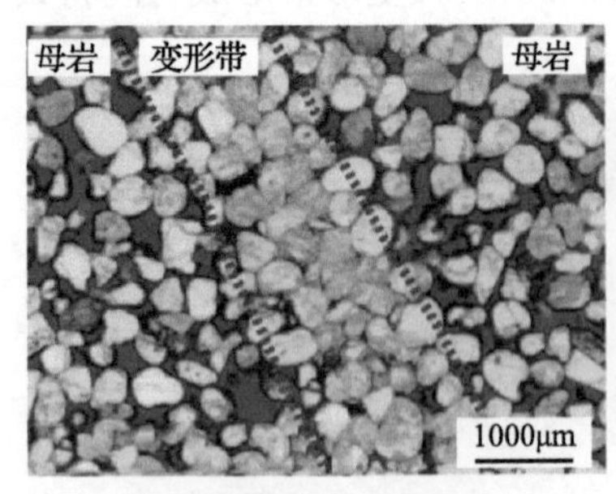

(a) 压实带(Solum et al, 2010)

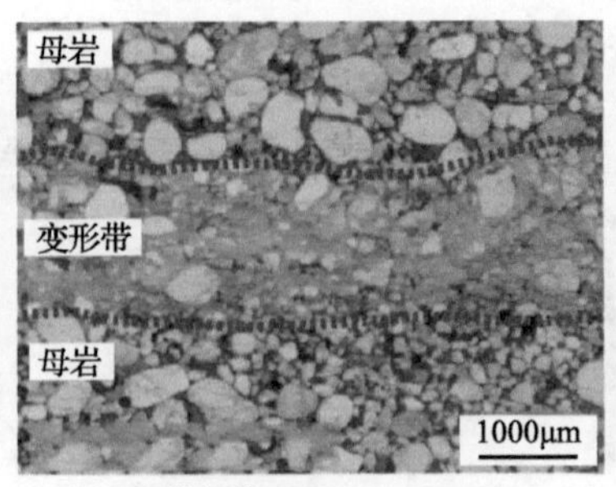

(b) 剪切带(Solum et al, 2010)

(c) 膨胀带(Fossen, 2010)

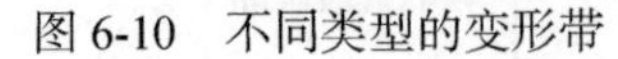

图 6-10　不同类型的变形带

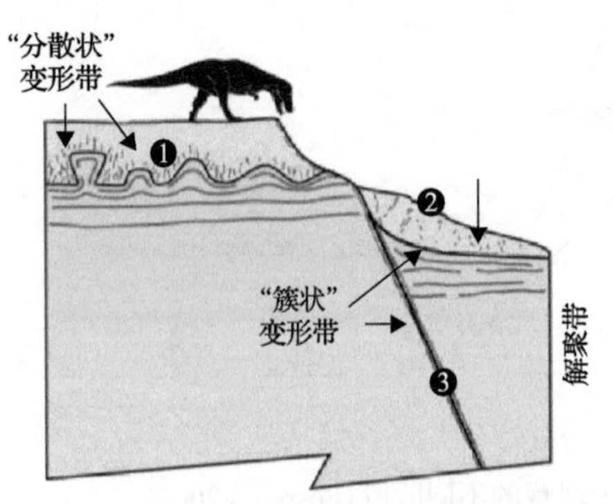

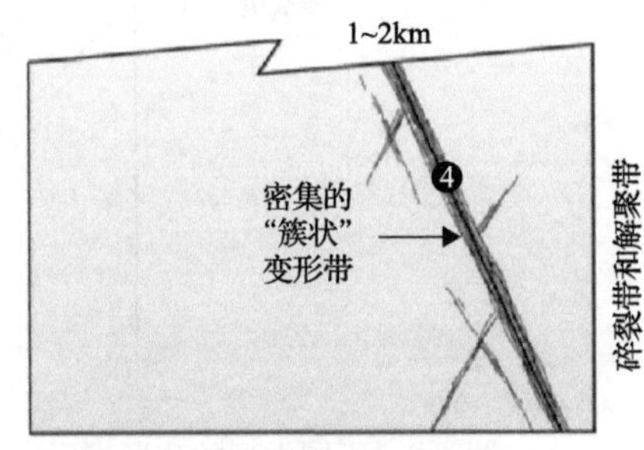

图 6-11　同沉积型和构造型变形带发育模式(Fossen，2016)

❶-同沉积载荷/泄水构造；❷-塌落；❸-断层(浅埋条件)；❹-断层(深埋条件)

2. 裂缝

裂缝是由于外部(构造)或内部(热作用或残留)应力的作用形成的狭窄的带，通常被认为是一个平直或近平直面(Fossen，2016)，裂缝在位移和力学性质(强度和硬度)上是不连续的，颗粒或矿物通常是裂开的，导致岩石内聚力降低或丧失，通常在低-非孔隙性岩石永久性变形过程中形成。如果作用于颗粒接触区域的应力足够大，在孔隙性岩石中也可形成裂缝。从微观上按裂缝切穿颗粒的情况，可将裂缝分为粒内缝、粒缘缝和粒间缝(图 6-12)。

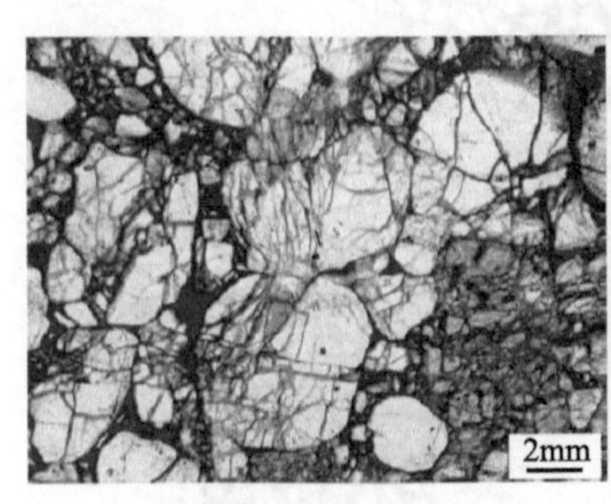

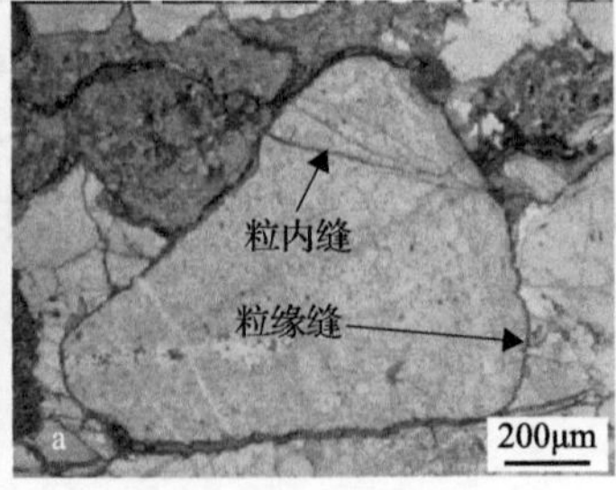

图 6-12　粒内缝、粒缘缝和粒间缝切穿颗粒的关系(Fossen, 2016；高志勇等，2016a)

a-石英或粒内缝；b-石英或粒缘缝

6.2.2　成岩作用对构造变形程度的影响

成岩裂缝是指岩层在成岩过程中由于压实、压溶等地质作用而产生的天然裂缝(Nelson，1985；曾联波，2008)。层理缝是一种最常见的成岩裂缝形式，其主要发育在岩性界面上，其虽然分布较广，但发育程度有限，在上覆静岩压力作用下，其张开度小，所起作用也较小。粒内缝和粒缘缝也是常见的成岩裂缝类型(Zeng，2010)。粒内缝没有穿过矿物颗粒边缘，在颗粒内部发育，常表现为石英的裂纹缝及方解石或长石的解理缝，其规模小，但是密度大，开度一般在10μm以内(表6-8，图6-13)。粒缘缝是指沿着矿物颗粒边缘分布的微观裂缝，其规模也比较小，延伸短，常呈弧形，开度一般小于10μm，少数可达20μm(表6-8，图6-13)。

表6-8　库车前陆盆地白垩系致密储层微观裂缝类型及特征

	类型		
	粒内缝	粒缘缝	穿粒缝
分布	分布在矿物颗粒内部，没有穿过颗粒边缘	沿矿物颗粒边缘分布	切穿数个矿物颗粒
长度/mm	<10	<20	<50
开度/μm	<10	<10	<50
成因	构造作用、成岩作用	构造作用、成岩作用	构造作用、成岩作用和异常高压

图6-13　薄片上的微观裂缝

在库车前陆盆地白垩系砂岩储层中，由于埋藏深度大，岩石致密，岩石中石英或长石矿物颗粒之间产生相互挤压作用，可以在矿物颗粒内部沿长石的解理面或石英的裂纹裂开，形成颗粒内部的粒内缝，在颗粒边缘还可以形成粒缘缝。粒内缝和粒缘缝的形成主要与成岩过程中强烈的压实、压溶作用或者构造挤压作用有关。成岩压实形成的粒内缝和构造形成的粒内缝的区别在于：①成岩压实形成的粒内缝只发育在相互接触挤压的颗粒中，而且粒内缝往往与颗粒挤压接触面垂直，而构造形成的粒内缝没有这种明显的特点；②构造形成的粒内缝的规律性好，方向性明显，通常与构造成因的穿粒缝平行，而成岩压实形成的粒内缝没有明显的规律性或方向性；③成岩压实形成的粒内缝的规模一般要小，延伸短，往往没有穿越整个颗粒，而构造形成的粒内缝一般会穿越整个颗粒；④成岩压实成因的粒内缝一般形成早，而构造成因的粒内缝一般形成晚，并切割前者。

成岩作用主要通过影响岩石力学性质来影响构造裂缝的发育程度。不同成岩相的岩石力学性质不同，它们在相同的构造变形作用下产生的构造裂缝发育程度也就不同。强硬的岩层具有较高的弹性模量，一般表现为脆性，在岩石发生破裂变形之前经受不住更多的应变，其裂缝发育程度要大于软弱岩层。压实作用和胶结作用可以使岩石变得致密，岩石的破裂强度变大，在较小的应变条件下就表现为破裂变形从而有利于裂缝的形成。与之相反，溶蚀作用使孔隙度变大，从而不利于裂缝的形成。例如，根据不同成岩相带 28 口井 1399.52m 岩心和 188 块微观薄片的裂缝密度统计(表 6-9)，在强胶结挤压致密型成岩相带，压实作用最强烈，胶结物含量最高，岩石最致密，其裂缝发育程度也最高，宏观裂缝平均线密度为 1.51 条/m，最大可达 5.57 条/m，微观裂缝平均面密度为 0.44cm/cm^2；其次是中等胶结溶解型成岩相带，其宏观裂缝平均线密度为 0.93 条/m，微观裂缝平均面密度为 0.32cm/cm^2；而弱胶结强溶解型成岩相带胶结物含量低，溶蚀作用强烈，储层物性好，裂缝不发育，其宏观裂缝平均线密度仅为 0.59 条/m，微观裂缝平均面密度为 0.18cm/cm^2。

表 6-9　库车前陆盆地白垩系不同成岩相裂缝密度数据表

成岩相		成岩阶段	储层物性		裂缝发育程度	
			孔隙度/%	渗透率/mD	宏观裂缝线密度/(条/m)	微观裂缝面密度/(cm/cm^2)
强胶结挤压致密型	西部方解石致密胶结带	中成岩 A_2 期	5.17	1.45	1.14	0.35
	中部方解石-白云石胶结带	中成岩 B 期	2.65	0.08	1.97	0.52
	东部方解石胶结带	中成岩 A_2 期	4.20	0.33	1.43	0.44
中等胶结溶解型	方解石-硬石膏中等胶结带	中成岩 A_2 期	13.21	47.12	0.93	0.32
	方解石中等胶结带	中成岩 A_2 期	11.14	47.64	0.87	0.31
弱胶结强溶解型		中成岩 A_1 期	18.69	428.10	0.59	0.18

因此，差异成岩作用对构造变形的影响主要表现在三个方面：①随着成岩作用的不断进行，岩石力学性质发生改变，岩石的变形方式为塑性变形→变形带形成→破裂变形；②强烈的机械压实作用可以使岩石发生破裂变形，形成层理缝、粒内缝及粒缘缝等成岩裂缝；③成岩相的不同控制了构造裂缝的发育程度。

6.3　构造作用和成岩作用的耦合关系

构造作用和成岩作用在储层演化过程中相互作用、相互影响。本节以大北地区白垩系储层为例，讨论了储层成岩演化过程中构造作用和成岩作用的耦合关系。

早白垩世时期，在构造挤压作用的影响下，地层发生构造沉降，此时成岩作用以压实作用为主，随着白垩系埋深的不断增加，发生了早期的方解石和石膏胶结。由于该时期沉积物还没有完全固结成岩，颗粒排列较为松散，在构造应力和上覆压力作用下，沉积物以减少体积的塑性变形为主。晚白垩世，发生构造抬升作用，白垩系被抬升并遭受剥蚀，使该时期的压实作用和胶结作用都相对较弱，在地表水淋滤作用下，发生了较强的表生溶蚀作用。该时期的构造变形方式仍以塑性变形为主(图 6-14)。古近系沉积时期，构造挤压作用增强，白垩系再次发生构造沉降，压实作用和胶结作用又成为主要成岩作用类型，如大量的石英和长石的次生加大及方解石胶结物的形成，使岩石开始坚固。仅靠孔隙体积的减少不能完全中和构造应力作用，岩石中开始发生应变局域化现象，并形成丛生或成带产出的变形带和成岩裂缝。新近纪早期，随着构造挤压作用的不断增强，构造沉降速率增加，压实作用和胶结作用(晚期方解石胶结和石英次生加大)仍然是主要成岩作用类型。随着压实作用和胶结作用的不断进行，岩石开始致密，构造变形方式发生改变，在构造挤压作用下，开始形成了构造裂缝。新近纪晚期，构造挤压作用达到最强，构造沉降速率达到最大，地层埋深迅速增加，埋藏压实作用继续发生，侧向构造挤压压实作用开始出现，另外烃类注入带来的酸性水使地层发生了一定的溶蚀作用(图 6-14)。随着岩石的致密化，强烈的机械压实作用和构造挤压作用形成了大量的成岩裂缝(层理缝、粒内缝、粒缘缝)和构造裂缝。

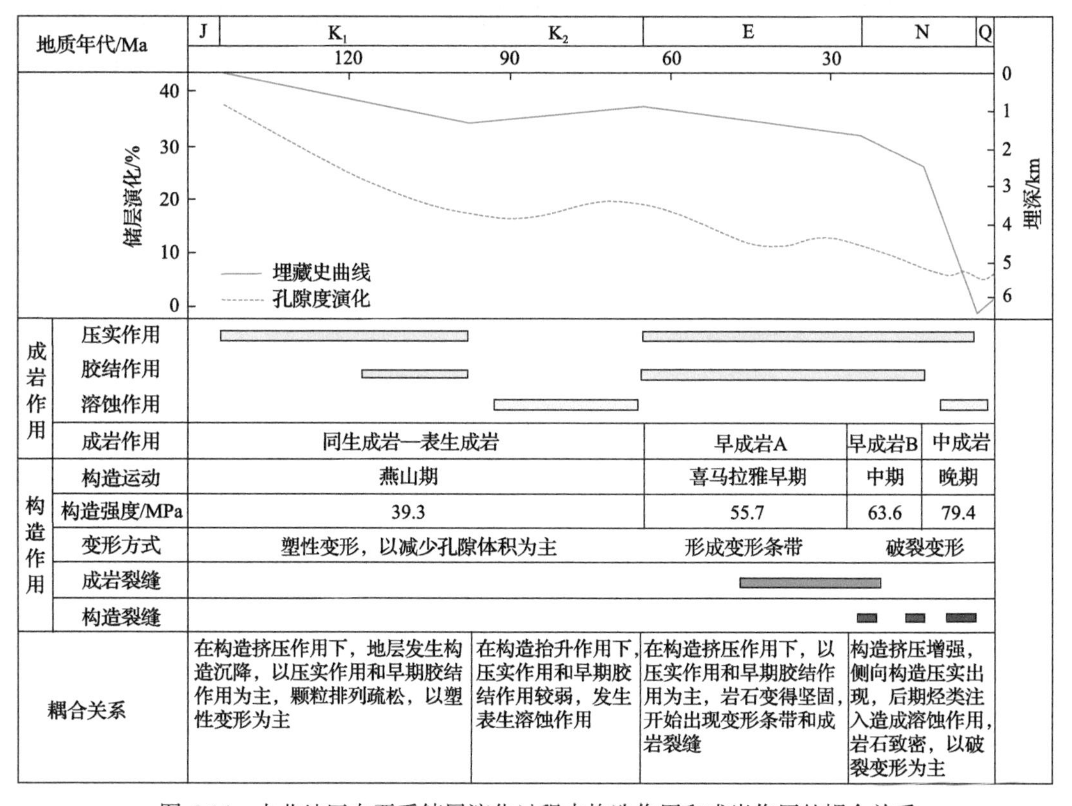

图 6-14　大北地区白垩系储层演化过程中构造作用和成岩作用的耦合关系

由上述分析可知，构造作用控制了成岩作用类型和强度、成岩演化序列、成岩演化阶段和成岩相；反过来，成岩作用同时也影响着构造变形特征。

北部克拉苏构造带构造变形时间早(中新世末期)，构造变形强度大(80～100MPa)，使白垩系快速沉降并在长时间内处于较深的埋藏环境，经历了较强的压实作用，同时由于长时间的深埋藏，石英和长石次生加大十分发育，进一步降低了储层物性。这种早期快速深埋、晚期持续深埋的埋藏史特点，使该区成岩作用较强，已达到中成岩B期，成岩相表现为强压实强胶结致密型。而该类成岩相的岩石致密、脆性大，在后期构造应力作用下以破裂变形为主，造成其裂缝十分发育，平均裂缝线密度达1.97条/m。

秋里塔格构造带位于克拉苏构造带和前缘隆起带之间，其构造变形时间(上新世末)晚于克拉苏构造带，构造变形强度(60～80MPa)小于克拉苏构造带，造成其构造沉降速率、最大埋深和深埋藏时间均小于克拉苏构造带，表现为早期浅埋，晚期快速深埋。这种沉降方式导致储层经历了早成岩期的压实作用、胶结作用和中成岩早期的溶蚀作用和晚期的胶结作用及较弱的破裂作用，储层压实作用和胶结作用强度中等，整体处于中成岩A_2期，成岩相表现为中等胶结溶解型。受成岩相和构造变形强度的影响，其裂缝发育程度中等。

前缘隆起带离造山带较远，其构造变形时间较晚(更新世)，构造变形强度较弱，地层沉降速率小，导致储层长时间处于浅埋藏环境，压实作用和胶结作用较弱。后期经历了较强的溶蚀作用，成岩演化阶段处于中成岩A_1期，表现为弱胶结强溶解型成岩相。此类成岩相的储层物性好，孔隙度高，受到外部挤压作用时，首先会以减少孔隙体积的方式来响应应力，从而造成其破裂变形强度较弱，裂缝不发育。

第7章　构造成岩作用对储层裂缝发育的影响

7.1　构造作用对裂缝发育的影响

7.1.1　不同构造带裂缝类型差异性

自白垩系沉积以来，库车前陆盆地经历了多期构造运动，虽然各期构造运动的构造变形时间和构造变形强度不同，同一期构造运动在不同构造带上的构造强度也具有一定的差异性，但是每期构造运动的最大主应力方向都为近南北向，因此，各构造带裂缝具有相同的组系和方位。根据成像测井和微层面定向，研究区主要发育有北北西向和北北东向两组剪切裂缝[图 7-1(a)、(b)]，局部还发育有近南北向和近东西向张裂缝，与野外露头观察的结果相一致[图 7-1(c)、(d)，图 7-2]。

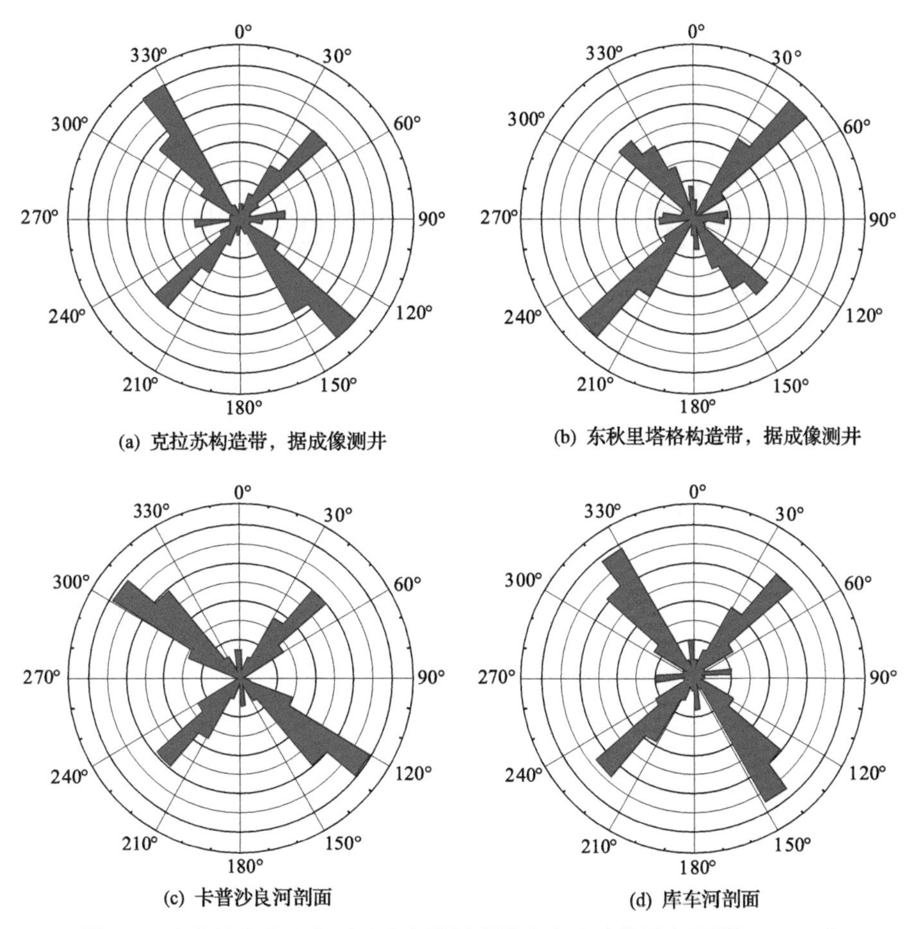

图 7-1　库车前陆盆地白垩系致密储层裂缝走向玫瑰花图(巩磊等，2017b)

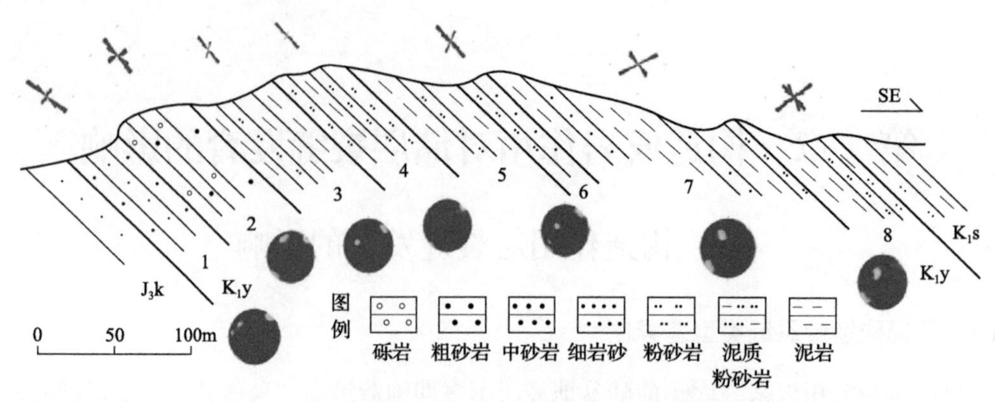

图 7-2　卡普沙良河剖面亚格列木组裂缝实测剖面图

根据野外露头和岩心裂缝倾角统计(图 7-3)，库车前陆盆地白垩系致密储层裂缝以高角度或直立缝为主，局部地区还发育中—低角度裂缝。在不同的剖面[图 7-3(c)～(e)]，裂缝倾角分布有所不同，在卡普沙良河剖面和吐格尔明剖面以高角度和直立缝为主，而在库车河剖面，除发育有高角度和直立缝以外，还发育有大量中角度裂缝。

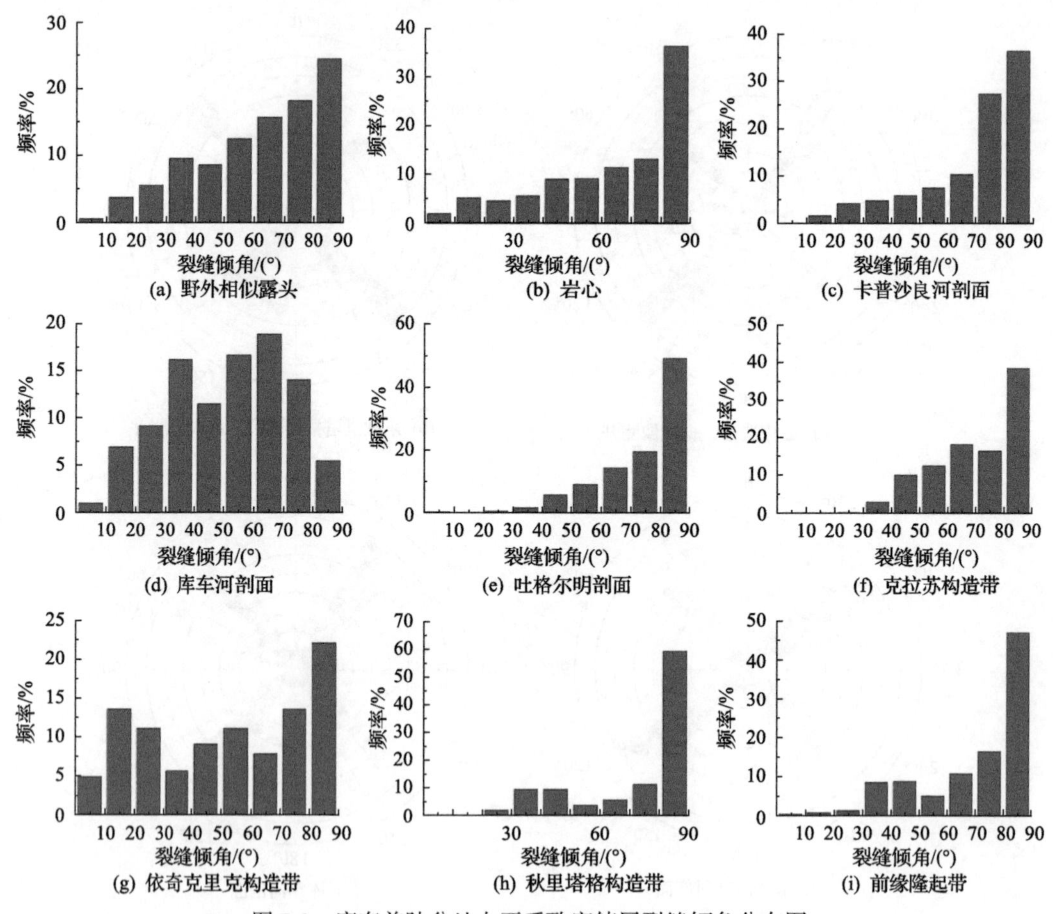

图 7-3　库车前陆盆地白垩系致密储层裂缝倾角分布图

不同构造带裂缝倾角分布也有所差异[图 7-3(f)～(j)]。克拉苏构造带储层裂缝以高角度裂缝和直立缝为主，其次为中角度裂缝，低角度裂缝少见。其中，高角度裂缝和直立缝所占比例为 75%，中角度裂缝所占比例为 23%，低角度裂缝所占比例仅为 2%[图 7-4(a)]。秋里塔格构造带储层裂缝以中角度裂缝和高角度裂缝为主，直立缝和低角度裂缝不发育。其中，中、高角度裂缝所占比例为 85%，低角度裂缝和直立缝所占比例为 15%[图 7-4(b)]。前缘隆起带储层裂缝发育中角度裂缝和低角度裂缝，还有少量的高角度裂缝，水平缝、直立缝不发育。其中，中、低角度裂缝所占比例为 81%，高角度裂缝和直立缝所占比例为 14%，水平缝所占比例为 5%[图 7-4(c)]。在依奇克里克构造带，除发育有高角度和直立缝以外，还发育有大量中、低角度裂缝。

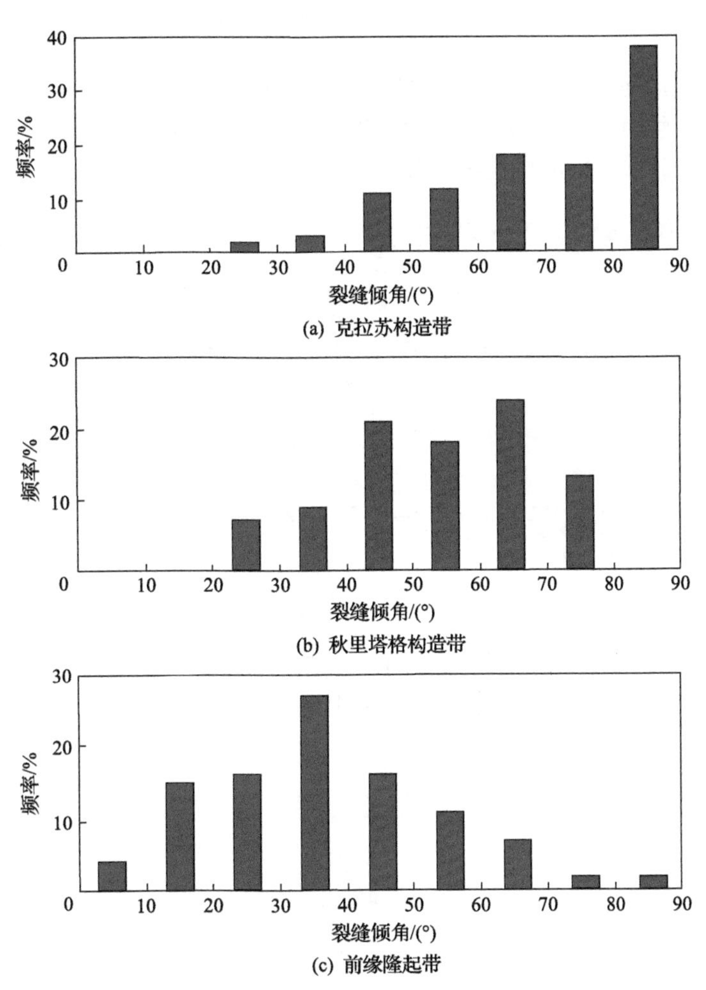

图 7-4　库车拗陷不同构造带裂缝倾角分布图

7.1.2　不同构造带裂缝规模差异性

克拉苏构造带储层较致密，受强烈构造挤压作用和构造变形的影响，构造裂缝规模较大。在野外剖面、岩心上可以普遍见到较多的剪性和张剪性高角度构造裂缝，镜下可观察到半充填或未充填的裂缝(图 7-5)。该区裂缝延伸较长，野外构造裂缝高度为 0.5～2.5m，延伸长度为 3.5～10m；岩心上裂缝高度为 10～25cm，延伸长度可达 80cm。

(a) 库车河剖面　(b) DB1井，5673m　(c) DB3井，5685m

图 7-5　克拉苏构造带的构造裂缝

秋里塔格构造带受构造挤压作用的强度有所下降，裂缝规模相对下降，岩心和镜下可以见到少量裂缝发育(图 7-6)，但裂缝规模远远不及克拉苏构造带。岩心上裂缝高度主要为 0～10cm，高度＞50cm 的裂缝少见。

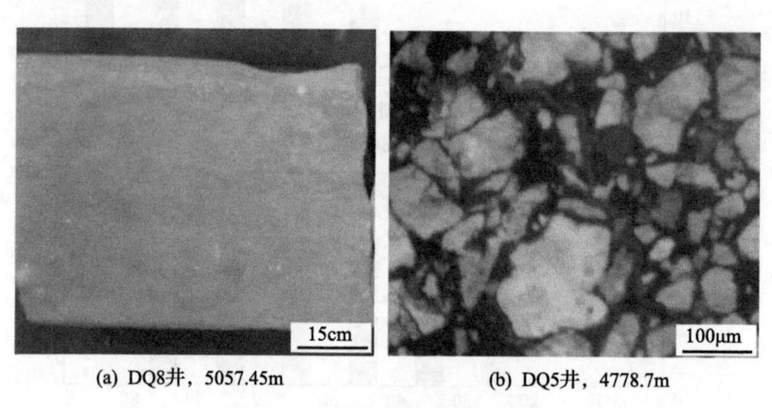

(a) DQ8井，5057.45m　(b) DQ5井，4778.7m

图 7-6　秋里塔格构造带的裂缝

前缘隆起带受到较弱的构造挤压作用，构造变形微弱，裂缝的规模小。岩心上偶见裂缝，但延伸长度较短，一般＜10cm，可见少量 10～20cm 长的裂缝；镜下的微观裂缝少见，储层孔隙度较好(图 7-7)。

(a) YD2井，5160.04m　(b) YT4井，5261.83m

图 7-7　前缘隆起带岩心上裂缝和镜下孔隙度

7.1.3　不同构造带有效裂缝发育程度差异性

受构造变形强度、成岩相、储层物性及后期胶结作用、成岩作用等因素的影响，不同地区、不同构造带储层有效裂缝的发育程度具有很大的差异性。

根据 4 条野外露头剖面的裂缝统计，库车前陆盆地白垩系致密储层有效裂缝的平均线密度为 4.38 条/m，不同剖面、不同层位和不同岩性，裂缝发育程度明显不同(图 7-8)。其中，在纵向上，亚格列木组底部裂缝较为发育，其次是喀拉扎组，舒善河组以泥岩为主，裂缝不发育。在横向上，以卡普沙良河剖面裂缝最为发育，其次为库车河剖面，吐格尔明剖面裂缝发育程度较差，即从东向西，裂缝发育程度变高。

根据 41 口井岩心裂缝线密度统计(表 7-1)，库车前陆盆地白垩系致密储层岩心有效裂缝的平均线密度为 0.98 条/m。在纵向上，巴什基奇克组裂缝最发育，其有效裂缝平均线密度为 1.29 条/m；其次是巴西盖组，其有效裂缝平均线密度为 0.72 条/m；亚格列木组和舒善河组裂缝相对不发育，其有效裂缝平均线密度分别仅为 0.49 条/m 和 0.47 条/m。在平面上，克拉苏构造带裂缝最发育，其单井有效裂缝线密度在 1.50 条/m 以上，平均为 1.97 条/m。在克拉苏构造带内部，以 DB1、DB2、DB3、TB2 井区及 KS2、KL2、BS2、KL3 井区裂缝最发育。其次是依奇克里克构造带，其单井有效裂缝线密度主要分布在 0.50～1.50 条/m，平均为 0.79 条/m。在依奇克里克构造带内部，在西部的 KZ1 井区裂缝最发育，其次是依深、依南井区，东部的吐孜、明南井区裂缝不发育，即从西向东，裂缝发育程度变差。秋里塔格构造带岩心裂缝发育程度一般，以高角度构造剪切裂缝为主，单井有效裂缝线密度一般小于 1.00 条/m，平均为 0.63 条/m，裂缝几乎未被充填，绝大部分为有效裂缝。在秋里塔格构造带内部，在东部的迪那井区裂缝最发育，其单井有效裂缝线密度可达 1.44 条/m，其次是 DQ5、DQ8 井区，西部 XQ2 井区和却勒地区裂缝发育程度一般，即从东向西，裂缝发育程度变差。前缘隆起带岩心裂缝相对不发育，除发育有高角度构造剪切裂缝外，还发育有扩张裂缝，其单井有效裂缝线密度一般小于 1.00 条/m，平均为 0.59 条/m。裂缝被全充填者较少，裂缝有效性好。

根据 488 块薄片分析，研究区几乎所有的薄片都发育粒内缝和粒缘缝，反映库车前陆盆地白垩系埋藏较深和强烈构造挤压的特点。根据微观裂缝观察统计，45%的薄片都含有穿粒缝，其平均裂缝面密度为 0.38cm/cm^2。在不同构造带，微裂缝的密度差别较大(图 7-9)，其中克拉苏构造带微观裂缝面密度最大，平均面密度为 0.52cm/cm^2；其次是依奇克里克构造带，平均面密度为 0.44cm/cm^2；秋里塔格构造带和前缘隆起带平均微观裂缝面密度最小，分别为 0.32cm/cm^2 和 0.25cm/cm^2。

7.1.4　不同构造带有效裂缝物性差异性

裂缝的孔隙度和渗透率是裂缝物性的两个基本参数，分别反映了裂缝储集和渗流的能力。本小节对库车坳陷各个构造带白垩系巴什基奇克组裂缝的孔隙度和渗透率进行了对比分析(图 7-10)，不同构造带之间裂缝物性存在较明显的差异。

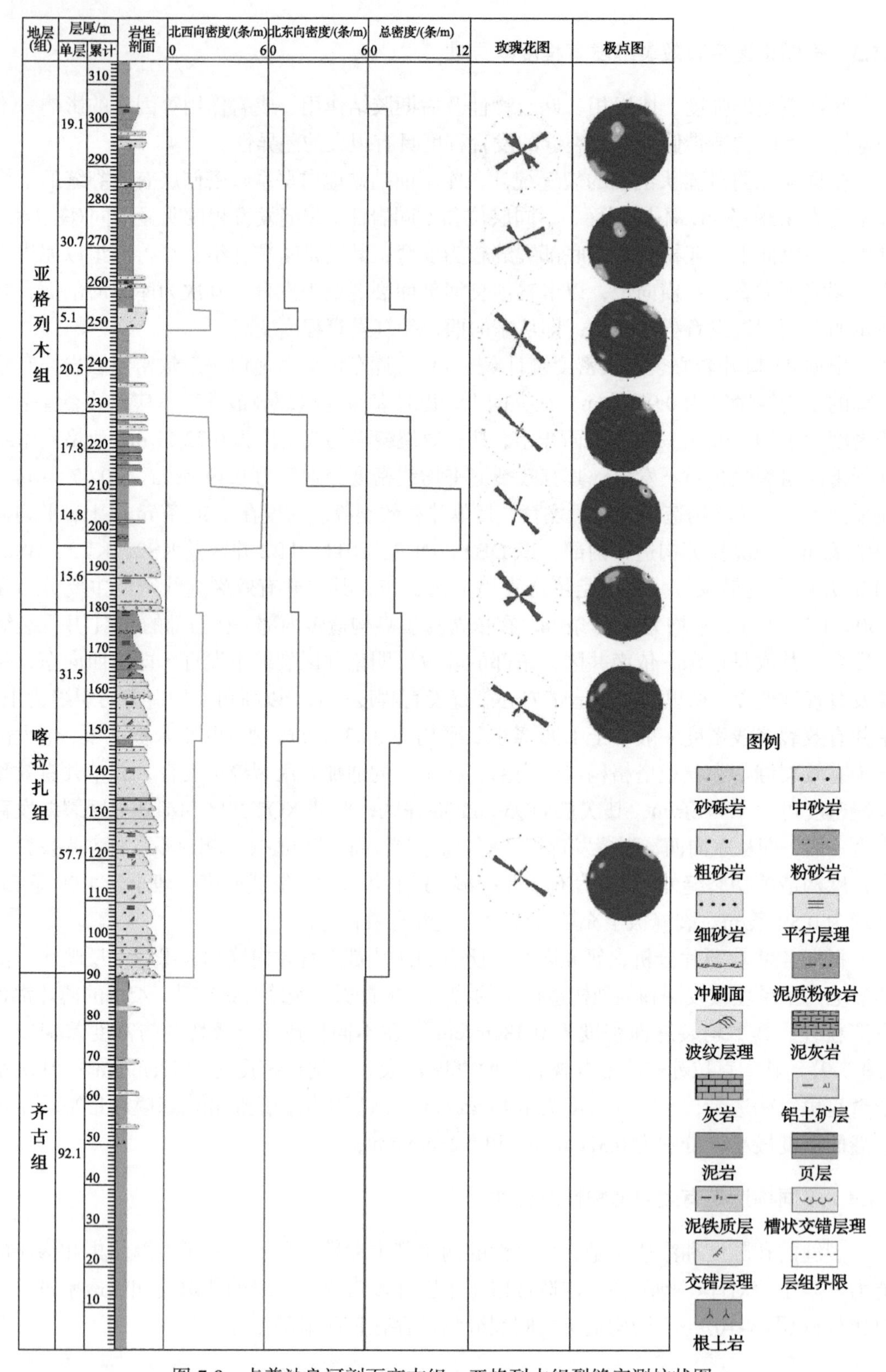

图 7-8　卡普沙良河剖面齐古组—亚格列木组裂缝实测柱状图

表 7-1　不同构造带裂缝参数统计

构造带	岩心长度/m	裂缝数量/条	裂缝线密度/(条/m)	裂缝孔隙度/%	裂缝渗透率/mD
克拉苏构造带	403.45	794.00	1.97	0.22	126.29
依奇克里克构造带	728.19	573.00	0.79	0.05	26.14
秋里塔格构造带	217.58	137.00	0.63	0.08	53.14
前缘隆起带	478.35	283.00	0.59	0.07	41.21
平均	1827.57	1787.00	0.98	0.11	61.70

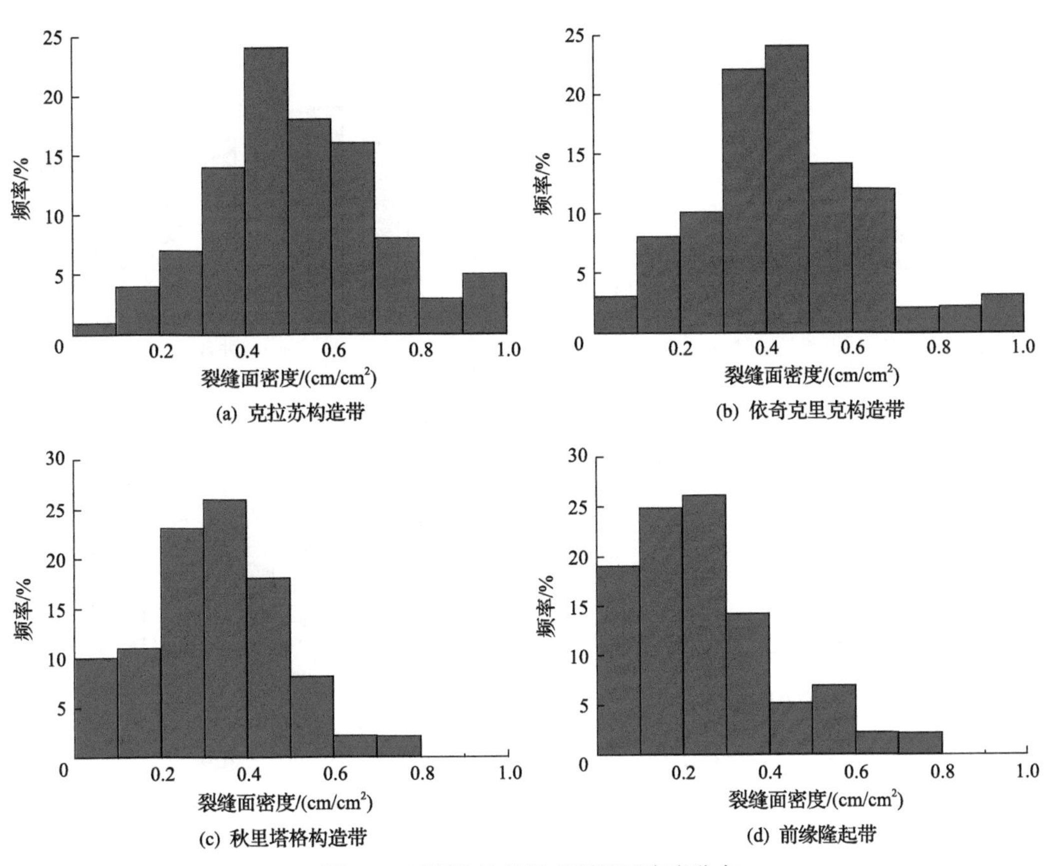

图 7-9　不同构造带微观裂缝面密度分布

1)裂缝孔隙度的差异

克拉苏构造带裂缝的孔隙度为 0.1%～0.4%，平均值为 0.28%；秋里塔格构造带裂缝的孔隙度一般小于 0.3%，平均值为 0.08%；前缘隆起带裂缝的孔隙度在 0%～0.2%，平均值为 0.06%[图 7-10(a)]。对比分析库车坳陷不同构造带裂缝孔隙度可知，各个构造带自北向南裂缝孔隙度呈现出降低的趋势，反映了裂缝在北部地区的储集作用较大，向南逐渐下降，在前缘隆起带裂缝的储集作用比较微弱。

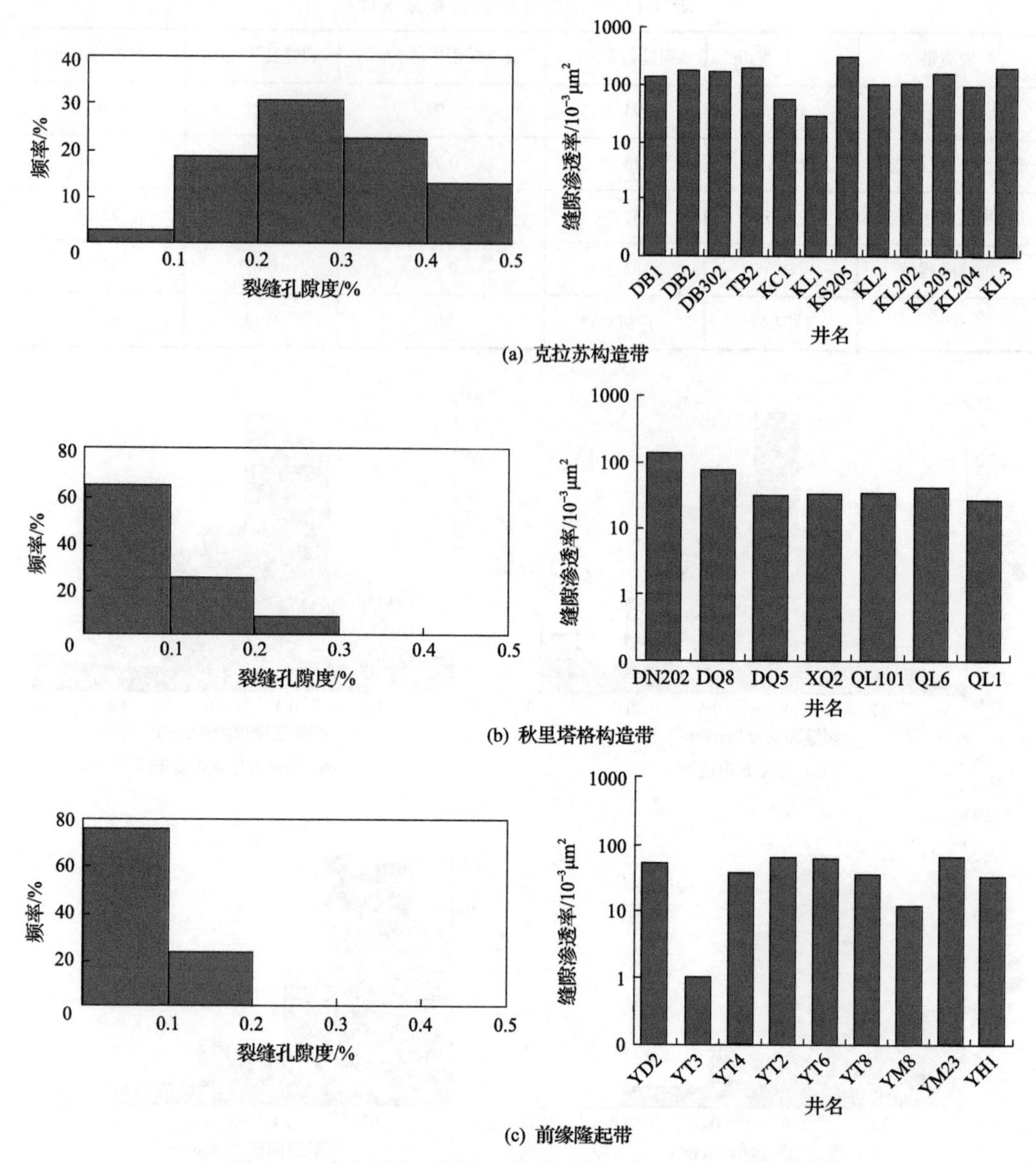

(a) 克拉苏构造带

(b) 秋里塔格构造带

(c) 前缘隆起带

图 7-10　库车拗陷不同构造带裂缝孔隙度和渗透率分布图

2）裂缝渗透率的差异

克拉苏构造带裂缝渗透率相对较高，为 53×10^{-3}～$282\times10^{-3}\mu m^2$，平均值为 $126\times10^{-3}\mu m^2$[图 7-10(a)]；秋里塔格构造带裂缝的渗透率有所降低，主要为 25×10^{-3}～$135\times10^{-3}\mu m^2$，平均值为 $54\times10^{-3}\mu m^2$[图 7-10(b)]；前缘隆起带裂缝渗透率进一步下降，为 12×10^{-3}～$58\times10^{-3}\mu m^2$，平均值为 $41\times10^{-3}\mu m^2$[图 7-10(c)]。各个构造上储层裂缝渗透率的大小反映出裂缝的渗流作用存在明显差异，其中，克拉苏构造带最大，其次是秋里塔格构造带，而前缘隆起带最小。

7.2　成岩作用对裂缝发育的影响

储层受不同的压实作用、胶结作用、溶蚀作用等多种成岩作用影响，其致密程度各不相同，导致岩石的力学性质存在明显差异。因此，在不同的成岩相中，裂缝的发育程度也具有明显的不同。

库车前陆盆地自北向南具有三个成岩相：即强压实致密型成岩相、中等胶结溶解型成岩相和弱胶结强溶解型成岩相。克拉苏构造带属于强压实致密型成岩相，储层较致密、物性差，宏观裂缝和微观裂缝的线密度平均值分别为 2.5 条/m 和 0.44 条/m，裂缝发育；秋里塔格构造带属于中等胶结溶解型成岩相，储层物性较好，宏观裂缝和微观裂缝的线密度平均值分别为 0.8 条/m 和 0.31 条/m，裂缝发育程度有所下降；前缘隆起带属于弱胶结强溶解型成岩相，储层物性很好，宏观裂缝和微观裂缝的线密度平均值分别为 0.5 条/m 和 0.18 条/m，裂缝不发育。这种特征反映出库车拗陷强压实致密型成岩相储层物性差，裂缝发育；中等胶结溶解型成岩相储层物性相对较好，裂缝发育程度降低；弱胶结强溶解型成岩相储层物性很好，裂缝不发育。

此外，成岩作用对裂缝的影响还表现出以下两个特征：第一，强烈的成岩压实、压溶作用造成矿物颗粒之间相互挤压，导致粒内缝和粒缘缝形成，粒内缝分布在矿物颗粒内部，未切穿颗粒[图 7-11(a)]，粒缘缝沿矿物颗粒边缘分布[图 7-11(b)]；第二，裂缝形成以后，张开的空间往往因后期的成岩胶结作用而被矿物充填，降低了裂缝的有效

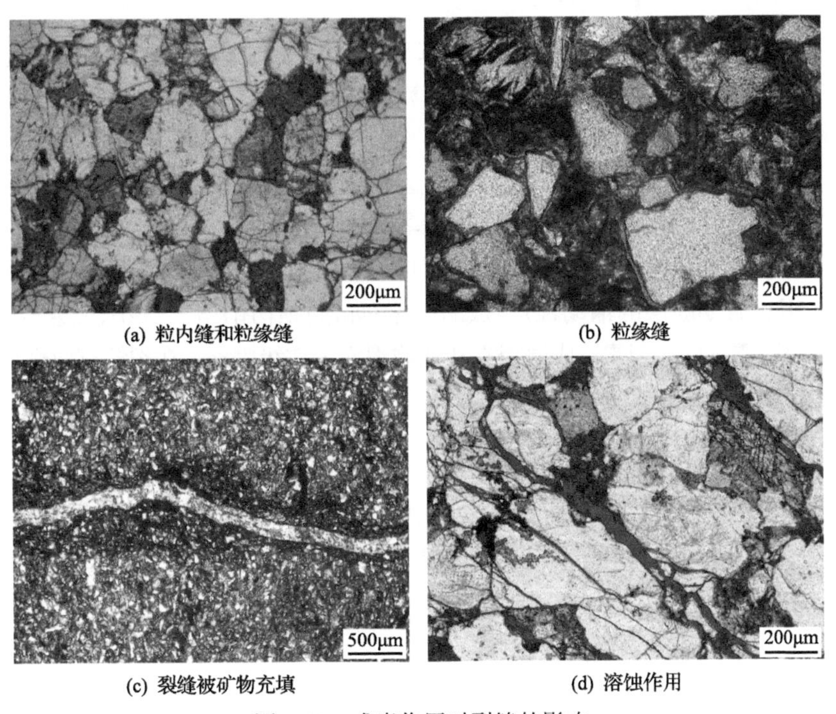

(a) 粒内缝和粒缘缝　(b) 粒缘缝
(c) 裂缝被矿物充填　(d) 溶蚀作用

图 7-11　成岩作用对裂缝的影响

性[图 7-11(c)]，而后期的溶蚀作用往往使裂缝的连通性得到改善，大大提高了裂缝的有效性[图 7-11(d)]。

7.3　构造成岩作用对有效裂缝发育的影响

7.3.1　裂缝有效性评价

野外露头、岩心和薄片的裂缝观察统计表明，库车前陆盆地白垩系储层裂缝普遍被石英、方解石、石膏等矿物充填，同时一些裂缝充填物又普遍受到后期的溶蚀作用影响，使裂缝的有效性变得更为复杂。在对储层裂缝的研究过程中，不仅要评价和预测储层裂缝的分布规律，更要评价和预测储层中有效裂缝的发育规律。无效裂缝对储层没有任何贡献，而有效裂缝才是控制油气分布和单井产能的主要因素(鞠玮等，2014b；巩磊等，2015；年涛，2017；王珂等，2018；杨海军等，2018；王兆生等，2020)。因此，阐明裂缝有效性的控制因素，对深入认识有效裂缝分布具有重要的指导作用。

根据天然裂缝有效性的主要影响因素，提出了一种基于裂缝有效指数法的致密低渗透储层裂缝有效性定量评价和预测方法，该方法能够对致密低渗透储层中不同方向天然裂缝的有效性及总裂缝有效性进行定量评价和井间定量预测，为致密低渗透储层裂缝有效性的定量评价和预测提供了一条新的途径。

1. 裂缝有效性的定量评价方法

裂缝有效性的定量评价具体包括：①基于裂缝有效性影响因素的参数优选和单因素指数定量计算方法；②裂缝有效指数定量计算与评价方法；③单井裂缝有效性定量评价；④井间裂缝有效性的定量预测方法。

(1)基于裂缝有效性影响因素的参数优选和单因素指数计算是评价裂缝有效性的基础。影响裂缝有效性的主要因素包括油藏因素(如地层压力、深度)、裂缝因素(如裂缝的形成时间、产状、发育程度)、地应力因素(如地应力方向、大小)、构造因素(如晚期构造抬升剥蚀作用、后期断层的活动性)、成岩因素(如溶蚀作用)等，其中，裂缝因素和地应力因素为主控因素，构造因素、成岩因素和油藏因素为次级因素。在裂缝有效性评价时，首先需要确定影响裂缝有效性的因素，根据不同参数的影响程度，进行各单因素参数优选。在此基础上，进行单因素指数的计算和评价。单因素指数的基本计算方法可表示为

$$F_i = \sum_{i=1}^{n} \left\{ \frac{P_i - P_{\min}}{P_{\max} - P_{\min}} \right\} \tag{7-1}$$

式中，F_i 为某单因素指数；$P_{\max}$ 为某一方向裂缝单因素的最大值；P_i 为某一方向裂缝的单因素计算值；$P_{\min}$ 为某一方向裂缝的单因素最小值。

利用式(7-1)可以定量计算影响裂缝有效性的单因素指数分布。

(2)在单因素参数优选和单因素指数计算的基础上，进行裂缝有效指数的定量计算。

依据各单因素对裂缝有效性的影响程度，确定单因素系数，计算裂缝有效指数。裂缝有效指数(FEI)的基本计算方法可表示为

$$\mathrm{FEI}=\sum_{i=1}^{n}(C_i \times F_i) \tag{7-2}$$

式中，FEI 为裂缝有效指数；F_i 为影响裂缝有效性的单因素指数；C_i 为单因素系数。

利用式(7-2)可以定量计算裂缝有效性指数分布。

(3)利用裂缝有效指数法进行裂缝有效性的定量评价，包括不同方向裂缝的有效指数和综合裂缝有效指数，分别反映单井不同方向裂缝的有效性评价及单井点裂缝有效性的综合评价，能够定量评价某一部位和(或)某一层位不同方向裂缝的有效性及总裂缝的有效性分布。

(4)进行井间裂缝有效性的定量预测，包括利用综合裂缝预测方法定量预测裂缝产状(包括裂缝走向和裂缝倾角)和裂缝密度的分布规律，利用有限元数值模拟方法定量计算模拟地应力方向和大小的展布规律，利用裂缝有效指数法定量预测裂缝有效性的分布规律，能够定量预测某一地区不同方向裂缝有效性在空间上的展布规律及总裂缝有效性在空间上的展布规律。

2. 应用实例

基于上述研究方法，实现了致密天然气储层裂缝有效性的定量评价和预测。具体的研究技术流程如下：首先，利用岩心和成像测井资料，获取了单井裂缝参数分布数据；其次，利用测井和样品测试分析资料，获取了现今地应力方向和大小分布数据及其三维模型；再次，在此基础上，结合油藏生产数据等资料，计算裂缝、地应力、构造、成岩和油藏单因素指数，并依据各因素对裂缝有效性的影响程度大小，得到单井的裂缝有效指数；最后，利用三维有限元数值方法获得到地应力方向与大小的三维分布规律，在利用地质和地球物理方法分析裂缝展布特征的基础上，来定量预测裂缝有效性的分布规律。

应用裂缝有效指数法进行定量评价结果表明，致密储层的单井天然气产量与天然裂缝有效指数密切相关，当裂缝有效指数小于 0.4 时，裂缝的有效性较差，这类储层通常为干层；当裂缝有效指数为 0.4～0.6 时，裂缝的有效性中等，通常为低产气层，此类储层经过压裂改造以后，可以获得高产工业气流；当裂缝有效指数大于 0.6 时，裂缝的有效性好，不需要经过改造措施即可获得高产气流，其单井天然产量普遍较高(图 7-12)。裂缝有效性分布预测结果表明，研究区的裂缝有效性在东部和中部偏北地区较好，而在研究区的西部和北部的裂缝有效性相对较差。单井裂缝有效性评价和井间裂缝有效性预测结果为该区致密储层天然气勘探开发提供了可靠的地质依据，从而降低了勘探开发的风险成本。

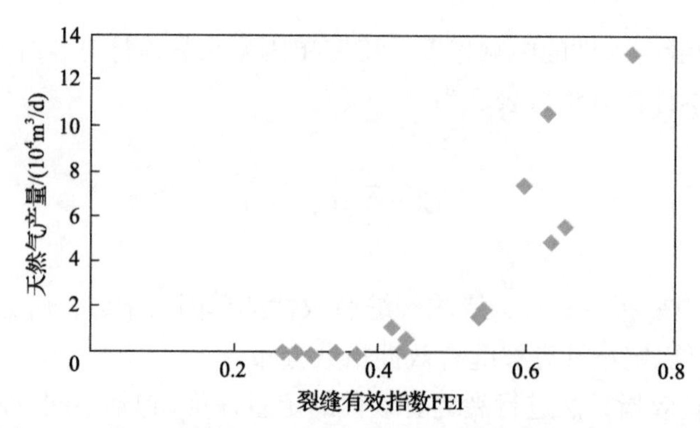

图 7-12 某地区致密储层天然气产量与裂缝有效指数的关系图

7.3.2 构造成岩作用对有效裂缝的影响

库车前陆盆地白垩系致密储层裂缝的形成和分布主要受岩性、层厚、构造、沉积微相、成岩相和异常高压流体等因素的控制，而裂缝的有效性主要受后期胶结作用、新构造期构造抬升作用、溶蚀作用、异常高压流体、现今构造应力场及裂缝的倾角等因素的影响。

根据裂缝中矿物的充填程度，一般可将其分为全充填、半充填和未充填三种类型(Zeng，2010；曾联波等，2012；巩磊等，2015；Wang et al.，2020a)，其中，半充填和未充填裂缝可以成为油气的储集空间与渗流通道，为有效裂缝。根据 41 口井岩心裂缝充填程度统计(图 7-13，表 7-2)，库车前陆盆地白垩系致密储层裂缝被全充填者占 15.34%，半充填者占 5.18%，未充填者占 79.73%，说明研究区白垩系致密储层裂缝的充填程度较弱，有效裂缝的比例高(84.66%)，裂缝有效性好。不同构造带裂缝的有效性有所差异，其中，克拉苏构造带裂缝充填程度最高，全充填者占 31.29%，半充填者占 9.11%；其次

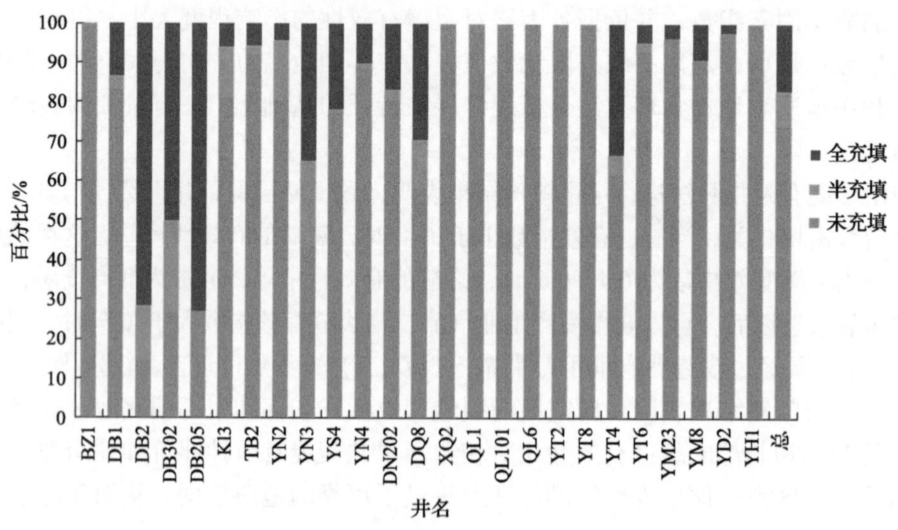

图 7-13 白垩系单井裂缝充填程度

表 7-2 白垩系致密储层裂缝充填程度统计 (单位：%)

构造带	充填程度			充填矿物			
	未充填	半充填	全充填	方解石	石膏	石英	沥青
克拉苏构造带	59.60	9.11	31.29	25.81	37.10	30.65	6.44
依奇克里克构造带	74.05	8.38	17.57	32.50	32.50	10.00	25.00
秋里塔格构造带	91.76	2.36	5.88	50.00	50.00	0.00	0.00
前缘隆起带	92.51	0.89	6.60	81.82	18.18	0.00	0.00

是依奇克里克构造带，全充填者占 17.57%，半充填者占 8.38%；而在秋里塔格构造带和前缘隆起带裂缝的充填程度较弱，被全充填者仅占 6.00%左右。裂缝的充填矿物主要为方解石、石膏、石英及沥青等，不同构造带裂缝充填矿物含量有所不同，分别与各个构造带岩石胶结物的成分相一致(表 7-2)。其中，克拉苏构造带以石膏、石英和方解石为主，偶见沥青充填；依奇克里克构造带以方解石和石膏为主，其次是沥青，此外还有石英；前缘隆起带和秋里塔格构造带以方解石和石膏为主。

不同构造带裂缝充填程度差异性是由不同构造带成岩作用和构造变形差异性引起的。裂缝形成以后所经历的成岩胶结过程与其母岩孔隙所经历的胶结作用是相同的。在北部克拉苏构造带，储层胶结作用最强，主要为强胶结致密型成岩相，因此，裂缝的充填程度也相对最高。在南部的前缘隆起带，由于其储层胶结作用较弱，裂缝的充填程度也就较弱。不同构造带构造变形时间和变形强度的差异也是裂缝充填程度产生差异性的重要原因。一般认为，裂缝形成时间越早，越容易被充填(曾联波等，2012；Wang et al., 2022)。研究区构造裂缝主要是在古近纪末期、中新世末期和上新世末期三个时期形成的，而根据库车前陆盆地构造变形时间分析，至上新世末期，构造变形作用的前锋才扩展到南部背斜带，说明前缘隆起带的构造裂缝大部分是在这个时期形成的，而在克拉苏构造带，由于其构造变形时间较早、变形强度较大，早期形成了数量相对较多的裂缝，早期形成的裂缝经历了较长时间的胶结作用，更容易被矿物充填，因此，其裂缝充填程度较高。

对比不同时期裂缝的充填程度发现，第一期构造裂缝经历了研究区的主要胶结作用时期，几乎全部被石英或方解石完全充填，大部分为无效裂缝；第二期构造裂缝同样经历了较强的胶结作用，大部分裂缝被方解石或石膏充填，部分裂缝面见有沥青；第三期构造裂缝错过了主要胶结作用时期，裂缝几乎未被矿物充填或仅为局部充填，绝大部分为有效裂缝。由此可知，早期形成的裂缝经历了更长时间的成岩作用，容易被矿物全充填而成为无效裂缝，而形成时间越晚的裂缝，被充填的概率就越小，更容易成为有效裂缝，对致密储层的贡献大。

裂缝形成甚至是被充填以后，还经常会发生溶蚀作用，形成沿裂缝分布的溶蚀孔洞，后期的溶蚀作用越强烈，裂缝的有效性就越好。上新世末期，油气注入带来少量酸性水，使裂缝发生了明显的溶蚀作用(图 7-14)，沿长石的解理缝发生溶蚀作用，使裂缝的有效性变好。

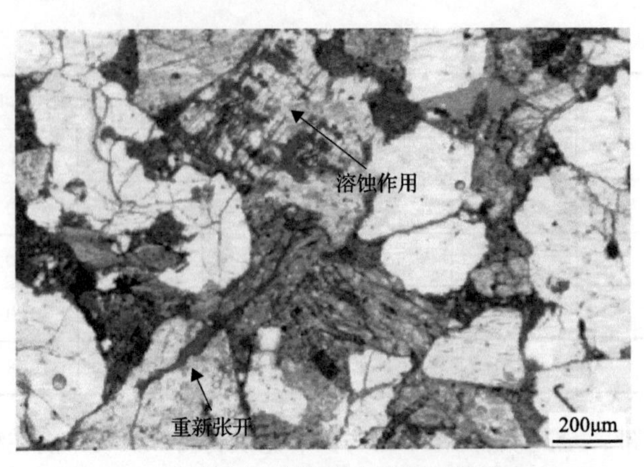

图 7-14　溶蚀作用改善裂缝有效性(巩磊等，2015)

第四纪以来，库车前陆盆地经历了强烈的构造抬升作用和剥蚀作用，可以使早期被充填的裂缝重新张开，从而使裂缝的有效性变好。另外，受后期构造挤压作用和流体充注作用等的影响，库车前陆盆地白垩系存在明显的异常高压系统，地层压力系数一般为1.7～2.0，最大可达 2.2，异常高压的存在，不仅可以在挤压构造环境下形成透镜状分布的拉张裂缝(曾联波，2008)，还可以使早期闭合的裂缝再次张开，从而使裂缝的有效性变好。

裂缝走向与现今最大主应力方向之间的关系同样影响着裂缝的有效性。如果裂缝走向与现今最大主应力方向平行，则其张开度大，连通性好，渗透率高，表现为主渗流方向；而与现今最大主应力方向垂直的裂缝，由于受到垂直于裂缝面较大的正应力作用，它们一般呈闭合状态，有效性差。另外，对于半充填的裂缝来说，即使裂缝不平行于现今最大主应力方向，充填的矿物可以起到支撑作用，保持裂缝处于开启状态，可以作为重要的渗流通道。此外，裂缝的倾角也影响着裂缝的有效性，在上覆静岩压力作用下，作用于低角度裂缝面上的正应力明显大于高角度裂缝面上的正应力，从而使高角度裂缝的开度大于低角度裂缝的开度，有效性好。

第 8 章　构造成岩作用对储层物性的影响

8.1　成岩作用对储层物性的影响

沉积物沉积以后，成岩作用决定了其后天的储集性能。压实作用、溶蚀作用、胶结作用、压溶作用、交代作用、重结晶作用及硅化作用等是库车前陆盆地白垩系致密储层的主要成岩作用类型(顾家裕等，2001；刘建清等，2005；刘春等，2009；朱如凯等，2009)，其中，溶蚀作用、早期胶结作用对储层起到建设性作用，而压实作用、胶结作用、重结晶作用和硅化作用对储层起到破坏性作用。

8.1.1　压实作用对储层物性的影响

压实作用是沉积物在上覆重力和后期的构造挤压应力作用下使孔隙体积和岩石的总体积减小的过程，是造成库车前陆盆地白垩系储层物性变差的最主要的成岩作用。随埋深加大，压实作用增强，颗粒间由点接触变为线接触甚至是凹凸接触，原始粒间孔隙体积减小。而后期的构造挤压作用使压实作用进一步增强，孔隙体积进一步减小。压实作用强度可以用视压实率来表示：

$$视压实率 = 100\% \times (原始孔隙度 - 粒间体积) / 原始孔隙度 \tag{8-1}$$

根据式(8-1)，库车前陆盆地白垩系储层整体压实作用较强，尤其是在克拉苏构造带，其视压实率可达 70%以上。这是由于在该构造带除了埋藏压实作用外，后期侧向构造挤压作用导致处于高应变集中带构造部位的储层压实异常强烈，使这些部位储层砂岩达到了基本不可再压实的程度。

压实作用强度主要受埋藏方式、岩性、颗粒类型及胶结物含量等因素的控制。库车前陆盆地属于长期浅埋、短期深埋型埋藏方式，总体来说这种埋藏方式的压实作用对孔隙的损失量有限。首先是砾岩，其分选差，岩屑含量高，抗压实作用弱，压实减孔量高；其次是中砂岩和细砂岩；最后是粉砂岩，其具有较高的结构成熟度和成分成熟度，抗压实能力强，因此，其压实作用最弱，减孔量最小。刚性颗粒具有较强的抗压实能力，其含量越高，岩石抗压实性能就越强。

8.1.2　胶结作用对储层物性的影响

胶结作用是库车前陆盆地白垩系储层物性变差最主要的成岩作用之一。胶结作用主要包括石英和长石的次生加大，方解石、白云石和含铁白云石的碳酸盐岩胶结物的形成，以及方沸石、硬石膏等自生矿物的形成，这些胶结物充填在孔隙和喉道中，使孔隙体积减小，孔隙之间的连通性变差，储层物性变差。虽然胶结作用使储层储集性能降低，但是早期胶结作用可以在一定程度上降低压实作用和后期胶结作用的发生。例如，在克拉苏构造带的KL2井区，早期形成的赤铁矿包裹黏土膜阻止了后期石英和长石次生加大的发育，后来普遍发育的方解石和白云石又减少了压实作用的发生，并为后期溶蚀作用打下了物质基础，这也是KL2井区能够保持相对较好的储层质量的重要因素。

胶结率可以定量表征胶结作用的强弱，计算方法如式(8-2)所示：

$$胶结率=100\%\times胶结物含量/原始孔隙体积 \tag{8-2}$$

库车前陆盆地白垩系储层胶结率一般低于60%，整体上为中—弱胶结。按照胶结作用的强弱程度，可以将库车前陆盆地分为三个带：北部山前带的强胶结带、中南部和东南部的中等胶结带以及南部和西南部的弱胶结带。

8.1.3 溶蚀作用对储层物性的影响

溶蚀作用是一种建设性的成岩作用。溶蚀作用发生的前提条件是：①可溶解物质的存在；②可流动的流体；③流体对某些组分的可溶性；④发生反应的温压条件(朱如凯等，2009)。而要使孔隙空间增大，即能增加有效孔隙的前提条件是溶解物质必须能够随流体发生迁移，否则，虽然有流体对储层组分进行溶蚀，但随之又发生了新的沉淀，则对储层的改善就是无效的。

库车前陆盆地白垩系的溶蚀作用主要表现为自生矿物及岩屑或长石颗粒的部分溶蚀，以及沿裂缝面的溶蚀，溶蚀作用形成了大量的溶蚀孔(尤其是在前缘隆起带)，极大地改善了储层质量。库车前陆盆地白垩系主要有两次明显的溶蚀作用(朱如凯等，2007a，2009)。第一次是储层进入中成岩A_1阶段时，烃源岩有机质达到低成熟阶段，在排烃过程中产生的大量有机酸造成了较强的溶蚀作用。例如，在南部羊塔地区的巴什基奇克组5300～5500m井段，虽然其埋深较大，但是因为该区的地温梯度较低，成岩演化阶段仅处于中成岩A_1亚期，使巴什基奇克组储层不但保留了部分原生孔隙，在有机酸的作用下还形成了大量次生孔隙，使储层物性明显变好，平均孔隙度可达19.32%，平均渗透率为358.90mD，是库车前陆盆地白垩系储层中最优质的储层。第二次溶蚀作用发生在中成岩A_2—B阶段，此时地层温度大于100℃，热还原反应产生的有机酸对储层进行了溶蚀作用。此次溶蚀作用的强度比第一次有所减弱，但此次溶蚀作用发生时，储层中形成了大量构造裂缝，它们被溶蚀以后对储层的储集性能，尤其是对渗流能力的提高起到了重要的作用。例如，在KL2井区，巴什基奇克组的长石颗粒、岩屑、胶结物发生了部分溶蚀，构造裂缝及长石的解理缝也发生了明显的溶蚀作用，使储层物性变好。

根据以上分析，构造变形时间、变形强度及埋藏史差异性造成的成岩作用类型和强度各异，是导致不同构造带白垩系储层物性差别很大的重要因素。在北部克拉苏构造带，以压实作用和胶结作用为主，溶蚀作用较弱，储层物性差。在秋里塔格构造带，压实作用中等—强，胶结作用中等，溶蚀作用一般，储层物性略好于克拉苏构造带。在南部的前缘隆起带，压实作用和胶结作用较弱，溶蚀作用强，储层物性好。

8.2　侧向构造挤压作用对储层物性的影响

构造挤压作用对储层储集性能的影响既有消极的方面，也有积极的方面。一方面，侧向构造挤压作用使岩石的压实作用增强，造成孔隙度下降，侧向构造挤压强度越大，砂岩的构造压实减孔量就越大。另一方面，构造挤压作用是形成构造裂缝的重要力源，构造裂缝既可以作为致密储层重要的储集空间和主要的渗流通道，同时可以使砂岩中的酸性物质容易进入孔隙，并对颗粒和胶结物产生强烈的溶蚀作用，增加了次生孔隙的发育，从而使孔隙间的连通性变好，提高致密储层的储集和渗流性能。

8.2.1　侧向构造挤压作用对压实作用的影响

侧向构造挤压作用是由寿建峰等(2001，2003)在研究库车前陆盆地侏罗系阿合组储层性能的时候提出的，阿合组砂岩的储集性能在东西向上的差异性很大，即使在相同或相似的砂岩粒径、分选、胶结物含量、泥质含量和溶蚀孔含量的情况下，砂岩的储集性能变化也很大。寿建峰等(2001，2003)认为这种储集性能的变化是由压实作用、胶结作用及溶蚀作用引起的，其中，压实作用是最主要的影响因素。在剔除了胶结作用、溶蚀作用和埋藏深度不同造成的压实作用的影响后，这种东西向的差异性仍然存在，他们认为这种差异是由侧向构造挤压作用的差异性造成的。

前人对侧向构造挤压作用对于储层的减孔量做了大量工作(Houseknecht，1989；Ehrenberg，1990，1995)。主要的技术流程是首先恢复地层的原始孔隙度($\varPhi_{原始}$)，然后减去现今孔隙度($\varPhi_{现今}$)、埋藏压实减孔量($\varPhi_{埋藏}$)和胶结作用平均减孔量($\varPhi_{胶结}$)，同时添加溶蚀作用增孔量($\varPhi_{溶蚀}$)，其计算公式为

$$\varPhi_{构造减孔}=\varPhi_{原始}-\varPhi_{现今}-\varPhi_{埋藏}-\varPhi_{胶结}+\varPhi_{溶蚀} \tag{8-3}$$

砂岩地层原始孔隙度的恢复借用 Beard 和 Weyl(1973)采用的湿砂填充试验得到砂岩原始孔隙度与特斯拉克(Trask)分选系数的经验公式：

$$\varPhi_{原始}=20.91+22.90/S_o \tag{8-4}$$

式中，S_o为 Trask 分选系数。

按式(8-4)计算博孜及克深区块砂岩原始孔隙度介于 36.9%～39.2%，平均值约 38.3%，而库车坳陷北部构造带侏罗系阿合组储层初始孔隙度平均值约为 36.2%；埋藏压实减孔量采用(寿建峰等，2006)关于库车坳陷的埋藏热压实校正曲线，而溶蚀增孔量$\varPhi_{溶蚀}$通过薄片鉴定的面孔率与实测孔隙度的相关关系取得。研究结果表明，不同区块间侧向构造挤压减孔量存在一定差异(图 8-1)，从挤压型突发构造背斜构造变形机制来看，反冲断层形成后，随着挤压推移量的增加，断距增加快，侧向构造挤压减孔量影响不大(魏国齐等，2020)。白垩系巴什基奇克组的侧向构造挤压减孔量一般低于 15%，侏罗系阿合组的侧向构造挤压减孔量普遍介于 15%～25%(图 8-2)。

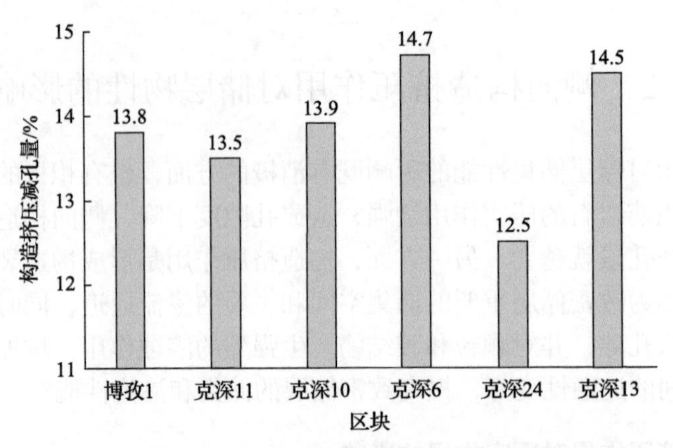

图 8-1 白垩系巴什基奇克组构造挤压减孔量分布直方图

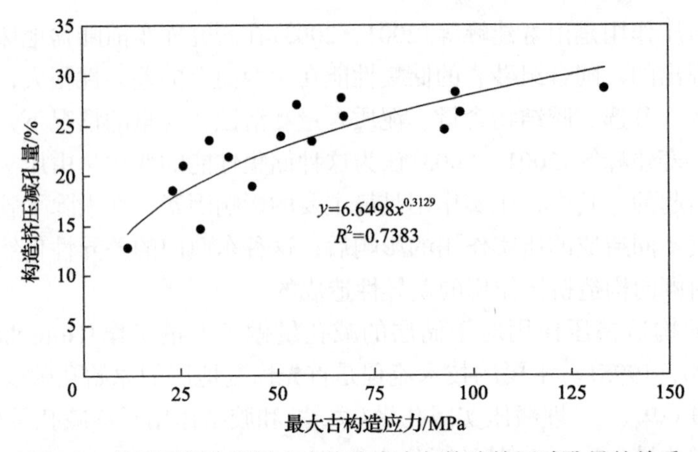

图 8-2 侏罗系阿合组最大古构造应力与构造挤压减孔量的关系

通过对库车前陆盆地白垩系野外露头和岩心的普通薄片、铸体薄片、扫描电镜及阴极发光等资料的分析研究(顾家裕等，2001；刘春等，2009；朱如凯等，2009)，压实作用、压溶作用、胶结作用、溶蚀作用、交代作用及重结晶作用等是白垩系储层的主要成岩作用类型，其中对储层物性影响较大的是压实作用、胶结作用和溶蚀作用。因此，侧向构造挤压作用造成的压实减孔量可以使用修正后的式(8-5)进行计算：

$$\varPhi_{\mathrm{st}}=\varPhi_{\text{原始}}-\varPhi_{\text{现今}}-\varPhi_{\text{胶结}}+\varPhi_{\text{溶蚀}}+\varPhi_{\text{裂缝}}-\varPhi_{\text{埋藏}} \tag{8-5}$$

式中，$\varPhi_{\mathrm{st}}$为侧向构造挤压作用造成的压实减孔量，%；$\varPhi_{\text{原始}}$为砂岩原始孔隙度，取值40%；$\varPhi_{\text{现今}}$为砂岩的现今实测孔隙度，%，根据氦气孔隙度测定仪测量，测量误差为0.5%～1.0%；$\varPhi_{\text{胶结}}$为胶结作用平均减孔量，%，根据岩石铸体薄片或阴极发光薄片进行估算，误差在1.0%左右；$\varPhi_{\text{溶蚀}}$为溶蚀作用增孔量，%，根据岩石常规薄片或铸体薄片估算，误差在1.0%左右；$\varPhi_{\text{裂缝}}$为裂缝增孔量，%，根据岩石常规薄片或铸体薄片估算，误差在0.5%左右；$\varPhi_{\text{埋藏}}$为热成岩作用埋藏压实减孔量，%，根据图8-3中图版进行计算，该图版适用条件为细—中砂岩，分选中—好，泥质含量小于5%。

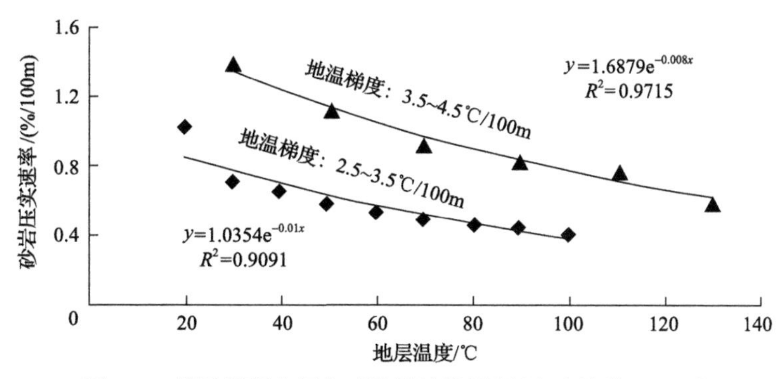

图 8-3　储层埋藏点压实减孔量计算图版(寿建峰等，2006)

根据式(8-5)计算(表 8-1，图 8-4)，库车前陆盆地白垩系砂岩的总压实减孔量主要分布在 21%～33%，不同构造带的总压实减孔量差别较大，其中克拉苏构造带的总压实减孔量最大，主要分布在 26%～33%，平均为 30.62%；其次是东秋里塔格和却勒地区，其平均总压实减孔量分别为 28.61%和 26.65%；前缘隆起带各井的总压实减孔量相对较小，一般小于 24%，平均为 23.13%。

不同构造带白垩系砂岩的埋藏压实减孔量差异不大(表 8-1，图 8-4)，主要分布在 19%～24%，在北部克拉苏构造带的平均埋藏压实减孔量为 22.38%，略大于南部前缘隆起带的 19.83%。克拉苏构造带和前缘隆起带白垩系之间砂岩的埋藏压实减孔量差值为 2.55%，只占克拉苏构造带和前缘隆起带白垩系砂岩总埋藏压实减孔量差值的 29.92%。

表 8-1　库车前陆盆地不同构造带白垩系砂岩成岩作用类型及减孔量统计表　(单位：%)

井号	$\Phi_{原始}$	$\Phi_{现今}$	$\Phi_{胶结}$	$\Phi_{溶蚀}$	$\Phi_{裂缝}$	$\Phi_{埋藏}$	Φ_{st}	总压实减孔量
B1 井	40.00	3.36	6.04	2.02	0.23	23.47	9.38	32.85
TB1 井	40.00	13.51	4.05	8.70	0.28	22.21	9.21	31.42
TB2 井	40.00	7.55	5.27	4.78	0.31	21.82	10.45	32.27
KL201 井	40.00	13.76	5.13	8.26	0.15	21.35	8.17	29.52
KL202 井	40.00	11.50	6.45	7.90	0.17	22.11	8.01	30.12
KL2 井	40.00	12.05	7.00	10.23	0.17	22.79	8.56	31.34
QL101 井	40.00	9.84	6.94	3.35	0.05	21.55	5.07	26.62
DQ5 井	40.00	8.00	7.20	2.72	0.05	20.54	7.03	27.57
DQ8 井	40.00	10.90	7.36	5.89	0.11	20.50	7.24	27.73
DN201 井	40.00	5.28	7.17	2.85	0.08	20.88	9.60	30.48
YD2 井	40.00	19.75	4.78	8.18	0.08	19.53	4.20	23.74
YT101 井	40.00	18.50	4.85	7.25	0.06	19.97	3.99	23.96
YT1 井	40.00	19.32	4.93	6.73	0.08	20.02	2.54	22.56
YT2 井	40.00	18.27	4.83	6.31	0.09	20.10	3.20	23.30
YT5 井	40.00	18.73	4.87	6.49	0.02	19.85	3.06	22.91
YM8 井	40.00	21.64	5.16	8.74	0.02	19.59	2.37	21.96

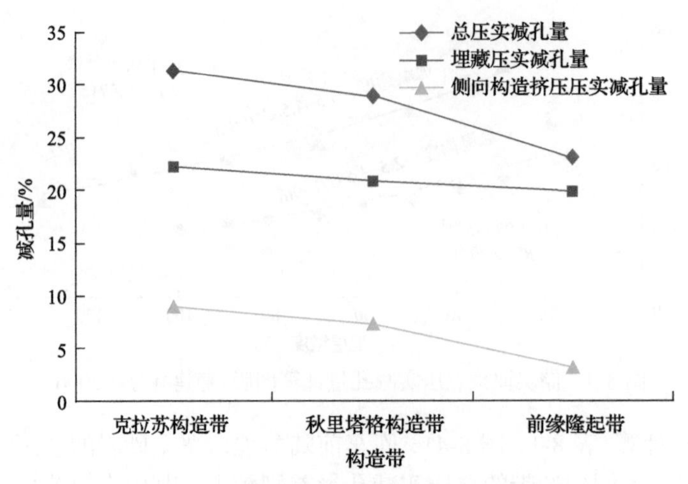

图 8-4　不同构造带压实减孔量差异性

不同构造带白垩系砂岩的侧向构造挤压压实减孔量差异较大(表 8-1，图 8-4)。北部克拉苏构造带白垩系砂岩的侧向构造挤压压实减孔量分布在 8%～11%，平均为 9.03%。秋里塔格构造带白垩系砂岩的侧向构造挤压压实减孔量分布在 5%～10%，平均为 7.22%。前缘隆起带白垩系砂岩的侧向构造挤压压实减孔量分布在 2%～4%，平均为 3.21%。克拉苏构造带和前缘隆起带白垩系砂岩之间的侧向构造挤压压实减孔量差值为 5.82%，占克拉苏构造带和前缘隆起带白垩系砂岩之间的总压实减孔量差值的 70.18%。

从图 8-5 可以看出，前缘隆起带白垩系砂岩的埋藏压实减孔量占总压实减孔量的 82%～89%，侧向构造挤压压实减孔量只占 11%～18%，说明埋藏压实减孔量仍然是前缘隆起带白垩系砂岩孔隙度损失的主控因素，侧向构造挤压压实减孔量只是埋藏压实减孔量的 1/8～1/5。而克拉苏构造带白垩系砂岩的埋藏压实减孔量占总压实减孔量的 67%～72%，侧向构造挤压压实减孔量占 28%～33%，侧向构造挤压压实减孔量是埋藏压实减孔量的 1/2～1/3，反映在强烈的构造挤压作用下，侧向构造挤压减孔作用显著增强。因此，造成不同构造带总压实减孔量变化较大的主要因素是侧向构造挤压压实减孔量。

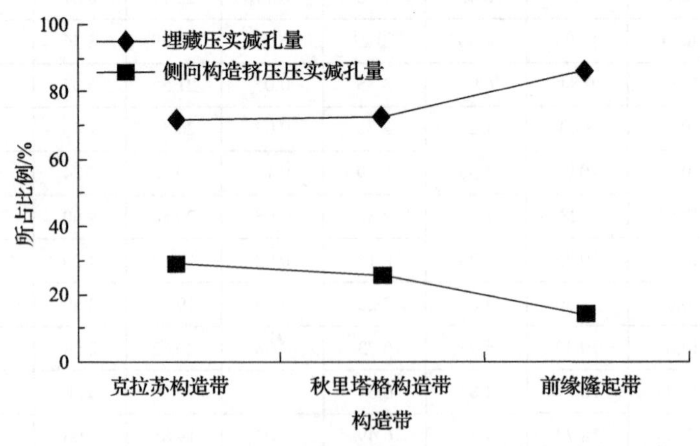

图 8-5　构造压实作用和埋藏压实作用对总压实减孔量的贡献

侧向构造挤压造成的压实减孔量与岩石声发射试验测得的最大古构造应力之间呈明显的对数函数关系(图 8-6)，岩石经历的最大古构造应力越大，侧向构造挤压压实减孔量就越大，随着最大古构造应力的进一步增加，侧向构造挤压压实减孔量增加速率呈降低的趋势。这一结论与物理模拟实验结果相一致。李忠等(2010)利用物理模拟的方法，模拟了不同物理条件下侧向构造挤压对岩石孔隙度的影响(图 8-7)，结果表明侧向构造挤压压实减孔率为 0.018～0.106%/MPa，平均为 0.062%/MPa。其中，在物理条件 D(加温速率 90℃/d，由室温加温至 180℃)下的模拟结果与地质统计方法获得的结果较一致。

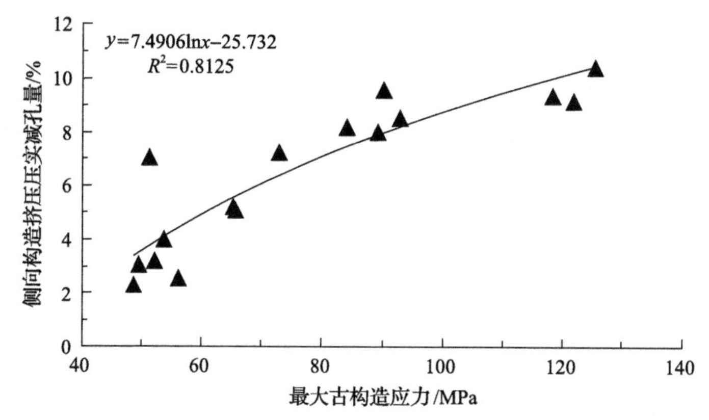

图 8-6　侧向构造挤压压实减孔量与最大古构造应力关系图

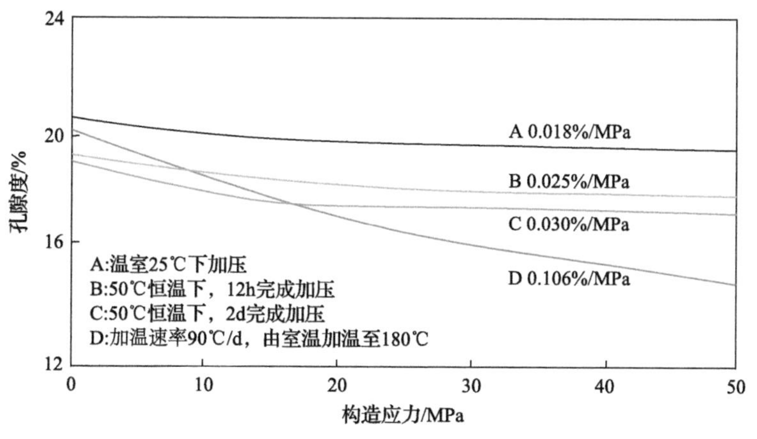

图 8-7　不同物理条件下砂岩压实规律(李忠等，2010)

由以上分析可知，侧向构造挤压作用对储层压实作用具有重要影响。侧向构造挤压压实作用强度与构造变形强度有关，构造应力每增加 10MPa，砂岩的压实减孔量就增加 0.11%左右(图 8-7)。由于不同构造带的构造变形强度不同，其侧向构造挤压压实减孔量差异较大。在北部克拉苏构造带，构造变形强度大，其侧向构造挤压压实减孔量也最大。其次是秋里塔格构造带，构造变形强度减弱，侧向构造挤压压实减孔量相应降低。在南部前缘隆起带，构造变形强度较弱，侧向构造挤压引起的压实减孔量比较小。埋藏压实减孔量是造成白垩系砂岩孔隙度损失的主控因素，而侧向构造挤压压实减孔量的差异性是造成不同构造带之间总压实减孔量差异较大的主要因素。

8.2.2　不同构造部位储层储集性能的差异性

由于受构造变形强度和变形方式等因素的制约，不同构造部位的应力状态不同，表现出不同的压实效应，从而造成储层的物性也具有差异性。根据地震资料解释(贾承造等，2002；韩登林等，2011)，克拉 2 气田构造为一背斜褶皱(图 8-8)，背斜短轴方向为南北向，东西方向为宽缓背斜。根据储层物性统计(表 8-2)，处于背斜转折端 KL201 井的储层物性(孔隙度为 15.60%)要明显好于背斜翼部的 KL203 井(孔隙度为 12.50%)和 KL204 井(孔隙度为 10.90%)。根据镜下观察，这种差异性主要是 KL201 井的压实作用较弱造成的。根据经验公式计算(韩登林等，2011)，三口井的埋藏压实减孔量分别为 23.90%(KL201 井)、24.70%(KL203 井)和 25.10%(KL204 井)，而侧向构造挤压造成的压实减孔量分别为 7.30%(KL201 井)、9.30%(KL203 井)和 8.20%(KL204 井)，表明即使是在同一背斜内部，不同构造部位的侧向构造挤压压实减孔量也是不同的。

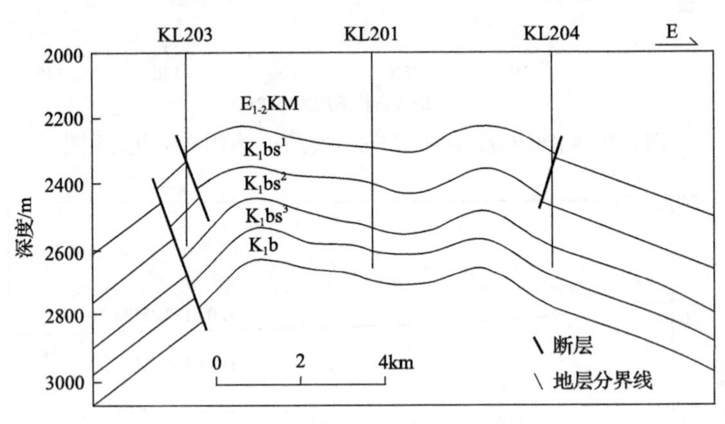

图 8-8　克拉 2 气田构造剖面图

表 8-2　克拉 2 背斜不同构造部位储层物性统计

井号	最大埋深/m	孔隙度/%	埋藏压实减孔量/%	侧向构造挤压压实减孔量/%	总减孔量/%	埋藏压实减孔量所占比例/%	侧向构造挤压压实减孔量所占比例/%
KL201 井	4774.00	15.60	23.90	7.30	31.20	76.60	23.40
KL203 井	4947.92	12.50	24.70	9.30	34.00	72.65	27.35
KL204 井	5052.00	10.90	25.10	8.20	33.30	75.38	24.62

在背斜构造的中部岩层中存在一个既无拉伸应变又无压缩应变的中和面，位于中和面之上的岩层表现为张应力，而且在背斜转折端的张应力要明显大于两翼；中和面之下的岩层表现为压应力，同样，背斜轴部的压应力大于两翼。这种应力分布状态直接影响碎屑岩储集层的压实作用。在中和面之上的岩层，张应力的存在可以抵消部分垂向埋藏

压实和侧向构造挤压所造成的压实作用，从而有利于原生孔隙的保存；而在中和面之下的岩层，压应力的存在进一步增大了对原生孔隙的破坏。因此，即使是在统一的区域构造应力场作用下，处于背斜不同部位的岩石物性会有明显的差异。组成克拉 2 背斜的地层自上而下分别为白垩系巴什基奇克组、巴西盖组、舒善河组及亚格列木组，其中，舒善河组为该背斜的中和面，目的层段巴什基奇克组位于中和面之上，因此，使克拉 2 地区的侧向构造挤压压实减孔量要小于相邻的大北地区。KL201 井处于背斜的转折端，其受到的张应力要大于两翼的 KL203 井和 KL204 井，在影响储层物性的其他因素相近的情况下，这种张应力的差异性造成了储层物性的差异性。

8.2.3　构造裂缝对致密储层物性的贡献

裂缝孔隙度和渗透率是表征裂缝物性的两个重要参数，是衡量裂缝储集性能和渗流能力的重要指标。裂缝的物性主要受裂缝的开度、高度、延伸长度及裂缝密度影响，在岩心或薄片上获得这些参数以后，可以利用蒙特卡罗（Monte Carlo）多次逼近法来计算裂缝的孔隙度和渗透率（Nelson，1985；曾联波等，2010；Zeng et al.，2013）。

根据 41 口井的岩心裂缝资料，利用 Monte Carlo 多次逼近法对裂缝孔隙度和渗透率进行了计算（表 8-3），库车前陆盆地白垩系致密储层宏观裂缝的平均孔隙度为 0.11%，平均渗透率为 61.70mD。不同构造带宏观裂缝物性不同，其中，克拉苏构造带裂缝物性最好，其宏观裂缝的平均孔隙度为 0.22%，平均渗透率为 126.29mD；其次为秋里塔格构造带，其宏观裂缝的平均孔隙度为 0.08%，平均渗透率为 53.14mD；依奇克里克构造带和前缘隆起带裂缝物性相对较差，其宏观裂缝的平均孔隙度分别为 0.05%和 0.07%，平均渗透率分别为 26.14mD 和 41.21mD。根据 488 块薄片的微观裂缝统计，库车前陆盆地白垩系致密储层微观裂缝的平均孔隙度为 0.36%，平均渗透率为 5.05mD。不同构造带微观裂缝物性不同（表 8-3，图 8-9，图 8-10），其中，克拉苏构造带和依奇克里克构造带微观裂缝物性最好，其微观裂缝的平均孔隙度分别为 0.54%和 0.49%，平均渗透率分别为 8.96mD 和 8.31mD；其次为秋里塔格构造带和前缘隆起带，其微观裂缝的平均孔隙度分别为 0.21%和 0.18%，平均渗透率分别为 1.95mD 和 0.98mD。

表 8-3　不同构造带的平均裂缝孔隙度和渗透率统计表

构造带	裂缝开度/μm		裂缝孔隙度/%		裂缝渗透率/mD	
	宏观	微观	宏观	微观	宏观	微观
克拉苏构造带	189.70	22.90	0.22	0.54	126.29	8.96
依奇克里克构造带	148.20	22.80	0.05	0.49	26.14	8.31
秋里塔格构造带	178.70	22.00	0.08	0.21	53.14	1.95
前缘隆起带	176.50	22.30	0.07	0.18	41.21	0.98
平均	173.28	22.50	0.11	0.36	61.70	5.05

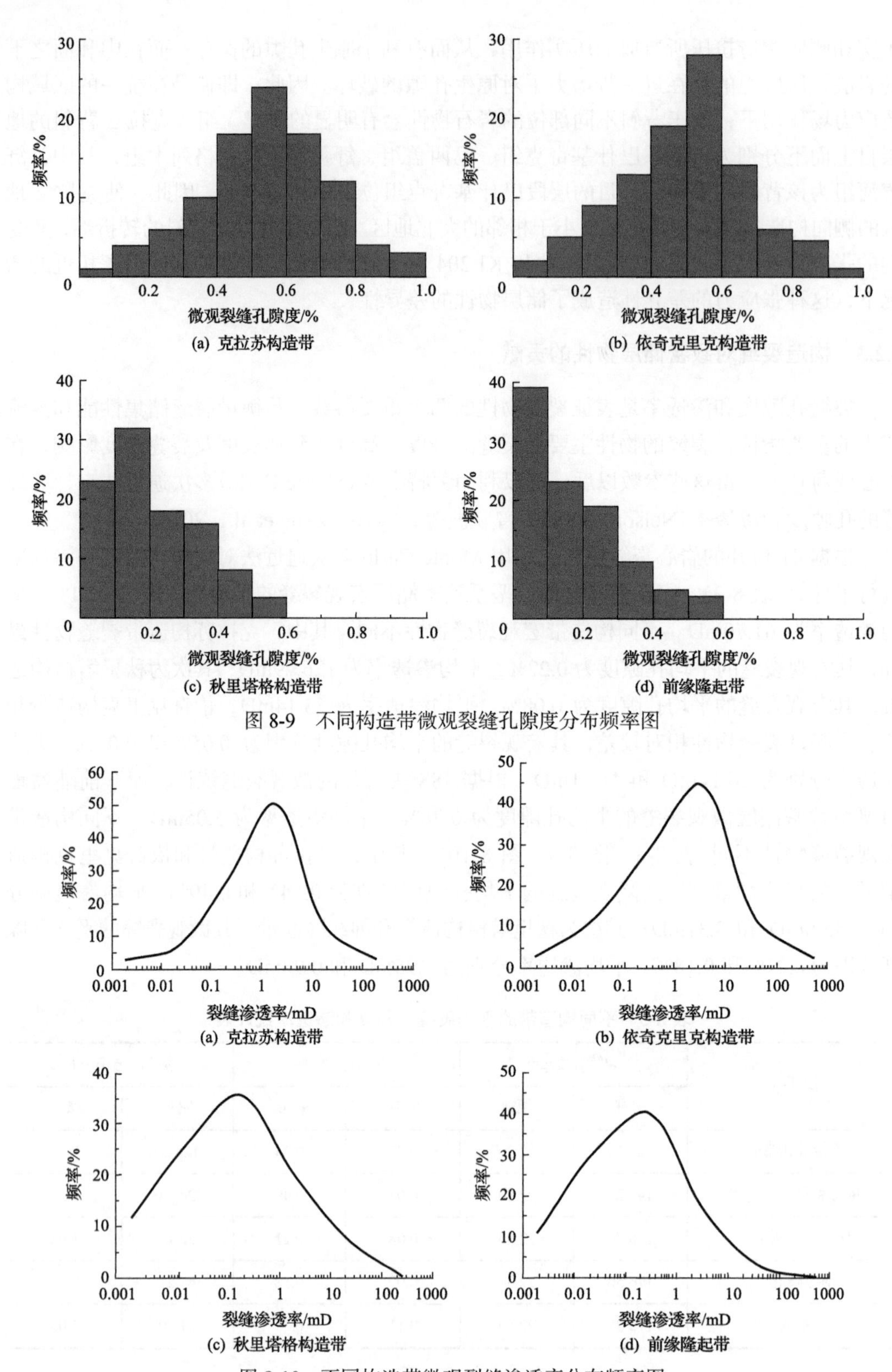

图 8-9　不同构造带微观裂缝孔隙度分布频率图

图 8-10　不同构造带微观裂缝渗透率分布频率图

通过对比裂缝和储层基质的物性发现(表 8-4)，库车前陆盆地白垩系储层中裂缝对储层孔隙度和渗透率的平均贡献率分别为 4.73%和 64.45%，不同构造带裂缝对储层的贡献率有很大的差异性。在克拉苏构造带和依奇克里克构造带，由于储层孔隙度较低，裂缝孔隙度贡献率分别为 8.08%和 6.98%，说明裂缝也是重要的储集空间。裂缝渗透率贡献率分别达到了 98.92%和 96.28%，反映裂缝是这两个构造带白垩系储层的主要渗流通道，为储层提供了基本的渗透率。在秋里塔格构造带，裂缝孔隙度和渗透率贡献率分别为 2.54%和 53.63%，说明裂缝起的储集空间的作用较小，主要是提高了储层的渗透率。在前缘隆起带，裂缝孔隙度和渗透率贡献率分别为 1.32%和 8.97%，反映裂缝对储层物性的影响较小，主要是造成了储层渗透率的非均质性。

表 8-4 不同构造带裂缝平均孔隙度和渗透率及对储层物性的贡献

		克拉苏构造带	依奇克里克构造带	秋里塔格构造带	前缘隆起带	平均
基质孔隙度/%		8.65	7.20	11.14	18.69	11.42
基质渗透率/mD		1.47	1.33	47.64	428.10	119.64
裂缝孔隙度/%	宏观	0.22	0.05	0.08	0.07	0.11
	微观	0.54	0.49	0.21	0.18	0.36
	总计	0.76	0.54	0.29	0.25	0.46
裂缝渗透率/%	宏观	126.29	26.14	53.14	41.21	61.70
	微观	8.96	8.31	1.95	0.98	5.05
	总计	135.25	34.45	55.09	42.19	66.75
裂缝贡献率/%	孔隙度	8.08	6.98	2.54	1.32	3.87
	渗透率	98.92	96.28	53.63	8.97	35.81

注：裂缝孔隙度贡献率=100%×裂缝总孔隙度/(裂缝总孔隙度+基质孔隙度)；裂缝渗透率贡献率=100%×裂缝总渗透率/(裂缝总渗透率+基质渗透率)。

8.3 储层致密化过程及其原因

8.3.1 储层物性特征及致密化过程

1. 储层物性差异性

由于不同地区沉积物在沉积以后受到的构造变形强度、埋藏史及成岩作用强度不同，库车前陆盆地不同构造带储层物性的差异很大。

根据样品统计，在北部克拉苏构造带，巴什基奇克组孔隙度分布在 0.90%～23.36%，平均为 11.61%，孔隙度分布具有多峰、负歪度的特点，峰值位于 10%～18%；渗透率分布在 0.01～1190.00mD，平均为 1.47mD，主要分布区间为 0.10～10.00mD，具单峰、正歪度的特点。整体来说，孔隙度和渗透率具明显的正相关关系。构造带内部不同地区的物性也具有一定的差异性。在 KL2 井区储层物性最好，巴什基奇克组平均孔隙度为 12.87%，孔隙度主要分布在10%～15%，占样品总数的37.18%；其次分布在15%～20%范围，占样品总数的33.39%；再次分布在5%～10%范围，占样品总数的23.83%；孔隙度大于20%和小于5%的样品很少，占样品总数的比例为5%左右。巴什基奇克组平均渗透率为15.01mD，渗透率主峰分布在0.10～1.00mD，占38.62%，渗透率增大，其频率逐渐降低。孔隙度和渗透率相关性较好。吐北井区巴什基奇克组孔隙度分布在4.36%～18.26%，平均为9.11%，峰值位于4%～10%；渗透率分布在0.15～1.77mD，主要分布区间为0.10～10.00mD。孔隙度、渗透率相关性较差，反映微观裂缝发育。大北地区巴什基奇克组储层物性较差，孔隙度主要分布在2.64%～4.12%，平均为3.36%，峰值位于3%～4%；渗透率主要分布在0.04～0.12mD，平均为0.06mD，主要分布区间为0.01～0.10mD。孔隙度、渗透率相关性较差。

秋里塔格构造带却勒井区巴什基奇克组储层物性中等—较差。例如，QL101井平均孔隙度为9.84%，平均渗透率为9.18mD。东部DQ5井、DQ8井、DN201井储层物性均较差。

前缘隆起带大部分地区埋藏深度相对较浅，构造变形强度也最低，其储层物性最好。例如，羊塔断裂构造带巴什基奇克组储层段均表现为孔隙度大、渗透率高的特点，总体反映出良好的储层物性特征。其中，YT5井孔隙度分布在4.12%～25.80%，平均为18.73%；渗透率分布在2～2053mD，平均为461.60mD；孔隙度、渗透率相关系数为0.84，这表明YT5井白垩系属于高孔隙度-高渗透率储层，储层均质性好。英买构造带巴什基奇克组也是一套优质储层，孔隙度主要分布在20%～24%，渗透率主要分布在100～1000mD，孔隙度、渗透率相关系数在0.80左右，为正相关，说明该构造带白垩系储层孔隙度高，渗透性也好。玉东、南喀地区，巴什基奇克组也是一套中、高孔隙度-中、高渗透率储层。例如，YD2井平均孔隙度为17.10%，平均渗透率为228.30mD；孔隙度与渗透率呈正相关，相关系数为0.80左右。

2. 致密化时间差异性

库车前陆盆地各个构造带的构造变形时间和变形强度对储层致密化时间具有重要影响。不同构造带构造变形时间和变形强度不同，储层进入致密阶段的时间也就不同。库车前陆盆地自北部的克拉苏构造带向南部的前缘隆起带的构造变形时间由早到晚，构造变形强度由强到弱，储层致密化的时间也具有由早到晚的特征(图8-11)。

在北部的克拉苏构造带，构造变形时间较早(距今约5.3Ma)，构造变形强度大(地层平均收缩率达26.3%)，造成其沉降速率快，深埋藏时间长，使得储层致密化时间比较早(上新世中期—末期)。秋里塔格构造带的构造变形时间较晚(距今约1.8Ma)，构造变形强度也较弱(地层平均收缩率为2.1%)，其沉降速率和深埋藏时间都相对较小，储层致密化时间较晚，大约发生在上新世末期—更新世初期。前缘隆起带构造变形时间最晚(距今约1.2Ma)，构造变形强度最弱，储层尚未进入致密阶段。各个构造带构造变形特征与储层致密化时间之间的关系表明构造变形发生的时间越早，构造变形强度越大，越有利于储层的致密化进程，储层的物性越差。

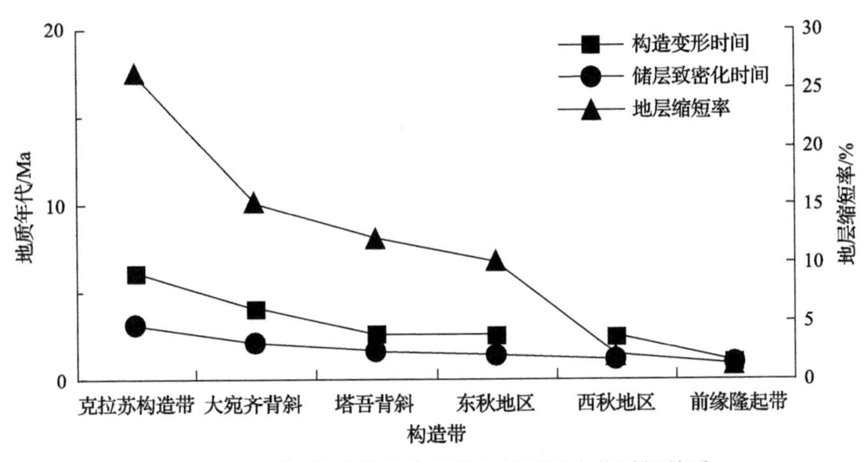

图 8-11　不同构造带构造变形与储层致密化时间关系

8.3.2　构造成岩作用对储层演化的影响

库车前陆盆地致密储层的形成是构造作用和成岩作用共同影响的结果。本小节以大北地区白垩系致密储层为例，讨论了构造成岩作用对致密储层演化的影响。

在同生成岩期(早白垩世)，沉积物快速沉积，白垩系最大埋深超过 1000m，较强的压实作用使原始粒间孔迅速减少。另外，早期方解石、石膏等胶结物的形成及较弱的石英次生加大作用使储层孔隙度降低到 18%左右(顾家裕等，2001；张荣虎等，2008；刘春等，2009)。

在表生成岩期(晚白垩世)，受构造抬升作用影响，白垩系被抬升并遭受剥蚀，直到古近纪才开始接受沉积。该时期白垩系遭受的压实作用和胶结作用都相对较弱，较强的表生成岩溶蚀作用使孔隙度提高了 1%～3%，储层总孔隙度达到 20%左右。

早成岩 A 期(古近纪)，受构造挤压作用影响，盆地再次接受沉积，白垩系最大埋深接近 1500m。该时期埋藏深度仍然较浅，储层受到持续的压实作用以及较强的胶结作用(主要包括石英和长石的次生加大及方解石的胶结)。受此影响，储层孔隙度下降 8%～10%。在古近纪末期，油气的初次注入带来了一定的酸性水，储层发生了较弱的溶蚀作用(顾家裕等，2001)，储层孔隙度增加 1%～2%，保存孔隙度为 12%～14%。受喜马拉雅早期构造挤压作用影响，白垩系形成了少量构造裂缝，构造裂缝使孔隙度的增加有限，主要是提高了储层的渗透率。

早成岩 B 期(中新世)，地层沉降速率增加，尤其是康村组沉积时期，白垩系最大埋深达 4500m，埋藏压实作用、侧向构造挤压压实作用、晚期方解石胶结和石英次生加大使储层孔隙度进一步降低。强烈的机械压实作用和构造挤压作用形成了粒内缝、粒缘缝以及第二期构造裂缝，使储层物性得到改善，尤其是粒内缝和粒缘缝沟通了粒间孔隙，使储层渗流能力得到提升。后期气体注入带来少量酸性水，发生较弱的溶蚀作用，保存孔隙度为 8%～12%。

中成岩期(上新世至今)，白垩系埋深迅速增加，最大埋深达 6000m。该时期遭受压实作用相对较弱，受构造作用影响，相继发生了铁方解石胶结物的溶蚀作用、交代作用和石英次生加大，发育部分次生孔隙，形成现今孔隙度(8%左右)。受喜马拉雅晚期强烈构造挤压作用影响，白垩系储层形成了大量的构造裂缝(包括宏观裂缝和微观裂缝)，构造裂缝使储层孔隙度提高 0.6%～0.8%，虽然仅占该时期储层总孔隙度的 10%左右，但是构造裂缝却大大提高了储层的渗透率，构造裂缝的渗透率平均为 130mD，是储层基质渗透的 100～1000 倍，有效地沟通了储集空间。

综上所述，致密储层的形成是构造作用和成岩作用联合作用的结果。构造变形特征、构造沉降的差异性控制了不同构造带成岩作用的差异性，而成岩作用又会反过来影响构造变形方式和破裂强度，进而共同造成了储层物性的差异性(图 8-12)。在北部克拉苏构造带，构造变形时间早，构造变形强度大，构造沉降速率快，储层的成岩作用强度越大，储层越容易致密化，使储层物性差。但是致密化程度的不断提高，有利于裂缝的形成，对致密储层物性的整体改善具有积极的作用，尤其是极大地提高了储层渗透率。在南部前缘隆起带，构造变形时间晚，构造变形强度小，构造沉降速率慢，储层的压实作用和胶结作用较弱，溶蚀作用强，储层物性好，但是其裂缝发育程度较差。因此，构造成岩作用是控制库车前陆盆地不同构造带储层质量及其物性的关键地质因素。

构造带			前缘隆起带	秋里塔格构造带	克拉苏构造带
构造作用	变形强度	变形时间	更新世1.2Ma以来	上新末世1.8Ma以来	中新世末5.3Ma以来
		缩短率/%	1~2	1~3	15~20
		构造应力/MPa	<70	60~80	80~100
		构造样式	逆冲断层及其组合样式丰富	构造样式较少	构造变形弱，断层发育少
	构造沉降		较大	中等	较少
成岩作用	类型	压实作用	线–凹凸接触，平均视压实率66%	以线接触为主，平均视压实率48%	以点接触为主，平均视压实率41%
		胶结作用	较强	中等	较弱
		溶蚀作用	较弱	一般	较强
	成岩演化阶段		中成岩A_1亚期	中成岩A_2亚期	中成岩B期
	成岩相		弱胶结强溶解型	中等胶结弱溶解型	强胶结致密型
裂缝	类型		以构造剪切裂缝为主，少量纵张裂缝	以构造剪切裂缝为主	以构造剪切裂缝为主，少量张裂缝
	产状	走向	两组，北北西向和北北东向	两组，北北西向和北北东向	两组，北北西向和北北东向
		倾角	以高角度和直立缝为主	以高角度和直立缝为主	以高角度和直立缝为主
	密度		0.59条/m(宏观) 0.25cm/cm^2(微观)	0.63条/m(宏观) 0.32cm/cm^2(微观)	1.97条/m(宏观) 0.52cm/cm^2(微观)
	孔隙度		0.07%(宏观)；0.18%(微观)	0.08%(宏观)；0.21%(微观)	0.22%(宏观)；0.54%(微观)
	渗透率		41.2mD(宏观)；0.98mD(微观)	53.1mD(宏观)；1.95mD(微观)	126.3mD(宏观)；8.9mD(微观)
	充填程度		7.0%(全)/1.0%(半)/92.0%(未)	6.0%(全)/2.0%(半)/92.0%(未)	31.3%(全)/9.1%(半)/60.6%(未)
	充填矿物		方解石、石膏	方解石、石膏	石膏、方解石、石英
储层物性	孔隙类型		残余粒间孔隙、裂缝	粒内溶孔和粒间溶孔	原生孔、粒间溶孔、粒内溶孔
	孔隙度/%		18.69	11.14	2.65
	渗透率/mD		428.10	47.64	0.08

图 8-12　不同构造带构造作用、成岩作用、储层物性及裂缝的差异性

第9章　构造成岩作用评价方法与应用

9.1　构造成岩强度定量评价方法

在含油气盆地储层的形成和演化过程中，沉积作用是基础，构造作用和成岩作用是影响储层质量的关键(张荣虎等，2011；高志勇等，2016b；曾联波等，2016)。然而，构造作用和成岩作用对油气储层的控制不是完全独立的，而是一种相互作用和双重影响的模式(Eichhubl et al.，2010；Laubach et al.，2014；袁静等，2018)。构造活动的强弱以及构造变形的方式影响地层的沉降速率和埋藏深度，进而影响储层成岩演化的进程(Gundersen，2002；钟大康等，2004；刘成林等，2005；李忠和刘嘉庆，2009；李忠等，2009)。并且，构造运动产生的挤压作用使岩石颗粒发生侧向压实，进而增强储层的压实作用，构造活动发育的断层和裂缝控制了储层中流体的运移和聚集，影响储层成岩过程中不同部位溶蚀和胶结作用的强度(Knipe et al.，1993；曾联波等，2004b；Solum et al.，2010)。相反，成岩演化的差异也会影响构造变形的强度和方式，主要是因为成岩作用会造成岩层的力学性质发生变化，进而影响构造变形的方式或强度。例如，在相同构造应力作用下，强胶结致密型成岩相比弱胶结溶解型成岩相更易发育天然裂缝，而溶蚀和胶结作用会改变天然裂缝的开度和充填性(曾联波，2008；Lander and Laubach，2015；Lyu et al.，2017a；魏国齐等，2020)。

构造和成岩之间相互作用的特征及其在油气储层物性演变中的控制机制研究日趋重要。寿建峰等(2003，2005)、张荣虎等(2011)认为构造侧向挤压会对成岩作用产生重要的影响，进而引起砂岩储层物性和储层质量的变化，称之为“砂岩动力成岩作用”。Laubach和 Ward(2006)、Laubach 等(2010)研究了沉积物成岩化学演化和构造变形的关系，认为储层中天然裂缝的孔隙演化和充填特征受成岩作用的控制，称之为“构造成岩作用”。曾联波等(2016)提出了构造成岩作用的概念和内涵，认为构造成岩作用的研究可以应用到致密低渗透油气储层质量和天然裂缝及其有效性的评价中。然而，在地质历史时期中，构造作用和成岩作用的相互耦合关系及其变化规律目前尚不清楚，构造成岩作用与储层形成演化的内在关系及其对储层质量变化的影响还不明确。此外，由于缺少构造成岩强度的表征方法，难以定量评价构造成岩作用对储层形成演化及储层质量的影响。因此，科学定义构造成岩强度，建立一种评价构造成岩强度的定量方法，并合理分析构造成岩作用对储层质量的影响，对认识储层形成演化规律至关重要。

本书以库车前陆盆地白垩系为例，根据构造成岩作用的内涵及影响储层质量的主要地质因素，提出了一种定量评价致密砂岩储层构造成岩强度的方法。该方法能够客观反映在储层的形成演化过程中，构造变形和成岩演化及其相互作用对储层物性的影响，可为深层致密砂岩储层质量及优质储层分布规律的科学评价和预测提供新的思路。

9.1.1 原理与方法

构造成岩作用是指沉积物从松散沉积到固结形成岩石及浅变质之前的整个演化过程中所发生的构造和成岩相互作用(曾联波等，2016)。构造成岩作用主要研究沉积物沉积以后的构造力学和构造变形与其经历的成岩物理和化学变化的相互作用关系，包括成岩化学过程和流体作用对岩石力学性质和构造演化的影响、构造变形方式和变形强度对储层成岩演化的影响及储层演化的化学过程和机械过程之间的本质联系和相互作用(Gale et al.，2010；曾联波等，2016；袁静等，2018)。

构造作用和成岩作用是影响储层形成演化的主要因素。构造运动的方式、构造变形的强度和时间影响着储层的性质，构造作用产生的断层和裂缝会使储层的孔隙结构发生改变。同时，在不同的构造运动时期和区域，构造应力的大小和分布规律存在的差异也会引起储层特征的变化(寿建峰等，2006；Fossen et al.，2007；Zeng and Li，2009)。成岩作用对储层的影响是指在地质历史时期，由于地层经历的埋藏时间和深度的变化，储层的温度、压力和流体等性质也会发生改变，进而引起成岩作用类型和强度的不断演化。不同类型和强度的成岩作用控制着储层中孔隙体积的分布，从而影响了储层质量的差异及优质储层的发育规律(钟大康等，2004；李忠和刘嘉庆，2009；李忠等，2009)。此外，构造沉降控制了地层的埋藏深度，进而影响着储层的成岩演化，而成岩作用的差异也会改变构造变形的方式和强度(Gundersen，2002；刘成林等，2005；李忠等，2009；Zeng，2010；Lyu et al.，2019)。因此，构造作用和成岩作用共同控制了储层的发育及储层质量的非均质性。

为了能够反映构造作用和成岩作用对储层共同的影响，本书提出了构造成岩强度的概念。构造成岩强度是指在储层的形成演化过程中构造作用和成岩作用的影响程度，它不仅能够反映在地层埋藏过程中所经历的时间、温度和压力等成岩演化控制因素对储层的影响程度，同时还能够反映不同构造时期的构造变形强度及其演化对储层的影响程度。因此，构造成岩强度是控制储层形成演化及其质量的关键地质因素。根据构造成岩强度的影响因素，本章提出了同时能够反映构造作用和成岩作用对储层影响的构造成岩强度定量评价方法，以定量表征构造作用和成岩作用对储层形成演化的影响，有利于储层质量及其分布规律的科学评价和预测。

本章构建了构造成岩指数(SDI)来定量表征和评价构造成岩强度。构造成岩指数是指在一定地质历史时期内，储层受构造作用和成岩作用共同改造的程度。构造成岩指数的主要求取过程包括恢复不同构造时期的古构造应力场或构造变形缩短量、恢复地层的埋藏史曲线、计算目的层的时间-深度指数(Sombra and Chang，1997)。通过构造成岩指数的求取可以定量评价构造成岩强度的大小和分布规律。在此基础上，依据构造成岩强度与储层物性的关系定量评价储层质量，预测优质储层的分布。构造成岩指数的计算公式如下：

$$\mathrm{SDI}_i = \int_{t_0}^{t_i} D(t)\sigma_1(t)\mathrm{d}t = \int_{t_0}^{t_i} D_1(t)\sigma_1(t)\mathrm{d}t + \cdots + \int_{t_{i-1}}^{t_i} D_i(t)\sigma_i(t)\mathrm{d}t \tag{9-1}$$

或

$$\mathrm{SDI}_i=\int_{t_0}^{t_i} D(t)\varepsilon(t)\mathrm{d}t=\int_{t_0}^{t_i} D_1(t)\varepsilon(t)\mathrm{d}t+\cdots+\int_{t_{i-1}}^{t_i} D_i(t)\varepsilon_i(t)\mathrm{d}t \quad (9\text{-}2)$$

式中，SDI_i 为构造成岩指数，MPa·Ma·km 或者 Ma·km；$D(t)$ 为时间-深度指数，Ma·km；$\sigma_1(t)$ 为不同构造时期的构造应力大小，MPa；$\varepsilon(t)$ 为不同构造时期的构造变形缩短量，无量纲；t 为目的层受到构造作用和成岩作用影响的地质时间，Ma；i 为构造期次。

式(9-1)是基于地质历史时期古构造应力大小和时间-深度指数的计算方法。式(9-2)是基于构造变形缩短量和时间-深度指数的计算方法。构造成岩指数越大，说明储层经受的构造成岩作用越强；相反，构造成岩指数越小，说明储层经受的构造成岩作用越弱。

9.1.2　构造成岩强度定量表征

利用构造成岩强度的定量评价方法对库车前陆盆地白垩系储层经历的构造成岩作用进行了定量表征，取得了较好的评价结果。已有研究表明，库车前陆盆地在中新生代主要经历了印支期、燕山早期、燕山晚期、喜马拉雅早期和喜马拉雅中晚期等多期次构造作用。利用古构造变形解析法、岩石磁组构法和岩石声发射法等方法，对不同构造变形时期的古构造应力场的最大水平主应力、最小水平主应力及最大有效应力进行了定量恢复(曾联波等，2004a)。不同期次构造运动中古构造应力的大小具有明显的变化，印支期构造挤压作用较强，平均最大有效应力值为 52.5MPa。燕山早期，该区处于弱伸展时期，构造作用相对较弱，平均最大有效应力值仅为 28.8MPa。从燕山晚期开始，该区受到近南北向的挤压作用逐渐增强，平均最大有效应力值逐渐增大，到喜马拉雅中晚期达到高峰(表 9-1)。

表 9-1　库车前陆盆地不同构造时期古构造应力的大小和方向(曾联波等，2020a)

构造时期	地质年代	最大水平主应力 σ_1 方向	最小水平主应力 σ_3 方向	平均最大有效应力值/MPa
喜马拉雅中晚期	$N—Q_1$	近南北向	近东西向	63.3～76.4
喜马拉雅早期	E	近南北向	近东西向	58.5
燕山晚期	K	近南北向	近东西向	41.1
燕山早期	J	北西-南东向	北东—南西向	28.8
印支期	T	近南北向	近东西向	52.5

在建立地质模型和力学模型的基础上，应用有限元数值模拟技术，对研究区不同构造时期的古构造应力场进行模拟。根据有限元数值模拟结果，库车前陆盆地不同构造带古构造应力的方位分布比较稳定，而古构造应力的大小变化较大。例如，构造应力场有限元数值模拟结果显示，喜马拉雅中晚期研究区最大水平主应力方向为近南北向，最小水平主应力方向为近东西向。在断层附近，受断层活动造成的局部应力扰动作用的影响，

应力场方向有所改变。古构造应力的大小具有从山前到盆地内部逐渐降低的变化规律。山前北部单斜带古构造应力最大，最大水平主应力主要分布在110～130MPa；其次是克-依构造带和秋里塔格构造带，最大水平主应力分别为90～110MPa和70～90MPa；而前缘隆起带古构造应力较小，最大水平主应力一般小于70MPa。古构造应力场的分布较好地反映了不同构造时期中构造变形强度的变化规律。

通过恢复地层不整合的剥蚀量，结合盆地模拟技术和钻井资料，恢复了地层的埋藏史曲线(图9-1)。库车前陆盆地不同构造带典型井的埋藏史曲线具有明显的特征，整体上均呈现为上凸形，斜率由缓变陡，表明储层经历了早期缓慢浅埋、晚期快速深埋的沉降过程。然而，各个构造带储层的构造沉降速率、构造沉降量及总沉降量具有显著的差异。克-依构造带储层的构造沉降速率高，构造沉降量和总沉降量也较大。秋里塔格构造带储层的构造沉降速率相对较低，构造沉降量和总沉降量略有减小。而前缘隆起带构造沉降速率最低，构造沉降量和总沉降量也最小。在此基础上，通过计算储层的时间-深度指数定量表征成岩作用对储层的影响(Sombra and Chang，1997)。

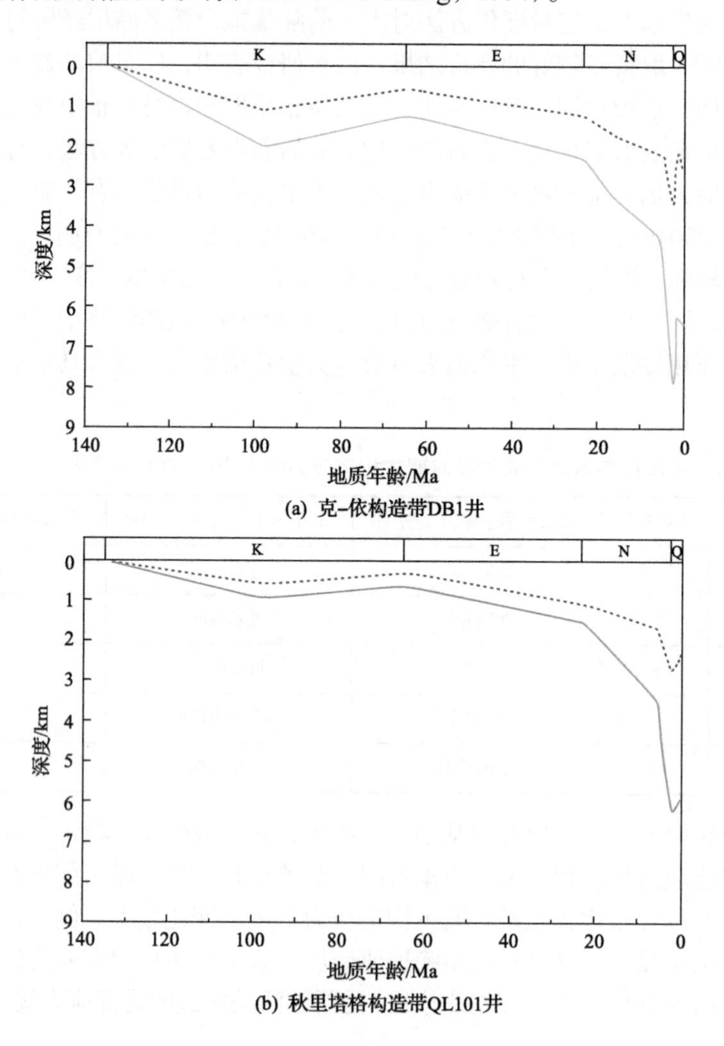

(a) 克-依构造带DB1井

(b) 秋里塔格构造带QL101井

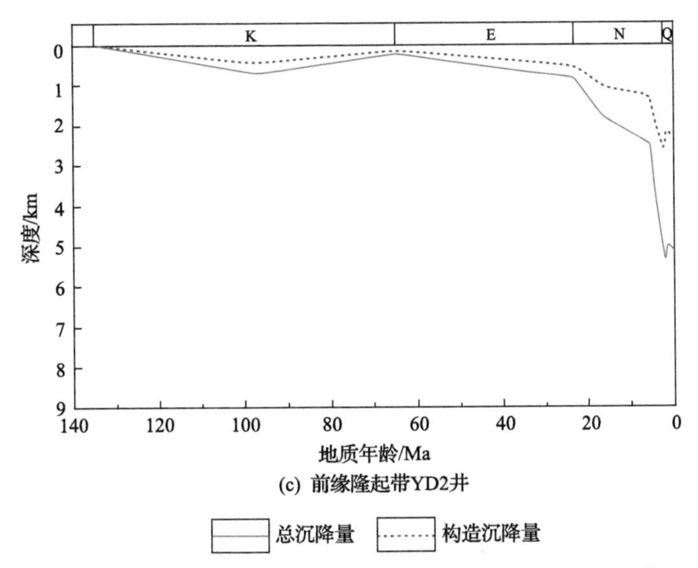

图 9-1　库车前陆盆地不同构造带白垩系储层埋藏史曲线图(韩志锐等，2014a)

在恢复库车前陆盆地构造作用强度和埋藏史曲线的基础上，根据构造成岩指数的计算方法，定量计算了在地质历史演化过程中，白垩系致密砂岩储层不同时期经受的构造成岩强度。结果表明，储层的构造成岩强度会随着沉积物的构造成岩演化不断地增长(图 9-2)。白垩系致密砂岩储层中，随着地质历史的演化，构造成岩指数由低变高，呈逐渐增强的变化规律。在古近纪时期，构造变形强度相对较小，地层埋藏速度相对较低，因而构造成岩指数的增加相对缓慢。随着构造变形强度逐渐增加，地层埋藏速度也增大，其构造成岩指数的增加相对较快。尤其是在新近纪，构造成岩指数增长最快。此外，不同构造带构造成岩指数的增长速率也有差别，从山前构造带到前缘隆起带构造成岩指数的增长速率呈不断减小的趋势。构造成岩指数的计算结果定量反映了构造成岩强度的大小及其变化规律，构造成岩指数越大，储层经受的构造成岩强度也越大。

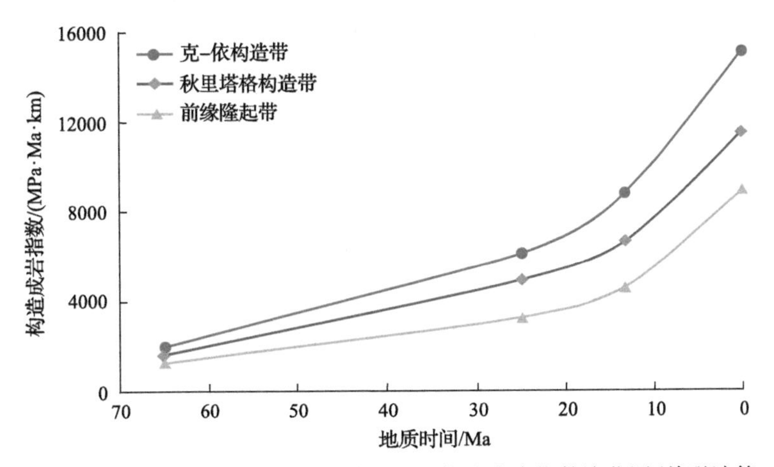

图 9-2　库车前陆盆地不同构造带白垩系储层平均构造成岩指数演化图(曾联波等，2020b)

同时，构造成岩指数的计算结果还表明，在库车前陆盆地的不同构造带中，储层经历的构造成岩强度存在较大的差异(图 9-3)。其中，克-依构造带储层的平均构造成岩指数最大，反映其经历的构造成岩强度最高。其次是秋里塔格构造带，储层的平均构造成岩指数变小，说明其经历的构造成岩强度变弱。前缘隆起带储层的平均构造成岩指数最小，反映其经历的构造成岩强度也最低。因此，利用构造成岩指数可以定量地表征储层所经受的构造作用强度和成岩作用强度及其综合对储层形成演化的控制作用。

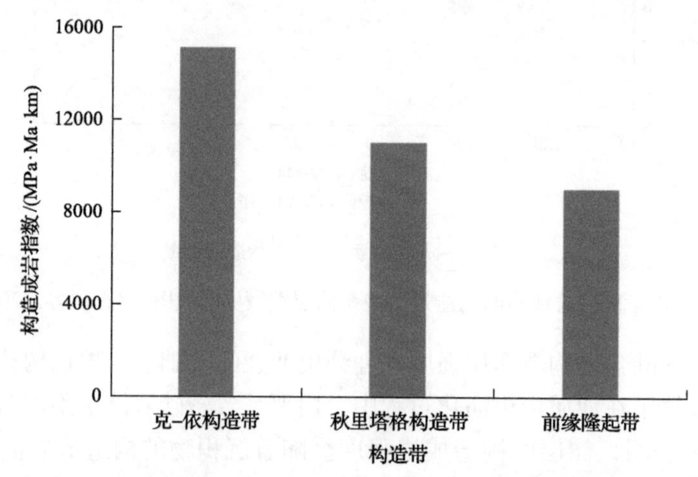

图 9-3 库车前陆盆地不同构造带白垩系储层的平均构造成岩指数分布图(曾联波等，2020a)

9.1.3 分析与讨论

利用上述方法对构造成岩强度的定量评价发现，在地质历史演化过程中，库车前陆盆地深层致密砂岩储层的构造成岩强度不断积累增长，其中克-依构造带储层的构造成岩强度增长速率明显更大(图 9-2)。并且，从天山山前构造带到前缘隆起带，不同构造带储层的构造成岩指数不断减小，构造成岩强度也逐渐变弱(图 9-3)。产生这种差异的根本原因是储层经历的构造运动的强烈程度和地层沉降的速率不同，从而导致其构造应力场和成岩演化发生变化。克-依构造带靠近造山带，所受构造活动较为强烈，储层的古构造应力场、构造沉降速率和沉降量较大，因而构造成岩强度较高，构造成岩指数的增长速率也较快。随着往盆地内部迁移，秋里塔格构造带受到的构造活动相对变弱，其构造成岩强度及构造成岩指数增长速率相对较低。而前缘隆起带经受的构造活动明显变弱，储层的古构造应力场、构造沉降速率和沉降量也最小，因而构造成岩强度最低，构造成岩指数增长速率也相对最为缓慢。

根据不同地质时期的砂岩储层孔隙度恢复，在储层的构造成岩演化过程中，储层的孔隙度呈逐渐减小的变化规律(图 9-4)。古近纪时期，储层孔隙度减小的速度相对缓慢。到新近纪以后，储层孔隙度减小的速度相对较快。在不同构造带，储层孔隙度的减小速率也存在一定的差异性。克-依构造带储层的孔隙度减小速率最快，其次是秋里塔格构造带，而前缘隆起带储层孔隙度减小速率相对平缓。储层孔隙度与构造成岩指数的变化呈明显的负相关性，反映随着构造成岩强度的增加，储层孔隙度呈逐渐降低的变化规律。这是由于储层在演化过程中，持续埋藏导致的成岩压实作用和胶结作用及多期构造活动的水平挤压造成的侧向压实效应使孔隙体积不断减小。在古近纪，由于库车前陆盆地构造成岩强度增长缓慢，其储层孔隙度的降低速率也相对缓慢；而在新近纪，构造挤压明显增强，储层经历了快速沉降后的深埋，造成了更加强烈的成岩作用，其构造成岩强度快速增加，导致储层孔隙体积迅速减少和储层致密化。在平面上，克-依构造带的构造作用最强，储层经历的构造沉降和成岩强度更大，所以储层孔隙体积减小的速度相对于秋里塔格构造带和前缘隆起带更快。上述不同地质历史时期储层孔隙度与构造成岩强度演化的相互关系表明，构造成岩强度的快速增加是导致储层孔隙体积急剧降低和储层致密化的重要地质因素。

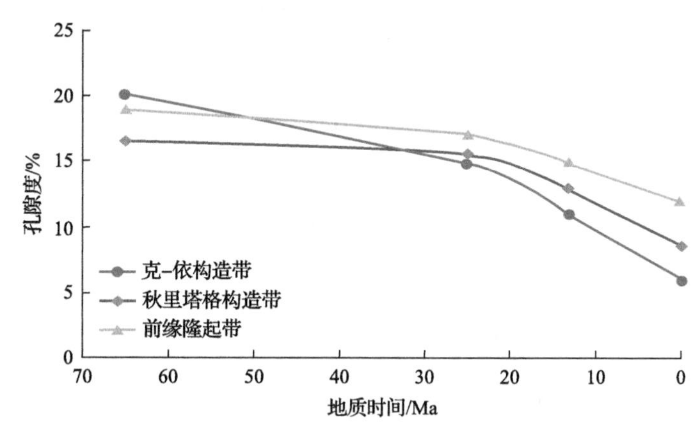

图 9-4　库车前陆盆地不同构造带白垩系储层平均孔隙度演化图(曾联波等，2020a)

正是由于库车前陆盆地不同构造带所经历的构造成岩强度演化不同，致密砂岩储层的孔隙度也存在较大的差异(图 9-5)。克-依构造带储层的孔隙度最低，平均值小于 6.2%。其次是秋里塔格构造带，储层的孔隙度平均值为 8.6%。而在前缘隆起带，储层的孔隙度

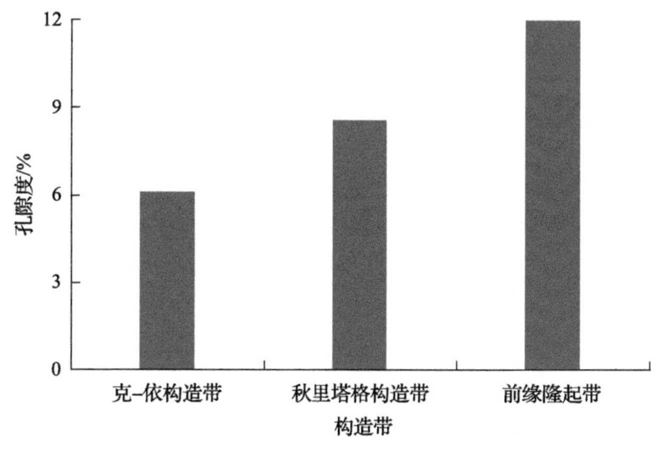

图 9-5　库车前陆盆地不同构造带白垩系储层平均孔隙度分布图

最高，平均值为 12%。反映储层的构造成岩指数越高，受到的构造成岩强度越大，储层最终的孔隙度越小；相反，储层的构造成岩指数越低，受到的构造成岩强度越小，储层孔隙度越大。储层的孔隙度与其构造成岩指数表现出明显的负相关性，是构造作用和成岩作用综合控制储层质量的最终体现。相对于秋里塔格构造带和前缘隆起带，克-依构造带储层的构造挤压作用强烈，导致储层经历古近纪相对深埋、新近纪和第四纪又持续快速深埋的过程，因此，克-依构造带的构造成岩作用更为强烈，储层孔隙度减小更快。

构造成岩作用在造成储层孔隙体积减小的同时，还可以形成天然裂缝，有效改善储层的储渗性能。库车前陆盆地致密砂岩储层中天然裂缝广泛发育，裂缝的地质成因类型主要包括构造裂缝和成岩裂缝。这些裂缝连通了储层中的孔隙，是深层致密砂岩储层流体主要的渗流通道。所以，天然裂缝的发育不仅提高了储层渗透率，还提高了这类储层中孔隙的有效性。根据岩心和成像测井资料统计分析，在不同构造带中，天然裂缝的发育程度有明显的非均质性(图 9-6)。克-依构造带储层天然裂缝最为发育，其次是秋里塔格构造带，前缘隆起带天然裂缝发育程度相对较低。对比分析不同构造带的天然裂缝发育程度和构造成岩指数发现，不同构造带储层的构造成岩指数与天然裂缝的发育呈较好的正相关关系，构造成岩指数越大，天然裂缝发育程度也越高，反映了构造成岩作用导致储层中孔隙体积降低，同时有利于储层中天然裂缝的发育。

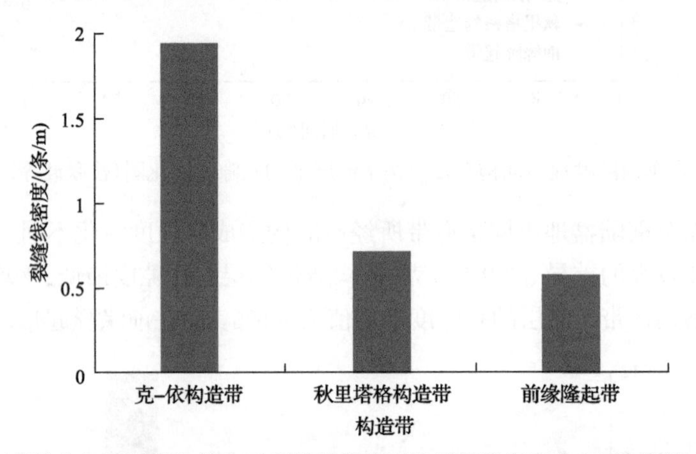

图 9-6　库车前陆盆地不同构造带白垩系储层构造平均裂缝线密度分布图(曾联波等，2020b)

库车前陆盆地不同构造带深层致密砂岩储层中天然裂缝发育的非均质性受构造成岩强度的影响。从天山山前到盆地南部，储层所受构造活动的强度不断减弱，构造裂缝的发育程度不断减小。构造裂缝的形成与发育除了受构造应力控制以外，还与储层的成岩作用有关。在不同的成岩相中，因为岩石的力学性质存在差异，所以构造裂缝的发育程度不同。克-依构造带白垩系储层处于中成岩 B 期，是强胶结致密型成岩相。秋里塔格构造带和前缘隆起带白垩系储层分别处于中成岩 A_2 亚期和 A_1 亚期，是中等胶结溶解型和弱胶结溶解型成岩相。因而，克-依构造带储层岩石脆性程度较高，在相同的构造应力作用下构造裂缝更为发育。同时，成岩裂缝也是在成岩作用越强、储层越致密时越发育。因此，构造成岩强度是控制深层致密砂岩储层天然裂缝发育和渗透率分布的关键因素。

综上所述，库车前陆盆地深层致密砂岩储层的形成演化和物性特征与构造成岩强度密切相关。在白垩系沉积以后，构造变形强度逐渐增加，地层埋藏深度加大，因而构造成岩强度增加速率由小变大。构造成岩强度的不断增加使储层孔隙体积不断减小，孔隙度降低，储层逐渐致密化。构造成岩强度增长速度越快，储层致密化越早。在储层致密化之后，后期的构造成岩作用主要促使储层中天然裂缝的发育，使其成为裂缝性储层。随着后期构造成岩强度变大，构造裂缝和成岩裂缝都更加发育，储层渗透率更高。因此，在库车前陆盆地深层致密砂岩储层中，从山前构造带到前缘隆起带，构造成岩强度依次由大变小，储层孔隙度逐渐增高，而天然裂缝发育程度逐渐降低。

9.2　有效裂缝评价与预测方法

9.2.1　有效裂缝识别与评价方法

1. 成像测井裂缝识别与评价方法

1) 裂缝井壁成像测井响应特征

常用于裂缝识别的井壁成像测井有声波成像、电成像、光学成像测井等。声波成像测井记录声波的传播时间和声波振幅衰减，电成像测井记录井壁周围的电流信息，光学成像测井捕捉整个井周长的光学特征，三者均可以可视化为井眼壁的360°图像，在有限的井眼覆盖范围内提供构造裂缝、诱导裂缝、断层、层理等信息（Al-Sit et al.，2015）。

构造裂缝是指由于岩石脆性和半脆性变形引起的不连续面。当裂缝走向与井筒斜交时，裂缝会切割并穿过井筒，两者之间相交的区域为一个椭圆。因此，将井壁成像测井图像展开，裂缝会呈现出正弦曲线的形态，其颜色与周围地层明显不同，正弦曲线的宽度和振幅受到裂缝开度和倾角的控制，见图 9-7(a)～(c)（Zeng et al.，2012b，2021；Lai et al.，2018）。井壁成像测井静态平衡图像为全井段统一配色，而其动态增强图像则是使用较小窗长对一定深度段进行配色，分辨率更高。电成像测井中正弦曲线的颜色可用于区分裂缝充填情况，如暗色正弦曲线对应开启裂缝或者被低阻填充物充填的裂缝[图 9-7(a)]，亮色正弦曲线对应高阻填充物（如方解石）充填的裂缝[图 9-7(b)]，但当充填物导电性与周围地层接近时，裂缝一般难以区分。这些正弦曲线的连续性会受到钻井泥浆、裂缝充填物和地层围岩之间电阻率差异的影响，钻井泥浆、裂缝充填物和地层围岩之间的电阻率差值越大，裂缝越容易被识别，正弦曲线连续性也就越好。泥浆也会影响井壁成像测井识别裂缝的精度，如在油基泥浆环境下相比水基泥浆环境下井壁成像图像质量更差，正弦曲线多不连续或不明显（赖锦等，2015）。对于开启裂缝，当油基泥浆侵入时，表现为高阻缝特征，在井壁成像图像上表现为连续或不连续的亮色正弦曲线（袁龙等，2021）。值得注意的是，井径扩径时，裂缝在二维井壁成像测井上不再是标准的正弦曲线，见图 9-7(c)。

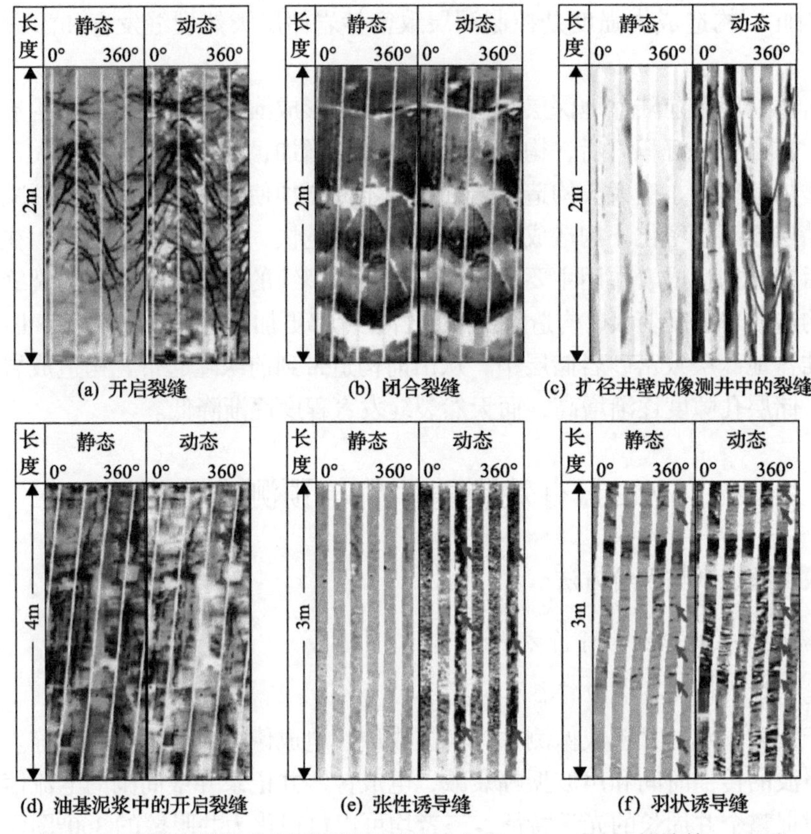

图 9-7　井壁成像测井中不同类型的裂缝(Lai et al.，018；赖锦等，2015)

诱导裂缝一般指在钻井过程中，钻头频繁震动、应力释放或泥浆压力过大等因素导致井壁破裂而形成的一系列人工裂缝(Lai et al.，2021)，主要包括竖直张性诱导缝[图 9-7(e)]和羽状诱导缝[图 9-7(f)]，其破裂方向往往对应着水平最大主应力方向。在井壁成像测井图像上，诱导裂缝与天然裂缝特征具有明显区别，主要表现为：①诱导裂缝排列整齐，规律性较强，沿井壁呈 180°或近似 180°对称分布，而天然裂缝往往为多期构造运动形成，因此分布极不规则；②诱导裂缝缝面规则、光滑，且缝宽较为稳定，而天然裂缝通常因差异溶蚀、重结晶等地质作用，缝面形状和宽度变化较大；③诱导裂缝径向延伸小，未穿过井眼，整体表现为不完整的正弦曲线，而天然裂缝径向延伸较大，图像特征因其类型(高导缝、高阻缝)不同而存在一定差异(苟启洋等，2020)。

2) 井壁成像测井裂缝识别人工智能方法

在成像测井图中，裂缝表现为区别于背景的正弦曲线，基于人工智能的井壁成像测井裂缝识别的重要思路是通过拾取正弦曲线解释裂缝信息，大致可以分为以下三个步骤。

(1) 图像预处理。标准的井壁成像测井预处理包括深度校正(如电缆拉伸校正和加速度校正)、幅度校正(如电压校正)与方位校正等。此外，井壁成像测井由多个极板获取的图像组合而成，不同极板之间有一定空隙，如图 9-8(a)所示，虽然手动解释影响不大，但会增大图像处理的难度，因此，常对井壁成像测井图像中的空白带进行插值填充预处理(李振苓等，2017)，如基于图像数据结构和基于纹理特征的图像修复方法(王磊等，2020)。此外，也会通过不同的滤波方法对井壁成像测井图像进行去噪预处理。图像并非都必须开展填充预处理，但一般都需要进行滤波去噪预处理。

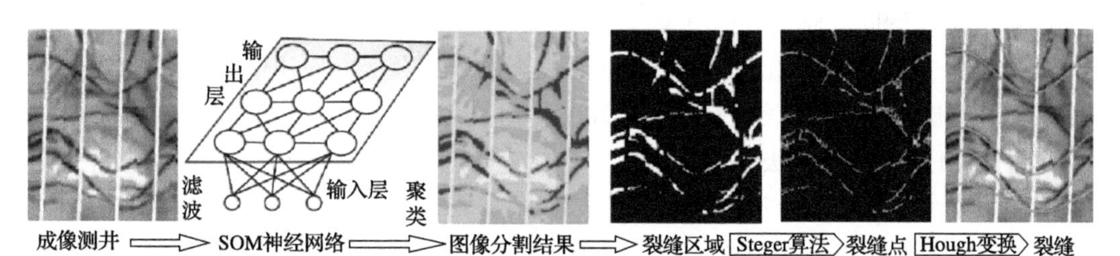

(a) 基于无监督学习的井壁成像测井裂缝识别方法[据Taibi等(2019)修改]
SOM-自组织映射(Self-Organization Map) Hough变换-霍夫变换

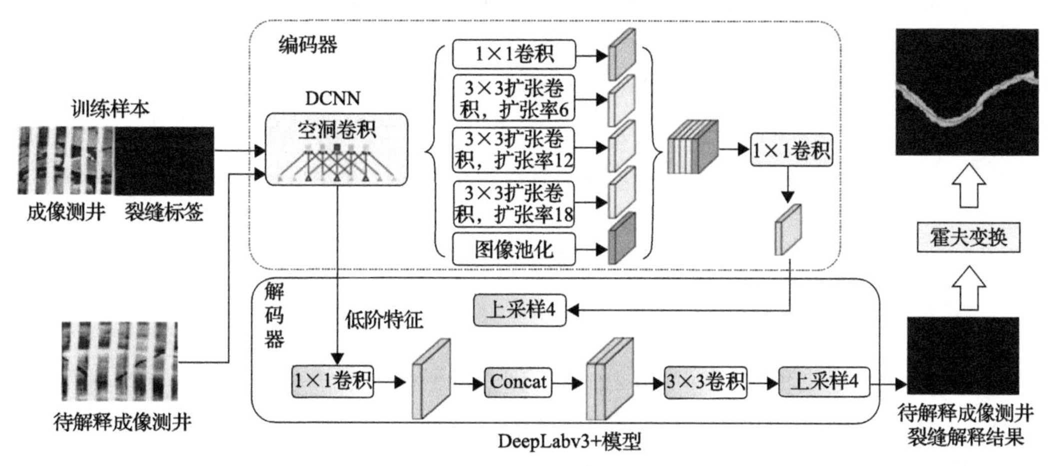

(b) 基于有监督学习方法(DeepLabv3+)的井壁成像测井裂缝解释[据李冰涛等(2019)修改]

图 9-8 基于人工智能方法的井壁成像测井裂缝识别

(2)裂缝区域提取。除了常用的图像分割方法(如阈值分割算法 OTSU)、边缘检测方法[如坎尼(Canny)算子]和图像增强方法(如小波变换)外(赵军等，2007；张晓峰和潘保芝，2012；何风等，2014)，常用的无监督方法有 SOM、霍普菲尔德(Hopfied)神经网络算法(赵军等，2007)，常用的监督方法有 SVM、CGAN、DeepLabv3+(魏伯阳等，2020)等。

(3)裂缝信息后处理。通过正弦曲线拟合、高阶多项式拟合、霍夫(Hough)变换等将裂缝转换为函数曲线，进而利用自动提取或人工计算获得裂缝倾向、倾角等产状信息(Assous et al.，2014；李曦宁等，2017；Shafiabadi et al.，2021；王磊等，2021)。

人工智能方法主要在第(2)个步骤中发挥作用，仿生学人工智能算法在图像分割后的边缘检测方面发挥作用，如利用蚁群算法从分割后的图像中提取裂缝(何风等，2014)。

a. 基于无监督学习方法的裂缝解释

本书以 SOM 神经网络为例，介绍基于无监督聚类方法的裂缝提取步骤。如图 9-8(a)所示，方法共分为五个步骤：①滤波，利用非局部均值滤波(non-local means filter，NLM)

对 FMI 图像进行去噪；②图像分割，利用 SOM 神经网络进行聚类，将其自动分割为 4 类图像；③裂缝候选区域确定，将某一类或多类划分为裂缝区域，其余为背景区域；④裂缝候选点提取，通过光条中心提取算法（如 Steger 算法）提取裂缝条带区域的中心点作为裂缝候选点；⑤正弦曲线拾取及裂缝参数确定，通过霍夫变换拟合正弦曲线，并根据正弦曲线确定裂缝倾向、倾角等信息。

无监督聚类主要用于图像分割。目前已发表的成果及实际应用中，常规图像分割方法（如 OTSU）应用得更为广泛（赵军等，2007；何风等，2014；Shafiabadi et al.，2021）。

b. 基于有监督学习方法的裂缝解释

相比无监督学习方法，有监督学习方法加入了裂缝标签数据，如图 9-8（b）所示。此处，有监督学习方法也是起图像分割的作用，如 DeepLabv3+算法首先利用井壁成像测井和标签数据训练 DeepLabv3+模型，当有新的井壁成像测井图像输入时，模型经过编码器和解码器即可拾取裂缝区域，最后通过霍夫变换即可提取裂缝正弦曲线，并计算得到裂缝倾角、倾向等信息（李冰涛等，2019）。该方法应用于新疆车 471 井区石炭系火山岩储层井壁成像测井裂缝解释，并与常规的图像分割方法（分水岭算法）进行了对比，结果表明该方法均取得了良好的预测效果（李冰涛等，2019）。除了 DeepLabv3+算法外，CGAN（魏伯阳等，2020）、SegNet 神经网络（Zhang H et al.，2021）等亦可以用于裂缝区域提取，此类方法的优点是裂缝提取区域准确性更高，缺点是需要手动标记大量裂缝标签数据，工作量大。

2. 机器学习裂缝智能识别方法

测井资料是识别和评价钻井周围地层中裂缝发育情况的重要手段。天然裂缝在测井资料中表现为井壁围岩等响应背景下的局部信号异常。特殊测井方法（如微电阻率成像测井）可以较为准确地反映裂缝的产状、类型、充填程度、方向及开度等信息，但成本高、数量少，不利于全面了解碎屑岩储层裂缝发育特征与分布规律；而每口井基本都会采集常规测井资料，不同的常规测井曲线对碎屑岩裂缝均有不同程度的响应。目前，常规测井碎屑岩裂缝识别面临的最大难题是裂缝测井响应弱且复杂，常规测井方法对于裂缝的识别干扰信息较多，针对性相对较差，识别精度低，如何解决非线性问题是迫切需要解决的技术难题。近年来，机器学习算法的突破性进展为提高单井碎屑岩裂缝识别精度提供了可能的途径。机器学习算法中的随机森林算法采用了集成学习的思路，能够较好地解决非线性问题。应用该算法进行基于常规测井资料的裂缝智能识别，能够避免人为提取的误差，有效提高裂缝的识别精度。

1）随机森林裂缝智能识别原理

决策树算法是一种预测和泛化能力偏弱的分类器，而随机森林算法是一种集成多棵决策树的强分类器（图 9-9）。随机森林算法的两大特点是随机和集成。随机是指其数据集通过有放回采样将原始样本集分成多个子数据集，以供随机森林中的每棵决策树训练并建立分类器，其中每个数据集中的特征也进行了随机采样，以保证子数据集具有一定的变化，所建立的分类器具有一定的多样性。集成是对森林中的所有决策树进行投票，按照多数原则确定样本所属的类别标签。

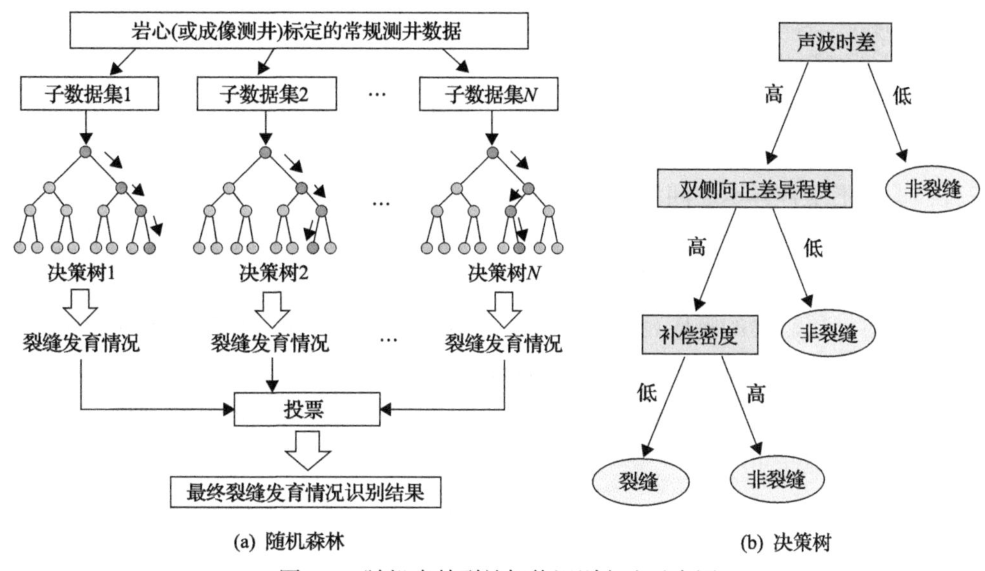

图 9-9　随机森林裂缝智能识别方法示意图

决策树是随机森林的重要元素，其中每个内部节点表示一个属性上的测试，每个分支代表一个测试输出，每个叶节点代表一种类别。如图 9-9(b)所示，以声波时差、双侧向正差异程度及补偿密度作为特征参数，选取声波时差为根节点，依据声波时差值的高低判断是否为裂缝发育段。在裂缝发育段中根据双侧向的正差异程度再次判断是否为裂缝发育段，最后根据补偿密度值判断输出识别结果。通过多棵决策树共同投票即可获得输入样本的裂缝发育情况。

在进行裂缝智能识别时，将基于岩心结合测井得到的标签数据作为输入集，对其有放回的随机采样和特征随机采样，根据根节点、叶节点及内部节点生成决策树，设置决策树的数量建立随机森林裂缝识别模型，具体识别流程如下。

(1)裂缝数据集划分。通过岩心观察、成像测井裂缝、薄片分析及样品测试情况，标定裂缝发育段的测井曲线数值，得到裂缝标签数据集。

(2)裂缝数据集预处理。裂缝标签数据集合按一定比例划分成裂缝训练集合和裂缝测试集合，进行归一化处理。在测井数据中，裂缝发育段的数据和裂缝不发育段的数据比例常相差很大，决策树为了提高正判率而把所有的数据识别为非裂缝发育段，因此，对其裂缝训练集合做均衡化处理来提升对裂缝段识别的正判率。

(3)裂缝识别模型的建立。在裂缝训练集合中，进行随机森林算法识别，设置决策树的数量、叶节点数等算法的具体参数，建立随机森林算法模型。

(4)裂缝识别模型的优化。集合输入建立的模型中，根据裂缝识别效果的正判率，调整具体的参数，如调整决策树的个数，还可以适当地改变决策树的叶节点数来调整模型裂缝识别的正判率。

(5)新井裂缝解释。输入新井的测井数据时，根据所建立的裂缝识别模型便可识别出单井的裂缝发育情况。

2)随机森林裂缝智能识别模型建立

a. 储层裂缝测井响应特征

根据取心井发育裂缝和不发育裂缝井段的测井响应分析可以看出，致密砂岩储层裂缝响应特征较为复杂，裂缝与非裂缝段测井影响差异较小(图 9-10)，在测井交会图中裂缝发育样本与不发育样本之间的规律并不明显，难以将二者进行有效区分。理论上，储层中如果有裂缝发育，测井曲线都会存在一定响应，如井径扩大、声波时差增大、密度减小、中子增大、深浅侧向电阻率出现差异等，但裂缝产状、裂缝充填性、岩性等一系列因素都会对储层裂缝的响应特征有较大的影响，实际裂缝测井响应并不完全符合理论上的响应特征与典型规律，而可能只会出现部分规律，如当裂缝为高角度裂缝时，声波时差并不会出现明显的“周波跳跃”现象等，导致单纯利用这些测井裂缝响应特征难以很好地识别裂缝的分布情况。

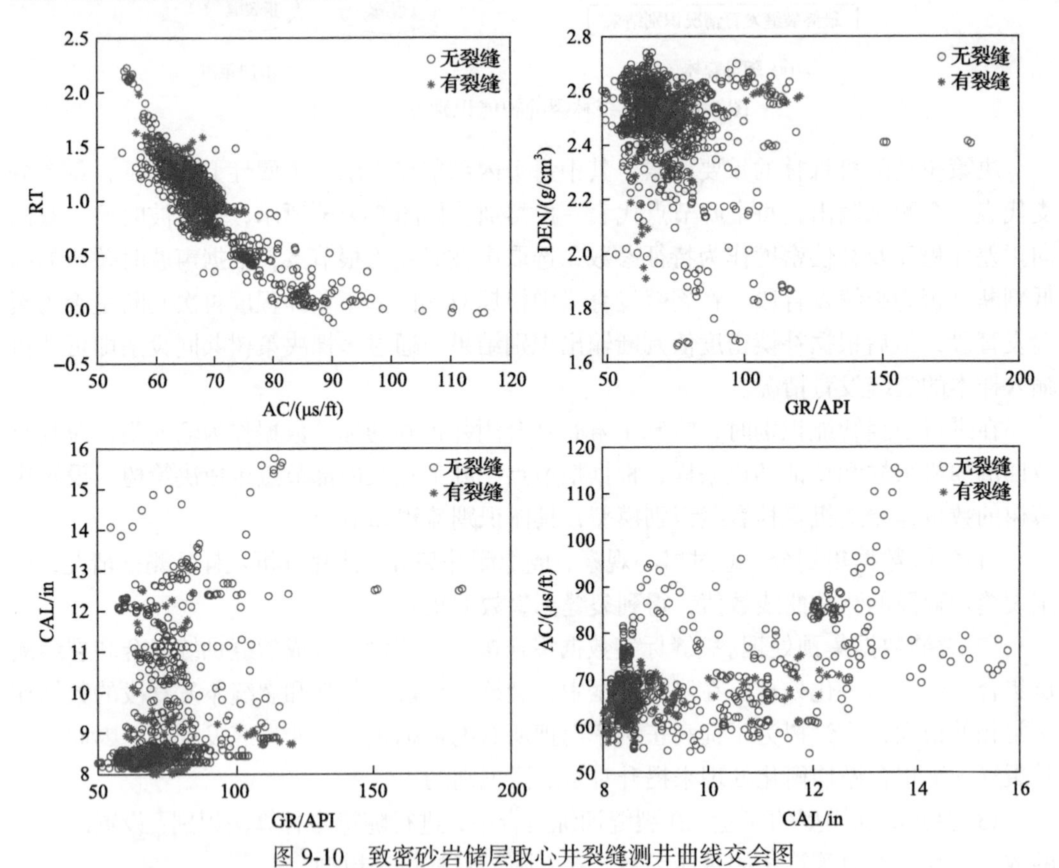

图 9-10　致密砂岩储层取心井裂缝测井曲线交会图

GR-自然伽马；CAL-井径；AC-声波时差；DEN-密度；RT-深电阻率；1in=2.54cm；1ft=3.048×10^{-1}m

b. 裂缝识别模型建立

按照随机森林裂缝识别方法流程，先对 K001 井、K9 井、DS1 井进行了岩心观察，根据岩心观察的裂缝定量描述结果标定测井曲线，得到裂缝标签数据集，裂缝标签数据集共有940个样本点，其中裂缝发育样本65个，裂缝不发育样本875个。然后对测井曲线的分布特征进行统计，9条常规测井曲线的分布范围如表9-2所示：其中自然电位(SP)曲线的最大值为12.21mV，最小值为–158.62mV；自然伽马(GR)曲线最大值为182.22API，最小值为52.88API；井径(CAL)曲线最大值为13.67in，最小值为7.98in；补偿中子(CNL)曲线最大值为24.51%(体积分数)，最小值为0.13%；密度(DEN)曲线最大值为2.74g/cm^3，最小值为2.12g/cm^3；声波时差(AC)曲线最大值为115.45μs/ft，最小值为54.22μs/ft；深电阻率(RT)曲线最大值为168.25Ω·m，最小值为0.76Ω·m；浅电阻率(RI)曲线最大值为141.33Ω·m，最小值为0.76Ω·m；冲洗带电阻率(RXO)曲线最大值为210.59Ω·m，最小值为0.42Ω·m。根据测井曲线的分布范围对其进行归一化处理，即先将分布范围内的数据通过运算都变为非负值，再把处理后的数据映射到0～1范围内处理，防止因为测井曲线绝对值大小的区别而对模型判别结果产生影响。考虑裂缝发育样本较少、裂缝发育段的数据和裂缝不发育段的数据比例相差很大的情况，采用数据均衡对样本进行处理，裂缝发育样本从65个加密到323个。

表9-2　取心井裂缝测井曲线特征数值分布表

测井曲线	SP/mV	GR/API	CAL/in
最小值	–158.62	52.88	7.98
最大值	12.21	182.22	13.67
平均值	–40.81	71.70	8.95
测井曲线	CNL/(%，体积分数)	DEN/(g/cm^3)	AC/(μs/ft)
最小值	0.13	2.12	54.22
最大值	24.51	2.74	115.45
平均值	12.39	2.51	67.87
测井曲线	RT/(Ω·m)	RI/(Ω·m)	RXO/(Ω·m)
最小值	0.76	0.76	0.42
最大值	168.25	141.33	210.59
平均值	15.69	13.22	10.05

选取数据均衡后的裂缝标签数据集中70%的样本点作为训练样本，用于生成裂缝识别模型，剩余30%作为测试样本验证模型有效性。对于相同的样本，随机森林模型的决策树数量对准确率会有较大的影响(图9-11)，测试样本准确率随着决策树的增加而改变，当决策树个数为470时，测试样本准确率较高，达到94%以上。

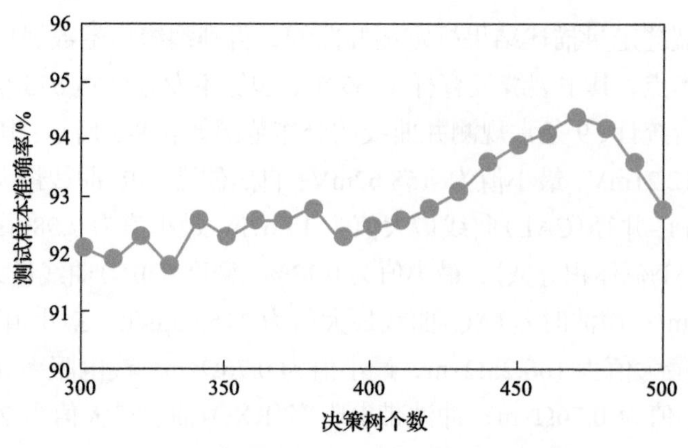

图 9-11　不同决策树个数对应的测试样本准确率

3. 随机森林裂缝智能识别效果验证

按照随机森林的流程生成裂缝识别模型，设置决策树个数为 470，此时随机森林模型对测试数据的裂缝识别效果如图 9-12 中的混淆矩阵所示，图中绿色方块代表识别正确(即输入类型与预测类型相同)，红色方块代表识别错误(即输入类型与预测类型不同)。模型的总体正判率为 96.2%，裂缝的召回率为 87.9%，精准率为 96.4%，从统计分析角度来看，所建立的随机森林裂缝识别模型对未知样本具有较好的评价和预测能力。

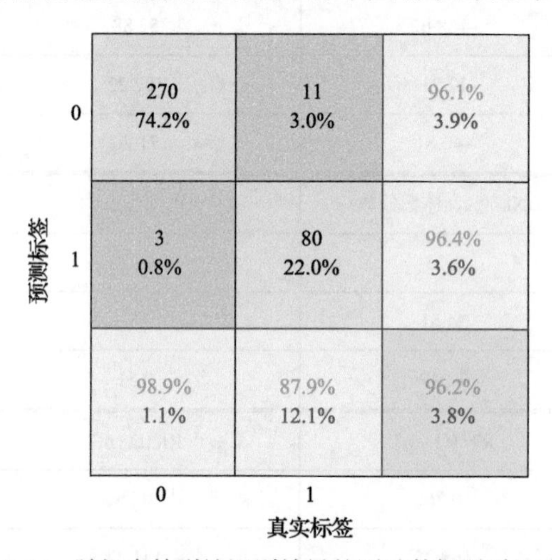

图 9-12　随机森林裂缝识别效果的测试数据混淆矩阵图

将随机森林模型识别的裂缝与岩心裂缝进行对比，发现其识别结果与岩心较为符合，但同时也有随机森林方法识别出的裂缝在岩心上并未见到的情况。例如，图 9-13 为 K8 井随机森林裂缝识别结果对比图像，其中 FRAC 栏表示利用随机森林方法识别出的裂缝发育段，岩心裂缝栏表示在岩心上见到的裂缝，在深度 3927.69m、3928.33m、3932.44m 和 3949.76m 处随机森林方法识别的裂缝结果和岩心上见到的裂缝发育情况完全符合，表明岩心中能见到的裂缝利用该方法基本上都能识别出来。但在深度 3926.5m 处，应用随机森林方法识别可能发育裂缝，但在岩心上未见到裂缝的存在。常规测井信息基本上反映了钻井周围 1m 以内的综合信息，而岩心资料仅反映钻遇的裂缝信息，因此，在深度 3926.5m 处识别出的裂缝可能反映了钻井周围地层中存在的裂缝，虽然未被钻遇到，但可能就分布在井周围的地层中。因此，应用随机森林方法能较好地识别和评价致密储层裂缝的发育情况，具有较好的裂缝识别准确率，可以更好地评价单井裂缝的分布情况。

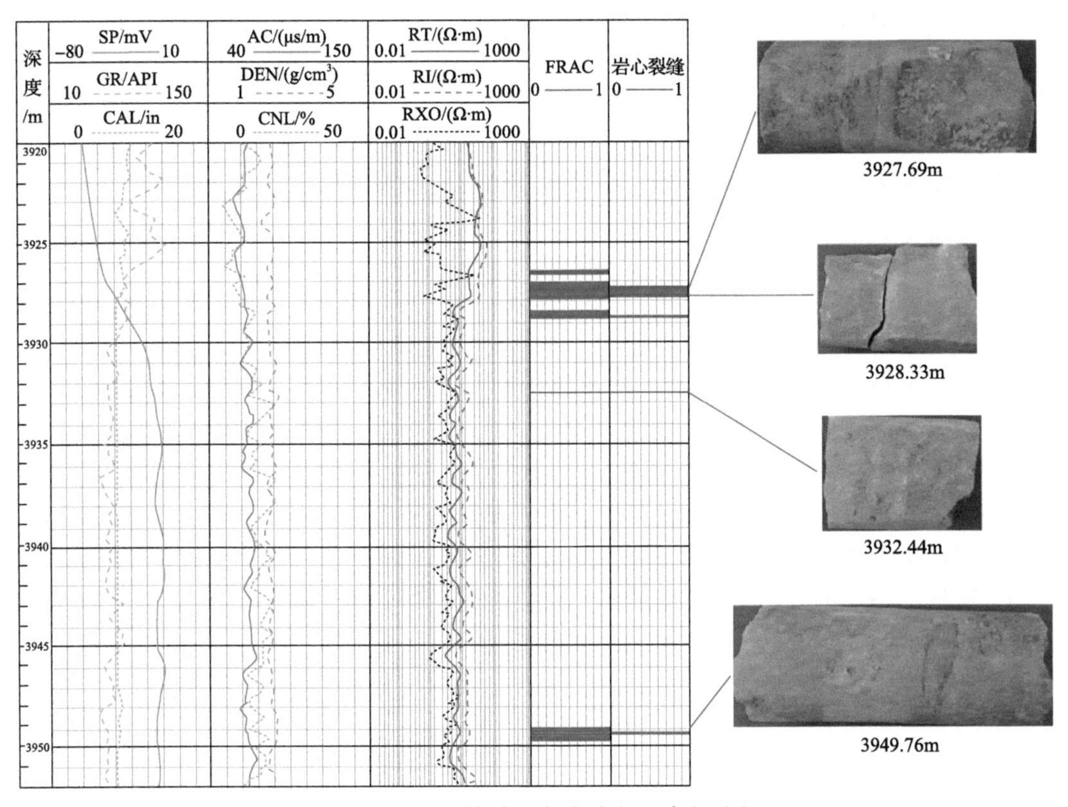

图 9-13　K8 井随机森林裂缝识别对比图

9.2.2　储层地质力学裂缝预测方法

目前，储层裂缝的井间预测方法包括地质方法和地球物理方法两大类。地质方法包括应变法和应力法，前者主要有构造主曲率法(Murray，1968；曾锦光等，1982)、构造滤波分析法等；后者主要有基于古构造应力场数值模拟和岩石破裂准则的构造裂缝预测方法(李德同和文世鹏，1996；陈波和田崇鲁，1998；宋惠珍等，1999)、应变能法(Prince，1966)及用破裂值和能量值两者共同来定量预测裂缝发育的二元法(丁中一等，1998；Gong et al.，2019a，2019c)等。

裂缝形成时期的古构造应力场是控制储层构造裂缝形成与分布的外部因素，储层岩性、地层厚度、沉积微相、成岩相及异常高压等是控制储层构造裂缝形成和分布的内部因素。因此，从控制构造裂缝形成与分布的内因和外因出发，基于裂缝形成时期的古构造应力场数值模拟，结合研究区的实际岩石破裂模型，可以判断岩石是否达到了破裂状态及破裂程度。在此基础上，综合岩石的应变能，并通过岩心实测裂缝密度进行标定，可以对有效裂缝的分布规律进行有效预测。数值模拟模型的准确性决定了裂缝的预测精度(李德同和文世鹏，1996；曾联波等，1998；陈波和田崇鲁，1998；周新桂等，2006；曾联波，2008)。因此，建立合适的非均质地质模型和破裂模型，对正确认识裂缝的地下发育规律，提高致密储层裂缝的预测精度具有十分重要的意义。

库车前陆盆地白垩系储层构造裂缝的发育程度受沉积物的原始沉积组构、构造应力、构造样式及埋藏深度的影响，通过叠合砂岩原始沉积组构图、构造应力和构造样式平面图及埋深和热演化成熟度平面分布图等资料，利用有限元数值模拟方法对库车前陆盆地北部地区(主要是克-依构造带)的裂缝分布规律进行了预测，并结合野外露头、岩心和薄片裂缝观察结果，对库车前陆盆地白垩系致密储层裂缝渗流单元进行了划分。

1. 构造应力场模拟

有限元方法是一种计算结构变形和应力分布的成熟方法，是一种近似求解一般连续问题的数值求解方法。其基本思路是将一个连续的地质体离散成有限个连续的单元，单元之间以节点相连，每个单元内赋予实际的岩石力学参数，根据边界受力条件和节点的平衡条件，建立并求解以节点位移或单元内应力为未知量、以总体刚度矩阵为系数的联合方程组，用构造插值函数求得每个节点上的位移，进而计算每个单元内的应力和应变的近似值。假设每个单元内部是均质的，由于单元划分得足够多、足够小，全部单元的组合可以模拟形状、载荷和边界条件都很复杂的实际地质体。随着单元数量的增多，单元划分得越微小，越接近实际的地质体，它更能逐步趋于真实解。

对于受载的弹性体，其变形可以用体内各点的位移矢量$[\boldsymbol{u}]$表示：

$$[\boldsymbol{u}]=(u \quad v \quad w)^{\mathrm{T}} \tag{9-3}$$

其中，

$$u=u(x,y,z)$$

$$v=v(x,y,z)$$

$$w=w(x,y,z) \tag{9-4}$$

式中，u、v、w 分别为该点沿三个方向的位移分量，它们是 x、y、z 的函数。弹性体的应力状态可用体内各点的应力矢量$[\boldsymbol{\sigma}]$表示：

$$[\boldsymbol{\sigma}]=(\sigma_x \quad \sigma_y \quad \sigma_z \quad \tau_{xy} \quad \tau_{yy} \quad \tau_{zx})^{\mathrm{T}} \tag{9-5}$$

弹性体的应变状态可以用体内各点的应变矢量$[\boldsymbol{\varepsilon}]$来表示：

$$[\boldsymbol{\varepsilon}]=(\varepsilon_x \quad \varepsilon_y \quad \varepsilon_z \quad \gamma_{xy} \quad \gamma_{yz} \quad \gamma_{zx})^{\mathrm{T}} \tag{9-6}$$

处于平衡状态的受载弹性物体内，应变与位移、应力与外力之间存在一定的关系，称为弹性力学的基本方程，结合给定的边界条件，就构成了求解弹性力学问题的基础。在实际计算中，通过求解弹性力学的基本方程，可以得到地质体中每个有限单元的最大水平主应力、中间主应力和最小水平主应力的方向和大小。

计算出应力场后，在每一个单元上获得的应力为

$$[\boldsymbol{\sigma}]=\begin{bmatrix}\sigma_x & \sigma_{xy} & \sigma_{xz}\\ \sigma_{xy} & \sigma_y & \sigma_{yz}\\ \sigma_{zx} & \sigma_{zy} & \sigma_z\end{bmatrix} \tag{9-7}$$

通过正交相似变换，可将实矩阵简化为一个对角矩阵，其对角元是矩阵$[\boldsymbol{\sigma}]$的三个特征值：

$$P[\boldsymbol{\sigma}]P^{-1}=\begin{bmatrix}\lambda_1 & 0 & \\ & \lambda_2 & \\ 0 & & \lambda_3\end{bmatrix}\rightarrow\begin{bmatrix}\sigma_1 & 0 & \\ & \sigma_2 & \\ 0 & & \sigma_3\end{bmatrix} \tag{9-8}$$

这三个特征值(λ_1、λ_2、λ_3)就是三个主应力值，所对应的特征值向量分别为三个主应力方向的余弦。

1)非均质地质模型的建立

非均质地质模型是整个数值模拟的基础和前提，它直接决定力学模型和数学模型的合理选取。非均质地质模型主要包括地质隔离体与断层的选取、边界条件与反演标准的确定等方面。非均质地质模型是在综合研究地质规律的基础上提出的，包括对油田构造演化、裂缝的分布特征与成因等，然后利用地震、测井和钻井资料，根据平衡剖面的原理恢复古构造发育史剖面，建立模拟的地质隔离体。同时，在综合分析区域及局部应力场纵向演化史的基础上，根据各井点资料(包括岩心、测井和动态资料)，确定地质体的初步边界条件，提出反演标准。

(1)地质隔离体的选取

对裂缝的分布特征与成因及对应力场的演化进行分析后，选取裂缝形成时期的构造图、沉积微相图及成岩相图等来建立地质隔离体。对库车前陆盆地白垩系储层裂缝形成期次、裂缝有效性评价及构造应力场演化特征进行分析，可白垩系构造裂缝主要分三期形成(古近纪末期、中新世末期和上新世末期)，前两期构造裂缝数量相对较少，并且大部分已被完全充填，因此，本次主要是对第三期有效构造裂缝形成时期的古构造应力场进行了数值模拟。

(2)边界条件的确定

边界条件是指地质隔离体边界受到的外部远场应力的性质、大小及加力方式与约束方式，包括受力边界条件和约束边界条件两类。根据库车前陆盆地古构造应力场研究得到主应力方位和大小。在数值模拟计算中，设定其初始边界条件为：最大水平主应力方向为南北向，最小水平主应力方向为东西向；最大水平主应力大小为90MPa，最小水平

主应力大小为 20MPa。经过大量反演计算之后，选取最优结果来确定数值模拟的最终边界条件。为了防止地质隔离体漂移，在模拟中把隔离体的南边界施加 X、Y 方向的约束，其他几个边界为自由边界，隔离体为水平方向受力和变形，这与该区的地质条件相符合，从实际模拟结果来看，这种边界条件设置是比较合理的。

(3)反演标准的确定

由于地质构造成因的多重性和复杂性，影响构造应力场和储层构造裂缝分布的因素及边界条件难以准确确定，构造应力场和储层构造裂缝的模拟计算实际上是一个多次反复的反演与正演过程。首先，由初步设定的岩石物理参数和地质模型及其边界条件来反推构造及裂缝形成时期的受力条件，从而确定正演计算时的加载方式、大小及边界条件。由于反演要确定的参数不是唯一的，其反演的结果也不可能是唯一的，需根据研究区准确的实际地质资料制定一系列地质反演标准来检验其计算结果正确与否。至今尚没有一种适应不同地质情况而又简单可靠的方法和标准来衡量，在实际工作中往往需试算数百种计算方案。根据以往多次实践，数值模拟中可行的反演标准有以下几种。

①变形标准。即通过加载之后，地质体产生的变形与实际的古构造图形相一致，则认为加力方式基本合理。

②构造应力场计算阶段的主应力产状标准。在不同受力条件下，其应力的三个主应力方向与倾角有规律分布。在伸展构造区，最小主应力(σ_3)和中间主应力(σ_2)近水平，和最大主应力(σ_1)近垂直，与安德森模式相一致。在挤压构造应力场中，最大主应力(σ_1)与最小主应力(σ_3)近水平，与中间主应力(σ_2)近垂直，与剪切裂缝形成时所受应力状态相吻合。模拟后各单元内最大主应力和最小主应力方向与边界受力方向大致相同。

③储层构造裂缝计算阶段的裂缝产状标准。在岩心上，通过各种方法，可定量描述区内构造裂缝组系、方位及倾角大小，则模拟所得构造裂缝组系产状及倾角分布应与描述结果相一致。

④绝对反演标准。由于在计算现应力场时，可以通过一些方法测出油田某些油井上现应力的绝对值，绝对反演标准一般用于现应力场的模拟中。具体的标准可以选取如应力值、变形值、岩石破裂强度值等，对这些确定数值的反演标准，可以采用王仁教授提出的线性迭加原理进行计算，具体过程如下：

(a)有 N 个要通过反演确定的参数设为 $P_1, P_2, \cdots, P_N$；

(b)取 M 个可以测得的校正数据 $Q_1, Q_2, \cdots, Q_M (M>N)$；

(c)取 $P_i=1$ $(i=1, 2, \cdots, N)$ 做反演计算，得到校正点和参数值 a_{ij} $(i=1, 2, \cdots, N;\ j=1, 2, \cdots, M)$；

(d)用以上数据做线性迭加得到 M 个方程：

$$\sum_{i=1}^{N} a_{ij} P_i = Q, \quad j = 1,2,\cdots,M \tag{9-9}$$

用最小二乘法求解此方程组就可求出 N 个未知参数 $P_1, P_2, \cdots, P_N$。此过程可以重复计算直到符合要求。

(4)其他标准

(a)模拟所得古应力值大小(主要是最大水平主应力和差应力值)应与用其他方法所估算的值相接近，且与目前认识相一致。

(b)模拟所得裂缝密度分布与现有地质资料和油田动态资料基本吻合。在计算中，若能达到上述各反演标准，则数值模拟结果基本可信，然后可再用生产资料来检验。

2)力学模型的建立

力学模型是数值模拟的关键，应在地质模型的基础上建立，它包括地质体力学性质、受力加载方式及约束方式和岩石物理参数确定等。

(1)地质体力学性质、受力加载方式及约束方式的确定

地质体力学性质的确定即确定地质体的力学特征及其支配的微分方程，包括将地质体视为弹性体、弹塑性体还是黏弹性体处理，地质体变形是大变形还是小变形问题等。

由岩石力学试验表明，岩石总体特性表现为脆性，破裂后具有明显的应力降，故将地质体按弹性体处理，用板壳模型的线弹性理论进行计算。由于储层砂岩厚度随着沉积作用而变化，储层的岩石力学参数也随之变化，因此，根据沉积带中砂泥岩所占百分比，用加权平均法求得不同砂岩厚度带的岩石力学参数。在相同砂岩厚度带内，储层定义为同一材料属性，而不同砂岩厚度带之间则黏合在一起，整体作为一个非均质体。

为了反映沉积造成的复杂非均质地质体，而又使形状复杂处网格不过于粗糙，需要较小的单元尺寸表征，故采用自由网格的划分方法，网格的大小利用系统默认的几个等级控制，每一个等级都已设定其参数值，共有十级，级数越高越粗糙。应用不同级别控制模型的网格划分，从结果分析来看，采用第 3 级的效果较好，能自行进行最佳网格化，使同一种材料的网格处理比较均匀。在重点区域的复杂处，网格划分较密集，而其他地区的网格划分相对较稀疏。

进行静态结构分析，其静力方程为

$$\boldsymbol{K}\overline{\boldsymbol{U}} = \boldsymbol{F}^{\mathrm{r}} + \boldsymbol{F}^{\mathrm{nd}} + \boldsymbol{F}^{\mathrm{e}} \tag{9-10}$$

式中，$\boldsymbol{K}$ 为整体刚度矩阵；$\overline{\boldsymbol{U}}$ 为节点的位移矢量；$\boldsymbol{F}^{\mathrm{r}}$ 为反作用载荷；$\boldsymbol{F}^{\mathrm{nd}}$ 为施加到节点上的载荷；$\boldsymbol{F}^{\mathrm{e}}$ 为施加到单元上的载荷。$\boldsymbol{K}$ 中的每一项元素都与结构模型中的节点坐标有关，为保证 $\boldsymbol{K}$ 矩阵能够较好地反映结构的真实刚度，除了建立的实体模型要真实反映模拟壳结构的几何形状外，同时还应建立一个准确的力学模型，施加外载荷和边界约束条件。

在进行应力场分析之前，要给有限元单元加载边界条件及施加载荷。根据地质条件，地质体初始加载方式为四周边界受力节点上加水平挤压力作用，其受力大小依据应力场分析结果来确定，模拟的最终边界条件是经大量计算方案正反演确定的。约束方式是在模型的北西和西边界上施加 X 方向的约束，其他边界为自由边界。

(2)岩石物理参数确定

岩石力学性质直接影响着岩石的变形行为，从而影响岩石裂缝的形成与发育程度。因此，进行单轴和三轴岩石力学试验，可为构造应力场和构造裂缝的数值模拟提供实际

的岩石物理参数，包括岩石密度、弹性模量(E)、泊松比(ν)、黏结力(C)、内摩擦角(φ)、抗剪强度(τ_m)和抗张强度(S_t)等。

3)数学模型的建立

数学模型是进行构造应力场与储层构造裂缝定量预测的手段，它主要基于地质模型和力学模型来确定相应的数值计算方法。对于有限元方法，最主要的是根据地质模型和力学模型确定单元类型、组合单元划分的原则、断层与薄油层的处理及具体实施方案，并选用合适的有限元计算程序和编制相应的配套程序，建立实际岩石破裂准则来进行应力场和岩石破裂的计算，并经多次反演后对地质模型和力学模型重新进行修正、补充和完善，直到符合各项地质反演标准和油田实际地质情况。

4)构造应力场的数值模拟

根据以上地质模型、岩石力学参数和边界条件，运用有限元数值模拟技术，利用ANSYS10.0 有限元软件对喜马拉雅晚期的古构造应力场进行了数值模拟。模拟结果显示，库车前陆盆地喜马拉雅晚期构造应力场的方位分布比较稳定，最大主应力方向为近南北向，最小主应力方向为近东西向。在断层附近，受断层活动造成的局部应力扰动作用影响，应力方向有所改变。不同地区构造应力场的大小不同，在秋里塔格构造带(图 9-14，图 9-15)，东部迪那地区最大主应力比较大，主要分布在 80～90MPa，最小主应力分布在 24～30MPa；其次是西秋构造带，最大主应力主要分布在 70～80MPa，最小主应力分布在 20～25MPa；却勒和 QC1 井地区最大主应力较小，一般小于 70MPa，最小主应力分布在 20～25MPa。在 DQ06-190+495 剖面(图 9-16，图 9-17)，北部山前带构

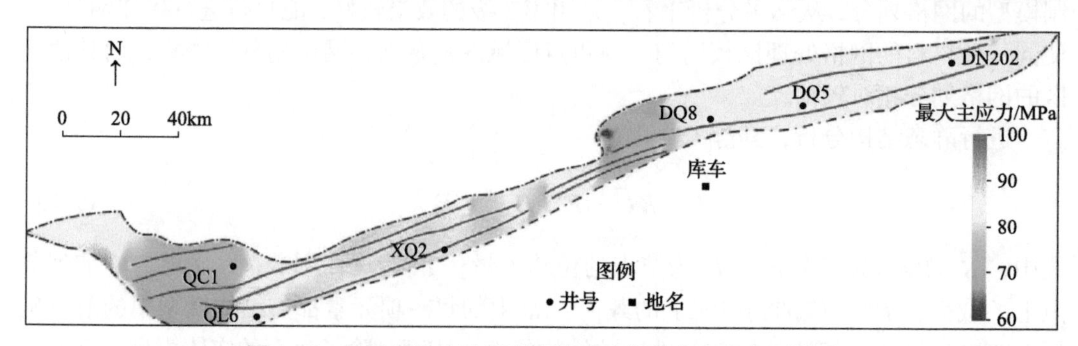

图 9-14　秋里塔格构造带喜马拉雅晚期最大主应力预测图

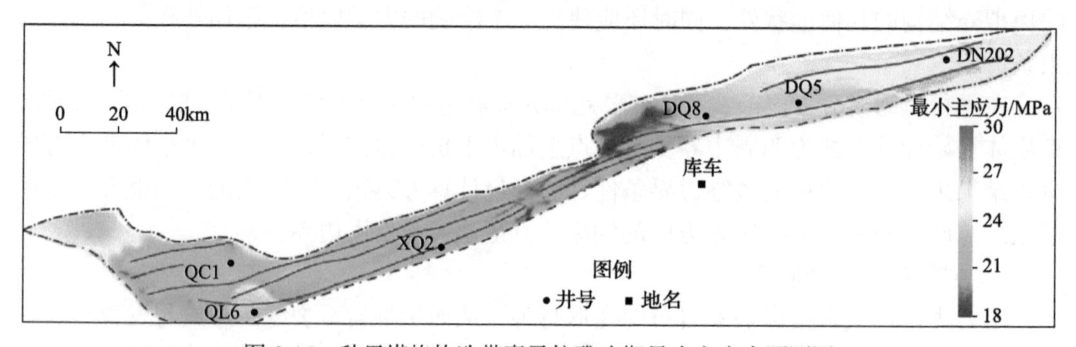

图 9-15　秋里塔格构造带喜马拉雅晚期最小主应力预测图

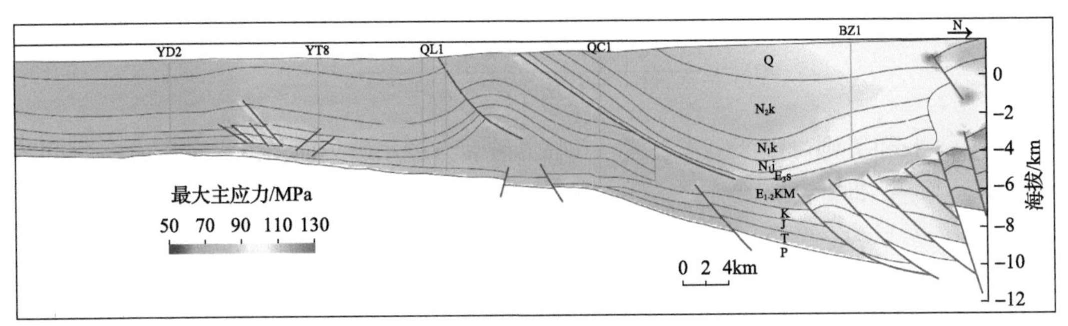

图 9-16　DQ06-190+495 剖面喜马拉雅晚期最大主应力预测图

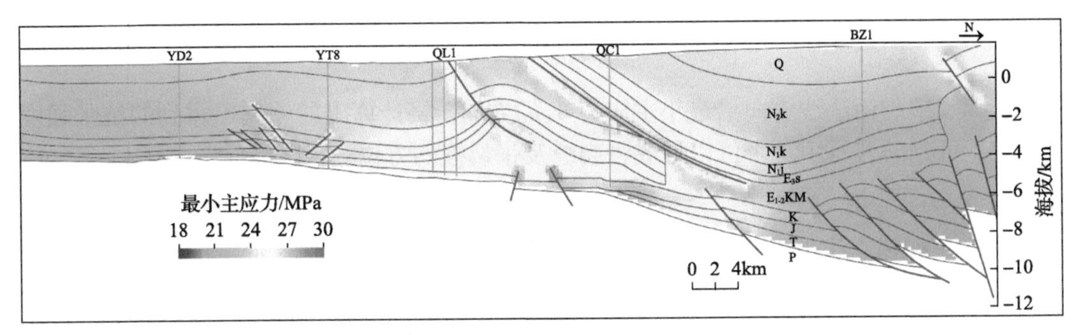

图 9-17　DQ06-190+495 剖面喜马拉雅晚期最小主应力预测图

造应力值最大，最大主应力主要分布在 110～130MPa；其次是克拉苏构造带和秋里塔格构造带，最大主应力分别为 90～110MPa 和 70～90MPa；南部前缘隆起带构造应力值较小，一般小于 70MPa。数值模拟结果与岩石声发射实验方法测得的最大古构造应力值相一致。

2. 裂缝性质与产状判断

按照力学性质，可以将储层裂缝分为张裂缝和剪裂缝。在计算出三个主应力大小和方向后，通过油田实际岩石破裂准则的建立，可以判断岩石中产生裂缝的力学性质及其产状。通常可以用格里菲斯准则来判断岩石中是否可以产生张裂缝及张裂缝的产状；可以用莫尔-库仑准则判断岩石中是否可以产生剪裂缝以及剪裂缝的产状。

1) 格里菲斯准则

这种准则适合于脆性材料的张破裂，准则的基础是认为脆性物体的破坏是由于存在随机分布的微裂缝，当外载增加时，在裂缝的末端会产生应力集中而导致裂缝扩展。

设张破裂强度为$[\sigma_t]$，计算得到的应力为σ_t。

(1) 当$\sigma_1 + 3\sigma_3 \geqslant 0$时(压为正，拉为负)：

$$\sigma_t = \frac{(\sigma_1 - \sigma_3)^2}{8(\sigma_1 + \sigma_3)} \tag{9-11}$$

三维修正公式是

$$\sigma_{\mathrm{t}}=\frac{\left(\sigma_1-\sigma_3\right)^2+\left(\sigma_2-\sigma_3\right)^2+\left(\sigma_1-\sigma_2\right)^2}{24\left(\sigma_1+\sigma_2+\sigma_3\right)} \tag{9-12}$$

若$\sigma_{\mathrm{t}} \geqslant\left[\sigma_{\mathrm{t}}\right]$，则可以产生张裂缝。其临界破裂方位用破裂面与最大主压力σ_1之间的夹角α来确定，即

$$\cos \alpha=\frac{\sigma_1-\sigma_3}{2\left(\sigma_1+\sigma_3\right)} \tag{9-13}$$

(2)当$\sigma_1+3\sigma_3 \leqslant 0$时：

$$\sigma_{\mathrm{t}}=-\sigma_3 \tag{9-14}$$

此时，破裂面法线方向沿最小主应力σ_3的方向。将计算出的σ_{t}与已得到的抗张强度S_{t}比较，可判断岩石中是否可以形成张裂缝及张裂缝的方位。

2)莫尔-库仑准则

岩石破裂理论认为岩石的剪破裂主要是在某个面上剪切破坏，面上的剪切破坏与该面上的正应力σ_{n}与剪应力τ_{n}的组合有关。因此，判断岩石在力的作用下是否发生剪破裂通常应用莫尔-库仑准则。莫尔-库仑准则认为剪破裂的发生不仅与破裂面上的剪应力有关，还取决于其上的正应力。库仑准则可表示为

$$[\tau]=C+\sigma \tan \varphi \tag{9-15}$$

式中，C为黏结力，是正应力为零时的抗剪强度；φ为内摩擦角；σ为内摩擦系数。它们均可由实验确定。当某一面上剪应力$[\tau]$与正应力满足式(9-15)时，则开始出现剪切裂缝，$[\tau]$为极限剪应力。

莫尔准则认为，某个面上产生剪破裂时，该面上正应力与剪应力满足某一种函数关系，可表示为

$$[\tau]=f(\sigma) \tag{9-16}$$

根据岩石实验可知，这种函数关系由破裂极限应力圆的包络线确定，对于大多数岩石可用抛物线近似拟合，而库仑准则τ-σ函数关系为直线包络线。

莫尔-库仑准则中的极限剪应力$[\tau]$是由剪切面上的正应力σ_{n}和岩石固有的C、φ值确定的。而实际的剪应力τ_{n}却要由计算出的三个主应力来确定，由于莫尔-库仑准则是在σ_1-σ_3平面上进行计算，破裂面垂直于σ_1-σ_3平面，我们取局部坐标系$\overline{XYZ}$，使其三个坐标轴分别平行于三个主应力方向σ_1、σ_2、σ_3。

在局部坐标系下破裂面法向量$\overline{\boldsymbol{N}}$的方向余弦为

$$\overline{\boldsymbol{N}}=\{m, n, l\}=\{\cos \alpha, \cos \beta, \cos \gamma\} \tag{9-17}$$

式中，α、β、γ分别为破裂面与σ_1、σ_2、σ_3的夹角，(°)；m、n、l分别为局部坐标系

下破裂面与 σ_1、σ_2、σ_3 的夹角余弦值。

则剪切面上的正应力 σ_n 和剪应力 τ_n 分别为

$$\sigma_n = \sigma_1 m^2 + \sigma_2 n^2 + \sigma_3 l^2 \tag{9-18}$$

$$\tau_n = \sqrt{p^2 - \sigma_n^2} \tag{9-19}$$

式中，

$$p^2 = \sigma_1^2 m^2 + \sigma_2^2 n^2 + \sigma_3^2 l^2 \tag{9-20}$$

将计算的 σ_n 代入剪破裂准则，可得到岩石的剪应力 $[\tau]$，即极限剪切强度可表示为

$$[\tau] = C + \sigma_n \tan\varphi \tag{9-21}$$

将计算出的 σ_n 与已得到的剪应力 $[\tau]$ 比较，可判断岩石中是否可以形成剪切裂缝。当岩石产生剪切裂缝时，剪切破裂面与最大主压应力轴的夹角为

$$\theta = 45° - \varphi / 2 \tag{9-22}$$

式中，θ 为剪裂角；φ 为岩石的内摩擦角。

3. 裂缝发育强度评价

在计算地质体内古构造应力场的空间分布以后，根据高温高压三轴岩石力学试验所确定的油田实际破裂准则，可判断岩石中是否已发生破裂。由于地质体中各部位的应力状态及岩石的物理性质不同，各部位岩石的破裂情况是不相同的。有的部位可能尚未达到破裂状态，有的部位刚达到破裂状态，而有的部位却早已超过了破裂状态。为了能定量地反映岩石中破裂的发育程度，我们引进了岩石破裂率(I)的概念，其定义式为

$$I = \tau_m / [\tau_m] \text{或} S_t / [S_t] \tag{9-23}$$

式中，τ_m 和 S_t 分别为剪应力和张应力值，$[\tau_m]$ 和 $[S_t]$ 分别为岩石的抗剪强度和抗张强度。显然，若 $I \leqslant 1$，说明岩石中尚未达到破裂状态；若 $I > 1$，说明岩石中已发生了破裂；若 $I \gg 1$，说明岩石中早已发生了破裂。因此，破裂率 I 值的大小反映了岩石中裂缝的发育程度。

对储层中构造裂缝密度的定量计算是目前国内外正在探索的课题，目前还没有通过直接计算就可得到裂缝密度的预测方法。从岩石的破裂行为来看，岩石中是否能够产生裂缝，取决于岩石的破裂率 I。而岩石发生破裂以后，其裂缝的发育能力与岩石积累的能量大小有关，可以用单位体积的应变能表示：

$$W = \frac{1}{2E}\left[\sigma_1^2 + \sigma_2^2 + \sigma_3^2 - 2I\left(\sigma_1\sigma_2 + \sigma_2\sigma_3 + \sigma_3\sigma_1\right)\right] \tag{9-24}$$

式中，W 为应变能。岩石的应变能反映了在构造应力作用下积累的应变能量。

近年来，通过对多个油田的实际研究工作，我们总结了将岩石应变能、破裂率与取心井观测裂缝数据拟合标定得出裂缝密度分布规律的方法。在构造应力场计算中得出该区应变能密度分布以后，用取心井所在部位的应变能值与岩心上统计裂缝密度值用最小二乘法进行拟合所得到的相关关系来计算裂缝密度的分布规律。同时，在计算中，还考虑了将岩石应变能值和破裂率 I 值相结合，用二元拟合的方法来标定裂缝密度的方法。通过岩石破裂率、岩石应变能与岩心和测井资料得到的单井裂缝密度数据，用最小二乘法进行拟合，从而进行裂缝密度的计算。裂缝密度与岩石应变能和破裂率的基本拟合公式为

$$\beta=A_1I_r^2+A_2W^2+A_3I_r+A_4W+A_5,\quad I_r\geqslant I_0 \tag{9-25}$$

$$\beta=A_1I_r^2+A_2I_r+A_3,\quad I_r<I_0 \tag{9-26}$$

式中，β 为裂缝密度预测值；I_r 为不同时期张破裂率和剪破裂率经过标准化处理以后得到的综合破裂率；W 为不同时期的单位体积应变能经过标准化处理后得到的综合应变能；A_1、A_2、A_3、A_4、A_5 均为比例系数，由单井裂缝密度资料用最小二乘法拟合得到；I_0 为综合破裂率的临界值。

该方法的理论依据是假设裂缝的发育程度由岩石破裂值和弹性应变能两方面共同决定，这样将破裂率 I 值与应变能 W 值共同与裂缝密度进行拟合计算，其结果表明，上述两种方法所得结论相一致，说明上述两种方法都能较好地计算和预测其储层中构造裂缝的分布规律。

4. 裂缝分布规律的预测

根据上述理论和方法，对库车前陆盆地秋里塔格构造带白垩系和 DQ06-190+495 剖面裂缝的分布规律进行了预测。

预测结果显示(图 9-18～图 9-23)，①库车前陆盆地白垩系储层张破裂率一般分布在 0.5～0.9，只有局部地区张破裂率大于 1，反映大部分地区未发生张破裂，而大部分地区的剪破裂率一般都大于 1，说明研究区以发育剪切裂缝为主，与露头和岩心裂缝观察结

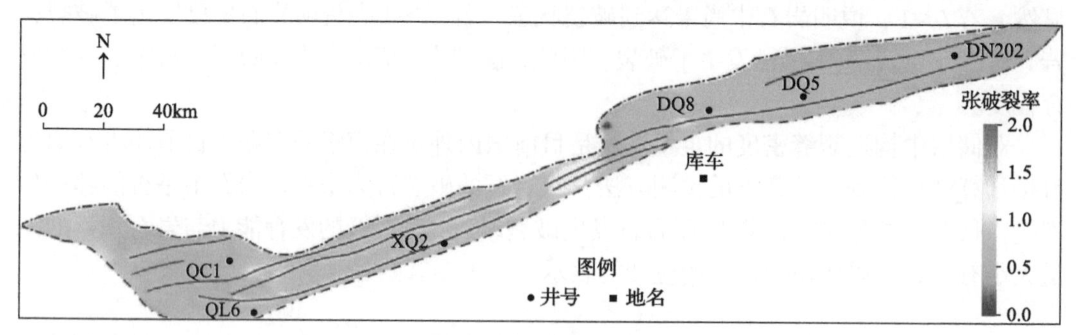

图 9-18　秋里塔格构造带白垩系张破裂率分布图

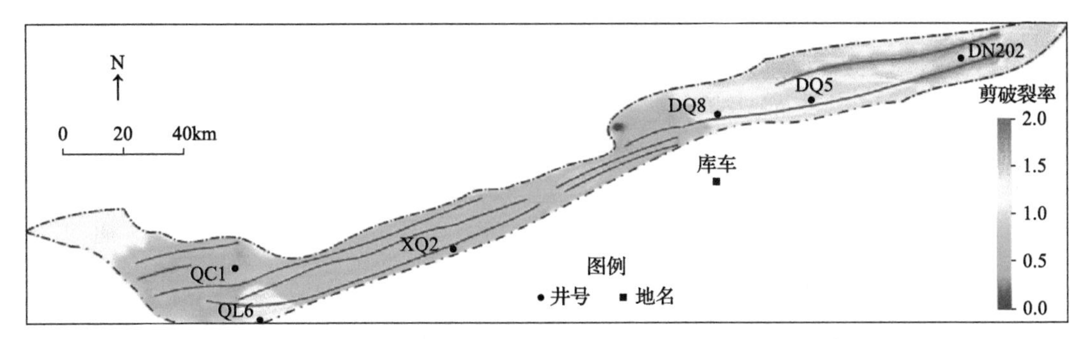

图 9-19　秋里塔格构造带白垩系剪破裂率分布图

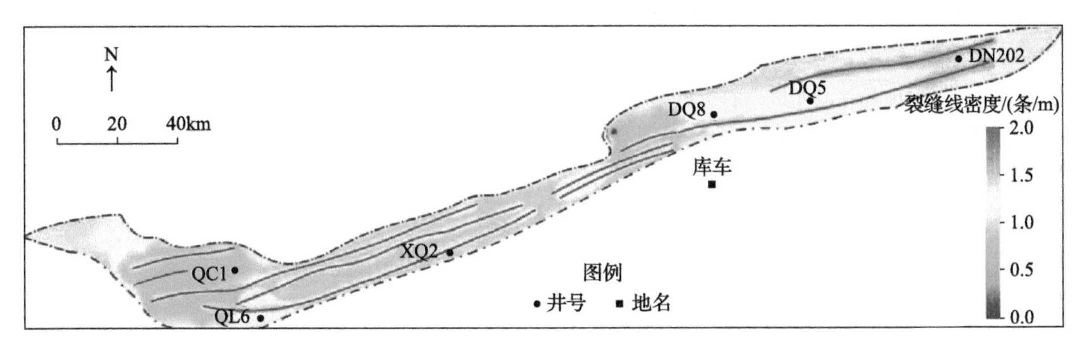

图 9-20　秋里塔格构造带白垩系构造裂缝预测线密度分布图

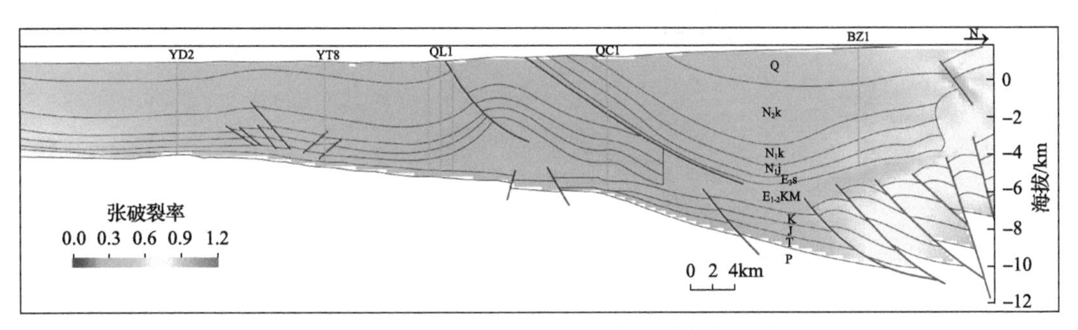

图 9-21　DQ06-190+495 剖面张破裂率分布图

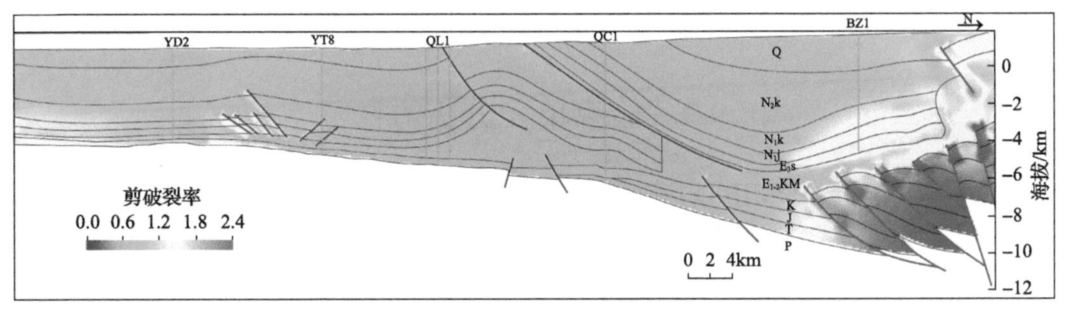

图 9-22　DQ06-190+495 剖面剪破裂率分布图

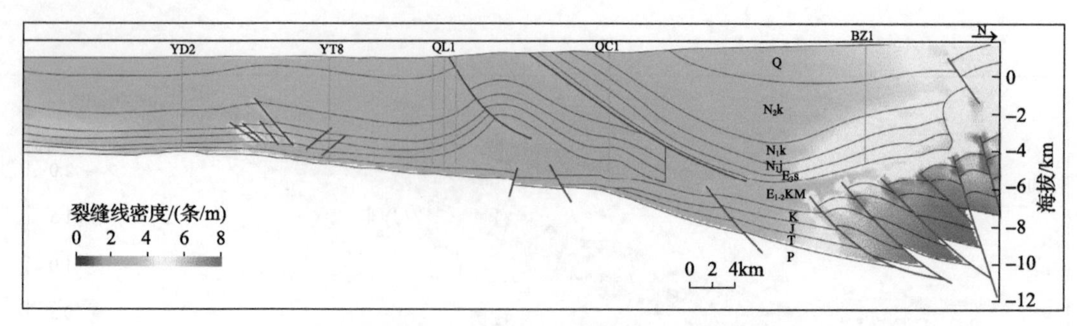

图 9-23　DQ06-190+495 剖面裂缝预测线密度分布图

果相统一。②裂缝发育程度受沉积相、成岩相和构造位置等因素控制，断裂带附近及断层端部是裂缝发育区，三角洲沉积相的水道间和前缘席状砂等沉积微相裂缝发育，而在泛滥平原和河漫滩等沉积微相裂缝不发育。强烈的压实作用和胶结作用使岩石变得致密，有利于裂缝的形成。例如，在迪那构造带和克拉苏构造带，断层发育，以强胶结强压实成岩相为主，其预测裂缝线密度分别为 1.5～2.0 条/m 和 3.0～5.0 条/m，裂缝发育程度明显大于其相邻地区。

将预测裂缝结果和 20 多口取心井获得的裂缝单井密度进行对比分析（图 9-24），发现二者呈较好的正相关性，说明该方法的裂缝预测结果是可信的。

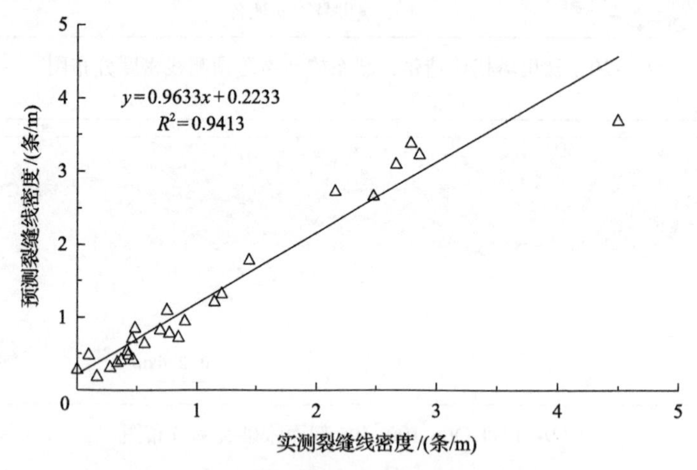

图 9-24　预测裂缝线密度与实测裂缝线密度对比图

9.3　储渗单元分析方法

在构造作用和成岩作用影响下，致密砂岩储层存在两套非均质系统：基质孔隙系统和天然裂缝系统。其中，基质孔隙系统是主要的油气储集空间，控制了致密砂岩储层油气的富集规律；裂缝是致密砂岩储层的主要渗流通道，控制致密砂岩储层油气的渗流规律。同时，由于强烈的成岩作用和构造挤压作用，致密储层基质的渗透率很低、孔喉细、毛细管压力高、渗流阻力大，致密砂岩储层的含油饱和度和可动流体饱和度都很低。可动流体饱和度与裂缝的发育程度密切相关，随着裂缝密度增大，可动流体饱和度呈线性增大，因此，在致密储层评价过程中，不能只对储层基质孔隙系统进行评价，还需要考虑储层基质孔隙和天然裂缝两套非均质性系统的匹配情况(Zeng et al.，2012b)。

根据致密储层的地质特征，可以采用“储渗单元”的概念来对致密储层进行综合评价。所谓储渗单元是指沉积物经过沉积作用和后期成岩作用、构造作用综合改造以后形成的储集-渗流单元。相同的储渗单元具有相似的储集性能和渗流特征，在空间上具有相似的岩石物理性质、岩层特征和裂缝发育规律，因而，它是储层岩石物理特征及被改造以后的综合连续储层段，是两套非均质系统的综合体现。

9.3.1　储集单元

利用相似露头、岩心、薄片、测井及实验分析等资料综合分析储层的沉积微相、成岩作用、成岩相及储层特征等地质内容，根据研究区实际地质情况，合理地选择评价参数，如储层物性、孔隙结构参数等。在确定了评价参数之后，可根据以下步骤来进行储集单元划分。

1. 单项参数评价得分计算

在确定了评价参数之后，可采用标准化法定量评价各单项参数，即以本项参数在评价单元中最大值与最小值之差为1，使其他单元本项参数评价值在0～1，如有效孔隙度、渗透率等值越大，反映参数越好。标准化公式为

$$E_i = (X_i - X_{\min}) / (X_{\max} - X_{\min}) \tag{9-27}$$

式中，E_i为第i单元的本项参数评价得分；X_i为第i单元本项参数实际值；$X_{\max}$为所有单元中本项参数的最大值；$X_{\min}$为所有单元中本项参数的最小值。

2. 确定各项参数的权系数

计算各单元的各项参数得分之后，合理地选择综合评价方法及确定各参数对储层的影响程度是储层综合评价的关键。根据评价目的，对各项参数给予不同的权系数，来体现各个参数的重要程度。权系数的确定是储层综合评价过程中的一个重要难题，通常情况下会根据对储层特征的研究，采用专家打分的方法，但是专家打分法的主观性太强，人为影响因素较大。为了尽量避免这种主观因素对储层评价结果的影响，可以采用灰色关联法来确定评价指标的权系数。灰色关联分析在储层研究中应用广泛，它是一种根据系统内部各项参数之间发展态势的相似或相异程度，来衡量各参数的关联程度的方法。各子因素与母因素之间的关联度可以由式(9-28)得出：

$$r_{i,0} = \frac{1}{n}\sum_{t=1}^{n} L_t(i,0) \tag{9-28}$$

式中，$r_{i,0}$为关联度；$L_t(i,0)$为母因素与子因素的关联系数；n为参数项数量。

关联度的取值范围分布在 0.1～1。关联度越接近 1，表明子因素和母因素之间的关系越紧密，反之关系越松散，对母因素的影响越小。各因子的权系数可以由式(9-29)得到：

$$\alpha_i = r_{i,0} / \sum_{t=0}^{m} r_{i,0} \tag{9-29}$$

式中，α_i为权系数。

把各项参数得分以给定的权系数权衡后即得出综合评价分，以一定的分值分类，即得到最后的储集单元分类(于兴河，2009)。

3. 储集单元划分

根据前人对库车前陆盆地白垩系储层岩石学特征、沉积相、成岩演化序列、成岩演化阶段、孔隙演化及储层质量控制因素等多方面的精细研究(顾家裕等，2001；刘建清等，2005；刘春等，2009；朱如凯等，2009)，以岩心物性和测井物性为主要依据，结合储层岩石类型、孔隙类型、孔隙结构、填隙物含量、沉积相带展布和埋深等对白垩系储层进行了储集单元划分。评价标准主要以测试分析数据和测井解释孔隙度、渗透率下限为依据。根据库车前陆盆地不同构造带白垩系储层的岩性、物性参数等将库车前陆盆地白垩系储层储集单元划分为 4 个级别(表 9-3，图 9-25)。其中，Ⅰ和Ⅱ级储集单元是库车前陆盆地目前油气勘探的主要目的层；Ⅲ级储集单元属于低渗透致密储层，可以作为寻找天然气的目的层；而Ⅳ级储集单元为特低孔隙度-特低渗透率储层，是非常致密型储层，甚至为非储层。

表 9-3　库车前陆盆地白垩系储集单元划分标准(朱如凯等，2009)

		分级			
		Ⅰ	Ⅱ	Ⅲ	Ⅳ
物性	孔隙度/%	≥15	9～15	6～9	＜6
	渗透率/mD	≥10	1～10	0.1～1	＜0.1
岩性		粗粒-细粒砂岩、粉砂岩	粗粒-细粒砂岩、粗粉砂岩	粗粒-细粒砂岩、粗粉砂岩、含砾砂岩	粉砂岩、泥质粉砂岩、含砾砂岩
孔隙结构参数	排驱压力/MPa	0～2	2～5	5～15	＞15
	孔喉半径/μm	＞1.5	1.0～1.5	0.3～1.0	＜0.3
平均孔径区间/μm		30～110	30～70	20～50	＜20
孔喉分级		中粗孔、大中喉	中细孔、中喉	中细孔、小喉	细孔、小喉、微喉
填隙物含量/%		＜10	10～15	15～25	＞25
孔隙特征		以粒间溶孔为主，其次为原生粒间孔，孔隙连通性好	以粒间溶孔为主，其次为原生粒间孔，孔隙连通性中等	粒间溶孔、粒内溶孔，孔隙连通性中等—差	粒间溶孔、杂基微孔，孔隙连通性差
综合评价		好	较好	中等—较差	差或非储层

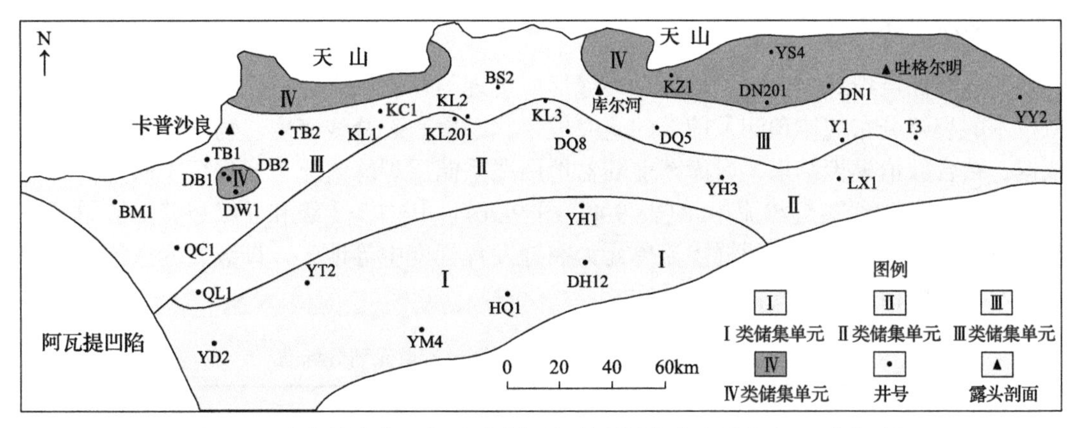

图9-25　库车前陆盆地白垩系储集单元划分[据高志勇等(2016c)修改]

白垩系Ⅰ级储集单元是研究区内最优质的储层，其储层厚度大，储集性非常好。Ⅰ级储集单元主要分布在前缘隆起带的YM井区、YD2井区及羊塔大部分井区；主要沉积相为分流带远端，成岩演化阶段为中成岩A_1亚期，为有机质低成熟阶段；属于混合孔隙发育带，孔隙类型以原生粒间孔和粒间溶孔为主，胶结物含量低，主要为白云石和方沸石，成分成熟度与结构成熟度均比较高，杂基含量低，保留了大量的原生粒间孔，后期溶解作用对储层进行了较明显的改造，得以形成优质储层。储层平均孔隙度为14.35%～28.01%，平均渗透率为180.50mD，其中在YM31井最高孔隙度可达30.53%，最高渗透率可达4601.94mD。Ⅰ级储集单元的形成与原始的沉积环境和后期溶解作用有关。

白垩系Ⅱ级储集单元主要分布在T2、TI2、KL201、DQ8井区，沉积相为分流带近端、中端；T2、TI2、DQ8井区所处成岩演化阶段为中成岩A_2亚期，为有机质成熟阶段，属次生孔隙发育带，胶结作用较强，主要胶结物为白云石和硬石膏；储层物性较好，孔隙度主要分布在9%～13%，渗透率主要分布在20～70mD，最大孔隙度为22.40%，最大渗透率为1770.15mD。KL201井为中成岩B期，为有机质高成熟阶段，属次生孔隙和裂缝发育带，主要胶结物为方解石、硬石膏；平均孔隙度为13.76%，平均渗透率为71.15mD。KL201井局部高孔隙度-高渗透率储层发育主要是溶蚀作用和构造裂缝所致。

白垩系Ⅲ级储集单元主要分布在TI3、DQ5、KL3、BS2、KL2、吐北、却勒井区一带，总体处于分流带近端、中端环境。TB1井和KL3井处于中成岩B期，由于北部造山带构造挤压作用的影响，成岩作用强，胶结致密，储层物性较差，平均孔隙度小于10%，平均渗透率小于10mD。

白垩系Ⅳ级储集单元主要分布在卡普沙良、库车河—克孜—迪那井区。沉积相在迪那井区为分流带近端，大北井区为分流带近端，在大北和迪那井区都已进入中成岩B期，大量方解石、硬石膏胶结，导致储层相当致密，DB1井平均孔隙度为3.36%，平均渗透率为0.06mD，DN201井平均孔隙度为5.28%，平均渗透率为0.14mD。

9.3.2 渗流单元

通过对储层裂缝参数定量描述、裂缝形成机理与控制因素分析、利用有限元数值模拟技术的裂缝分布规律预测及前人的研究成果，以岩心裂缝线密度、物性等参数为主要依据，结合数值模拟结果，对库车前陆盆地白垩系储层裂缝渗流单元进行了研究，将储层裂缝划分为 4 级裂缝渗流单元(表 9-4，图 9-26)。其中，Ⅰ级和Ⅱ级裂缝渗流单元为裂缝较为发育地区，Ⅲ级裂缝渗流单元为裂缝发育程度中等地区，Ⅳ级裂缝渗流单元为裂缝发育程度很差或不发育地区。

表 9-4 库车前陆盆地白垩系裂缝渗流单元划分标准

	分级			
	Ⅰ	Ⅱ	Ⅲ	Ⅳ
宏观裂缝密度/(条/m)	≥3	1～3	0.2～1	<0.2
微观裂缝密度/(cm/cm^2)	≥0.5	0.3～0.5	0.1～0.3	<0.1
裂缝渗透率/mD	≥100	50～100	10～50	<10
预测线密度/(条/m)	≥3	1～3	0.2～1	<0.2
综合评价	十分发育	较发育	中等发育	不发育

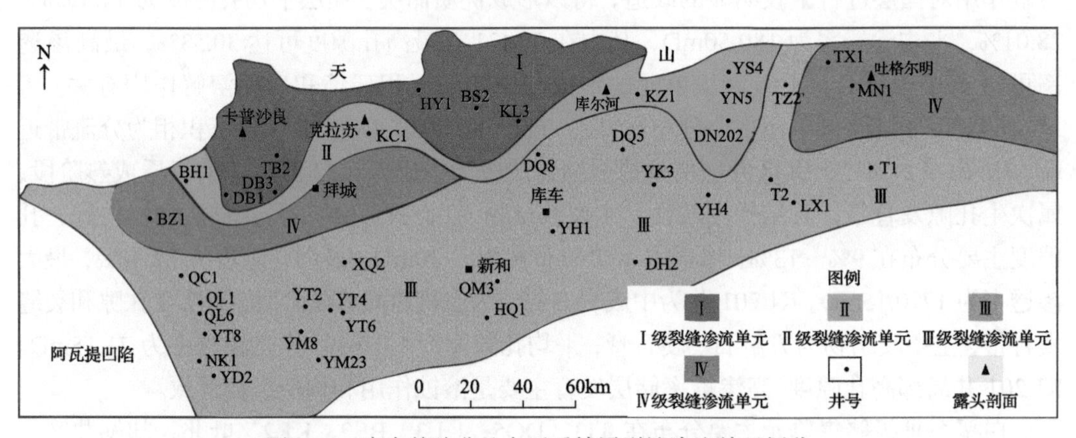

图 9-26 库车前陆盆地白垩系储层裂缝渗流单元划分

白垩系Ⅰ级裂缝渗流单元是研究区裂缝最发育的地区，其裂缝密度大，裂缝不但是流体流动的主要渗流通道，还在一定程度上起到了储集空间的作用。Ⅰ级裂缝渗流单元主要分布在北部山前带的大北地区和克拉地区，其宏观裂缝线密度一般大于等于 3 条/m，微观裂缝面密度一般大于等于 0.5cm/cm^2，宏观、微观裂缝孔隙度之和大于 0.8%，裂缝渗透率大于等于 100mD。

白垩系Ⅱ级裂缝渗流单元主要分布在克拉苏构造带的南部地区、依奇克里克构造带中西部地区及秋里塔格构造带东部的迪那地区，其裂缝发育程度也较高，裂缝主要是起渗流通道的作用，其储集性能比Ⅰ级裂缝渗流单元略差。Ⅱ级裂缝渗流单元宏观裂缝线密度为 1～3 条/m，微观裂缝面密度为 0.3～0.5cm/cm^2，裂缝的渗透率为 50～100mD，是储层的主要渗流通道。

白垩系Ⅲ级裂缝渗流单元主要分布在秋里塔格构造带中西部地区及前缘隆起带，其裂缝发育程度一般，裂缝的存在主要是提高了低渗透储层的渗透率。其裂缝线密度一般为 0.2～1 条/m，微观裂缝面密度为 0.1～0.3cm/cm^2，裂缝渗透率为 10～50mD。

拜城凹陷带、阳霞拗陷带及依奇克里克构造带东部地区裂缝发育程度较低，为Ⅳ级裂缝渗流单元。其裂缝线密度一般小于 0.2 条/m。储层裂缝的存在主要是增强了储层渗透率的非均质性。

9.3.3　储渗单元

致密储层储渗单元划分方法如图 9-27 所示。首先，根据地表相似露头、岩心、测井以及实验分析等资料，详细描述研究区的沉积微相、成岩作用、成岩相及储层特征等地质内容，综合分析其储层的宏观、微观非均质性及孔隙和油气富集规律，并对储层进行储集单元划分；同时结合构造应力场特征，利用有限元数值模拟技术对裂缝分布规律进行预测，并划分裂缝渗流单元。其次，通过主因子分析和聚类分析相结合的方法，对致密储层储渗单元进行划分。最后，分析不同类型储渗单元的地质特征。具体分析步骤如下所述。

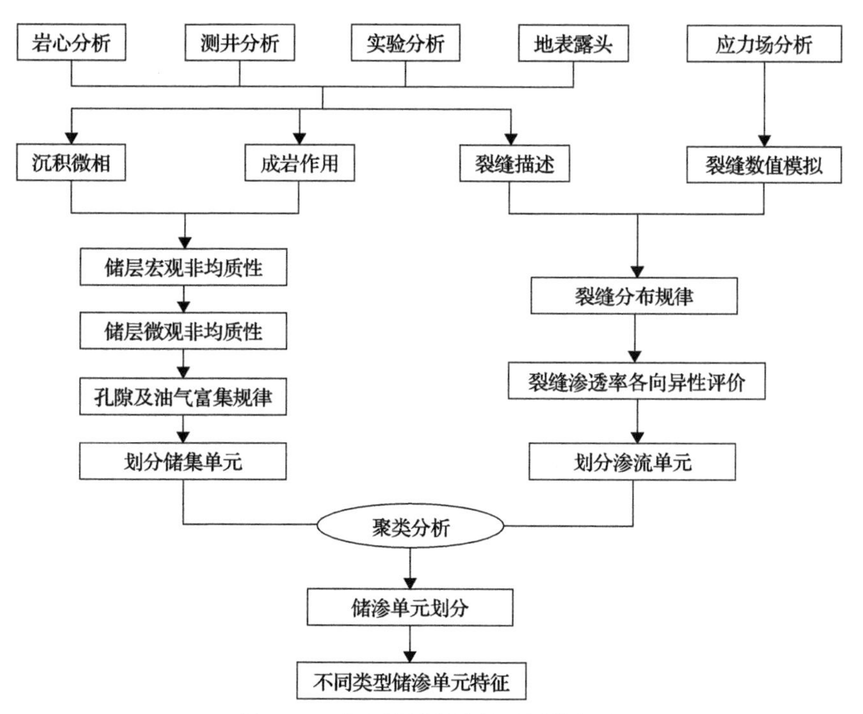

图 9-27　致密储层储渗单元划分方法

(1) 计算样本相关矩阵。假设有 n 个样本，每个样本内有 m 个参数，则样本的原始参数矩阵可表达为

$$\boldsymbol{X}=\begin{bmatrix} x_{11} & x_{12} & \cdots & x_{1m} \\ x_{21} & x_{22} & \cdots & \cdots \\ \vdots & \vdots & & \vdots \\ x_{n1} & x_{n2} & \cdots & x_{nm} \end{bmatrix} \tag{9-30}$$

首先，对样本进行标准化：

$$x'_{ij}=\left(x_{ij}-x_j\right)/\sigma_j \tag{9-31}$$

式中，x_{ij} 为第 i 个样本中的第 j 个参数值$(i=1,2,\cdots,n;\ j=1,2,\cdots,m)$。

其中：

$$x_j=\frac{1}{n}\cdot\sum_{i=1}^{n}x_{ij},\ \sigma_j=\sqrt{\frac{\sum\limits_{i=1}^{n}\left(x_{ij}-x_j\right)^2}{n}} \tag{9-32}$$

则任意两个样本 i 和 j 之间的相关系数为

$$r_{ij}=\frac{\sum\limits_{a=1}^{n}\left(x_{ai}-x_i\right)\left(x_{cj}-x_j\right)}{\sqrt{\sum\limits_{\beta=1}^{n}\left(x_{\beta i}-x_i\right)\cdot\sum\limits_{Y=1}^{n}\left(x_{ij}\cdot x_j\right)^2}}=\left(\sum_{k=1}^{n}\left(x_{ki}\cdot x_{kj}\right)\right)/n \tag{9-33}$$

式中，x_j 为第 j 个参数均值；x_i 为第 i 个样本均值；x_{ki} 为第 k 个样本第 i 个参数均值；x_{kj} 为第 k 个样本中第 j 个参数均值。

m 个变量两两之间相关系数的矩阵可以表达为

$$\boldsymbol{R}=\begin{bmatrix} r_{11} & r_{12} & \cdots & r_{1m} \\ r_{21} & r_{22} & \cdots & r_{2m} \\ \vdots & \vdots & & \vdots \\ r_{m1} & r_{m2} & \cdots & r_{mm} \end{bmatrix} \tag{9-34}$$

该矩阵明显为对称矩阵，其中对角线元素数值为 1。

(2)求矩阵 $\boldsymbol{R}$ 的特征根、单位特征向量及正交化单位特征向量：

$$\boldsymbol{a}_1=\begin{bmatrix} a_{11} \\ a_{21} \\ \vdots \\ a_{m1} \end{bmatrix},\ \boldsymbol{a}_2=\begin{bmatrix} a_{12} \\ a_{22} \\ \vdots \\ a_{m2} \end{bmatrix},\cdots,\ \boldsymbol{a}_m=\begin{bmatrix} a_{1m} \\ a_{2m} \\ \vdots \\ a_{mm} \end{bmatrix} \tag{9-35}$$

那么矩阵 $\boldsymbol{X}$ 的第 i 个主成分可以表示成各个指标 x_i 的线性组合：

$$F_i=a_i\boldsymbol{X},\ \ i=1,\ 2,\ \cdots,\ m \tag{9-36}$$

(3)因为特征根等于对应主因子的方差，所以可以用特征根来计算方差贡献率，第 i 个主因子的方差贡献率为

$$P_{\mathrm{d}i}=\frac{\lambda_i}{\sum_{a=1}^{m}\lambda_a} \tag{9-37}$$

一般来说，若 $\sum_{i=1}^{k}P_{\mathrm{d}i}\geqslant 85\%$，则提取前 k 个主因子。

(4)计算主因子得分。

第 i 个样本中第 k 个主成分的得分为

$$F_{ik}=\sum_{i=1}^{m}a_{jk}X_j \tag{9-38}$$

式中，a_{jk} 为 j 个指标中第 k 个主成分。

第 i 个样本的综合得分为

$$f_i=\sum_{i=1}^{k}P_{\mathrm{d}i}F_{ik} \tag{9-39}$$

(5)储渗单元划分。根据样本综合得分，采用聚类分析的方法对储层进行储渗单元划分。

1. 储渗单元划分

在对库车前陆盆地白垩系致密储层的孔隙系统进行储集单元和储层裂缝系统渗流单元划分的基础上，根据二者的相互匹配关系，通过主因子分析和聚类分析相结合的方法对白垩系储层的储渗单元进行了划分。在研究区白垩系储层特征、沉积微相、成岩作用及储层裂缝研究的基础上，基于对储层孔隙系统和裂缝系统的划分，将白垩系储层划分为四类储渗单元(图 9-28)。

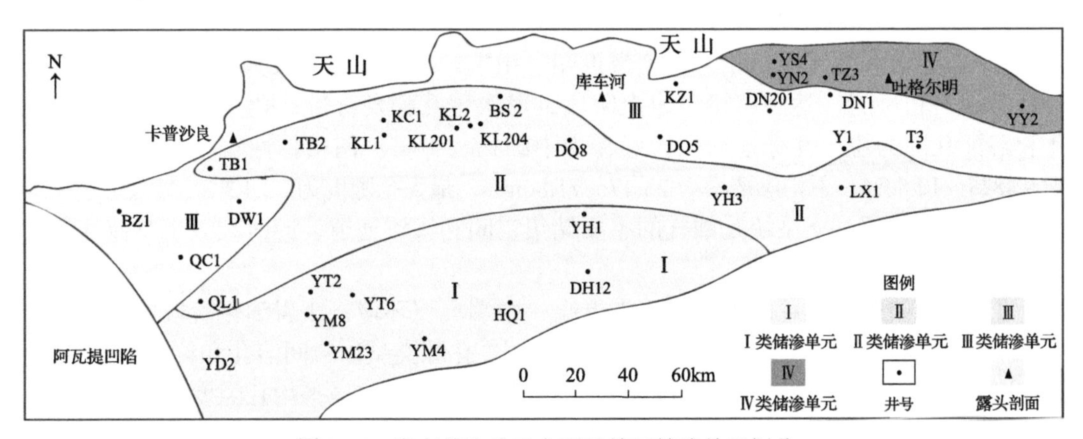

图 9-28　库车前陆盆地白垩系储层储渗单元划分

Ⅰ类储渗单元具有Ⅰ级储集单元，储层基质孔隙系统的储渗性能好，裂缝发育程度一般—好，主要分布在前缘隆起带的 YM 井区、YD2 井区及羊塔大部分井区。

Ⅱ类储渗单元可以进一步划分为$Ⅱ_1$和$Ⅱ_2$两个亚类。$Ⅱ_1$亚类储渗单元具有Ⅱ级储集单元，储层基质孔隙系统的储渗性能较好，裂缝发育程度中等—好，主要分布在 T2 井区、TI2 井区、KL201 井区、DQ8 井区；$Ⅱ_2$亚类储渗单元具有Ⅲ级储集单元，储层基质孔隙系统物性较差，但是其裂缝十分发育，裂缝明显提高了储层的渗流能力，主要分布在 KL2、KL3 及吐北地区。

Ⅲ类储渗单元可以进一步划分为$Ⅲ_1$和$Ⅲ_2$两个亚类。$Ⅲ_1$亚类储渗单元具有Ⅲ级储集单元，储层基质孔隙系统物性较差，裂缝发育程度中等—好，主要发育在 BZ1、QL4、DQ5、Y1 等井区；$Ⅲ_2$亚类储渗单元具有Ⅲ-Ⅳ级储集单元，储层基质孔隙系统物性很差，但是其裂缝十分发育，裂缝是储层的重要储集空间和主要渗流通道，主要分布在大北、克孜、迪那等井区。

Ⅳ类储渗单元具有Ⅳ级储集单元，储层基质孔隙系统物性差，裂缝发育程度一般，主要分布在依奇克里克构造带东部地区。

2. 不同储渗单元的地质特征

1) Ⅰ类储渗单元

Ⅰ类储渗单元是研究区内最优质的储层，虽然其裂缝发育程度不高，但是由于这些地区的沉积相以分流带远端为主，经历了较弱的构造变形作用和早期长期浅埋、晚期快速深埋的埋藏史，成岩演化阶段为中成岩 A_1 亚期（表 9-5）。岩性以细—粗砂岩为主，粒度较粗，分选好，磨圆度高，具有较高的成分成熟度和结构成熟度，岩石的胶结物含量低；压实作用较弱而溶蚀作用较强，使储层不但保留了大量原生孔隙，还形成了大量粒间溶孔和粒内溶孔，基质系统的储集性能十分好，储层孔隙度为 14.35%～28.01%，渗透率为 180～3098mD，其中，在 YM31 井最高孔隙度可达 30.53%，最高渗透率可达 4601.94mD。储层基质系统是油气的主要储集空间和渗透通道。

2) Ⅱ类储渗单元

Ⅱ类储渗单元包括$Ⅱ_1$和$Ⅱ_2$两个亚类（表 9-5）。

$Ⅱ_1$亚类储渗单元沉积相为分流带近端、中端，成岩演化阶段为中成岩 A_2 亚期，岩性为细—粗砂岩，达到有机质成熟阶段，属次生孔隙发育带，孔隙类型以原生粒间孔和溶蚀孔隙为主，孔隙连通性较好，为中细孔、中喉。储层物性较好，平均孔隙度为 9.48%～12.80%，平均渗透率为 23.47～71.80mD，最大孔隙度为 22.40%，最大渗透率为 1770.15mD，储层基质系统是油气的主要储集空间和渗流通道，同时裂缝也是流体流动的重要渗流通道。

$Ⅱ_2$亚类储渗单元总体处于分流带近端、中端沉积环境，成岩演化阶段处于中成岩 A_2 亚期—中成岩 B 期。岩性以粗粉砂—细砂为主，孔隙类型以粒间溶孔和粒内溶孔为主，孔隙连通性中—差，为中细孔、小喉。虽然其储层物性较差，平均孔隙度为 10%左右，平均渗透率小于 10mD，但是这些地区的裂缝十分发育，宏观裂缝线密度一般大于 3.0 条/m，微观裂缝面密度一般大于 $0.50cm/cm^2$，宏观、微观裂缝孔隙度之和大于 0.80%，裂缝渗透率大于 100mD。裂缝为油气提供了重要的储集空间和渗流通道。

表 9-5　库车前陆盆地白垩系储层不同储渗单元的地质特征

	分级					
	Ⅰ	Ⅱ		Ⅲ		Ⅳ
		Ⅱ$_1$	Ⅱ$_2$	Ⅲ$_1$	Ⅲ$_2$	
基质孔隙度/%	≥15	9～15	6～9	6～9	<6	<6
基质渗透率/mD	≥10	1.0～10.0	0.1～1.0	0.1～1.0	<0.1	<0.1
岩性	粗粒-细粒砂岩、粉砂岩	粗粒-细粒砂岩、粗粉砂岩	粗粒-细粒砂岩、粗粉砂岩、含砾砂岩	粗粒-细粒砂岩、粗粉砂岩、含砾砂岩	粉砂岩、泥质粉砂岩、含砾砂岩	粉砂岩、泥质粉砂岩、含砾砂岩
裂缝密度/(条/m)	>0.2	>0.2	>3	>1	>3	<0.2
裂缝孔隙度/%	>0.2	>0.2	>0.8	>0.5	>0.8	<0.2
裂缝渗透率/mD	>40	>40	>100	>50	>100	<40
孔隙结构参数 排驱压力/MPa	0～2	2～5	5～15	5～15	>15	>15
孔喉半径/μm	>1.5	1.0～1.5	0.3～1.0	0.3～1.0	<0.3	<0.3
平均孔径区间/μm	30～110	30～70	20～50	20～50	<20	<20
孔喉分级	中粗孔、大中喉	中细孔、中喉	中细孔、小喉	中细孔、小喉	细孔、小喉、微吼	细孔、小喉、微吼
填隙物含量/%	<10	10～15	15～25	15～25	>25	>25
孔隙特征	以粒间溶孔为主，其次为原生粒间孔，孔隙连通性好	以粒间溶孔为主，其次为原生粒间孔，孔隙连通性中	粒间溶孔、粒内溶孔，孔隙连通性中—差	粒间溶孔、粒内溶孔，孔隙连通性中—差	粒间溶孔、杂基微孔，孔隙连通性差	粒间溶孔、杂基微孔，孔隙连通性差
沉积环境	分流带远端	分流带近端、中端	分流带近端、中端	分流带近端、中端	分流带近端	分流带近端
成岩演化阶段	中成岩 A$_1$ 亚期	中成岩 A$_2$ 亚期	中成岩 A$_2$ 亚期—中成岩 B 期	中成岩 B 期	中成岩 B 期	中成岩 B 期

3) Ⅲ类储渗单元

Ⅲ类储渗单元包括Ⅲ$_1$ 和Ⅲ$_2$ 两个亚类(表 9-5)。

Ⅲ$_1$ 亚类储渗单元总体处于分流带近端、中端沉积环境，成岩演化阶段处于中成岩 B 期。岩性以粗粉砂–细砂为主，孔隙类型以粒间溶孔和粒内溶孔为主，孔隙连通性中—差，为中细孔、小喉。由于受到强烈的构造挤压作用，压实作用强，胶结致密，储层物性较差，平均孔隙度小于 10%，平均渗透率小于 10mD。

Ⅲ$_2$ 亚类储渗单元沉积相为分流带近端，成岩演化阶段处于中成岩 B 期。岩性以粉砂岩、泥质粉砂岩和含砾砂岩为主，孔隙类型主要为粒间溶孔和杂基微孔，孔隙连通性差，为细孔、小—微喉。大量方解石、硬石膏胶结，压实作用强，储层致密，平均孔隙度小于3%，平均渗透率小于0.1mD。但是其裂缝十分发育，位于Ⅰ级或Ⅱ级裂缝渗流单元，裂缝为储层提供了重要的储集空间和主要的渗流通道，控制了油气的分布规律和单井产能。

4) Ⅳ类储渗单元

Ⅳ类储渗单元沉积相为分流带近端，成岩演化阶段处于中成岩B期，大量方解石、硬石膏胶结，压实作用强，导致储层相当致密，储层物性差，平均孔隙度小于3%，平均渗透率小于0.1mD，裂缝发育程度一般(表9-5)。

参考文献

曹连宇. 2010. 库车坳陷大北—克拉苏构造带油气成藏机制[R]. 北京: 中国地质大学(大学).

曹茜, 樊太亮, 曹勇, 等. 2019. 致密砂岩储集空间特征及其对含气性的影响——以塔里木盆地库车坳陷克深井区巴什基奇克组为例[J]. 东北石油大学学报, 43(2): 49-58, 124, 8.

曹婷. 2018. 库车坳陷东部碎屑岩层新生代断层传播褶皱过程中的裂缝发育模式[D]. 合肥: 浙江大学.

昌伦杰, 赵力彬, 杨学君, 等. 2014. 应用ICT技术研究致密砂岩气藏储集层裂缝特征[J]. 新疆石油地质, 35(4): 471-475.

陈波, 田崇鲁. 1998. 储层构造裂缝数值模拟技术的应用实例[J]. 石油学报, 19(4): 62-66, 6-7.

代春萌, 曾庆才, 郭晓龙, 等. 2017. 塔里木盆地库车坳陷克深气田构造特征及其对气藏的控制作用[J].天然气勘探与开发, 40(1): 17-22, 51.

丁原辰, 张大伦. 1991. 声发射抹录不净现象在地应力测量中的应用[J]. 岩石力学与工程学报, 10(4): 313-326.

丁中一, 钱祥麟, 霍红, 等. 1998. 构造裂缝定量预测的一种新方法—二元法[J]. 石油与天然气地质, 19(1): 3-9.

董少群, 曾联波, 曹菡, 等. 2018a. 储层裂缝随机建模方法研究进展[J]. 石油地球物理勘探, 53(3): 625-641.

董少群, 曾联波, 曹菡, 等. 2018b. 裂缝密度约束的离散裂缝网络建模方法与实现[J]. 地质论评, 64(5): 1302-1314.

董有浦, 燕永锋, 肖安成, 等. 2013. 岩层厚度对砂岩斜交构造裂缝发育的影响[J]. 大地构造与成矿学, 37(3): 384-392.

冯佳睿, 高志勇, 崔京钢, 等. 2018. 库车坳陷迪北侏罗系深部储层孔隙演化特征与有利储层评价—埋藏方式制约下的成岩物理模拟实验研究[J]. 地球科学进展, 33(3): 305-320.

冯建伟, 孙建芳, 张亚军, 等. 2020. 塔里木盆地库车坳陷断层相关褶皱对裂缝发育的控制[J]. 石油与天然气地质, 41(3): 543-557.

冯建伟, 赵立彬, 王焰东. 2021. 库车坳陷克深气田超深层致密储层产能控制因素[J]. 石油学报, 41(4): 478-488.

冯洁, 宋岩, 姜振学, 等. 2017. 塔里木盆地克深区巴什基奇克组砂岩成岩演化及主控因素[J]. 特种油气藏, 24(1): 70-75.

冯许魁, 刘军, 刘永雷, 等. 2015. 库车前陆冲断带突发构造发育特点[J]. 成都理工大学学报(自然科学版), 42(3): 296-302.

付小涛, 王益民, 邵剑波, 等. 2021. 超深层裂缝性致密砂岩储层砂体、裂缝发育特征及对产能的影响: 以塔里木盆地库车坳陷KS_2气田为例[J]. 现代地质, 35(2): 326-337.

高帅, 曾联波, 马世忠, 等. 2015.致密砂岩储层不同方向构造裂缝定量预测[J]. 天然气地球科学, 26(3): 427-434.

高伟, 刘安, 费世祥, 等. 2012. 库车坳陷大北地区深部储层裂缝综合评价[J]. 石油地质与工程, 26(3): 32-35, 39.

高志勇, 朱如凯, 冯佳睿, 等. 2015. 库车坳陷侏罗系-新近系砾岩特征变化及其对天山隆升的响应[J]. 石油与天然气地质, 36(4): 534-544.

高志勇, 周川闽, 冯佳睿, 等. 2016a. 库车坳陷白垩系巴什基奇克组泥砾的成因机制与厚层状砂体展布[J]. 石油学报, 37(8): 996-1010.

高志勇, 周川闽, 冯佳睿, 等. 2016b. 中新生代天山隆升及其南北盆地分异与沉积环境演化[J]. 沉积学报, 34(3): 415-435.

高志勇, 朱如凯, 冯佳睿, 等. 2016c. 中国前陆盆地构造-沉积充填响应与深层储层特征[M]. 北京: 地质出版社.

高志勇, 崔京钢, 冯佳睿, 等. 2017. 埋藏压实-侧向挤压过程对库车坳陷深层储层物理性质的改造机理[J]. 现代地质, 31(2): 302-314.

高志勇, 马建英, 崔京钢, 等. 2018a. 埋藏(机械)压实—侧向挤压地质过程下深层储层孔隙演化与预测模型[J].沉积学报, 36(1): 176-187.

高志勇, 王晓琦, 李建明, 等. 2018b. 库车坳陷克拉苏构造带白垩系储层孔喉组合类型定量表征与展布[J]. 石油学报, 39(6): 645-659.

巩磊. 2013. 构造成岩作用及其在致密储层评价中应用[D]. 北京: 中国石油大学(北京).

巩磊, 曾联波, 李娟, 等. 2012a. 南襄盆地安棚浅、中层系特低渗储层裂缝特征及其与深层系裂缝对比[J]. 石油与天然气地质, 33(5): 778-784.

巩磊, 曾联波, 张本健, 等. 2012b. 九龙山构造致密砾岩储层裂缝发育的控制因素[J]. 中国石油大学学报(自然科学版), 36(6): 6-12.

巩磊, 曾联波, 裴森奇, 等. 2013. 九龙山构造须二段致密砂岩储层裂缝特征及成因[J]. 地质科学, 48(1): 217-226.

巩磊, 曾联波, 杜宜静, 等. 2015. 构造成岩作用对裂缝有效性的影响——以库车前陆盆地白垩系致密砂岩储层为例[J]. 中国矿业大学学报, 44(3): 540-545.

巩磊, 曾联波, 陈树民, 等. 2016. 致密砾岩储层微观裂缝特征及对储层的贡献[J]. 大地构造与成矿, 40(1): 38-46.

巩磊, 高铭泽, 曾联波, 等. 2017a. 影响致密砂岩储层裂缝分布的主控因素分析——以库车前陆盆地侏罗系-新近系为例[J]. 天然气地球科学, 28(2): 199-208.

巩磊, 高帅, 吴佳朋, 等. 2017b. 徐家围子断陷营城组火山岩裂缝与天然气成藏[J]. 大地构造与成矿学, 41(2): 283-290.

巩磊, 姚嘉琪, 高帅, 等. 2018. 岩石力学层对构造裂缝间距的控制作用[J]. 大地构造与成矿学, 42(6): 965-973.

苟启洋, 徐尚, 郝芳, 等. 2020. 基于成像测井的泥页岩裂缝研究: 以焦石坝区块为例[J]. 地质科技通报, 39(6): 193-200.

顾凯凯. 2018. 致密砂岩储层多期裂缝定量预测研究[D]. 青岛: 中国石油大学(华东).

顾家裕. 2000. 塔里木盆地下奥陶统白云岩特征及成因[J]. 大地构造与成矿学, 21(2): 120-123.

顾家裕, 方辉, 贾进华. 2001. 塔里木盆地库车坳陷白垩系辫状三角洲砂体成岩作用和储层特征[J]. 沉积学报, 19(4): 517-523.

郭卫星, 漆家福, 李明刚, 等. 2010. 库车坳陷克拉苏构造带的反转构造及其形成机制[J]. 石油学报, 31(3): 379-385.

韩登林, 李忠, 寿建峰. 2011. 背斜构造不同部位储集层物性差异——以库车坳陷克拉 2 气田为例[J]. 石油勘探与开发, 38(3): 282-286.

韩耀祖, 谷永兴, 刘军, 等. 2016. 塔里木盆地克拉苏构造带西段构造成因及油气远景展望——以阿瓦特地区为例[J]. 天然气地球科学, 27(12): 2160-2168.

韩志锐, 曾联波, 高志勇. 2014a. 库车前陆盆地秋里塔格构造带东、西段构造变形与储层物性的差异性[J]. 天然气地球科学, 25(4): 508-515.

韩志锐, 曾联波, 巩磊, 等. 2014b. 库车坳陷不同构造带沉降差异性及其对储层孔隙度的影响[J]. 地质科学, 49(1): 104-113.

何登发, 贾承造, 李德生, 等. 2005. 塔里木多旋回叠合盆地的形成与演化[J]. 石油与天然气地质, 26(1): 64-77.

何登发, 周新源, 杨海军, 等. 2009. 库车坳陷的地质结构及其对大油气田的控制作用[J].大地构造与成矿学, 33(1): 19-32.

何风, 刘瑞林, 白亚东, 等. 2014. 蚁群算法在 FMI 成像测井图像分割中的应用[J]. 岩性油气藏, 26(2): 114-117.

何治亮, 云露, 尤东华, 等. 2019. 塔里木盆地阿-满过渡带超深层碳酸盐岩储层成因与分布预测[J]. 地学前缘, 26(1): 13-21.

纪友亮. 2009. 油气储层地质学[M]. 东营: 中国石油大学出版社.

贾承造. 1997. 中国塔里木盆地构造特征与油气[M]. 北京: 石油工业出版社.

贾承造. 2004. 塔里木盆地中新生代构造特征与油气[M]. 北京: 石油工业出版社.

贾承造, 周新源, 王招明, 等. 2002. 克拉 2 气田石油地质特征[J]. 科学通报, 47(增刊 I): 91-96.

贾承造, 何登发, 陆洁民. 2004. 中国喜马拉雅运动的期次及其动力学背景[J]. 石油与天然气地质, 25(2): 121-125.

贾承造, 汤良杰, 余一欣, 等. 2010. 库车前陆褶皱-冲断带盐相关构造与油气聚集[M]. 北京: 科学出版社.

贾东, 卢华复, 蔡东升, 等. 1997. 塔里木盆地北缘库车前陆褶皱—冲断构造分析[J]. 大地构造与成矿学, 21(1): 1-8.

贾茹, 王璐, 孙永河, 等. 2017. 库车坳陷克拉苏构造带油气源断裂变换构造对油气的控制作用[J]. 地质科技情报, 36(3): 164-173.

江同文, 张辉, 徐珂, 等. 2020. 克深气田储层地质力学特征及其对开发的影响[J]. 西南石油大学学报(自然科学版), 42(4): 1-12.

江同文, 张辉, 徐珂, 等. 2021. 超深层裂缝型储层最佳井眼轨迹量化优选技术与实践以克拉苏构造带博孜 A 气藏为例[J]. 中国石油勘探, 26(4): 149-161.

姜振学, 李峰, 杨海军, 等. 2015. 库车坳陷迪北地区侏罗系致密储层裂缝发育特征及控藏模式[J]. 石油学报, 36(S2): 102-111.

鞠玮, 侯贵廷, 黄少英, 等. 2013. 库车坳陷依南-吐孜地区下侏罗统阿合组砂岩构造裂缝分布预测[J]. 大地构造与成矿学, 37(4): 592-602.

鞠玮, 侯贵廷, 黄少英, 等. 2014a. 断层相关褶皱对砂岩构造裂缝发育的控制约束[J]. 高校地质学报, 20(1): 105-113.
鞠玮, 侯贵廷, 黄少英, 等. 2014b. 库车坳陷依南吐孜地区阿合组砂岩构造裂缝评价[J]. 北京大学学报(自然科学版), 50(5): 859-866.
康海亮, 林畅松, 张洪辉, 等. 2016. 库车坳陷依南地区阿合组致密砂岩气储层特征与有利区带预测[J]. 石油实验地质, 38(2): 162-169.
康利伟. 2018. 应用阵列声波测井资料计算大北克深地区岩石力学参数[J]. 石油地质与工程, 32(5): 113-115, 118, 126.
赖锦, 王贵文, 信毅, 等. 2014. 库车坳陷巴什基奇克组致密砂岩气储层成岩相分析[J]. 天然气地球科学, 25(7): 1019-1032.
赖锦, 王贵文, 郑新华, 等. 2015. 大北地区巴什基奇克组致密砂岩气储层定量评价[J]. 中南大学学报(自然科学版), 46(6): 2285-2298.
雷刚林, 戴俊生, 马玉杰, 等. 2015. 库车坳陷克深三维区现今地应力场及储层裂缝数值模拟[J]. 大庆石油地质与开发, 34(1): 18-23.
李本亮, 管树巍, 陈竹新, 等. 2010. 断层相关褶皱理论与应用[M]. 北京: 石油工业出版社.
李冰涛, 王志章, 孔垂显, 等. 2019. 基于成像测井的裂缝智能识别新方法[J]. 测井技术, 43(3): 257-262.
李德同, 文世鹏. 1996. 储层构造裂缝数值模拟技术[J]. 石油大学学报(自然科学版), 20(5): 17-24.
李国欣, 易士威, 林世国, 等. 2018. 塔里木盆地库车坳陷东部地区下侏罗统储层特征及其主控因素[J]. 天然气地球科学, 29(10): 1506-1517.
李江海, 章雨, 王洪浩, 等. 2020. 库车前陆冲断带西部古近系盐构造三维离散元数值模拟[J]. 石油勘探与开发, 47(1): 65-76.
李军, 张超谟, 肖承文. 2008. 库车地区砂岩裂缝测井定量评价方法及应用[J]. 天然气工业, (10): 25-27, 136.
李军, 张超谟, 李进福, 等. 2011. 库车前陆盆地构造压实作用及其对储集层的影响[J]. 石油勘探与开发, 38(1): 47-51.
李日俊, 吴根耀, 雷刚林, 等. 2008. 新疆库车新生代前陆褶皱冲断带的变形特征、时代和机制[J]. 地质科学,43(3): 488-506.
李瑞杰. 2017. 克深 8 超深气藏储层裂缝测井精细评价[D]. 北京: 中国石油大学(北京).
李世川, 成荣红, 王勇, 等. 2012. 库车坳陷大北 1 气藏白垩系储层裂缝发育规律[J]. 天然气工业, 32(10): 24-27, 109-110.
李曦宁, 沈金松, 李振苓, 等. 2017. 用多尺度形态学方法实现成像测井电导率图像的缝洞参数表征[J]. 中国石油大学学报(自然科学版), 41(1): 69-77.
李翔. 2015. 库车坳陷克深 2 区块白垩系巴什基奇克组裂缝分布及建模[D]. 成都: 西南石油大学.
李小陪, 高志勇, 李书凯, 等. 2013. 库车前陆盆地上侏罗统—下白垩统砾岩特征与构造演化关系[J]. 沉积学报, 31(6): 980-993.
李阳, 康志江, 薛兆杰, 等. 2018. 中国碳酸盐岩油气藏开发理论与实践[J]. 石油勘探与开发, 45(4): 669-678.
李勇, 漆家福, 师俊, 等. 2017. 塔里木盆地库车坳陷中生代盆地性状及成因分析[J]. 大地构造与成矿学, 41(5): 829-842.
李跃纲, 巩磊, 曾联波, 等. 2012. 四川盆地九龙山构造致密砾岩储层裂缝特征及其贡献[J]. 天然气工业, 22(1): 22-26.
李振苓, 沈金松, 李曦宁, 等. 2017. 用形态学滤波从电导率图像中提取缝洞孔隙度谱[J]. 吉林大学学报(地球科学版), 47(4): 1295-1307.
李忠, 刘嘉庆. 2009. 沉积盆地成岩作用的动力机制与时空分布研究若干问题及趋向[J].沉积学报, 27(5): 837-848.
李忠, 张丽娟, 寿建峰, 等. 2009. 构造应变与砂岩成岩的构造非均质性——以塔里木盆地库车坳陷研究为例[J]. 岩石学报, 25(10): 2320-2330.
李忠, 黄思静, 刘嘉庆, 等. 2010. 塔里木盆地塔河奥陶系碳酸盐岩储层埋藏成岩和构造-热流体作用及其有效性[J]. 沉积学报, 28(5): 969-979.
梁万乐, 李贤庆, 魏强, 等. 2019. 库车坳陷北部山前带中生界泥岩元素地球化学特征及其沉积环境意义[J]. 矿业科学学报, 4(5): 375-383.
刘成林, 朱筱敏, 朱玉新, 等. 2005. 不同构造背景天然气储层成岩作用及孔隙演化特点[J]. 石油与天然气地质, 26(6): 746-753.
刘春, 张惠良, 韩波, 等. 2009. 库车坳陷大北地区深部碎屑岩储层特征及控制因素[J]. 天然气地球科学, 20(4): 504-512.
刘春, 张荣虎, 张惠良, 等. 2017a. 库车前陆冲断带多尺度裂缝成因及其储集意义[J]. 石油勘探与开发, 44(3): 463-472.

刘春, 张荣虎, 张惠良, 等. 2017b. 塔里木盆地库车前陆冲断带不同构造样式裂缝发育规律: 证据来自野外构造裂缝露头观测[J]. 天然气地球科学, 28(1): 52-61.

刘春, 赵继龙, 章学歧, 等. 2019. 应力垂向分带对储层的控制作用——以库车前陆冲断带为例[J]. 天然气勘探与开发, 42(3): 21-31.

刘洪涛, 曾联波. 2004. 喜马拉雅运动在塔里木盆地库车坳陷的表现—来自岩石声发射实验的证据[J]. 地质通报, 23(7): 676-679.

刘建清, 赖兴运, 于炳松, 等. 2005. 库车凹陷克拉2气田深层优质储层成因及成岩作用模式[J]. 沉积学报, 23(3): 412-419.

刘衍琦, 张立强. 2018. 库车地区侏罗系致密储层成岩特征研究[J]. 甘肃科学学报, 30(4): 45-50.

刘志达, 付晓飞, 孟令东, 等. 2017. 高孔隙性砂岩中变形带类型、特征及成因机制[J]. 东北石油大学学报, 46(6): 1267-1281.

刘志宏, 卢华复, 贾承造, 等. 2000a. 库车再生前陆逆冲带造山运动时间、断层滑移速率的厘定及其意义[J]. 石油勘探与开发, 27(1): 12-15.

刘志宏, 卢华复, 李西建, 等. 2000b. 库车再生前陆盆地的构造演化[J]. 地质科学, 35(4): 482-492.

刘志宏, 卢华复, 贾承造, 等. 2001. 库车再生前陆盆地的构造与油气[J]. 石油与天然气地质, 22(4): 297-303.

刘志杰, 范宜仁, 曹军涛, 等. 2018. 基于地应力校正的变胶结指数饱和度计算方法——以库车前陆盆地A井区为例[J]. 石油学报, 39(7): 814-823.

卢华复, 贾东, 陈楚铭, 等. 1999. 库车新生代构造性质和变形时间[J]. 地学前缘, 6(4): 215-221.

卢华复, 陈楚铭, 刘志宏, 等. 2000. 库车再生前陆逆冲带的构造特征与成因[J]. 石油学报, 21(3): 18-24.

卢华复, 贾承造, 贾东, 等. 2001. 库车再生前陆盆地冲断构造楔特征[J]. 高校地质学报, 7(3): 257-271.

芦慧, 鲁雪松, 范俊佳, 等. 2015. 裂缝对致密砂岩气成藏富集与高产的控制作用——以库车前陆盆地东部侏罗系迪北气藏为例[J]. 天然气地球科学, 26(6): 1047-1056.

吕文雅, 曾联波, 汪剑, 等. 2016a. 致密低渗透储层裂缝研究进展[J]. 地质科技情报, 35(4): 74-83.

吕文雅, 曾联波, 张俊辉, 等. 2016b. 川中地区中下侏罗统致密油储层裂缝发育特征[J].地球科学与环境学报, 38(2): 226-234.

吕文雅, 曾联波, 张俊辉, 等. 2017. 四川盆地中部下侏罗统致密灰岩储层裂缝的主控因素与发育模式[J]. 地质科学, 52(3): 943-953.

吕文雅, 曾联波, 周思宾, 等. 2020. 鄂尔多斯盆地红河油田致密砂岩储层微观裂缝特征及控制因素——以红河油田长8储层为例[J]. 天然气地球科学, 31(1): 37-46.

罗威. 2018. 库车坳陷巴什基奇克组深层有效储层成岩演化序列[J]. 复杂油气藏, 11(1): 1-5, 17.

罗威, 倪玲梅. 2020. 致密砂岩有效储层形成演化的主控因素——以库车坳陷巴什基奇克组砂岩储层为例[J]. 断块油气田, 27(1): 7-12.

罗威, 李忠, 徐文秀, 等. 2017. 塔里木盆地库车坳陷巴什基奇克组砂岩储层形成演化过程[J]. 世界地质, 36(4): 1144-1151.

马瑾. 1987. 构造物理学概论[M]. 北京: 地震出版社.

马永生, 蔡勋育, 赵培荣. 2011. 深层、超深层碳酸盐岩油气储层形成机理研究综述[J]. 地学前缘, 18(4): 181-192.

马永生, 何治亮, 赵培荣, 等. 2019. 深层-超深层碳酸盐岩储层形成机理新进展[J]. 石油学报, 40(12): 1415-1425.

毛亚昆. 2019. 库车坳陷前陆冲断带下白垩统砂岩储层孔隙演化模式[D]. 北京: 中国石油大学(北京).

毛亚昆, 钟大康, 李勇, 等. 2017. 构造挤压背景下深层砂岩压实分异特征——以塔里木盆地库车前陆冲断带白垩系储层为例[J]. 石油与天然气地质, 38(6): 1113-1122.

苗凤彬, 曾联波, 祖克威, 等. 2016. 四川盆地梓潼地区须家河组储集层裂缝特征及控制因素[J]. 地质力学学报, 22(1): 76-84.

能源, 漆家福, 谢会文, 等. 2012. 塔里木盆地库车坳陷北部边缘构造特征[J]. 地质通报, 31(9): 1510-1519.

能源, 谢会文, 孙太荣, 等. 2013. 克拉苏构造带克深段构造特征及其石油地质意义[J]. 石油地质, 2: 1-6.

能源, 李勇, 谢会文, 等. 2019. 库车前陆盆地盐下冲断带构造变换特征[J]. 新疆石油地质, 40(1): 54-60.

年涛. 2017. 库车坳陷巴什基奇克组致密砂岩裂缝表征及有效性评价[D]. 北京: 中国石油大学(北京).

年涛, 王贵文, 肖承文, 等. 2016. 库车坳陷巴什基奇克组裂缝密度的控制因素分析[J]. 石油科学通报, 1(3): 319-329.

潘荣, 朱筱敏, 刘芬, 等. 2014. 克拉苏冲断带白垩系储层成岩作用及其对储层质量的影响[J]. 沉积学报, 32(5): 973-980.
潘荣, 朱筱敏, 谈明轩, 等. 2018. 库车坳陷克拉苏冲断带深部巴什基奇克组致密储层孔隙演化定量研究[J]. 地学前缘, 25(2): 159-169.
皮学军, 谢会文, 张存, 等. 2002.库车前陆逆冲带异常高压成因机制及其对油气藏形成的作用[J]. 科学通报, 47(增刊 I): 84-90.
漆家福, 雷刚林, 李明刚, 等. 2009. 库车坳陷-南天山盆山过渡带的收缩构造变形模式[J]. 地学前缘, 16(3): 120-128.
漆家福, 李勇, 吴超, 等. 2013. 塔里木盆地库车坳陷收缩构造变形模型若干问题的讨论[J]. 中国地质, 40(1): 106-121.
漆家福, 师俊, 孙统, 等. 2017. 塔里木盆地库车坳陷中生代盆地性状及成因分析[J]. 大地构造与成矿学, 41(5): 829-842.
漆立新. 2016. 塔里木盆地顺托果勒隆起奥陶系碳酸盐岩超深层油气突破及其意义[J]. 中国石油勘探, 21(3): 38-51.
邱小平. 1993. 构造动力成岩成矿模拟实验成果分析及其地质意义[J]. 地球化学, 22(3): 237-240.
屈海洲, 张福祥, 王振宇, 等. 2016. 基于岩心-电成像测井的裂缝定量表征方法——以库车坳陷 ks2 区块白垩系巴什基奇克组砂岩为例[J]. 石油勘探与开发, 43(3): 425-432.
施辉, 罗晓容, 王宗秀, 等. 2020. 库车坳陷克深地区超深层致密砂岩储层裂缝非均一性发育机理[J]. 地质论评, 66(S1): 109-111.
史超群, 王佐涛, 朱文慧, 等. 2020a. 塔里木盆地库车坳陷克拉苏构造带大北地区超深储层裂缝特征及其对储层控制作用[J]. 天然气地球科学, 31(12): 1687-1699.
史超群, 许安明, 魏红兴, 等. 2020b. 构造挤压对碎屑岩储层破坏程度的定量表征——以库车坳陷依奇克里克构造带侏罗系阿合组为例[J]. 石油学报, 41(2): 205-215.
寿建峰, 斯春松, 朱国华, 等. 2001. 塔里木盆地库车坳陷下侏罗统砂岩储层性质的控制因素[J]. 地质论评, 47(3): 272-277.
寿建峰, 朱国华, 张惠良, 等. 2003. 构造侧向挤压与砂岩成岩作用——以塔里木盆地为例[J]. 沉积学报, 21(1): 90-96.
寿建峰, 朱国华, 张惠良, 等. 2004. 中国北方含油气盆地中、新生界碎屑岩储层特征与评价[J]. 中国石油勘探, (5): 31-40.
寿建峰, 张惠良, 斯春松, 等. 2005. 砂岩动力成岩作用[M]. 北京: 石油工业出版社.
寿建峰, 张惠良, 沈扬, 等. 2006. 中国油气盆地砂岩储层的成岩压实机制分析[J]. 岩石学报, 22(8): 2165-2170.
宋惠珍, 曾海容, 孙君秀, 等. 1999. 储层古应力场的数值模拟[J]. 地震地质, 21(3): 194-204.
宋金鹏, 郇志鹏, 田盼盼, 等. 2021. 超深致密砂岩储层特征及影响因素——以库车坳陷阳霞凹陷侏罗系为例[J]. 断块油气田, 28(5): 592-597.
孙帅, 侯贵廷. 2020. 岩石力学参数影响断背斜内张裂缝发育带的概念模型[J]. 石油与天然气地质, 41(3): 455-462.
谭秀成, 李凌, 曹剑, 等. 2007. 库车坳陷东部下第三系碎屑岩储层分异成因模式[J]. 地球科学, 32(1): 99-104.
汤良杰, 贾承造. 2007. 塔里木叠合盆地构造解析和应力场分析[M]. 北京: 科学出版社.
汤良杰, 贾承造, 余一欣, 等. 2010. 库车前陆褶皱-冲断带盐相关构造与油气聚集[M]. 北京: 科学出版社.
唐军, 章成广, 信毅. 2017. 油基钻井液条件下裂缝声波测井评价方法——以塔里木盆地库车坳陷克深地区致密砂岩储集层为例[J]. 石油勘探与开发, 44(3): 389-397.
唐小梅, 曾联波, 何永宏, 等. 2012a. 沉积与成岩作用对姬塬油田超低渗透油层构造裂缝发育的控制作用[J]. 石油天然气学报, 34(4): 21-25.
唐小梅, 曾联波, 岳锋, 等. 2012b. 鄂尔多斯盆地三叠系延长组页岩油储层裂缝特征及常规测井识别方法[J]. 石油天然气学报, 34(6): 95-99.
唐雁刚, 罗金海, 马玉杰, 等. 2011. 库车坳陷下侏罗统碱性成岩环境对储集物性的影响[J]. 新疆石油地质, 32(4): 356-358
唐雁刚, 张荣虎, 魏红兴, 等. 2018. 致密砂岩储层多尺度裂缝渗透率定量表征及开发意义[J]. 特种油气藏, 25(5): 30-34.
滕学清, 李勇, 杨沛, 等. 2017. 库车坳陷东段差异构造变形特征及控制因素[J]. 油气地质与采收率, 24(2): 15-21.
万桂梅, 汤良杰, 金文正. 2006. 库车坳陷西秋里塔格构造带新生代沉降史分析[J]. 吉林大学学报(自然科学版), 36(s1): 20-24.
汪伟, 尹宏伟, 周鹏, 等. 2019. 塔里木盆地含盐褶皱冲断带变形特征与变形机制[J]. 新疆石油地质, 40(1): 68-73.
王洪浩, 李江海, 维波, 等. 2016 库车克拉苏构造带地下盐岩变形特征分析[J]. 特种油气藏, 23(4): 20-24, 151-152.
王华超. 2019. 库车拗陷北部构造带侏罗系阿合组储集空间分布规律及其控制因素[D]. 荆州: 长江大学.

王俊鹏, 张惠良, 张荣虎, 等. 2013. FMI 资料在库车坳陷深层致密砂岩储层中的应用[J].大庆石油地质与开发, 32(2): 164-169.

王俊鹏, 张荣虎, 赵继龙, 等. 2014. 超深层致密砂岩储层裂缝定量评价及预测研究——以塔里木盆地克深气田为例[J]. 天然气地球科学, 25(11): 1735-1745.

王俊鹏, 张惠良, 张荣虎, 等. 2018. 裂缝发育对超深层致密砂岩储层的改造作用——以塔里木盆地库车坳陷克深气田为例[J]. 石油与天然气地质, 39(1): 77-88.

王凯. 2018. 致密砂岩气藏天然裂缝对渗流特性及产能影响规律研究[D]. 北京: 中国石油大学(北京).

王珂, 张惠良, 张荣虎, 等. 2017. 塔里木盆地大北气田构造应力场解析与数值模拟[J]. 地质学报, 91(11): 2557-2572.

王珂, 杨海军, 张惠良, 等. 2018. 超深层致密砂岩储层构造裂缝特征与有效性——以塔里木盆地库车坳陷克深 8 气藏为例[J]. 石油与天然气地质, 39(4): 719-729.

王珂, 杨海军, 李勇, 等. 2020a. 库车坳陷克深气田致密砂岩储层构造裂缝形成序列与分布规律[J]. 大地构造与成矿学, 44(1): 30-46.

王珂, 张荣虎, 余朝丰, 等. 2020b. 塔里木盆地库车坳陷北部构造带侏罗系阿合组储层特征及控制因素[J]. 天然气地球科学, 31(5): 623-635.

王珂, 张荣虎, 王俊鹏, 等. 2021. 超深层致密砂岩储层构造裂缝分布特征及其成因——以塔里木盆地库车前陆冲断带克深气田为例[J]. 石油与天然气地质, 42(2): 338-353.

王磊, 沈金松, 苏朝阳, 等. 2020. 基于小波变换与快速行进算法的电成像数据空白带填充和响应畸变修复[J]. 工程地球物理学报, 17(5): 531-540.

王磊, 沈金松, 衡海亮, 等. 2021. 基于路径形态学和正弦函数族匹配的电成像测井缝洞自动识别与分离方法研究[J]. 石油科学通报, 6(3): 380-395.

王朋, 孙灵辉, 王核, 等. 2020. 库车坳陷下侏罗统阿合组致密砂岩储层孔隙微观结构特征及其对致密气富集的控制作用[J]. 石油与天然气地质, 41(2): 295-304.

王仁. 1989. 大地构造分析中的一些力学问题[J]. 力学进展, (2): 145-157.

王鹏威, 陈筱, 庞雄奇, 等. 2014. 构造裂缝对致密砂岩气成藏过程的控制作用[J]. 天然气地球科学, 25(2): 185-191.

王倩倩. 2019. 库车拗陷北部构造带侏罗系阿合组黏土矿物特征及其分布规律[D]. 荆州:长江大学.

王清晨, 张仲培, 林伟等. 2004. 库车—天山盆山系统新近纪变形特征[J]. 中国科学 D 辑地球科学, 34(增 1): 45-55.

王清华, 杨明慧, 吕修祥. 2004. 库车褶皱冲断带秋里塔格构造带东、西分段构造特征与油气聚集[J]. 地质科学, 39(4): 523-531.

王玉柱. 2017. 库车坳陷克深 8 区块超深层砂岩储层构造裂缝评价及预测[D]. 北京: 中国石油大学(北京).

王兆生, 董少群, 孟宁宁, 等. 2020. 渤海湾盆地高尚堡深层低渗透断块油藏缝网系统及其主控因素[J]. 石油与天然气地质, 41(3): 534-542.

王振彪, 孙雄伟, 肖香姣. 2018. 超深超高压裂缝性致密砂岩气藏高效开发技术以塔里木盆地克拉苏气田为例[J]. 天然气工业, 38(4): 87-95.

魏伯阳, 潘保芝, 殷秋丽, 等. 2020. 基于条件生成对抗网络的成像测井图像裂缝计算机识别[J]. 石油物探, 59(2): 295-302.

魏聪, 张承泽, 陈东, 等. 2019. 塔里木盆地克深 2 气藏断层、裂缝、基质“三重介质”渗流及开发机理[J]. 天然气地球科学, 30(12): 1684-1693.

魏国齐, 贾承造. 1998. 塔里木盆地逆冲带构造特征与油气[J]. 石油学报, 19(1): 11-19.

魏国齐, 王俊鹏, 曾联波, 等. 2020. 克拉苏构造带盐下超深层储层的构造改造作用与油气勘探新发现[J]. 天然气工业, 40(1): 20-30.

魏红兴, 谢亚妮, 莫涛, 等. 2015. 迪北气藏致密砂岩储集层裂缝发育特征及其对成藏的控制作用[J]. 新疆石油地质, 36(6): 702-707.

魏红兴, 黄梧桓, 罗海宁, 等. 2016. 库车坳陷东部断裂特征与构造演化[J]. 地球科学, 41(6): 1074-1080.

翁剑桥, 曾联波, 吕文雅, 等. 2020. 断层附近地应力扰动带宽度及其影响因素[J]. 地质力学学报, 26(1): 39-47.

伍劲, 王波, 朱超, 等. 2019. 库车坳陷东部下侏罗统煤系地层碎屑岩中长石溶蚀对储集层物性的影响[J]. 新疆石油地质, 40(6): 649-657, 665.

伍劲, 刘占国, 朱超, 等. 2020. 库车坳陷依奇克里克地区中—下侏罗统深层砂岩储层特征及其物性主控因素[J]. 中国石油勘探, 25(6):58-67.

肖鑫, 王建民, 刘兆龙, 等. 2017. 库车坳陷克深 9 气藏储层特征及成岩作用研究[J]. 石油地质与工程, 31(1): 26-29.

谢会文, 李勇, 漆家福, 等. 2012. 库车坳陷中部构造分层差异变形特征和构造演化[J]. 现代地质, 26(4): 682-690.

徐珂, 田军, 杨海军, 等. 2020. 深层致密砂岩储层现今地应力场预测及应用——以塔里木盆地克拉苏构造带克深 10 气藏为例[J]. 中国矿业大学学报, 49(4): 708-720.

薛红兵, 朱如凯, 郭宏莉, 等. 2008. 塔里木盆地北部古近系-白垩系成岩相及其储集性能[J]. 新疆石油地质, 29(1): 48-52.

严一鸣. 2016. 依奇克里克构造带侏罗系阿合组储层成岩特征研究[R]. 青岛: 中国石油大学(华东).

阎福礼, 卢华复, 贾东, 等. 2003. 塔里木盆地库车坳陷中、新生代沉降特征探讨[J]. 南京大学学报(自然科学版), 39(1): 31-39.

杨海军, 张荣虎, 杨宪彰, 等. 2018. 超深层致密砂岩构造裂缝特征及其对储层的改造作用——以塔里木盆地库车坳陷克深气田白垩系为例[J]. 天然气地球科学, 29(7): 942-950.

杨海军, 孙雄伟, 潘杨勇, 等. 2020. 塔里木盆地克拉苏构造带西部构造变形规律与油气勘探方向[J]. 天然气工业, 40(1): 31-37.

杨开庆. 1986. 动力成岩成矿理论的研究内容和方向[J]. 中国地质科学院地质力学研究所所刊, 7: 1-14.

杨克基. 2017. 库车坳陷中段盐构造差异变形及其控制因素研究[D]. 北京: 中国石油大学(北京).

杨克基, 漆家福, 马宝军, 等. 2018. 库车坳陷克拉苏构造带盐上和盐下构造变形差异及其控制因素分析[J]. 大地构造与成矿学, 42(2): 211-224.

杨宪彰, 毛亚昆, 钟大康, 等. 2016. 构造挤压对砂岩储层垂向分布差异的控制——以库车前陆冲断带白垩系巴什基奇克组为例[J]. 天然气地球科学, 27(4): 591-599.

杨学君. 2011. 大北气田低孔低渗砂岩储层裂缝特征及形成机理研究[D]. 青岛: 中国石油大学(华东).

于兴河. 2009. 油气储层地质学基础[M]. 北京: 石油工业出版社.

于兴河, 郑浚茂, 宋立衡, 等. 1997. 构造、沉积与成岩综合一体化模式的建立——以松南梨树地区后五家户气田为例[J]. 沉积学报, 15(3): 8-13.

于璇, 侯贵廷, 李勇, 等. 2016a. 迪北气田三维探区下侏罗统阿合组裂缝定量预测[J]. 地学前缘, 23(1):240-252.

于璇, 侯贵廷, 能源, 等. 2016b. 库车坳陷构造裂缝发育特征及分布规律[J]. 高校地质学报, 22(4): 644-656.

余海波, 漆家福, 杨宪章, 等. 2016. 塔里木盆地库车坳陷中生界构造古地理分析[J]. 高校地质学报, 22(4): 657-669.

袁静, 杨学君, 袁凌荣, 等. 2015. 库车坳陷 DB 气田白垩系砂岩胶结作用及其与构造裂缝关系[J]. 沉积学报, 33(4): 754-763.

袁静, 曹宇, 李际, 等. 2017a. 库车坳陷迪那气田古近系裂缝发育的多样性与差异性[J].石油与天然气地质, 38(5): 840-850.

袁静, 李欣尧, 李际, 等. 2017b. 库车坳陷迪那 2 气田古近系砂岩储层孔隙构造-成岩演化[J]. 地质学报, 2017, 91(9): 2065-2078.

袁静, 俞国鼎, 钟剑辉, 等. 2018. 构造成岩作用研究现状及展望[J]. 沉积学报, 36(6): 1177-1189.

袁龙, 信毅, 吴思仪, 等. 2021. 深层白垩系致密砂岩裂缝定性识别、参数建模与控制因素分析——以塔里木盆地库车坳陷克深地区白垩系巴什基奇克组储层为例[J]. 东北石油大学学报, 45(1): 20-31.

曾锦光, 罗元华, 陈太源. 1982. 应用构造面主曲率研究油气藏裂缝问题[J]. 力学学报, 26(2): 202-206.

曾联波. 2004. 库车前陆盆地喜马拉雅运动特征及其油气地质意义[J]. 石油与天然气地质, 25(2): 175-179.

曾联波. 2008. 低渗透砂岩储层裂缝的形成与分布[M]. 北京: 科学出版社.

曾联波, 周天伟. 2004. 塔里木盆地库车坳陷储层裂缝分布规律[J]. 天然气工业, (9): 23-25, 172.

曾联波, 刘本明. 2005. 塔里木盆地库车前陆逆冲带异常高压成因及其对油气成藏的影响[J]. 自然科学进展, 15(12): 1485-1491.

曾联波, 王贵文. 2005. 塔里木盆地库车山前构造带地应力分布特征[J]. 石油勘探与开发, 32(3): 59-60.

曾联波, 张建英, 张跃明. 1998. 辽河盆地静北潜山油藏裂缝发育规律[J]. 中国海上油气地质, 12(6): 381-385.

曾联波, 谭成轩, 张明利. 2004a. 塔里木盆地库车坳陷中新生代构造应力场及其油气运聚效应[J]. 中国科学D辑: 地球科学, 34(增刊I): 98-106.

曾联波, 周天伟, 吕修祥. 2004b. 构造挤压对库车坳陷异常地层压力的影响[J]. 地质论评, 50(5): 471-475.

曾联波, 柯式镇, 刘洋. 2010. 低渗透储层裂缝研究方法[M]. 北京: 石油工业出版社.

曾联波, 巩磊, 祖克威, 等. 2012. 柴达木盆地西部古近系储层裂缝有效性的影响因素[J]. 地质学报, 86(11): 1809-1814.

曾联波, 朱如凯, 高志勇, 等. 2016. 构造成岩作用及其油气地质意义[J]. 石油科学通报, 1(2): 191-197.

曾联波, 刘国平, 朱如凯, 等. 2020a. 库车前陆盆地深层致密砂岩储层构造成岩强度的定量评价方法[J]. 石油学报, 41(12): 1601-1609.

曾联波, 吕鹏, 屈雪峰, 等. 2020b. 致密低渗透储层多尺度裂缝及其形成地质条件[J]. 石油与天然气地质, 41(3): 449-454.

曾庆鲁, 张荣虎, 卢文忠, 等. 2017. 基于三维激光扫描技术的裂缝发育规律和控制因素研究——以塔里木盆地库车前陆区索罕村露头剖面为例[J]. 天然气地球科学, 28(3): 397-409.

曾庆鲁, 莫涛, 赵继龙, 等. 2020. 7000m以深优质砂岩储层的特征、成因机制及油气勘探意义——以库车坳陷下白垩统巴什基奇克组为例[J]. 天然气工业, 40(1): 38-47.

张博, 袁文芳, 曹少芳, 等. 2011. 库车坳陷大北地区砂岩储层裂缝主控因素的模糊评判[J]. 天然气地球科学, 22(2): 250-253.

张凤奇, 王震亮, 赵雪娇, 等. 2012. 库车坳陷迪那2气田异常高压成因机制及其与油气成藏的关系[J]. 石油学报, 33(5): 739-747.

张福祥, 王新海, 李元斌, 等. 2011. 库车山前裂缝性砂岩气层裂缝对地层渗透率的贡献率[J]. 石油天然气学报, 33(6): 149-152.

张辉, 尹国庆, 王海应. 2019. 塔里木盆地库车坳陷天然裂缝地质力学响应对气井产能的影响[J]. 天然气地球科学, 30(3): 379-388.

张辉. 2021. 超深裂缝性碎屑岩储层天然裂缝激活研究[J]. 特种油气藏, 28(2): 133-138.

张惠良, 寿建峰, 陈子料, 等. 2002. 库车坳陷下侏罗统沉积特征及砂体展布[J]. 古地理学报, 4(3): 47-58.

张立强, 严一鸣, 罗晓容, 等. 2018. 库车坳陷依奇克里克地区下侏罗统阿合组致密砂岩储层的成岩差异性特征研究[J]. 地学前缘, 25(2): 170-178.

张明利, 谭成轩, 汤良杰, 等. 2004. 塔里木盆地库车坳陷中新生代构造应力场分析[J]. 地球学报, 25(6): 615-619.

张明山. 1997. 陆内挤压造山带与陆内前陆盆地关系——以塔里木盆地北部与南天山为例[J].现代地质, 11(4): 461-471.

张明山, 钱祥麟, 李茂松. 1996. 造山带逆冲与前陆盆地沉降和沉积平衡关系的定量讨论——以库车陆内前陆盆地为例[J]. 北京大学学报(自然科学版), 32(2): 188-198.

张明山, 姚宗惠, 陈发景. 2002. 塑性岩体与逆冲构造变形关系讨论——库车坳陷西部实例分析[J]. 地学前缘, 9(4): 371-376.

张宁宁, 侯连华, 何登发, 等. 2017. 塔北隆起-库车坳陷西段差异构造变形特征及其控制因素[J]. 地质通报, 36(4): 616-623.

张荣虎. 2013. 塔里木盆地库车坳陷深层白垩系致密砂岩储层形成机制与天然气勘探潜力[D]. 北京: 中国石油勘探开发研究院.

张荣虎, 张惠良, 寿建峰, 等. 2008a. 库车坳陷大北地区下白垩统巴什基奇克组储层成因地质分析[J]. 地质科学, 43(3): 507-517.

张荣虎, 张惠良, 马玉杰, 等. 2008b. 特低孔特低渗高产储层成因机制——以库车坳陷大北1气田巴什基奇克组储层为例[J]. 天然气地球科学, 19(1): 75-82.

张荣虎, 姚根顺, 寿建峰, 等. 2011. 沉积、成岩、构造一体化孔隙度预测模型[J]. 石油勘探与开发, 38(2): 145-151.

张荣虎, 杨海军, 王俊鹏, 等. 2014. 库车坳陷超深层低孔致密砂岩储层形成机制与油气勘探意义[J]. 石油学报, 35(6): 1057-1069.

张荣虎, 王俊鹏, 马玉杰, 等. 2015. 塔里木盆地库车坳陷深层沉积微相古地貌及其对天然气富集的控制[J]. 天然气地球科学, 26(4): 667-678.

张荣虎, 刘春, 杨海军, 等. 2016. 库车坳陷白垩系超深层储集层特征与勘探潜力[J]. 新疆石油地质, 37(4): 423-430.

张荣虎, 王珂, 王俊鹏, 等. 2018. 塔里木盆地库车坳陷克深构造带克深 8 区块裂缝性低孔砂岩储层地质模型[J]. 天然气地球科学, 29(9): 1264-1273.

张荣虎, 杨海军, 魏红兴, 等. 2019a. 塔里木盆地库车坳陷北部构造带中东段中下侏罗统砂体特征及油气勘探意义[J]. 天然气地球科学, 30(9): 1243-1252.

张荣虎, 曾庆鲁, 李君, 等. 2019b. 库车坳陷克拉苏构造带白垩系储集层多期溶蚀物理模拟[J]. 新疆石油地质, 40(1): 34-40.

张荣虎, 魏国齐, 王珂, 等. 2021. 前陆冲断带构造逆冲推覆作用与岩石响应特征——以库车坳陷东部中—下侏罗统为例[J]. 岩石学报, 37(7): 2256-2270.

张同良, 陈建波, 沈军, 等. 2014. 库车坳陷区喀桑托开逆断裂-背斜带晚第四纪以来变形特征及活动速率[J]. 新疆地质, 32(1): 53-57.

张玮, 徐振平, 赵凤全, 等. 2019. 库车坳陷东部构造变形样式及演化特征[J]. 新疆石油地质, 40(1): 48-53.

张晓峰, 潘保芝. 2012. 二维小波变换在成像测井识别裂缝中的应用研究[J]. 石油地球物理勘探, 47(1): 173-176, 188.

张琰. 2019. 库车坳陷大北区块深层白垩系储层发育的构造-流体模型[D]. 北京: 中国石油大学(北京).

张月, 韩登林, 杨铖晔, 等. 2020. 超深层碎屑岩储层裂缝充填流体迁移规律——以库车坳陷克深井区白垩系巴什基奇克组为例[J]. 石油学报, 41(3): 292-300.

张云钊, 曾联波, 罗群, 等. 2018. 准噶尔盆地吉木萨尔凹陷芦草沟组致密储层裂缝特征和成因机制[J]. 天然气地球科学, 29(2): 211-225.

张仲培, 王清晨. 2004. 库车坳陷节理和剪切破裂发育特征及其对区域应力场转换的指示[J]. 中国科学 D 辑(地球科学), 34(增刊 I): 63-73.

赵博, 汪新, 冯许魁, 等. 2016. 库车褶冲带博孜敦底辟新生代盐构造变形期次: 来自盐动力层序的证据[J]. 大地构造与成矿学, 40(5): 919-927.

赵继龙, 王俊鹏, 刘春, 等. 2014. 塔里木盆地克深 2 区块储层裂缝数值模拟研究[J]. 现代地质, 28(6): 1275-1283.

赵建权. 2018. 库车坳陷克深区块白垩系储层性质差异性及主控因素[D]. 北京: 中国石油大学(北京).

赵军, 闫爽, 宋帆, 等. 2007. 随钻成像测井资料在水平井井周构造解释中的应用[J]. 石油地球物理勘探, 42(S1): 76-79.

赵文韬, 侯贵廷, 鞠玮, 等. 2015. 库车东部碎屑岩地层曲率对裂缝发育的影响[J]. 北京大学学报(自然科学版), 51(6): 1059-1068.

赵文韬, 侯贵廷, 孙雄伟, 等. 2013. 库车东部碎屑岩层厚和岩性对裂缝发育的影响[J]. 大地构造与成矿学, 37(4): 603-610.

赵向原, 曾联波, 刘忠群, 等. 2015a. 致密砂岩储层中钙质夹层特征及与天然裂缝分布的关系[J]. 地质论评, 61(1): 163-171.

赵向原, 曾联波, 王晓东, 等. 2015b. 鄂尔多斯盆地宁县-合水地区长 6、长 7、长 8 储层裂缝差异性及开发意义[J]. 地质科学, 50(1): 274-285.

赵向原, 曾联波, 祖克威, 等. 2016. 致密储层脆性特征及对天然裂缝的控制作用[J]. 石油与天然气地质, 37(1): 62-71.

郑俊茂, 赵省民, 陈纯芳. 1998. 碎屑岩储层的两种不同成岩序列[J]. 地质论评, 44(2): 207-212.

钟大康, 朱筱敏, 周新源, 等. 2004. 构造对砂岩孔隙演化的控制——以塔里木中部地区东河砂岩为例[J]. 地质科学, 39(2): 214-222.

钟大康, 朱筱敏, 王红军. 2008. 中国深层优质碎屑岩储层特征与形成机理分析[J]. 中国科学(D)辑, 35(S1): 11-18.

周建勋, 漆家福. 1999. 盆地构造研究中的砂箱模拟实验方法[M]. 北京: 地震出版社.

周露, 雷刚林, 周鹏, 等. 2016. 克拉苏构造带盐下超深层储层裂缝组合模式及分布规律[J]. 高校地质学报, 22(4): 707-715.

周露, 莫涛, 王振鸿, 等. 2017. 塔里木盆地克深气田超深层致密砂岩储层裂缝分级分组合特征[J]. 天然气地球科学, 28(11): 1668-1677.

周露, 李勇, 蒋俊, 等. 2019. 克拉苏构造带盐下深层断背斜储集层构造裂缝带分布规律[J]. 新疆石油地质, 40(1): 61-67.

周鹏, 唐雁刚, 尹宏伟, 等. 2017. 塔里木盆地克拉苏构造带克深 2 气藏储层裂缝带发育特征及与产量关系[J]. 天然气地球科学, 28(1): 135-145.

周鹏, 尹宏伟, 周露, 等. 2018a. 断背斜应变中和面张性段储层主控因素及预测方法——以克拉苏冲断带为例[J]. 大地构造与成矿学, 42(1): 50-59.

周鹏, 周露, 朱文慧, 等. 2018b. 克拉苏构造带超深储层构造主裂缝识别[J]. 特种油气藏, 25(2): 42-48.

周文, 张银德, 王洪辉, 等. 2008. 楚雄盆地北部 T_3-J 地层天然裂缝形成期次确定[J]. 成都理工大学学报(自然科学版), 35(2): 121-126.

周新桂, 张林炎, 范昆. 2006. 油气盆地低渗透储层裂缝预测研究现状及进展[J]. 地质论评, 52(6): 777-782.

周新源, 王招明, 梁狄刚, 等. 2009. 塔里木油气勘探 20 年[M]. 北京: 石油工业出版社.

朱如凯, 郭宏莉, 高志勇, 等. 2007a. 塔里木盆地北部地区古近系-白垩系储层质量影响因素探讨[J]. 地质论评, 53(5): 624-630.

朱如凯, 郭宏莉, 高志勇, 等. 2007b. 塔里木盆地北部地区白垩系-古近系储集性与储层评价[J]. 中国地质, 34(5): 837-842.

朱如凯, 邹才能, 张鼐, 等. 2009. 致密砂岩气藏储层成岩流体演化与致密成因机理——以四川盆地上三叠统须家河组为例[J]. 中国科学(D 辑: 地球科学), 39(3): 327-339.

朱如凯, 郭宏莉, 高志勇, 等. 2019. 塔里木盆地北部地区中、新生界层序地层、沉积体系与储层特征[M]. 北京: 地质出版社.

祖克威, 曾联波, 巩磊. 2013. 断层相关褶皱概念模型中的裂缝域[J]. 地质科学, 48(4): 1140-1147.

祖克威, 曾联波, 赵向原, 等. 2014. 断层转折褶皱剪切裂缝发育模式探讨[J]. 地质力学学报, 20(1): 16-24.

Agosta F, Wilson C, Aydin A. 2015.The role of mechanical stratigraphy on normal fault growth across a Cretaceous carbonate multi-layer, central Texas (USA) [J]. Italian Journal of Geosciences, 134(3): 423-441.

Allen M B, Windley B F, Chi Z, et al. 1991. Basin evolution within and adjacent to the Tien Shan Range, NW China[J]. Journal of the Geological Society, 148(2): 369-378.

Al-Sit W, Al-Nuaimy W, Marelli M, et al. 2015. Visual texture for automated characterisation of geological features in borehole televiewer imagery[J]. Journal of Applied Geophysics, 119: 139-146.

Ameen M S, Macpherson K, Al-marhoon M I, et al. 2012. Diverse fracture properties and their impact on performance in conventional and tight-gas reservoirs, Saudi Arabia: The Unayzah, South Haradh case study[J]. AAPG Bulletin, 96(3): 459-492.

Angelier J. 1989. From orientation to magnitudes in paleostress determinations using fault slip data[J]. Journal of Structural Geology, 11(1-2): 37-50.

Antonellini M A, Aydin A, Pollard D D. 1994. Microstructure of deformation bands in porous sandstones at Arches National Park, Utah[J]. International Journal of Rock Mechanics and Mining Science & Geomechanics Abstracts, 31(6): 276-276.

Assous S, Elkington P, Whetton J. 2014. Microresistivity borehole image inpainting[J]. Geophysics, 79(2): 31-39.

Awdal A, Healy D, Alsop G I. 2016. Fracture patterns and petrophysical properties of carbonates undergoing regional folding: A case study from Kurdistan, N Iraq[J]. Marine and Petroleum Geology, 71: 149-167.

Aydin A. 1978. Small faults formed as deformation bands in sandstone[J]. Pure & Applied Geophysics, 111: 914-931.

Aydin A. 2000. Fractures, faults, and hydrocarbon entrapment, migration and flow[J]. Marine & Petroleum Geology, 17(7): 797-814.

Aydin A, Johnson A M. 1978. Development of faults as zones of deformation bands and as slip surfaces in sandstone[J]. Pure & Applied Geophysics, 116(4-5): 931-942.

Aydin A, Johnson A M. 1983. Analysis of faulting in porous sandstones[J]. Journal of Structural Geology, 5(1): 19-31.

Aydin A, Borja R I, Eichhubl P. 2006. Geological and mathematical framework for failure modes in granular rock[J]. Journal of Structural Geology, 28(1): 83-98.

Bahat D. 1985. Low-angle normal faults in Lower Eocene chalks near Beer Sheva, Israel[J]. Journal of Structural Geology, 7(5): 613-620.

Bai T, Polllard D. 2000. Closely spaced fractures in layered rocks: Initiation mechanism and propagation kinematics[J]. Journal of Structural Geology, 22(10): 1409-1425.

Beach A, Welbon A I, Brockbank P J, et al. 1999. Reservoir damage around faults; outcrop examples from the Suez Rift[J]. Petroleum Geoscience, 5(2): 109-116.

Beard D C, Weyl P K. 1973. Influence of texture on porosity and permeability of unconsolidated sand[J]. AAPG Bulletin, 57(2): 349-369

Becker A, Gross M R. 1996. Mechanism for joint saturation in mechanically layered rocks: An example from southern Israel[J]. Tectonophysics, 257 (2-4) : 223-237.

Bernard X D, Labaume P, Darcel C, et al. 2002. Cataclastic slip band distribution in normal fault damage zones, Nubian sandstones, Suez rift[J]. Journal of Geophysical Research Solid Earth, 107 (B7) : 1-12.

Bjorlykke K. 1998. Clay mineral diagenesis in sedimentary basins—a key to the prediction of rock properties. Examples from the North Sea basin[J].Clay Miner, 33: 15-34.

Bons P D, Elburg M A, Gomez-Rivas E. 2012. A review of the formation of tectonic veins and their microstructures[J]. Journal of Structural Geology, 43 (Complete) : 33-62.

Borg I, Friedman M, Handin J, et al. 1960. Chapter 6: Experimental deformation of St. Peter Sand: A study of cataclastic flow[J]. Memoir of the Geological Society of America, 79 (1) : 133-191.

Boult P J, Fisher Q, Clinch S R J. 2003. Geomechanical, microstructural, and petrophysical evolution in experimentally reactivated cataclasites: Applications to fault seal prediction: Discussion[J]. AAPG Bulletin, 87 (10) : 1681-1683.

Burbidge D R, Braun J. 2002. Numerical models of the evolution of accretionary wedges and fold-and-thrust belts using the distinct-element method[J]. Geophysical Journal International, 148 (3) : 542-561.

Casini G, Romaire I, Casciello E, et al.2018. Fracture characterization in sigmoidal folds: Insights from the Siah Kuh anticline, Zagros, Iran[J]. AAPG Bulletin, 102 (3) : 369-399.

Chen S, Tang L, Jin Z, et al. 2004. Thrust and fold tectonics and the role of evaporates in deformation. in the Western Kuqa foreland of Tarim Basin, Northwest China[J]. Marine and Petroleum Geology, 21:1027-1042.

Chen S, Zeng L, Huang P, et al. 2016.The application study on the multi-scales integrated prediction method to fractured reservoir description[J]. Applied Geophysics, 13 (1) :80-92.

Choi J, Edwards P, Ko K, et al. 2016. Definition and classification of fault damage zones: A review and a new methodological approach[J]. Earth-Science Reviews, (152) : 70-87.

Corradetti A, Mccaffrey K, de Paola N, et al. 2017. Evaluating roughness scaling properties of natural active fault surfaces by means of multi-view photogrammetry[J]. Tectonophysics, 717: 599-606.

Corradetti A, Tavani S, Parente M, et al. 2018. Distribution and arrest of vertical through-going joints in a seismic-scale carbonate platform exposure (Sorrento peninsula, Italy) : Insights from integrating field survey and digital outcrop model[J]. Journal of Structural Geology, 108: 121-136.

Cundall P A, Strack O D L. 1979. A discrete numerical model for granular assemblies[J]. Geotechnique, 29 (1) : 47-65.

Davis G H. 1999. Structural Geology of the Colorado Plateau Region of Southern Utah, with Special Emphasis on Deformation Bands[M]. Boulder: Geological Society of America.

Dong S, Zeng L, Cao H. 2018. A fast method for fracture intersection detection in discrete fracture networks[J]. Computersand Geotechnics, 98: 205-216.

Dong S, Zeng L, Lyu W, et al. 2020. Fracture dentification and evaluation using conventional logs in tight sandstones: A case study in the Ordos Basin, China[J]. Energy Geoscience, 1 (3-4) : 115.

Dong Y, Lu X S, Fan J J, et al. 2018. Fracture characteristics and their influence on gas seepage in tight gas reservoirs in the Kelasu Thrust Belt (Kuqa Depression, NW China) [J]. Energies, 11 (10) :2808.

Dunn D E, Lafountain L J, Jackson R E. 1973. Porosity dependence and mechanism of brittle fracture in sandstones[J]. Journal of Geophysical Research, 78 (14) : 2403-2417.

Ehrenberg S N. 1990.Relationship between diagenesis and reservoir quality in sandstones of the Garn Formation, Haltenbanken, mid-Norwegian continental shelf[J]. AAPG Bulletin, 74 (10) : 1538-1558.

Ehrenberg S N. 1995. Measuring sandstone compaction from modal analyses of thin sections: How to do in and what the results mean[J]. Journal of Sedimentary Research, 65 (2a) : 369-379.

Eichhubl P, Hooker J N, Laubach S E. 2010. Pure and shear-enhanced compaction bands in Aztec Sandstone[J]. Journal of Structural Geology, 32 (12) : 1873-1886.

Feng J W, Li L, Jin J L, et al. 2018a. An improved geomechanical model for the prediction of fracture generation and distribution in brittle reservoirs[J].Plos One, 13 (11) :e0205958.

Feng J W, Ren Q Q, Xu K. 2018b. Quantitative prediction of fracture distribution using geomechanical method within Kuqa Depression, Tarim Basin, NW China[J]. Journal of Petroleum Science and Engineering, 162: 22-34.

Feng J. W, Dai J S, Lu J M, et al. 2018c. Quantitative prediction of 3-D multiple parameters of tectonic fractures in Ti sandstone reservoirs based on geomechanical method[J]. IEEE Access, 6: 39096-39116.

Feng J W, Shi S, Zhou Z H, et al. 2019. Characterizing the influence of interlayers on the development and distribution of fractures in deep tight sandstones using finite element method[J]. Journal of Structural Geology, 123: 81-95.

Feng J W, Qu J X, Zhang P X, et al. 2021. Development characteristics and quantitative prediction of multiperiod fractures in superdeep thrust-fold belt[J]. Lithosphere, (1) : 8895823.

Ferrill D A, Mcginnis R N, Morris A P, et al. 2014. Control of mechanical stratigraphy on bed-restricted jointing and normal faulting: Eagle Ford Formation, south-central Texas[J]. AAPG Bulletin, 98 (11) : 2477-2506.

Ferrill D A, Morris A P, Mcginnis R N, et al. 2017. Mechanical stratigraphy and normal faulting[J]. Journal of Structural Geology, 94: 275-302.

Finch E, Hardy S, Gawthorpe R. 2003. Discrete element modelling of contractional fault-propagation folding above rigid basement fault blocks[J]. Journal of Structural Geology, 25 (4) : 515-528.

Fisher Q J, Knipe R J. 2001. The permeability of faults within siliciclastic petroleum reservoirs of the North Sea and Norwegian Continental Shelf[J]. Marine & Petroleum Geology, 18 (10) : 1063-1081.

Fossen H. 2016. Reactivation of intrabasement structures during rifting: A case study from offshore southern Norway[C]. Onshore-offshore relationships on the North Atlantic Margins, Stavanger.

Fossen H. 2010. Deformation bands formed during soft-sediment deformation: Observations from SE Utah[J]. Marine and Petroleum Geology, 27 (1) : 215-222.

Fossen H, Schultz R A, Shipton Z K, et al. 2007. Deformation bands in sandstone: A review[J]. Journal of the Geological Society, 164 (4) : 755-769.

Fowles J, Burley S. 1994. Textural and permeability characteristics of faulted, high porosity sandstones[J]. Marine & Petroleum Geology, 11 (5) : 608-623.

Franks S G, Zwingmann H. 2010. Origin and timing of late diagenetic illite in the Permian-Carboniferous Unayzah sandstone reservoirs of Saudi Arabia[J]. AAPG Bulletin, 94 (8) : 1133-1159.

Fu X F, Jia R, Wang H X, et al. 2015. Quantitative evaluation of fault-caprock sealing capacity: A case from Dabei-Kelasu structural belt in Kuqa Depression, Tarim Basin, NW China[J].Petroleum Exploration and Development, 42 (3) : 329-338.

Gabrielsen R H, Koestler A G. 1987. Description and structural implications of fractures in Late Jurassic sandstones of the Troll Field, northern North Sea[J]. Norsk Geologisk Tidsskrift, 67: 371-381.

Gale J F W, Under R H, Reed R M, et al. 2009. Modeling fracture porosity evolution in dolostone[J]. Journal of Structural Geology, 31 (4) : 1-11.

Gale J, Under R, Reed R, et al. 2010. Modeling fracture porosity evolution in dolostone[J]. Journal of Structural Geology, 32 (9) : 1201-1211.

Gong L, Zeng L, Gao Z, et al. 2016. Reservoir characterization and origin of tight gas sandstones in the Upper Triassic Xujiahe formation, Western Sichuan Basin, China[J]. Journal of Petroleum Exploration and Production Technology, 6 (3) : 319-329.

Gong L, Fu X, Wang Z, et al. 2019a. A new approach for characterization and prediction of natural fracture occurrence in tight-oil sandstones with intense anisotropy[J]. AAPG Bulletin, 103 (6) : 1383-1400.

Gong L, Liu B, Fu X, et al. 2019b. Quantitative prediction of sub-seismic faults and their impact on waterflood performance: Bozhong 34 oilfield case study[J]. Journal of Petroleum Science and Engineering, 172: 60-69.

Gong L, Su X., Gao S, et al. 2019c. Characteristics and formation mechanism of natural fractures in the tight gas sandstones of Jiulongshan Gas Field, China[J]. Journal of Petroleum Science and Engineering, 175: 1112-1121.

Gross M R, Eyal Y. 2007. Throughgoing fractures in layered carbonate rocks[J]. Geological Society of America Bulletin, 119(11-12): 1387-1404.

Gross M R. 1993. The origin and spacing of cross joints: Examples from the Monterey Formation, Santa Barbara Coastline, California[J]. Journal of Structural Geology, 15(6): 737-751.

Gundersen E. 2002. Coupling between pressure solution creep and diffusive mass transport in porous rocks[J]. Journal of Geophysical Research Solid Earth, 107(B11): 1-19.

Guo X W, Liu K Y, Jia C Z, et al. 2016. Effects of tectonic compression on petroleum accumulation in the Kelasu Thrust belt of the Kuqa Sub-basin, Tarim Basin, NW China[J]. Organic Geochemistry, 101: 22-37.

Han D L, Wang H C, Wang C C, et al. 2021. Differential characterization of stress sensitivity and its main control mechanism in deep pore-fracture clastic reservoirs[J]. Scientific Reports, 11(1): 7374.

Hardy S, Poblet J. 1995. The velocity description of deformation. paper 2: Sediment geometries associated with fault-bend and fault-propagation folds[J]. Marine and Petroleum Geology, 12(2): 165-176.

Hardy S, Ford M. 1997. Numerical modeling of trishear fault propagation folding[J]. Tectonics, 16: 841-854.

Hardy S, McClay K, Muñoz J A. 2009. Deformation and fault activity in space and time in high-resolution numerical models of doubly vergent thrust wedges[J]. Marine and Petroleum Geology, 26(2): 232-248.

Helgeson D E, Aydin A. 1991. Characteristics of joint propagation across layer interfaces in sedimentary rocks[J]. Journal of Structural Geology, 13(8): 897-911.

Hobbs D W. 1967. Rock tensile strength and its relationship to a number of alternative measures of rock strength[J]. International Journal of Rock Mechanics & Mining Sciences & Geomechanics Abstracts, 4(1): 115-127.

Houseknecht D W. 1989. Assessing the relative importance of compaction processes and cementation to reduction of porosity in sandstones: Reply[J]. AAPG Bulletin, 73(10): 1277-1279.

Hugo D B. 2012. Spatial and temporal distribution of the orogenic gold deposits in the Late Palaeozoic Variscides and Southern Tianshan: How orogenic are they[J]. Ore Geology Reviews, 46: 1-31.

Jamison W R. Stearns D W. 1982. Tectonic deformation of Wingate Sandstone, Colorado National Monument[J]. AAPG Bulletin, 66(12): 2584-2608.

Ju W, Hou G, Zhang B. 2014. Insights into the damage zones in fault-bend folds from geomechanical models and field data[J]. Tectonophysics, 610: 182-194.

Ju W, Wang K, Hou G T, et al. 2018. Prediction of natural fractures in the Lower Jurassic Ahe Formation of the Dibei Gasfield, Kuqa Depression, Tarim Basin, NW China[J]. Geoscience Journal, 22(2): 241-252.

Knipe R J, Cowan G, Balendran V S. 1993. The tectonic history of the East Irish Sea Basin with reference to the Morecambe Fields[C]//Petroleum Geology Conference Series. London: Geological Society.

Lai J, Wang G W, Fan Z Y, et al. 2017a. Fracture detection in oil-based drilling mud using a combination of borehole image and sonic logs[J]. Marine and Petroleum Geology, 84: 195-214.

Lai J, Wang G W, Fan Z Y, et al. 2017b. Three-dimensional quantitative fracture analysis of tight gas sandstones using industrial computed tomography[J]. Scientific Reports, 7(1): 1825-1835.

Lai J, Wang G W, Wang Z, et al. 2018. A review on pore structure characterization in tight sandstones[J]. Earth-Science Reviews, 177: 436-457.

Lai J, Li D, Wang G W, et al. 2019. Earth stress and reservoir quality evaluation in high and steep structure: The Lower Cretaceous in the Kuqa Depression, Tarim Basin, China[J]. Marine and Petroleum Geology, 101: 43-54.

Lai J, Chen K, Xin Y, et al. 2021. Fracture characterization and detection in the deep Cambrian dolostones in the Tarim Basin, China: Insights from borehole image and sonic logs[J]. Journal of Petroleum Science and Engineering, 196: 107659.

Lander R H, Laubach S E. 2015. Insights into rates of fracture growth and scaling from a model for quartz cementation in fractured sandstones[J]. Geological Society of America Bulletin, 127(3-4): 516-538.

Laubach S E, Eichhubl P, Hargrove P, et al. 2014. Fault core and damage zone fracture attributes vary along strike owing to interaction of fracture growth, quartz accumulation, and differing sandstone composition[J]. Journal of Structural Geology, 68: 207-226.

Laubach S E, Eichhubl P, Hilgers C, et al. 2010. Structural diagenesis[J]. Journal of Structural Geology, 32 (12): 1866-1872.

Laubach S E, Ward M E. 2006. Diagenesis in porosity evolution of opening-mode fractures, Middle Triassic to Lower Jurassic La Boca Formation, NE Mexico[J]. Tectonophysics, 419:75-97.

Laubach S E, Olson J E, Gross M R. 2009. Mechanical and fracture stratigraphy[J]. AAPG Bulletin, 93 (11): 1413-1426.

Lavenu A P C, Lamarche J. 2018. What controls diffuse fractures in platform carbonates? Insights from Provence (France) and Apulia (Italy) [J]. Journal of Structural Geology, 108: 94-107.

Li J, Zeng L B, Li W, et al. 2019. Controls of the Cenozoic Himalayan movement on hydrocarbon accumulation in the western Qaidam Basin, Northwest China[J]. Journal of Asian Earth Sciences, 174: 294-310.

Li L, Tang H M, Wang X, et al. 2018a. Evolution of diagenetic fluid of ultra-deep Cretaceous Bashijiqike Formation in Kuqa Depression[J]. Journal of Central South University, 25 (10): 2472-2495.

Li Y, Hou G, Hari K R, et al. 2018b. The model of fracture development in the faulted folds: The role of folding and faulting[J]. Marine and Petroleum Geology, 89: 243-251.

Lin H, Xiong Z, Liu T, et al. 2014. Numerical simulations of the effect of bolt inclination on the shear strength of rock joints[J]. International Journal of Rock Mechanics & Mining Sciences, 66: 49-56.

Lin X, Chen H, Cheng X, et al. 2010. Conceptual models for fracturing in fault related folds[J]. Mining Science and Technology, 20: 103-108.

Liu C, Zhang R H, Zhang H L, et al. 2017. Genesis and reservoir significance of multi-scale natural fractures in Kuqa foreland thrust belt, Tarim Basin, NW China[J].Petroleum Exploration and Development, 44 (3): 495-504.

Liu C, Rong H, Chen S J, et al. 2021. Occurrence, mineralogy and geochemistry of fracture fillings in tight sandstone and their constraints on multiple-stage diagenetic fluids and reservoir quality: An example from the Kuqa foreland thrust belt, Tarim Basin, China[J]. Journal of Petroleum Science and Engineering, 201: 108409.

Liu G P, Zeng L B, Zhu R K, et al. 2021. Effective fractures and their contribution to the reservoirs in deep tight sandstones in the Kuqa Depression, Tarim Basin, China[J]. Marine and Petroleum Geology, 124: 104824.

Lyu W Y, Zeng L B, Liu G P, et al. 2016. Fracture responses of conventional logs in tight oil sandstones: A case study of the Upper Triassic Yanchang Formation in southwest Ordos Basin, China[J]. AAPG Bulletin, 100 (9): 1399-1417.

Lyu W Y, Zeng L B, Liao Z H, et al. 2017a. Fault damage zone characterization in tight-oil sandstones of the Upper Triassic Yanchang Formation in the southwest Ordos Basin, China: Integrating cores, image logs, and conventional logs[J]. Interpretation, 5 (4): 1-47.

Lyu W Y, Zeng L B, Zhang B., et al. 2017b. Influence of natural fractures on gas accumulation in the Upper Triassic tight gas sandstones in the northwestern Sichuan Basin, China[J]. Marine and Petroleum Geology, 83: 60-72.

Lyu W Y, Zeng L B, Zhou S, et al. 2019. Natural fractures in tight-oil sandstones: A case study of the Upper Triassic Yanchang Formation in southwest Ordos Basin, China[J]. AAPG Bulletin, 103 (10): 2343-2367.

Maerten L, Maerten F, Lejri M. 2018. Along fault friction and fluid pressure effects on the spatial distribution of fault-related fractures[J]. Journal of Structural Geology, 108: 198-212.

Maerten L, Legrand X, Castagnac C, et al. 2019. Fault-related fracture modeling in the complex tectonic environment of the Malay Basin, off shore Malaysia: An integrated 4D geomechanical approach[J]. Marine and Petroleum Geology, 105: 222-237.

Mao Z, Zeng L B, Liu G D, et al. 2022. Controls of fault-bend fold on natural fractures: Insight from discrete element simulation and outcrops in the southern margin of Junggar Basin, Western China[J]. Marine and Petroleum Geology, 138: 105541.

Menendez B, Zhu W L, Wong T F. 1996. Micromechanics of brittle faulting and cataclastic flow in Berea sandstone[J]. Journal of Structural Geology, 18 (1): 1-16.

McClay K R. 2004. Thrust tectonics and hydrocarbon systems[J]. AAPG Memoir, (82): 35-49.

Morad S, Ketzer J M, Ros L F D. 2000. Spatial and temporal distribution of diagenetic basins[J]. Sedimentology, 47(S1): 95-120.

Morgan J K. 2015. Effects of cohesion on the structural and mechanical evolution of fold and thrust belts and contractional wedges: Discrete element simulations[J]. Journal of Geophysical Research: Solid Earth, 120(5): 3870-3896.

Murray G H. 1968. Quantitative fracture study, Sanish pool, Mckeenzie County, North Dakota[J]. AAPG Bulletin, 52(1): 57-65.

Narr W, Suppe J. 1991. Joint spacing in sedimentary rocks[J]. Journal of Structural Geology, (9): 1037-1048.

Nelson R A. 1985. Geologic Analysis of Naturally Fractured Reservoires[M]. Houston: Gulf Publishing Company.

Nian T, Wang G W, Song H Y. 2017. Open tensile fractures at depth in anticlines: A case study in the Tarim basin, NW China[J]. Treea Nova, 29(3): 183-190.

Nian T, Li Y Z, Hou T, et al.2020. Natural fractures at depth in the Lower Cretaceous Kuqa Depression tight sandstones: Identification and characteristics[J]. Geological Magazine, 157(8): 1299-1315.

Pichel L M, Finch E, Huuse M, et al. 2017. The influence of shortening and sedimentation on rejuvenation of salt diapirs: A new discrete-element modelling approach[J]. Journal of Structural Geology, 104: 61-79.

Pittman E D. 1981. Effect of fault-related granulation on porosity and permeability of quartz sandstones, Simpson Group (Ordovician), Oklahoma[J]. AAPG Bulletin, 65(11): 2381-2387.

Prince N J. 1966. Fault and Joint Development in Brittle and Semi-brittle Rock[M]. London: Pergamon Press.

Procter A, Sanderson D J. 2018. Spatial and layer-controlled variability in fracture networks[J]. Journal of Structural Geology, 108: 52-65.

Qu H Z, Zhang F X, Wang Z Y, et al. 2016. Quantitative fracture evaluation method based on core-image logging: A case study of Cretaceous Bashijiqike Formation in ks2 well area, Kuqa Depression, Tarim Basin, NW China[J]. Petroleum Exploration and Development, 43(3): 465-473.

Salvini F, Storti F. 1996. Progressive rollover fault-propagation folding: A possible kinematic mechanism to generate regional-scale recumbent folds in shallow foreland belts[J]. Aapg Bulletin, 80(2): 174-193.

Salvini F, Storti F. 2001. The distribution of deformation in parallel fault-related folds with migrating axial surfaces: Comparison between fault-propagation and fault-bend folding[J].Journal of Structural Geology, 23: 25-32.

Schueller S, Braathen A, Fossen H, et al. 2013. Spatial distribution of deformation bands in damage zones of extensional faults in porous sandstones: Statistical analysis of field data[J]. Journal of Structural Geology, 52(1): 148-162.

Shafiabadi M, Kamkar-Rouhani A, Sajadi S M. 2021. Identification of the fractures of carbonate reservoirs and determination of their dips from FMI image logs using Hough transform algorithm[J]. Oil & Gas Science and Technology, 76(37): 1-9.

Solum J G, Davatzes N C, Lockner D A. 2010. Fault-related clay authigenesis along the Moab fault: Implications for calculations of fault rock composition and mechanical and hydrologic fault zone properties[J]. Journal of Structural Geology, 32(12): 1899-1911.

Sombra C L, Chang H K. 1997. Burial history and porosity evolution of Brazilian upper Jurassic to tertiary sandstone reservoirs[J]. 69: 79-89

Strayer L M, Erickson S G, Suppe J. 2004. Influence of growth strata on the evolution of fault-related folds—Distinct-element models[J]. AAPG Memoir, 82: 413-437.

Sun S, Hou G, Zheng C. 2017. Fracture zones constrained by neutral surfaces in a fault-related fold: Insights from the Kelasu tectonic zone, Kuqa Depression[J]. Journal of Structural Geology, 104: 112-124.

Sun S, Hou G T, Zheng C F. 2019. Prediction of tensile fractures in KS_2 trap, Kuqa Depression, NW China[J]. Marine and Petroleum Geology, 101: 108-116.

Suppe J. 1983. Geometry and kinematics of fault-bend folding[J]. Americam Journal of Science, 283: 684-721.

Tang J, Zhang C G, Xin Y. 2017. A fracture evaluation by acoustic logging technology in oil-based mud: A case from tight sandstone reservoirs in Keshen area of Kuqa Depression, Tarim Basin, NW China[J]. Petroleum Exploration and Development, 44(3): 418-427.

Tavani S, Storti F, Lacombe O, et al.2015. A review of deformation pattern templates in foreland basin systems and fold-and-thrust belts: Implications for the state of stress in the frontal regions of thrust wedges[J]. Earth-Science Reviews, 141: 82-104.

Ukar E, Ozkul C, Eichhubl P. 2016. Fracture abundance and strain in folded Cardium Formation, Red Deer River anticline, Alberta Foothills, Canada[J]. Marine and Petroleum Geology, 76: 210-230.

Underwood J H, Troiano E. 2003. Critical fracture processes in Army Cannons: A review[J]. Journal of Pressure Vessel Technology, 125 (3) : 287-292.

van Noten K, Claes H, Soete J, et al. 2013. Fracture networks and strike–slip deformation along reactivated normal faults in Quaternary travertine deposits, Denizli Basin, western Turkey[J]. Tectonophysics, 588: 154-170.

Wang J P, Zeng L B, Yang X Z. 2021. Fold-related fracture distribution in Neogene, Triassic, and Jurassic sandstone outcrops, Northern Margin of the TarimBasin, China: Guides to deformation in ultradeep tightSandstone reservoirs[J]. Lithosphere, (Special 1) : 8330561.

Wang P W, Jin Z J, Pang X Q, et al. 2018. Characteristics of dual media in tight-sand gas reservoirs and its impact on reservoir quality: A case study of the Jurassic reservoir from the Kuqa Depression, Tarim Basin, Northwest China[J]. Geological Journal, 53 (6) : 2558-2568.

Wang Z S, Zeng L B, Luo Z L, et al. 2020. Natural fractures in the Triassic tight sandstones of the Dongpu Depression, Bohai Bay Basin, eastern China: The key to production[J]. Interpretation-A Journal of Subsurface Characterization, 8 (4) : 71-80.

Wang Z S, Xiang H, Wang L B, et al. 2022. Fracture characteristics and its role inbedrock reservoirs in the Kunbei fault terrace belt of Qaidam Basin, China[J]. Frontiers in Earth Science, 10: 865534.

Wang Z Y, Liu C, Zhang Y F, et al. 2016. A study of fracture development, controlling factor and property modeling of deep-lying tight sandstone in Cretaceous thrust belt K region of Kuqa Depression[J]. Acta Petrological Sinica, 32 (3) : 865-876.

Wang Z, Lv X X, Li Y, et al. 2019. Open shear fractures at depth in anticlines: Insights from the Kuqa foreland thrust belt, Tarim Basin[J]. International Journal of Earth Sciences, 108 (7) : 2233-2245.

Wang Z, Lv X X, Li Y, et al. 2021. Natural fracture opening preservation and reactivation in deep sandstones of the Kuqa foreland thrust belt, Tarim Basin[J]. Marine and Petroleum Geology, 127 (3) : 104956.

Watkins H, Healy D, Bond C E, et al. 2018. Implications of heterogeneous fracture distribution on reservoir quality; an analogue from the Torridon Group sandstone, Moine Thrust Belt, NW Scotland[J]. Journal of Structural Geology, 108: 180-197.

Wild E K, Williams B P J. 1984. Fluvioglacial Sandstone Reservoirs and Deposystem Analysis in Hydrocarbon Exploration of Permian Gidgealpa Group, Southern Cooper Basin, South Australia: ABSTRACT. AAPG Bulletin, 68 (4) : 539.

Williams P F, Rust B R. 1969. The sedimentology of a braided river[J]. Journal of Sedimentary Research, 39 (2) : 649-679.

Wu H, Pollard D D. 1995. An experimental study of the relationship between joint spacing and layer thickness[J]. Journal of Structural Geology, 17 (6) : 887-905.

Yang F, Zhu C Q, Wang X H, et al. 2013. A capacity prediction model for the low porosity fractured reservoirs in the Kuqa foreland basin, NW China[J]. Petroleum Exploration and Development, 40 (3) : 367-371.

Yin A, Nie S, Craig P, et al. 1998. Late Cenozoic tectonic evolution of the southern Chinese Tian Shan[J]. Tectonics, 17 (1) : 1-27.

Yuan R, Han D L, Tang Y G, et al. 2021. Fracture characterization in oil-based mud boreholes using imagelogs: Example form tight sandstones of Lower Cretaceous Bashijiqike Formation of KS5 well area, Kuqa Depression, Tarim Basin, China[J]. Arabian Journal of Geosciences, 14 (6) : 1-18.

Zeng L B. 2010. Microfracturing in the Upper Triassic Sichuan Basin tight gas sandstones: tectonic, overpressuring, and diagenetic origins[J]. AAPG Bulletin, 94 (12) : 1811-1825.

Zeng L B, Li X Y. 2009. Fractures in sandstone reservoirs of ultra-low permeability: The Upper Triassic Yanchang Formation in the Ordos Basin, China. AAPG Bulletin, 93 (4) : 461-477.

Zeng L B, Li Y. 2010. Tectonic fractures in the tight gas sandstones of the Upper Triassic Xujiahe Formation in the Western Sichuan Basin, China[J]. Acta Geologica Sinica, 84 (5) : 1229-1238.

Zeng L B, Wang H J, Gong L, et al. 2010. Impacts of the tectonic stress field on natural gas migration and accumulation: A case study of the Kuqa Depression in the Tarim Basin, China[J]. Marine and Petroleum Geology, 27(7): 1616-1627.

Zeng L B, Tang X M, Gong L, et al. 2012a. Storage and seepage unit: A new approach to evaluating reservoir anisotropy of low-permeability sandstones[J]. Energy Exploration and Exploitation, 30(1): 59-70.

Zeng L B, Tang X M, Wang T, et al. 2012b. The influence of fracture cements in tight Paleogene saline lacustrine carbonate reservoirs, Western Qaidam Basin, Northwest China[J]. AAPG Bulletin, 96(11): 2003-2017.

Zeng L B, Su H, Tang X M, et al. 2013. Fractured tight sandstone reservoirs: A new play type in the Dongpu Depression, Bohai Bay Basin, China[J]. AAPG Bulletin, 97(3): 363-377.

Zeng L B, Lyu W Y, Li J, et al. 2016. Natural fractures and their influence on shale gas enrichment in Sichuan Basin, China[J]. Journal of Natural Gas Science and Engineering, 30(1): 1-9.

Zeng L, Lyu W, Zhang Y, et al. 2021. The effect of multi-scale faults and fractures on oil enrichment and production in tight sandstone reservoirs: A case study in the southwestern Ordos Basin, China[J]. Frontiers in Earth Science, 9: 664629.

Zeng Q L, Lyu W Z, Zhang R H, et al. 2018. LIDAR-based fracture characterization and controlling factors analysis: An outcrop case from Kuqa Depression, NW China[J]. Journal of Petroleum Science and Engineering, 161: 445-457.

Zhang H L, Zhang R H, Yang H J, et al. 2014. Characterization and evaluation of ultra-deep fracture-pore tight sandstone reservoirs: A case study of Cretaceous Bashijiqike Formation in Kelasu tectonic zone in Kuqa foreland basin, Tarim, NW China[J]. Petroleum Exploration and Development, 41(2): 175-184.

Zhang H, Ju W, Yin G Q, et al. 2021. Natural fracture prediction in Keshen 2 ultra-deep tight gas reservoir based on R/S analysis, Kuqa Depression, Tarim Basin[J].Geosciences Journal, 25(4): 525-536.

Zhang R H, Wang K, Zeng Q L, et al. 2021a. Effectiveness andpetroleum geological significance oftectonicfractures intheultra-deep zone of the Kuqa foreland thrust belt:A case study oftheCretaceous Bashijiqike Formation in the Keshen gasfield[J]. Petroleum Science, 18: 728-741.

Zhang R H, Wei G Q, Wang K, et al. 2021b. Tectonic thrust nappe activity and sandstone rock response characteristics in foreland thrust belt: A case study of Middle and Lower Jurassic, Kuqa Depression, Tarim Basin[J]. Acta Petrological Sinica, 37(7): 2256-2270.

Zeng L B, Wang H Y, Gong L, et al. 2010. Impacts of the tectonic stress field on natural gas migration and accumulation: A case study of the Kuqa Depression in the Tarim Basin, China[J]. Marine and Petroleum Geology, 27(7): [illegible].

Zeng L B, Jiang X M, Gong L, et al. 2013a. Storage and seepage unit: A new approach to evaluating reservoir anisotropy of low-permeability sandstones[J]. Energy Exploration and Exploitation, [illegible].

Zeng L B, Tang X M, Wang T, et al. 2012. The influence of fracture cements in tight [illegible] carbonate reservoirs, Western Qaidam Basin, Northwest China[J]. AAPG Bulletin, 96(11): 2003-2017.

Zeng L B, Su H, Tang X M, et al. 2013. Fractured tight sandstone oil and gas reservoirs: A new play type in the Dongpu Depression, Bohai Bay Basin, China[J]. AAPG Bulletin, 97(3): [illegible].

Zeng L B, Lyu W Y, Li J, et al. 2016. Natural fractures and their influence on shale gas enrichment in Sichuan Basin, China[J]. Journal of Natural Gas Science and Engineering, 30(1): 1-9.

Zeng L B, Lyu W Y, Zhang Y Z, et al. 2021. The effect of multi-scale faults and fractures on oil enrichment and production in tight sandstone reservoirs: A case study in the southwestern Ordos Basin, China[J]. Frontiers in Earth Science, 9: [illegible].

Zhang C L, Liu W Z, Zhang R H, et al. 2018. [illegible] characterization and [illegible] Kuqa Depression, NW China[J]. Journal of Petroleum Science and Engineering, [illegible].

Zhang H L, Zhang R H, Wang H, et al. 2014. Characterization and evaluation of ultra-deep fracture-pore tight sandstone reservoirs: A case study of Cretaceous Bashijiqike Formation in Kelasu tectonic zone in Kuqa foreland basin, Tarim, NW China[J]. Petroleum Exploration and Development, 41(2): [illegible].

Zhang H L, Wang Y, Yin C Q, et al. 2024. Natural fracture [illegible] in Keshen ultra-deep tight gas reservoir based on [illegible] Kuqa Depression, Tarim Basin[J]. Geosciences Journal, [illegible].

Zhang H, Wang K, Zeng Q L, et al. 2021. [illegible] of the [illegible] A case study of [illegible] Formation in [illegible] [J]. Petroleum Science, [illegible].

Zhang R H, Wang Q, Wang K, et al. 2021. [illegible] Keshen [illegible] Kuqa [illegible] [J]. [illegible], [illegible]: 2236-2250.